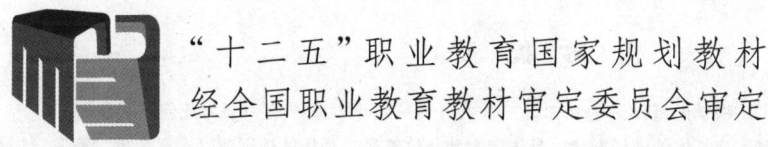

"十二五"职业教育国家规划教材
经全国职业教育教材审定委员会审定

矿物学基础

（第二版）

主　编　彭真万　徐　明　徐有华
副主编　刘青宪　伍跃胜　陈　强
主　审　李立志

地质出版社
·北　京·

内 容 提 要

本教材简明系统地介绍了矿物学的基础理论和知识，全书分为三篇十六章。第一篇为几何结晶学基础，包括晶体概述、晶体的对称、晶体的理想形状、晶体定向和晶体符号、晶体的规则连生五章；第二篇为矿物学通论，包括矿物的化学组成和内部结构、矿物的形态、矿物的物理性质、矿物的成因，矿物的分类和命名五章；第三篇为矿物各论，分为自然元素矿物大类、硫化物及其类似化合物矿物大类、氧化物和氢氧化物矿物大类、卤化物矿物大类、含氧盐矿物大类、矿物的鉴定与测试方法简介六章。书后附技能实习指导书及图版。

本教材为高职高专院校区域地质调查与矿产普查专业、资源勘查工程专业、国土资源调查专业的实用教材，也可作为地质类其他相关专业的选用教材，同时也是一本地质工作人员的实用参考书。

图书在版编目（CIP）数据

矿物学基础／彭真万等主编. —2 版. —北京：
地质出版社，2018.8（2024.9 重印）
"十二五"职业教育国家规划教材
ISBN 978 – 7 – 116 – 10894 – 3

Ⅰ.①矿…　Ⅱ.①彭…　Ⅲ.①矿物学—高等职业教育
—教材　Ⅳ.①P57

中国版本图书馆 CIP 数据核字（2018）第 056820 号

KUANGWUXUE JICHU

责任编辑：徐　洋
责任校对：田建茹
出版发行：地质出版社
社址邮编：北京市海淀区学院路 31 号，100083
电　　话：(010)66554646（邮购部）；(010)66554582(编辑室)
网　　址：https://www.gph.clmpg.com
印　　刷：固安华明印业有限公司
开　　本：787mm×1092mm　1/16
印　　张：18.5　图版：12 面
字　　数：470 千字
版　　次：2018 年 8 月北京第 2 版
印　　次：2024 年 9 月河北第 4 次印刷
定　　价：40.00 元
书　　号：ISBN 978 – 7 – 116 – 10894 – 3

前　言

　　《矿物学基础》经教育部职业教育与成人教育司"十二五"职业教育国家规划教材选题立项并通过评审批准修订。修订工作认真贯彻了《教育部关于"十二五"职业教育教材建设的若干意见》（教职成〔2012〕9 号），并遵照执行了相关专业的教学标准。教材按 90～100 学时设计，供区域地质调查与矿产普查专业、资源勘查工程专业、国土资源调查专业使用，也可作为其他地质类相关专业的选用教材，并可供地质类师生及地质技术人员参考。

　　本教材有以下几方面特点：

　　（1）充分保证作为重要专业基础课的作用，内容丰富、系统、完整。

　　（2）针对高职高专院校培养应用型人才的要求，本着基础理论、基本知识够用，力求简而精，突出了应用。

　　（3）尽可能融入当代的新知识、新方法，力争反映矿物学的发展状况。

　　（4）满足矿产开发的要求，直接为地质矿产调查、找矿、采矿服务。

　　（5）叙述力求简明扼要，深入浅出，连续性强，全书内容有机联系；概念准确严谨；图、表、实例、文字叙述紧密配合，便于读者理解和自学。

　　第一版自 2009 年 1 月出版以来，已累计发行 2 万余册。为了适应教育改革和高职教育的要求，本次修订内容如下：

　　（1）为了适应我国快速发展的矿产开发和地质矿产调查的需要，增加了 33 种矿物，使矿物的种数增加到 162 种。增加的矿物包括以下两方面：①能够形成金属、非金属矿产的矿物，包括贵金属、稀有金属、稀土元素、放射性元素、宝石原料等矿物。这些矿物是国家建设必需的或正在开采的矿石矿物，共计 29 种，即自然银、辉银矿、硫镉矿、辉砷钴矿、硫砷银矿、硫锑银矿、黝铜矿－砷黝铜矿、沥青铀矿、金绿宝石、褐钇铌矿、烧绿石、水镁石、水铝石、一水软铝石、三水铝石、水锰矿、光卤石、褐帘石、坡缕石、海泡石、累托石、硼镁石、钠硼解石、磷钇矿、碳锶矿、碳钡矿、氟碳铈矿、钠硝石。②较常见的造岩矿物或次生与蚀变矿物 4 种，即葡萄石、黝方石、日光榴石、白铅矿。

　　（2）补充完善了矿物的成因及部分矿物的产状与用途。

　　（3）对原教材中的矿物分类体系等内容进行了完善和修改。

　　（4）每一章的开头先明确提出本章内容介绍、学习的知识目标与能力目标。

　　（5）每一章的结尾有本章的学习指导，点明了学习该章的要点、重点和难点。

　　（6）补充完善了部分思考题与作业。

　　（7）对原教材内容的编排进行了少量的合理调整。

　　（8）增加了 92 种矿物的彩色照片。

本书由彭真万教授、徐明教授、徐有华教授担任主编，刘青宪副教授、伍跃胜、陈强任副主编。具体编写分工如下：彭真万教授（江西应用技术职业学院）编写绪论和第一、二、三、四、五、六、十五章（第一、二节）；陈强（福建省闽北地质大队）编写第七、八章；徐有华教授（江西应用技术职业学院）编写第九、十、十五章（第三、四节）；伍跃胜（江西应用技术职业学院）编写第十一、十二章；徐明教授（江西应用技术职业学院）编写第十三、十四、十六章、技能实习指导书，拍摄常见矿物图版；刘青宪副教授（甘肃工业职业技术学院）编写第十五章（第五至八节）。全书由彭真万教授统编定稿。吉林大学李立志副教授对本书进行审稿，并提出修改意见。

在本书编写过程中，参考引用了大量前人的研究成果和现行相关教材的有关内容，书中使用的大量图、表主要引自矿物学的有关教材，在此谨向版权所有人表示衷心的感谢。此外，编者所在学院的领导、同事，以及地质出版社对本书的编写给予大力支持和帮助，许多同行提出宝贵意见，在此致以衷心的感谢。

鉴于编者水平有限，成书时间仓促，书中错误和不妥之处在所难免，热切希望广大读者批评、指正。

彭真万

2017 年 6 月

目　录

第一篇　几何结晶学基础

第二篇　矿物学通论

第三篇　矿物各论

绪　　论

内容介绍 *矿物的概念，矿物学的任务和研究内容以及发展史，矿物学与其他学科的关系，矿物在国民经济建设中的作用。*

知识目标 *理解和掌握矿物的概念、矿物学的研究内容。*

能力目标 *能从概念上区分矿物、准矿物、人造矿物、陨石矿物，明确矿物的各种用途。*

矿物是一种人类赖以生存和发展的宝贵资源，是地质科学研究的主要对象之一。

一、矿物的概念

矿物是地壳中各种地质作用形成的天然单质和化合物，它们具有一定的化学成分、外部形态、物理化学性质和晶体结构，并在一定的物理化学条件下稳定，是组成岩石和矿石的基本单元。

在地壳中由地质作用形成的，具有相对固定化学成分，但没有确定晶体结构的均匀固体，称为准矿物或似矿物。地壳中准矿物数量有限，较常见的有胶体蛋白石，以及变生非晶质的锆石、褐帘石等。准矿物也是矿物学的研究对象。

人们在实验室、工厂中可以获得某些成分、结构和性质与天然矿物相似或相同的物质，如合成金刚石、钇铝榴石等，但由于它们是人工制作而不是地质作用形成的产物，只能称为"人造矿物"或"合成矿物"。陨石、月岩来自其他天体，其中的矿物称为"陨石矿物""月岩矿物"，或统称为"宇宙矿物"。这样可将它们与地壳中的矿物相区别。

矿物都有相对固定的化学成分，并用化学式表示。例如金刚石的成分为碳，其化学式为 C。黄铜矿由铜、铁、硫组成，其化学式为 $CuFeS_2$。但矿物的化学成分又可以在一定的范围内变化，如闪锌矿（ZnS）中经常含有铁（Fe），自然金（Au）中含有银（Ag），这些变化会造成矿物性质上的差异，并能反映矿物形成时的地质环境。

每种矿物都具有一定的物理化学性质，矿物的物理化学性质决定于矿物的成分和结构。这些性质是人们认识矿物的依据和利用矿物的因素之一。

矿物是地壳中岩石和矿石的组成单位。每种岩石、矿石可以由一种或数种矿物组成。如石灰岩由方解石组成，花岗岩主要由长石、石英、黑云母等矿物组成，铅锌矿石由方铅矿、闪锌矿等矿物组成。组成岩石或矿石的矿物在空间上、时间上的形成具有一定的规律，这决定于矿物的成分与形成时的地质条件。

矿物形成以后，也不是一成不变的，当外界条件改变到一定程度时，矿物就要发生变化，形成稳定于新条件下的新矿物。例如黄铁矿与水和空气接触，就会形成褐铁矿。

据统计，目前全世界已发现的矿物有 4145 种，它们不均匀地分布于地壳中。

二、矿物学的任务与内容

矿物学是研究矿物的一门自然科学，主要研究矿物的化学成分、内部结构、外部形态、物理性质、成因产状、用途以及它们之间的相互关系，是研究地壳物质成分的重要地质基础学科之一。该课程的主要任务与内容为：

（1）系统介绍矿物学的基本理论和基础知识。主要包括：几何结晶学基础；矿物的化学组成、矿物晶体的内部结构、矿物的分类与命名；矿物的形态、性质、成因、产状、用途、矿物的变化及相互间的关系等。

（2）强化实践技能，进行各部分内容的实训。在实验室里对照模型和标本，反复操作和认真仔细观察，产生感性认识。实习内容主要为：晶体对称要素的操作，单形、聚形、双晶的分析，晶体定向与晶体符号的确定；矿物的形态、物理性质以及各类常见矿物的观察、分析和描述。

通过本课程的学习，要求能够系统掌握矿物学的基本知识，真正学会矿物的观察、描述和鉴定方法，正确认识常见的矿物，掌握各矿物的主要特征、产状及用途等，为今后从事地质矿产工作及后续地质课程的学习打下坚实的基础。

三、矿物学发展简史

矿物学的产生和发展是人类长期生产实践的结果，随着社会生产力的不断提高，矿物学也得到进一步完善和发展。

矿物学的发展历程可简要划分为以下四个阶段：

第一阶段：萌芽阶段。19 世纪中叶以前，在漫长的人类历史发展中，最初人们利用矿物和岩石制作生产工具（石器）和装饰品。进入铜器和铁器时代开始应用金属，大量开采金属矿产，矿冶事业得到发展。此阶段总的特点是以通过肉眼对矿物的外部进行鉴定为主。往往矿物、岩石、矿石不分，没有形成专门的矿物学理论和研究方法，没有单独的矿物学专著。

第二阶段：描述矿物阶段。19 世纪中叶至 19 世纪末，借助化学分析，偏光显微镜及晶体测角仪等方法开始系统地研究矿物，极大地推动了矿物学的发展，矿物学成为独立的学科。此阶段的特点是对矿物种的描述和鉴别，主要是研究矿物的形态及物理性质、化学性质、化学成分，记述矿物的产状，并提出了矿物的化学成分分类，基本上为宏观的研究。

第三阶段：从宏观研究进入微观研究阶段。19 世纪末到 20 世纪中叶，由于 X 射线的发现及其应用于晶体结构分析，揭示了矿物晶体内部的原子结构。本阶段矿物学从过去研究矿物表面特征进入对矿物本质的研究，认识到矿物的化学成分、晶体结构、形态、性质及形成条件之间的关系是统一的。奠定了矿物晶体化学分类的基础。

第四阶段：现代矿物学阶段。20 世纪中叶至今，由于现代分析测试技术的引进以及高科技迅猛发展，高精度、高速度、微区、微分析测试手段和计算机的应用，大大加深了对矿物成分、结构、性质及相互关系的认识，为矿物理论研究和具体应用提供了丰富的资料。理论的纵深发展与生产开发还促进了矿物分支学科的发展，如矿物物理学、量子矿物学、成因矿物学、找矿矿物学等。矿物学研究具备完整的体系，全球成立了国际矿物学会，许多国家设有矿物学分会、矿物研究所（室），有关大学设立了矿物学专业、矿物教研室，每年培养出许多矿物工作者和研究人员。矿物学是地质类有关专业重要的基础课程，矿物学已成为一门重要的地质基础学科。

四、矿物学与其他学科的关系

矿物学是地质科学的基础学科之一，与其他学科密切相关（图0-1）。

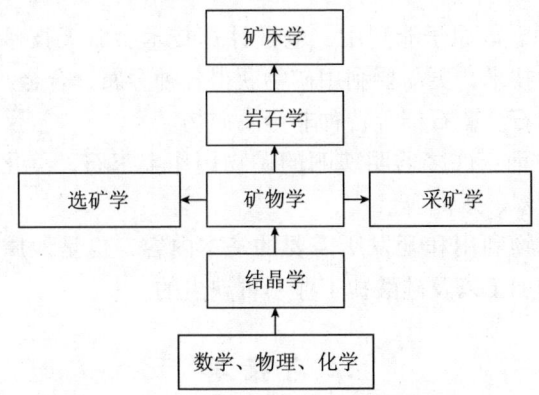

图0-1 矿物学与其他学科关系示意图

首先，矿物学是一门自然科学，它需要"数学""物理""化学"等基础学科的知识作为理论基础和实验手段。正是这些基础学科的新理论和新方法不断应用于矿物学研究，才使矿物学不断得到丰富和发展。

其次，结晶学是矿物学的重要基础，由于矿物绝大部分为晶质体，因此矿物学与结晶学密不可分，某种程度上可以说结晶学是矿物学的一个重要组成部分。

同时，矿物学又是"岩石学""矿床学""矿产勘查学""选矿学""采矿学"的重要基础，没有矿物学的知识，这些课程是难以学好的。

矿物学还与其他地质学课程具有密切关系，如"地球化学""地史学""构造地质学""地球物理勘查"等。

五、矿物在国民经济建设中的作用

矿物在国民经济建设中有着十分重要的作用，因为矿物已广泛应用于人类生产和生活的各个领域，工业、农业、国防和科学技术的发展都离不开矿物原料。矿物的利用形式是多种多样的，有的是利用矿物的化学成分，有的是利用矿物所特有的物理性质或化学性质，还有的利用矿物的理想形态。

（1）工业方面：冶金工业上需要各种矿石，如铁、锰、铜、铅、锌、镍、钴、钼、钨、钒、钛、铝等矿石，用以制炼各种钢材、合金和纯金属，以满足机器制造业、造船业、汽车、机车、飞机制造以及国防工业等的需要。化学工业则需要大量的黄铁矿、硫、硝石、萤石以及钾、钠、镁、硼的化合物等矿物。橡胶工业和纺织工业需要硫、滑石、高岭石和重晶石等。陶瓷工业、耐火材料工业和绝缘材料工业则需要大量的石英、长石、铬铁矿、高铝矿物、高岭石、菱镁矿、滑石、云母、石棉、蛭石等矿物。核工业需要含放射性元素的矿物等。

（2）农业方面：需要大量的钾盐、磷盐、硝石、石膏、硫、菱镁矿等作为生产化肥的原料；需要砷、硫以及溴、钡、锌的化合物作为生产农药的原料；还需要沸石、石膏、方解石等矿物来改良土壤等。

（3）国防方面：要实现国防现代化，首要的任务是研制和生产先进的武器装备，这就需要从各种矿石中提炼出黑色金属、有色金属和稀有金属等作为研制武器的原料和材料。

（4）科学技术方面：以原子能利用、电子计算技术、航天技术、海洋科学的发展为主要标志的现代化科学技术，更需要利用矿物获得各种金属、合金。此外，还需要应用金刚石、压电石英、冰洲石、蓝石棉等特种非金属矿物。

（5）珠宝玉石业方面：许多透明瑰丽的矿物用作宝玉石，美化人们的生活。如红宝石、钻石、祖母绿、翡翠、水晶等。

矿物学的知识是矿物利用和开发所需要的基本内容，也是地质调查、矿产普查与找矿、采矿、选矿、矿物加工以及硅酸盐工业不可缺少的。

学 习 指 导

⊙要点　绪论是矿物学的入门，要正确理解什么是矿物，从矿物的形成条件、成分、性状等方面把握定义；了解矿物学的研究内容、形成历史和发展现状；了解矿物学与其他学科的关系及学习矿物学的重要意义。将以上内容连贯起来领会，从而达到全面掌握的目的。

⊙重点　矿物的概念，矿物学的任务，矿物在国民经济建设中的作用。

⊙难点　矿物与准矿物、人造矿物的区分，矿物学与其他学科的关系。

思考题与作业

（1）什么是矿物？如何区分矿物与岩石、矿石？

（2）下列哪些物质是矿物？

冰糖、金刚石、玻璃、水晶、沥青、泉水、石膏、

雄黄、空气、方解石、磁铁矿

（3）矿物学的研究内容包括哪些？

（4）矿物有哪些用途？为什么要学习矿物学？

（5）矿物与准矿物有哪些异同点？

（6）矿物在自然界中形成后是否就永久不变了？

第一篇　几何结晶学基础

第一章　晶体概述

内容介绍　晶体与非晶体的概念、晶体的内部结构、晶体的形成和晶体的基本性质。

知识目标　理解和掌握晶体与非晶体的定义及基本特征；理解空间格子的含义，掌握空间格子的类型；了解晶体是如何形成的及晶体有哪些基本性质。

能力目标　能区分晶体与非晶体，认识平行六面体的基本形态，会测量晶面夹角。

自然界有各种各样的物质，它们的形状、大小、成分、性质等各不相同。根据物质存在的状态，可将它们分为气体、液体和固体。固体中，由于内部结构上的差别，可分为晶体和非晶体两类，且以晶体居多，分布最广，是人们研究和利用的主要对象。

第一节　晶体与非晶体

一、晶体的定义及特点

最早，人们把无色透明的冰称为晶体。后来把无色透明并具有多面体外形的水晶也称为晶体。在采矿过程中发现了很多具有规则多面体外形的天然矿物，如石盐、方解石、磁铁矿（图 1 - 1）等。于是晶体就被推广为具有规则多面体外形的天然固体。

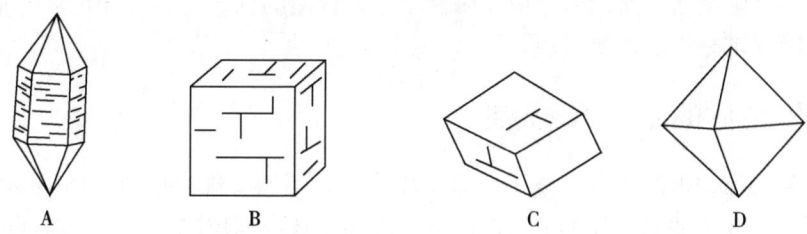

图 1 - 1　水晶（A）、石盐（B）、方解石（C）和磁铁矿（D）晶形

随着生产的发展和科学的进步，人们对自然事物的观察逐步深入，认识到只把具有多面体外形的固体称作晶体是不全面的。由同一种物质组成的石英既可以呈多面体形态产出，如水晶产于晶洞中；也可以呈极不规则形态的颗粒生成于岩石之中。显然，这种形态上的差异，是由生成时的空间条件不同造成的。近代科学实验已经证明，将不具多面体外形的纯净石英颗粒，放入含有石英成分的溶液中，在一定的温度和压力下，石英颗粒就可

以生长成具有多面体外形的水晶。由此可见，自然多面体形态并非晶体最根本的特征，而是晶体的某种内在本质，在一定条件下的外在表现。晶体的本质必须从它的内部去寻找。

近代应用 X 射线分析，揭示了大量晶体的内部结构。现已证明，一切晶体，不论其外形如何，它的内部质点（原子、离子和分子）都是做有规律排列的。这种规律表现为质点在三维空间做周期性的平移重复，从而构成了所谓的格子构造（这一点将在下节详述）。因此，按照现代的概念，凡是质点做有规律排列、具有格子构造的物质即称为结晶质，结晶质空间的有限部分即为晶体。

晶体的定义是：晶体是具格子构造的固体。

晶体本质的特点是晶体内部质点在三维空间做有规律的格子状排列，这种有规律的排列，表现在相同的质点在三维空间做周期性的重复出现（图 1-2A 为 Be_2O_3 晶体内部的质点做有规律排列的情况）。所有晶体皆是如此，没有例外。晶体的基本性质与这一特点密切相关。

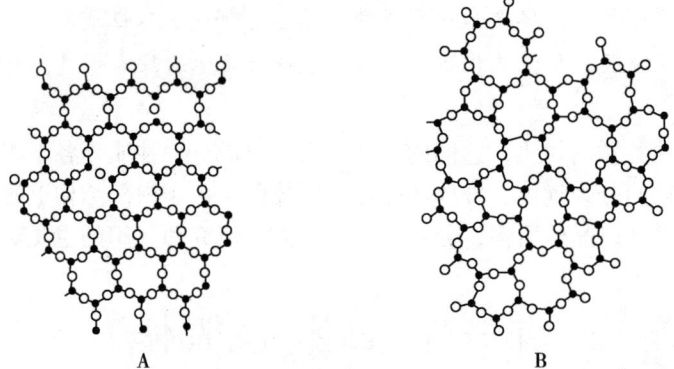

图 1-2 Be_2O_3 晶体（A）与非晶质体（B）的内部质点排列情况

晶体分布十分广泛，可以毫不夸张地讲：人们是生活在"晶体的世界"之中，自然界中分布着许许多多各式各样的晶体。例如，砂粒、土壤、岩石和矿石，绝大多数都是由矿物晶体所组成。各类晶体形态复杂多样，大小悬殊。例如有的矿物晶体可重达百吨，直径数十米；有的晶体可以十分细小，需要借助显微镜，甚至电子显微镜或 X 射线分析方能识别。人们日常生活中所用的金属，陶瓷制品，食用的糖、盐、部分化学药品，以及人体的眼球角膜等都是由晶体所组成。

二、非晶体的定义及特点

非晶体是指那些内部质点（离子，原子或分子）不做有规律排列（即不具格子构造）的固体。图 1-2B 为非晶质体的 Be_2O_3 玻璃的内部质点排列情况示意图。通常所讲的非晶体不包括气体和液体。

非晶体的本质特点是它内部不具格子构造，这是与晶体的根本区别。

从内部结构角度来看，非晶质体中质点的分布与液体相同，所以，严格地讲非晶体只能称为过冷却的液体，或者称为硬化了的液体，不能称为固体。只有晶体才是真正的固体。由于非晶体中质点不呈有规律排列，因而不能自发地形成多面体外形，又称它是无定形体。

常见的非晶体如玻璃、塑料、沥青、松香、琥珀，以及火山爆发时喷溢出的物质因快速冷凝而形成的火山玻璃等，但其分布远远比晶体少。

在一定条件下晶体与非晶质体可以相互转化。如晶体矿物锆石、褐帘石，因所含放射性元素蜕变的破坏而成非晶质锆石、非晶质褐帘石，这是晶体向非晶质体转化，称为非晶化或玻化。而非晶质的火山玻璃在漫长的地质年代中，可部分或全部转变成晶质体；玻璃、胶体、塑料的老化，实际上是发生了晶化，即脱玻化，这是非晶质体向晶体转化。

第二节　空间格子

一、空间格子的概念

晶体的内部质点在三维空间呈周期性重复排列，形成晶体的格子构造。但是，不同的晶体其内部质点的种类、质点在空间排列的形式和间隔大小是有所不同的。为了说明晶体内部格子构造的共同规律，从具体的晶体结构中抽象出来的、表示晶体结构的几何图形，称为空间格子。

以氯化铯为例，图1-3为CsCl晶体的格子构造。图1-3A中黑点示Cs^+的中心，白点示Cl^-的中心，无论Cs^+或Cl^-在任何方向上，都是每隔一定距离重复出现一次。在该图中任意选择一个几何点（如一个Cl^-的中心点）为原始几何点，那么，在晶体的格子构造图中可以找出无数个与原始几何点性质相同、占据的空间位置相当及周围环境相似的几何点，这些几何点称为相当点（或等同点）。这些相当点构成了图1-3B的几何图形。可见，相当点在三维空间按照晶体内部格子构造中质点的分布形式有规律的重复，做格子状排列，构成空间格子。

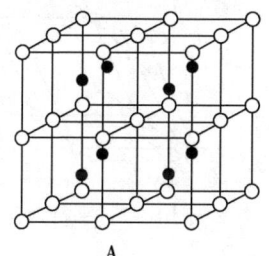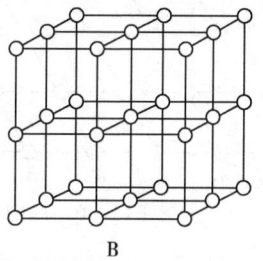

图1-3　CsCl晶体的格子构造（A）与空间格子（B）

A图中白圈为Cl^-，黑圈为Cs^+；B图中白圈为结点

在实际晶体中质点之间的间距是以 Å（埃）❶ 作为计量单位。在边长为0.1 cm的氯化铯立方体晶体中，所包含的单位构造立方体数目就有6×10^{12}之多。这说明质点之间的间距甚微。晶体内部的质点可以看作是无限排列的，相当点在三维空间也是做无限排列的，由相当点构成的空间格子也是无限图形。

所以，空间格子是指由相当点在三维空间无限排列形成的，表示晶体的格子构造普遍

---

❶　1 Å = 10^{-8} cm。

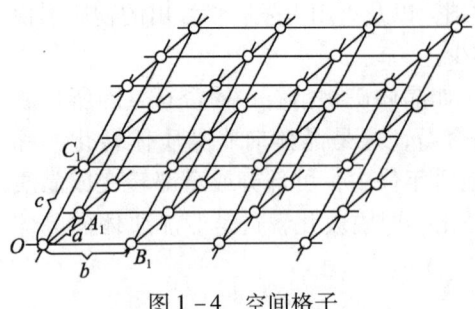

图 1-4 空间格子

规律的几何图形。

空间格子的一般形状如图 1-4 所示。

二、空间格子的要素

空间格子由以下几种要素组成：

（1）结点：空间格子中的相当点称为结点。在实际晶体中，结点的位置为同种质点（离子、原子或分子）所占据。但结点本身不代表任何质点，它只代表一个几何点。

（2）行列：结点在直线上的排列即构成行列（图 1-5）。行列上相邻两结点之间的距离称为结点间距（图 1-5 中的 a）。在同一行列上结点间距都是相等的。相互平行的行列其结点间距相等，不平行的行列其结点间距一般不等。

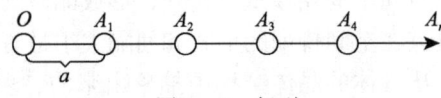

图 1-5 行列

（3）面网：结点在平面上的分布构成面网（图 1-6）。面网中单位面积内结点的密度称为面网密度。在同一面网内，面网密度都是相等的。空间格子中任意三个不在同一行列上的结点就可联结成一个面网。互相平行的面网，网面密度相等；不平行的面网，网面密度一般不等。互相平行的相邻两面网之间的垂直距离称为面网间距。

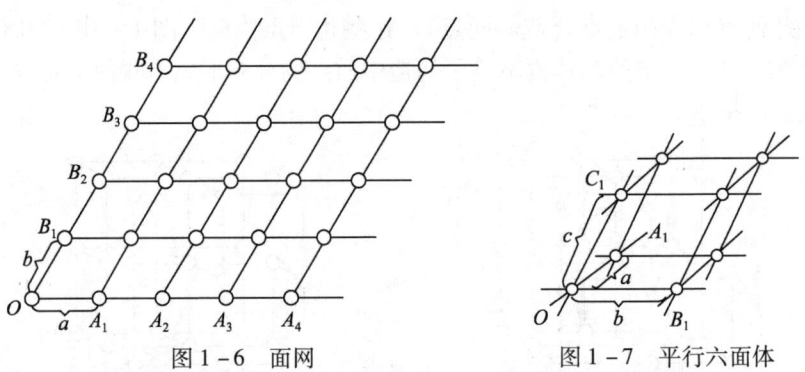

图 1-6 面网   图 1-7 平行六面体

（4）平行六面体：是空间格子的最小单位。由 6 个两两平行的面网所组成（图 1-7），在实际晶体结构中，这样划分出来的最小单位称为晶胞。整个晶体结构可视为晶胞在三维空间平行地、毫无间隙地重复累叠。晶胞的形状与大小，则取决于它的 3 个彼此相交的棱的长度（图 1-7 中的 a、b、c）和它们之间的夹角。这种表示晶胞形状和大小的数据称为晶胞参数。

三、空间格子类型

1. 平行六面体的基本类型

如上所述，空间格子是晶体结构中结点在三维空间周期性地无限重复排列而成的几何图形。空间格子的形状，可用平行六面体来表示。如图1-8所示，以 a_0、b_0、c_0 分别表示平行六面体上3条棱的绝对长度。α、β、γ 分别表示棱间夹角，则平行六面体的形状及大小决定于 a_0、b_0、c_0、α、β、γ 之值。上述表示单位平行六面体的大小和形状的数据称为单位平行六面体参数。

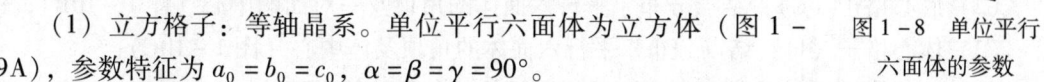

图1-8 单位平行六面体的参数

按照单位平行六面体的形状，可将空间格子划分为以下七种类型（图1-9），与晶体的七个晶系（见第二章第二节）相对应。

（1）立方格子：等轴晶系。单位平行六面体为立方体（图1-9A），参数特征为 $a_0 = b_0 = c_0$，$\alpha = \beta = \gamma = 90°$。

（2）四方格子：四方晶系。单位平行六面体为一横切面呈正方形的四方柱体（图1-9B），柱面的交棱规定为 c_0，参数特征为 $a_0 = b_0 \neq c_0$，$\alpha = \beta = \gamma = 90°$。

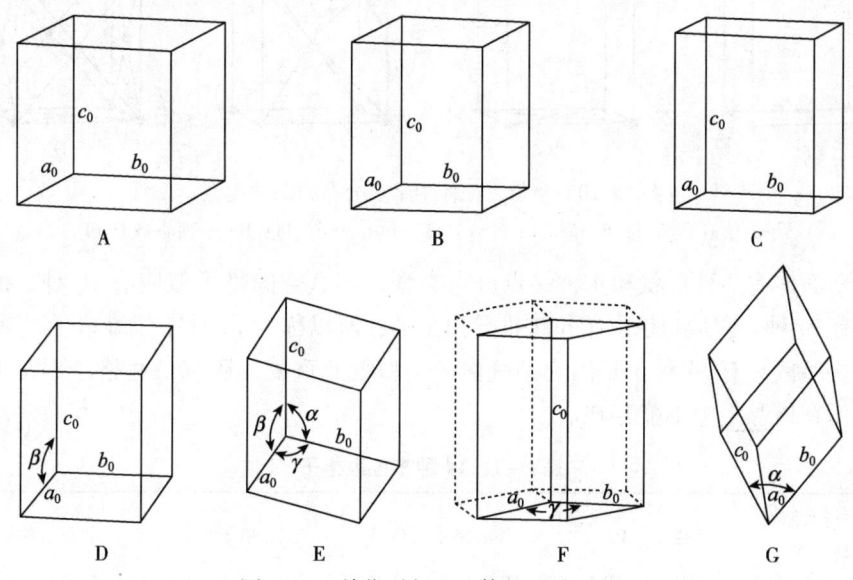

图1-9 单位平行六面体的七种形状

（3）斜方格子：斜方晶系。单位平行六面体的形状如火柴盒（图1-9C），参数特征为 $a_0 \neq b_0 \neq c_0$，$\alpha = \beta = \gamma = 90°$。

（4）单斜格子：单斜晶系。单位平行六面体中的面有一个方向倾斜，其他两个方向互相垂直（图1-9D），两平行四边形平面间的连接棱规定为 b_0，参数特征为 $a_0 \neq b_0 \neq c_0$，$\alpha = \gamma = 90°$，$\beta \neq 90°$。

（5）三斜格子：三斜晶系。单位平行六面体为一不等边的斜的平行六面体（图1-9E），参数特征为 $a_0 \neq b_0 \neq c_0$，$\alpha \neq \beta \neq \gamma \neq 90°$。

（6）六方格子：六方晶系。单位平行六面体为一底面呈菱形的柱体，底面上菱形的夹角为120°和60°（图1-9F的实线条部分）。单独一个这样的平行六面体不具备六方对称的特征，因此必须把三个菱形柱体合并成横断面为正六边形的六方柱体（图1-9F），但是合并后的六方柱又不是平行六面体，因此仍以菱形柱体作为单位平行六面体，棱柱面交棱规定为 c_0，参数特征为 $a_0 = b_0 \neq c_0$，$\alpha = \beta = 90°$，$\gamma = 120°$。

（7）菱面格子：三方晶系。单位平行六面体为菱面体，相当于立方格子沿对角线方向拉长或压扁而成，规定拉长或压扁的方向为直立方向（图 1-9G）。参数特征为 $a_0 = b_0 = c_0$，$\alpha = \beta = \gamma \neq 90°$，$60°$，$109°28'16''$。

2. 14 种布拉维格子

根据结点在单位平行六面体中分布的情况，空间格子又可分为四种类型：

（1）原始格子（P）：结点分布于平行六面体的角顶（图 1-10A）；

（2）底心格子（C）：结点分布于平行六面体的角顶及一对面的中心（图 1-10B）；

（3）体心格子（I）：结点分布于平行六面体的角顶及体中心（图 1-10C）；

（4）面心格子（F）：结点分布于平行六面体的角顶及每个面的中心（图 1-10D）。

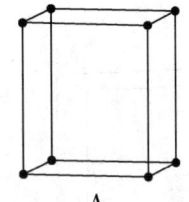 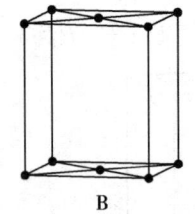 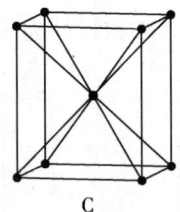 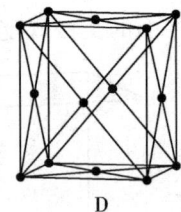

A   B   C   D

图 1-10　平行六面体中结点分布的四种类型

A—原始格子（P）；B—底心格子（c）；C—体心格子（I）；D——面心格子（F）

平行六面体有 7 种形状和 4 种结点分布类型，那么空间格子似应有 28 种，但实际空间格子只有 14 种。它最初是由布拉维推导出来的，所以称为 14 种布拉维格子（表 1-1）。空间格子之所以只有 14 种，是因为某些格子类型彼此重复，还有一些格子不符合某些晶系的对称而在该晶系中不能存在。

表 1-1　14 种布拉维格子

所属晶系	单位平行六面体参数特征	原始格子（P）	体心格子（I）	底心格子（C）	面心格子（F）
三斜晶系	$a_0 \neq b_0 \neq c_0$ $\alpha \neq \beta \neq \gamma \neq 90°$	三斜原始格子（Z）	I = P	C = P	F = P
单斜晶系	$a_0 \neq b_0 \neq c_0$ $\alpha = \gamma = 90°$ $\beta \neq 90°$	单斜原始格子（M）	I = P	单斜底心格子（N）	F = C

所属晶系	单位平行六面体参数特征	原始格子（P）	体心格子（I）	底心格子（C）	面心格子（F）
斜方晶系	$a_0 \neq b_0 \neq c_0$ $\alpha = \beta = \gamma = 90°$	 斜方原始格子（O）	 斜方体心格子（P）	 斜方底心格子（Q）	 斜方面心格子（S）
三方晶系	$a_0 = b_0 = c_0$ $\alpha = \beta = \gamma \neq$ $90°$，$60°$， $109°28'16''$	 菱面体格子（R）	I = P	与本晶系对称不符	F = P
六方晶系	$a_0 = b_0 \neq c_0$ $\alpha = \beta = 90°$ $\gamma = 120°$	 六方格子（H）	与空间格子条件不符	与本晶系对称不符	与空间格子条件不符
四方晶系	$a_0 = b_0 \neq c_0$ $\alpha = \beta = \gamma = 90°$	 四方原始格子（T）	 四方体心格子（U）	C = P	F = I
等轴晶系	$a_0 = b_0 = c_0$ $\alpha = \beta = \gamma = 90°$	 立方原始格子（C）	 立方体心格子（B）	与本晶系对称不符	 立方面心格子（F）

第三节　晶体的基本性质

晶体所共有的性质称为晶体的基本性质，主要有以下几种。

一、自限性

晶体能自发地形成几何多面体形态的性质称为自限性。例如石盐晶体，在理想的条件下总是生长成规则的立方体。这一性质是由晶体的格子构造所决定的。

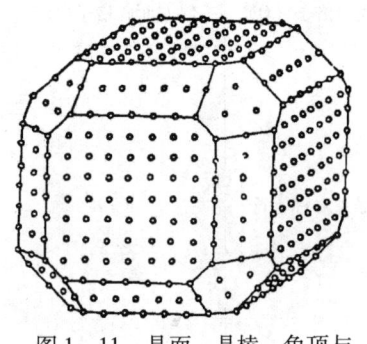

图 1-11　晶面、晶棱、角顶与
面网、行列、结点的关系示意图

具有几何多面体外形的实际晶体，其平面称为晶面，晶面相交的直线称为晶棱，晶棱汇聚的点称为角顶或晶顶（图 1-11）。晶面有大有小，晶棱有长有短，它们都是晶体格子构造在外表形态上的反映。与空间格子要素存在着对应关系，即：晶面相当于空间格子最外面的一层面网，晶棱相当于空间格子的行列，角顶相当于结点，晶胞相当于平行六面体。

非晶质体不具格子构造，故不具有自限性。如玻璃、塑料等不能自发地生长成具规则多面体的几何外形。

二、均一性和异向性

同一晶体在各个不同的部位，具有相同的性质称为均一性。例如，在同一晶体上的不同部位任意取出一些晶体小块（图 1-12），测定它们的化学成分和物理性质（如密度、光学常数……），其结果必定都是相同的。这是因为晶体内部各处结构都是相同的缘故。

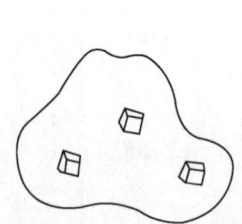

图 1-12　晶体的均一性图解

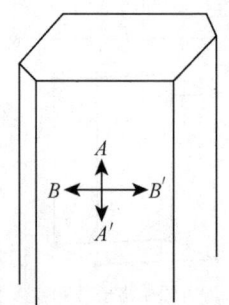

图 1-13　蓝晶石晶体上两种不同的硬度

同一晶体的不同方向上性质不同，称为异向性。如蓝晶石（又称二硬石）的不同方向上硬度不同（图 1-13），BB' 方向上的硬度大于 AA' 方向上的硬度；又如长石、辉锑矿等矿物在受外力打击之后总是沿着一定方向裂开，而另一些方向则不易裂开，这些都是晶体异向性的实例。异向性在晶体的光学、热力学、电学等方面都有表现。晶体的异向性一般是由于晶体结构中不同方向上质点的性质与排列方式不同而引起的。

非晶体（如玻璃等）一般表现为等向性，即各种性质不随方向不同而改变。

三、最小内能与稳定性

晶体与同种物质的非晶体、液体、气体比较，具有最小内能。例如，冰是一种晶体，它的内能就比水和水蒸气小。当水的温度逐渐下降，在常压下降至零摄氏度时，水就开始结冰，由液体状态转变为固体状态。水分子由无规则状态改变为有规律排列的结晶格子时，伴随有能量的析出，相反，冰要融化成水，则要吸收能量（加热）。

物体的内能包括动能与势能。动能与温度有关，不能用它来比较晶体与非晶体的内能。可以用来比较晶体与非晶体内能的只有势能。势能的大小决定于质点间的距离与排列。晶体内部质点做有规律排列，这种规律的排列造成质点间的引力与斥力达到平衡，使晶体的各个部分处于势能最低。非晶体内部质点不做有规律排列，质点间的距离不是平衡距离，因而具有比晶体大的势能。因此，在一定的温度和压力条件下，晶体与成分相同的非晶体比较，具有最小内能。而非晶体具有比晶体大的内能。

晶体的格子构造是晶体实现最小内能的根本原因。由于晶体具有最小的内能，所以处于相对稳定的状态，这就是晶体的稳定性。晶体只有在得到足够外来能量时，破坏了格子构造，使内部质点做无规律排列，才能破坏其稳定性，使之向非晶体转化。

四、定熔性

晶体在熔化时具有一定熔点的性质称为定熔性。例如，自然金的熔点为 1063 ℃，水晶的熔点为 1710 ℃ 等。

晶体的定熔性，可用晶体在熔解时的加热曲线（图 1 – 14）予以说明。从图 1 – 14 可知，晶体在熔化过程中出现了温度保持不变的停顿阶段，此阶段所指的温度称为晶体的熔点。晶体之所以有一定的熔点，是由于晶体的格子构造各个部分相同，要破坏各处的构造时，必然需要相同的热能，即具相同的温度，故有一定的熔点。

非晶体的加热曲线与晶体完全不同，表现在整个加热过程中温度始终逐渐升高，没有明显的停顿阶段（图 1 – 15），直至熔化，其加热曲线为一光滑的曲线，这就表明非晶体在熔化时没有一定的熔点。

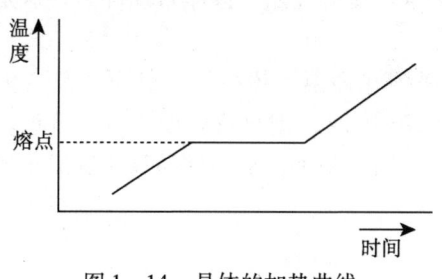

图 1 – 14　晶体的加热曲线

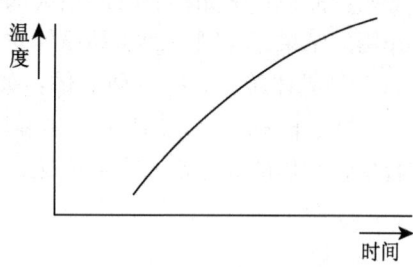

图 1 – 15　非晶体的加热曲线

五、对称性

晶体具异向性，但这并不排斥晶体在某些特定的方向上具有相同的性质。在晶体的外形上，也常有相等的晶面、晶棱和角顶重复出现。这种相同的性质在不同的方向或位置上做有规律的重复，就是对称性。晶体的格子构造本身就是质点重复规律的体现。对称性是晶体极重要的性质，是晶体分类的基础，第二章将专门进行讨论。

第四节 晶体的形成

一、晶体的形成方式

大多数物质都能在一定条件下形成晶体。根据物质的存在状态，晶体的形成有三种方式：从液体中结晶形成晶体、由气体转变为晶体和由固体转变为晶体。

1. 从液体中结晶形成晶体

从液体中结晶析出晶体是生成晶体的最普遍方式，可分为两种情况：

（1）从溶液中结晶：从溶液中形成晶体，是自然界常见的和实验室常用的方法。从溶液中结晶必须在过饱和溶液中才能进行。如盐湖中因蒸发使溶液达到过饱和而结晶，形成许多盐类矿床中的盐类矿物——石盐、石膏、硼砂、光卤石等；实验室中制取的各种化学结晶药品，都是从过饱和溶液中结晶的实例。

（2）从熔体中结晶：如冶金中钢锭的浇铸，铸石工艺中硅酸盐材料的制取，都是工业上大规模从熔体中获得晶体集合体的实例。在地壳中，由岩浆作用所形成的岩浆岩其绝大多数矿物都是从熔融的岩浆中结晶生成的。物质从熔体中结晶，是在温度下降到该物质的熔点时才发生的。

2. 由气体转变为晶体

由气体直接结晶成晶体，必要的条件是需要足够低的蒸气压。如火山爆发时，由于温度、压力降低，在火山口附近生成的石盐、硫黄、氯化铁等晶体；以及寒冬时见到的雪、霜和窗户玻璃上的冰花，都是由气体直接转变为晶体的实例。

3. 由固体转变为晶体

（1）固态的非晶质体转变为晶体：如火山玻璃，在漫长的地质年代中发生晶化转变为石髓等矿物晶体；又如存放时间很久的玻璃会自行变得混浊，甚而自动碎裂，这是由于脱玻化作用的结果，使固态的非晶质体转变为晶体。

（2）一种晶体转变为另一种晶体：如石墨晶体在高温、超高压条件下，能变为金刚石晶体。又如，β-石英在常压下，当温度低于 573 ℃时，则自行转变为 α-石英。上述晶体的转变，它们的成分都未发生变化，但内部结构改变了，从一种晶体转变成了另一种晶体。

二、晶体的形成过程

晶体的形成过程大致可分为晶芽形成和晶体长大两个阶段。以从液体中形成晶体为例。

1. 晶芽的形成、长大与科塞尔理论

晶芽（或称晶核）是液体中物质结晶的中心，本质上乃是细小的晶体。

以过饱和的 NaCl 溶液中 NaCl 晶体的形成过程为例：在过饱和的 NaCl 溶液中，有大量带正、负电荷的 Na^+ 和 Cl^-。在一定的热力学条件下，随着温度的逐渐降低，离子的动能减小，Na^+ 与 Cl^- 间引力作用增大，相互结合首先形成线晶（图 1−16A），线晶的相互靠拢形成面晶（图 1−16B），面晶的相互叠合形成结晶格子（图 1−16C），结晶格子就是很小的晶体，即为晶芽。

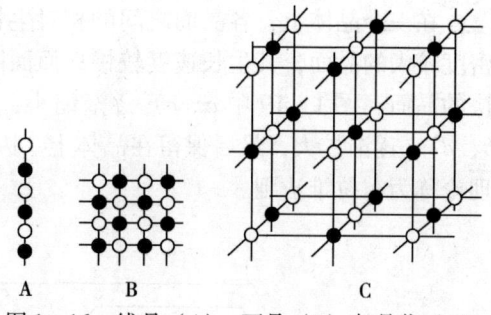

图 1−16 线晶（A）、面晶（B）与晶芽（C）

晶芽除了上述自发形成外，也可以是外来的杂质、晶体的碎块、胶体质点、气泡等，以它们作为溶液中物质的结晶中心。

晶芽在不饱和溶液中也可能形成，但形成后很快又被溶解而消失，因此不饱和溶液中不能形成晶体。

晶体的长大，实质是溶液中过剩的质点向晶芽上黏附并按结晶格子扩大的过程。质点以何种方式和次序向晶芽上黏附？科塞尔认为：晶体长大过程中，质点是以一个一个的方式往晶芽上黏附，其次序是先完成一条行列再长相邻的行列；长完一层面网之后再长第二层面网，即面网呈层平行向外推移。这就是科塞尔理论。

这一理论可用图 1−17 加以解释。他设想了一个正在生长着的单种原子所组成的立方格子晶体，新质点首先被吸附在具有三面凹角的"1"处。因为该处有三个最近邻的质点对它吸引，且吸引力最大。当不存在三面凹角位置时，新质点被黏附在具有两面凹角的"2"处，因该处有两个最近邻的质点对它吸引，其吸引力较"1"次之。当上述位置都没有时，新质点才被黏附在"3"处，此处只被晶体上最近邻的一个质点所吸引。按此方式和次序，显然是长完一条行列，再长相邻的行列，长满一层面网，再长相邻的面网，整个面网呈层平行向外推移。

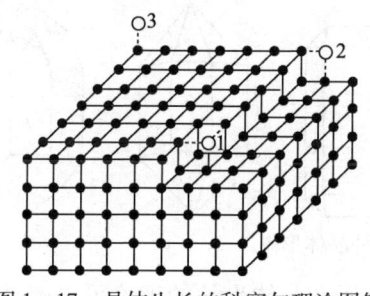

图 1−17 晶体生长的科塞尔理论图解

图 1−18 石英晶体的带状构造

这一理论对解释晶体的自限性，某些晶体呈带状构造（图 1−18），以及后面将讲的面角恒等定律等都有着重要的意义。

2. 晶面的生长速度与布拉维法则

晶体生长过程中，面网平行向外推移，各面网向外推移的距离不完全相等。如图 1−19 所示，晶面 a 和 c 向外推移距离比晶面 b 和 d 要大。

将晶面在单位时间内沿其法线方向向外推移的距离称为晶面的生长速度。

在一个晶体上，各晶面之间的相对生长速度与晶面本身的面网密度成反比。一般面网密度较大的晶面，其生长速度较慢；而面网密度较小的晶面，其生长速度较快。生长速度快的晶面（图1-19中a、c）逐渐缩小，以至消失；而生长速度慢的晶面（图1-19中b、d），逐渐扩大，最后保留在晶体上。因此，实际晶体被面网密度大的晶面所包围。此理论称为布拉维法则。

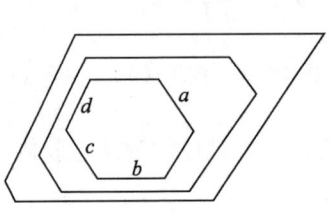

图1-19　晶体的生长速度图解

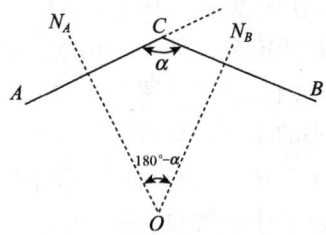

图1-20　晶面夹角与面角

三、面角恒等定律

面角是指晶面法线间的夹角。图1-20中晶面AC和BC，其法线间的夹角$\angle N_AON_B$即为面角。

晶面夹角是指两个晶面间的夹角，如图1-20中$\angle ACB$（即α角）。晶面夹角与面角互为补角关系。

面角恒等定律：在相同的温度、压力条件下，成分和结构相同的所有晶体，其对应晶面间的面角恒等。

图1-21是石英几种不同外形的晶体，测其晶面夹角，各晶体对应晶面夹角均相等。即$a \wedge b = 141°47'$，$a \wedge c = 113°08'$，$b \wedge c = 120°00'$。广泛地对其他种类矿物的不同形态的晶体进行测量，都证实了这一规律的普遍性。

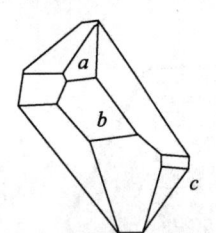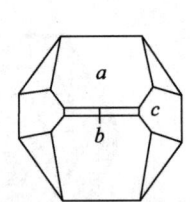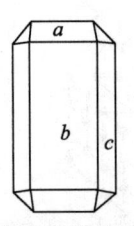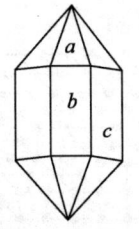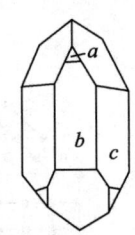

图1-21　石英的几种晶体形态

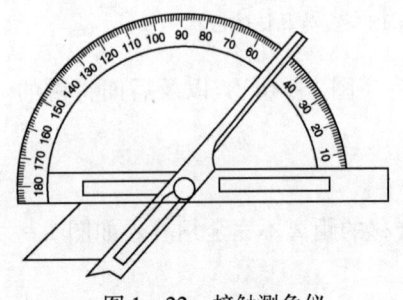

图1-22　接触测角仪

用空间格子和晶体生长的理论可以解释面角恒等定律。成分和结构相同的晶体，必然具有相同的格子构造。它们的对应晶面亦必然相当于对应面网，而对应面网的夹角都是恒等的。同时，晶体在生长过程中晶面是平行向外推移的，因此，它们对应的晶面不论发育的大小及形状如何，其所夹的角必然是恒等的。晶面夹角与面角呈互补关系，因此，面角也恒等。

面角可以用测角仪进行测量。图1-22为接触测角仪，包括一个带有180°刻度的半圆规及一个固定于半圆规中心、可以自由旋转的直臂板。测量时，使半圆规的底边和直臂板与晶体的两个晶面垂直贴紧，然后读半圆规上的刻度，就可以得出晶面间的面角。

学 习 指 导

📎 **要点** 学习结晶学知识的入门是进入"晶体世界"的唯一通道，其知识性、趣味性都很强，学习难度也较大，要求潜心学懂弄通。首先要紧紧抓住晶体的本质，以其本质为突破口逐步深入、扩展，进而理解、掌握晶体的内部结构、晶体的基本性质、晶体形成的有关理论。所述的名词、术语、定律、法则等应注意理解和熟记。

📎 **重点** 晶体的定义和特点、平行六面体的基本类型、从液体中结晶形成晶体。

📎 **难点** 空间格子的概念、科塞尔理论、布拉维法则、面角恒等定律。

 **思考题与作业**

（1）何谓晶体与非晶体？晶体具有哪些基本性质？具有这些性质的主要原因是什么？

（2）何谓空间格子？它由哪些要素组成？晶体内部结构与晶体外形之间有何关系？

（3）实际晶体与空间格子的最小单位是什么？有几种基本形状？用什么方法来表示它们的形状和大小？

（4）为什么晶体被网面密度较大的晶面所包围？

（5）为什么形态各异的同种晶体，其对应晶面的面角恒等？

（6）形成晶体的方式有哪几种？何为科塞尔理论和布拉维法则？

（7）判别下列物质中哪些是晶体，哪些是非晶体？

　　冰糖、金刚石、沥青、水晶、食盐、玻璃、雪、松香、钢材、自然金

（8）布拉维格子为何有14种？写出它们的名称。

第二章 晶体的对称

内容介绍 晶体对称的概念、对称操作和对称要素，以及晶体的分类——晶族、晶系的划分。

知识目标 理解和掌握晶体对称、对称要素的定义、32 种对称型（晶类）的特点。

能力目标 学会晶体对称的操作方法，熟练正确地找出晶体的所有对称要素，确定对称型，掌握晶族、晶系的划分方法。

第一节 对称的概念

一、对称的定义

对称现象在自然界及人类日常生活中经常可以见到。人的左右手，动物的躯体外形，植物的花冠、树叶，建筑物、器皿、图案等，常常都是对称的。它们之所以是对称的，是因为这些物体包含有两个或两个以上的相同部分，而且这些相同的部分可以做有规律的重复。

图 2-1 对称的图形

如图 2-1 所示，蝴蝶可通过垂直并平分躯体的一个镜面反映，使身体外形的左右两部分发生重合，花纹图案可通过垂直图形中心的一条直线旋转，当旋转 360°时，图案中相同的图形发生 4 次重合。然而，在图 2-2 中的两个三角形之间，虽然图形完全相同，但相互间的位置却没有一定规律，无法通过一定的操作使其重复。所以，这两个三角形不是对称的图形。

图 2-2 不对称图形

因此，对称的定义是：物体的相同部分做有规律的重复的性质。

二、晶体对称及特点

晶体对称最直观地表现在晶体的几何多面体外形上，如在不同方向上对称地分布着相同的晶面、晶棱和晶顶等。同时，晶体对称还表现在晶体的力学、电学、光学及热学等物理性质上。

晶体对称与动植物和其他物体的对称是有区别的。动植物的对称是由于生存的需要而长期演化的结果，建筑物及工艺美术品的对称是为追求美观而人为设计的，它们的对称现象都仅仅表现在外部形态上，而晶体对称是本质的，是内部格子构造的反映。晶体对称有如下特点：

（1）所有的晶体均具对称性，无一例外。因为，晶体是具有格子构造的固体，而格子构造本身就具有对称性。

（2）由于晶体对称受格子构造的严格控制，只有符合格子构造规律的对称才能在晶体上体现出来，这就是晶体对称的有限性。

（3）同一晶体上相对称的各部分，不仅在外形上可以有规律的重复，而且在化学性质及物理性质方面，它们也是完全一致的，因此，晶体对称性不仅包含几何意义，同时也包含化学的和物理的意义。如方铅矿的立方体解理，就是晶体对称性在物理性质上的一种反映。

第二节　对称操作与对称要素

一、对称操作与对称要素的概念

使晶体上相同部分做有规律的重复出现的操作称为对称操作。

对称操作时，所借助的某些辅助性的、假想的几何要素，如点、线、面等，称为对称要素。

二、对称要素的类型

晶体外形上可能存在的对称要素有对称面、对称轴、对称中心和旋转反伸轴等。

1. 对称面（P）

对称面是一个假想的平面，它把晶体平分为互为镜像的两个相等部分。其对称操作是对一个平面的反映。其符号为 P。

在图 2-3A 中，平面 P_1 和 P_2（与纸面垂直）是对称面，因它们都可以把图形 $ABDE$ 分成两个互为镜像的相等部分。图 2-3B 中的 AD 却不是图形 $ABDE$ 的对称面，因为它虽然把图形 $ABDE$ 平分为 $\triangle AED$ 和 $\triangle ABD$ 两个相等的部分，但这两部分不是互为镜像的关系，$\triangle AED$ 的镜像应是 $\triangle AE_1D$。

一个晶体中可以有对称面，也可以没有对称面。有对称面的晶体中，可能出现的对称面数目可以为 1、2、3、4、5、6、7 和 9，最多不超过 9 个。如立方体的石盐晶体就有 9 个对称面（图 2-4），记作 $9P$，其余的表示方法相似，如 $2P$，$3P$，$4P$……

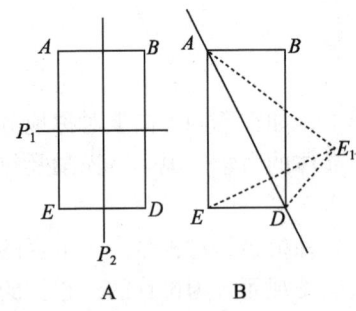
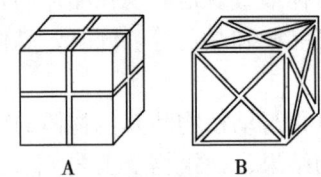

图 2 - 3　对称面（A）与非对称面（B）　　　图 2 - 4　石盐立方体晶体上的 9 个对称面

有对称面的晶体，对称面必定通过晶体的中心，并把晶体分为互成镜像反映关系的两个相同部分。对称面可能存在的位置有：①垂直等分某些晶面的平面；②包含某些晶棱的平面；③通过晶顶并平分两晶棱夹角的平面。如图 2 - 5 所示。

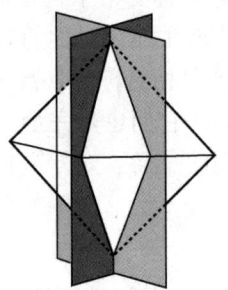

图 2 - 5　晶体中对称面可能存在的位置

图中未把对称面全部表示出来

2. 对称轴（L^n）

对称轴是通过晶体中心的一条假想直线，晶体围绕它旋转一定角度后，晶体的相等部分能重复出现。其对称操作是围绕一根直线旋转。当晶体围绕对称轴旋转 360° 时，晶体上相等部分重复出现的次数，称为轴次（n）。使相等部分重复出现所必须旋转的最小角度，称为基转角（α）。二者的关系为：$n = 360° / \alpha$。

对称轴的符号为 L，轴次 n 写在 L 的右上角，如 L^4、L^6 等。

晶体外形上可能有的对称轴见表 2 - 1。

表 2 - 1　晶体外形上可能有的对称轴

名　称	符　号	基转角	作图记号
一次对称轴	L^1	360°	
二次对称轴	L^2	180°	⬬
三次对称轴	L^3	120°	▲
四次对称轴	L^4	90°	◣
六次对称轴	L^6	60°	⬢

图 2 - 6 为分别具有 L^2、L^3、L^4、L^6 的单锥体及其断面。从图 2 - 6 可以清楚地看出，这些锥体绕轴旋转一定基转角后，相同角顶、晶面和晶棱均重复出现。例如，具 L^4 的四

方单锥，绕 L^4 旋转 $90°$ 后，锥体上的相等部分就重复出现，绕 L^4 旋转 $360°$，相等部分出现 4 次。

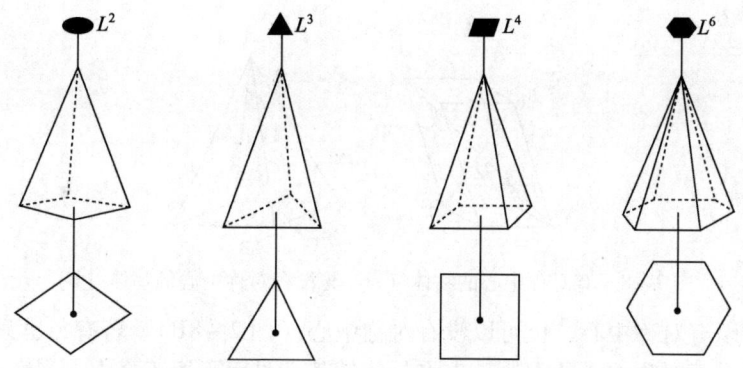

图 2-6　分别具有 L^2、L^3、L^4、L^6 的单锥体及其断面

轴次高于二次的对称轴，称为高次轴，有 L^3、L^4、L^6 三种。

在晶体中没有五次对称轴及高于六次的对称轴。这是由于它们不符合空间格子规律。在空间格子中，垂直对称轴必定有面网存在，其网孔的形状与对称轴的轴次是相对应的。如图 2-7 所示，由 L^2、L^3、L^4、L^6 所决定的多边形网孔均能无间隙地布满整个平面，符合空间格子的规律；而由 L^5、L^7、L^8 对称轴所决定的正五边形、正七边形、正八边形网孔不能无间布满整个平面，不符合空间格子规律，所以在晶体中不可能存在五次及高于六次的对称轴，这就是晶体对称定律。

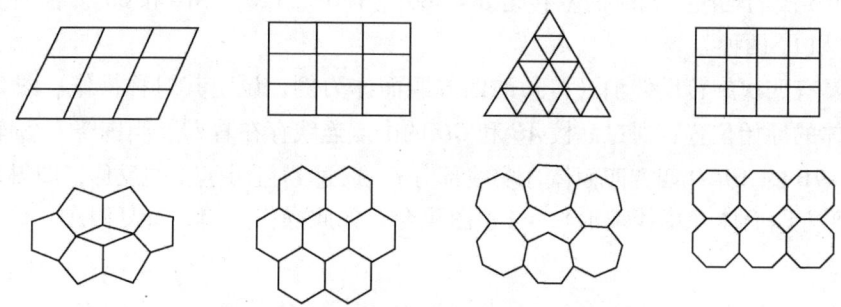

图 2-7　垂直各种对称轴的面网的网孔形状

一次对称轴（L^1）无实际意义，因为任何晶体绕任意直线旋转 $360°$，都可以恢复原状。

在一个晶体中，可以没有对称轴，也可以有一种或几种对称轴，而每一种对称轴又可以有几个。在描述晶体的对称轴时，对称轴的数目写在符号 L^n 的前面，如 $3L^4$、$4L^3$、$6L^2$ 等。

在晶体中，对称轴可能出露的位置通过晶体的几何中心，并且为：①某两平行晶面中心的连线；②某两晶棱中心的连线；③某两角顶的连线；④某晶面中心、晶棱的中点及角顶三者中任意两者之间的连线。

3. 对称中心（C）

对称中心是晶体内部一个假想的点，通过这个点的直线两端等距离的地方有晶体上相等的部分。其对称操作是对一点的反伸。其符号为 C。

图 2－8A 中晶体的中心 O 点即为对称中心。过 O 点所作直线上，距 O 点等距离的两端可以找到对应的点，如 A 和 A_1，B 和 B_1。也可以看成由 A 经过 O 点反伸到 A_1，由 B 经过 O 点反伸至 B_1。

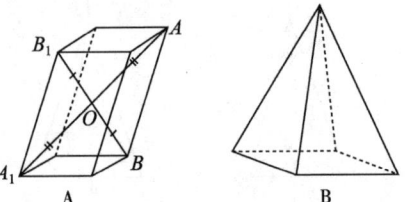

图 2－8　有对称中心的物体（A）与没有对称中心的物体（B）

晶体中可以有对称中心，也可以没有对称中心（图 2－8B），若有，也只能是一个。

判断晶体有无对称中心的方法：先将晶体的某个晶面平置于桌上，观察晶体顶面的晶面是否与它成反向平行且同形等大。将每一个晶面都进行上述的检查，如果晶体上所有晶面都可以找到同形等大且互相平行的晶面，说明晶体有对称中心，否则就没有对称中心。

4. 旋转反伸轴（L_i^n）

旋转反伸轴是通过晶体中心的假想直线，晶体绕此直线旋转一定角度后，再经直线上中点的反伸，使图像与晶体未旋转之前相重合。

这是一种复合的对称操作，旋转与反伸紧密相连而成不可分割的整体。

旋转反伸轴用记号 L_i^n 表示，i 表示反伸，n 为轴次。与对称轴一样，它也只能有 1、2、3、4 和 6 次的轴次。相应的基转角 $\alpha = 360°$、$180°$、$120°$、$90°$ 和 $60°$。但有实际意义的只有 L_i^4 和 L_i^6 两种。

现以具有四次旋转反伸轴（L_i^4）的四方四面体为例，说明其对称操作。图 2－9A 为四方四面体的原始位置，通过晶棱 AB 和 CD 的中点连线存在着 L_i^4。当围绕 L_i^4 旋转 90° 后，得到图 2－9B 的 $ABCD$ 四方四面体（实线部分）。通过 L_i^4 上中点 t 的反伸，即得 B 图中的 $C'D'A'B'$ 四方四面体（虚线表示），与 A 图重合，如此操作一周，重复四次，称为四次旋转反伸轴。

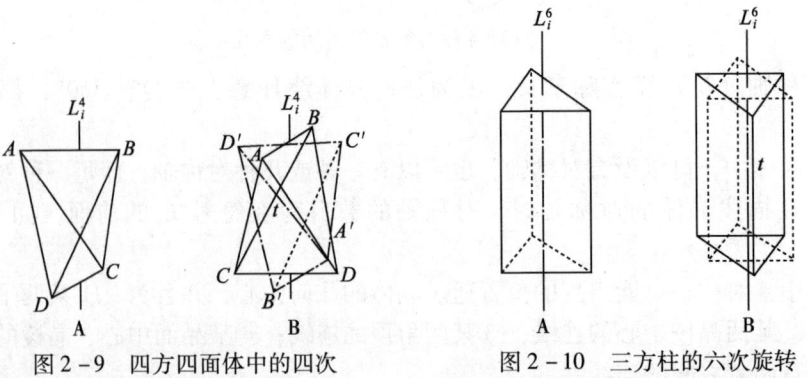

图 2－9　四方四面体中的四次　　　图 2－10　三方柱的六次旋转
旋转反伸轴及其操作　　　　　　反伸轴及其对称操作

又如图 2－10 为一个具 L_i^6 的三方柱，原始位置如图中 A，当绕 L_i^6 旋转 60° 后，得图 2－10B 的图形（实线部分）。欲使 B 图与原始位置重合，必须通过 L_i^6 上中点 t 的反伸，得 B 图中虚线图形。基转角 $\alpha=60°$，旋转一周可重复六次，故为六次旋转反伸轴。L_i^6 的作用亦相当于 L^3+P。

第三节　晶体的分类

晶体是根据其对称特点进行科学分类的。首先确定晶体的对称型，进而按对称型中有无高次对称轴及其多少，分为高、中、低三个晶族；再在各晶族中按对称特点的不同划分晶系，共有七个晶系。

一、对称型

晶体上有哪些对称要素，有多少，因晶体的种类不同而异。如图 2 – 11 中钠长石（A）只有一个对称中心；正长石（B）不仅有对称中心，还有一个二次对称轴和一个对称面；而萤石的立方体晶体（C）的对称要素最多，有三个四次对称轴、四个三次对称轴、六个二次对称轴、九个对称面和一个对称中心。

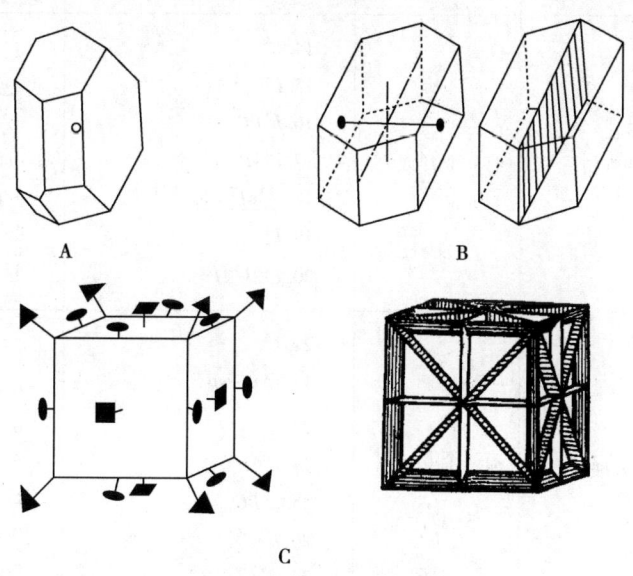

图 2 – 11　几种矿物的对称要素组合
A—钠长石；B—正长石；C—萤石

在记录对称要素的组合时，一般的格式是先写对称轴和旋转反伸轴，并按先高次轴后低次轴的顺序排列，再写对称面，最后写对称中心。例如方解石晶体对称要素的组合为：$L^3 3L^2 3PC$。

晶体对称要素的组合必须服从晶体内部格子构造的对称性，服从于对称组合的规律。根据推导，晶体对称要素的组合只有 32 种。

在单个晶体中，全部对称要素的组合，称为该晶体的对称型。图 2 – 11 中钠长石的对称型为 C，正长石的对称型为 L^2PC，萤石的对称型为 $3L^4 4L^3 6L^2 9PC$。晶体只有 32 种对称型，列于表 2 – 2 中。

表 2-2 32 种对称型及晶体分类表

晶族名称	晶系名称	对称特点	对称型种类（晶类）	对称型的国际符号
低级晶族（无高次轴）	三斜晶系	无 P，无 L^2	1. L^1 2. $\underline{C}$	1 $\overline{1}$
	单斜晶系	L^2 或 P 不多于 1	3. L^2 4. P 5. L^2PC	2 m $2/m$
	斜方晶系	L^2 或 P 多于 1	6. $3L^2$ 7. $L^2 2P$ 8. $3L^2 3PC$	222 mm（$mm2$） mmm
中级晶族（只有一个高次轴）	三方晶系	有一个 L^3	9. L^3 10. $L^3 3L^2$ 11. $L^3 3P$ 12. $L^3 C$ 13. $\underline{L^3 3L^2 3PC}$	3 32 $3m$ $\overline{3}$ $\overline{3}m$
	四方晶系	有一个 L^4 或 L_i^4	14. L^4 15. $L^4 4L^2$ 16. $L^4 PC$ 17. $L^4 4P$ 18. $\underline{L^4 4L^2 5PC}$ 19. L_i^4 20. $L_i^4 2L^2 2P$	4 422 $4/m$ $4mm$ $4/mmm$ $\overline{4}$ $\overline{4}2m$
	六方晶系	有一个 L^6 或 L_i^6	21. L_i^6 22. $L_i^6 3L^2 3P$ 23. L^6 24. $L^6 6L^2$ 25. $L^6 PC$ 26. $L^6 6P$ 27. $\underline{L^6 6L^2 7PC}$	$\overline{6}$ $\overline{6}m2$ 6 622 $6/m$ $6mm$ $6/mmm$
高级晶族（有数个高次轴）	等轴晶系	有四个 L^3	28. $3L^2 4L^3$ 29. $\underline{3L^2 4L^3 3PC}$ 30. $\underline{3L_i^4 4L^3 6P}$ 31. $3L^4 4L^3 6L^2$ 32. $\underline{3L^4 4L^3 6L^2 9PC}$	23 $m\overline{3}$ $\overline{4}3m$ 432 $m3m$

注：下有横线者为常见的重要对称型。　　　　　　　　　　　　　　（据戈定夷等，1989）

二、晶族和晶系的划分

在晶体外形上出现的对称要素中，P、C、L^2 都只能使晶体上某一部分重复一次，而

L^3、L^4、L^6、L_i^4、L_i^6 等高次对称轴则可使晶体的某一部分重复出现两次以上。晶体上相同部分重复出现的次数越多，晶体的对称程度就越高。所以晶体是按对称程度分类的。

首先，根据对称型将晶体分为 32 个晶类，即相同对称型的晶体，都属于同一晶类。然后，再根据对称型中有无高次轴以及高次轴的多少，将晶体分为三个晶族。凡没有高次轴的对称型均归于低级晶族，仅有一个高次轴的对称型归于中级晶族；有数个高次轴的对称型属高级晶族。

每一晶族中，又按对称的特点进一步划分晶系。低级晶族划分为三个晶系，即：无 P 及无 L^2 的对称型属三斜晶系，只有一个 L^2 或 P 的对称型属单斜晶系，L^2 或 P 多于一个的对称型属斜方晶系。中级晶族亦划分为三个晶系，即：具有一个 L^3 的对称型属三方晶系，具有一个 L^4 或 L_i^4 的对称型属四方晶系，具有一个 L^6 或 L_i^6 的对称型属六方晶系。高级晶族只有一个晶系，即等轴晶系，属于等轴晶系的对称型必有四个三次对称轴（$4L^3$）。

从以上所述，晶体按对称的特点共划分三个晶族、七个晶系和 32 个晶类，详见表 2-2。

附：对称型的国际符号

把单个晶体的全部对称要素写出来以表示其所属对称型的方法，对初学者来说，容易理解，但并不简便，也不通用。国际上通用的对称型表示符号为格尔曼和摩根所创，称为国际符号。国际符号只需写出对称型中最基础的三个方位存在的对称要素，对于派生的，可用基础对称要素导出的其余对称要素，则一概略去。

对称型的国际符号用 m 表示对称面 P；用 1、2、3、4、6、$\bar{4}$、$\bar{6}$ 依次表示 L^1、L^2、L^3、L^4、L^6、L_i^4、L_i^6 等对称轴，用 $\bar{1}$ 表示对称中心 C。

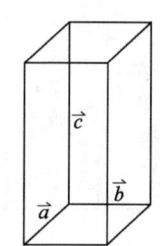

图 2-12　斜方晶系晶体的三个方位 $\vec{a}$, $\vec{b}$, $\vec{c}$

国际符号的优点：一是简明；二是对称要素的空间方位清楚。现以对称型 $3L^23PC$ 的国际符号的书写方法为例，说明其优越性。$3L^23PC$ 属斜方晶系。斜方格子最基础的三个方位的对称要素，在平行六面体上为 $\alpha=\beta=\gamma=90°$ 相交的三条棱的方向，如图 2-12 中的 $\vec{a}$、$\vec{b}$、$\vec{c}$。也就是说，具斜方对称的晶体，这三个方位必存在对称要素。就 $3L^23PC$ 对称型而言，平行 $\vec{a}$ 有 2、垂直 $\vec{a}$ 有 m 存在（m 的法线方向为 $\vec{a}$）。$\vec{a}$ 方位的对称要素可记作 $\dfrac{2}{m}$（或 2/m）。2 与 m 中间的横线表示两者彼此垂直。同理，$\vec{b}$ 和 $\vec{c}$ 方位的对称要素亦可记为 $\dfrac{2}{m}$。因此，$3L^23PC$ 的国际符号可写成 $\dfrac{2}{m}\ \dfrac{2}{m}\ \dfrac{2}{m}$。因为偶次轴与对称面垂直相交，其交点必为对称中心，所以对称中心可略去。又因三个对称面彼此均以 90° 相交，其交线必为二次轴，故二次轴亦可从符号中略去，只写 $\vec{a}$，$\vec{b}$，$\vec{c}$ 三个方位的对称面即可，故 $\dfrac{2}{m}\ \dfrac{2}{m}\ \dfrac{2}{m}$ 可以进一步简化为 mmm。

国际符号中三个方位的对称要素从左至右的书写顺序，因晶系不同而有所差异。

各晶系所属对称型国际符号的位序及方向见表 2-3。

表 2-3 各晶系所属对称型国际符号的位序及方向

晶 系	位 序	各位序代表方向		图 示	举 例
等轴晶系	1	$\vec{a}$	立方体的棱;		$3L^44L^36L^29PC$ 的国际符号为 $m3m$，即垂直 $\vec{a}$ 有 m；平行 $(\vec{a}+\vec{b}+\vec{c})$ 有 3；垂直 $(\vec{a}+\vec{b})$ 有 m
	2	$(\vec{a}+\vec{b}+\vec{c})$	立方体的体对角线;		
	3	$(\vec{a}+\vec{b})$	立方体的面对角线		
四方晶系	1	$\vec{c}$	4 或 $\bar{4}$ 的方向;		L^44L^25PC 的国际符号为 $4/mmm$，即平行 $\vec{c}$ 有 4；垂直 $\vec{c}$ 有 m；垂直 $\vec{a}$ 有 m；垂直 $(\vec{a}+\vec{b})$ 有 m
	2	$\vec{a}$	与 4 或 $\bar{4}$ 垂直;		
	3	$(\vec{a}+\vec{b})$	与 4 或 $\bar{4}$ 垂直并与 $\vec{a}$ 成 45° 相交		
三方、六方晶系	1	$\vec{c}$	6、$\bar{6}$ 及 3 的方向;		L^66L^27PC 的国际符号为 $6/mmm$，即平行 $\vec{c}$ 有 6；垂直 $\vec{c}$ 有 m；垂直 $\vec{a}$ 有 m；垂直 $(2\vec{a}+\vec{b})$ 有 m
	2	$\vec{a}$	与 6、$\bar{6}$ 或 3 垂直;		
	3	$(2\vec{a}+\vec{b})$	与高次轴垂直，并与 $\vec{a}$ 成 30° 相交		
斜方晶系	1	$\vec{a}$	2 或 m 的法线方向;		L^22P 的国际符号为 $mm2$，即垂直 $\vec{a}$ 有 m；垂直 $\vec{b}$ 有 m；平行 $\vec{c}$ 有 2
	2	$\vec{b}$	2 或 m 的法线方向;		
	3	$\vec{c}$	2 或 m 的法线方向		
单斜晶系	1	$\vec{a}$	2 或 m 的法线方向		L^2PC 的国际符号为 $2/m$，即平行 $\vec{b}$ 有 2；垂直 $\vec{b}$ 有 m
三斜晶系	1				C 的国际符号为 $\bar{1}$

（据戈定夷等，1989）

学习指导

要点 晶体的对称是结晶学知识的重要基础内容，是进一步研究晶体的开门钥匙。

要求熟练掌握在晶体模型上找对称要素的方法，能快速正确地找出晶体模型上的全部对称要素，写出对称型，确定其所属晶族、晶系。掌握各晶族、晶系的对称特点。

 **重点** 对称要素种类及含义、对称操作、晶族晶系的划分。

 **难点** 对称操作、对称型的国际符号。

思考题与作业

(1) 何谓晶体的对称？晶体的对称与其他物体的对称有何本质区别？

(2) 什么是对称面、对称中心、对称轴及旋转反伸轴？对称型如何书写？

(3) 为什么晶体上不可能存在 L^5 及高于六次的对称轴？

(4) 怎样划分晶族与晶系？下列对称型各属何晶族与晶系？

L^2PC	$3L^23PC$	L^4L^25PC	C
L^66L^27PC	$L_i^42L^22P$	$3L^44L^36L^29PC$	L^2
L^33L^2	L^33L^23PC	$3L^24L^33PC$	L_i^6

(5) 中级晶族的晶体上，若有 L^2 与高次轴并存，一定是彼此垂直而不能斜交，为什么？

(6) P 在一个晶体上最多可以出现几个？L^2、L^3、L^4、L^6、L_i^4、L_i^6 分别在一个晶体上最多可以出现几个？

(7) 对称轴与旋转反伸轴有何不同，它们之间有何关系？

第三章 晶体的理想形状——单形和聚形

内容介绍 单形的种类和它们在各晶族、晶系中的分布，各单形的形状特征，聚形的概念及聚形分析。

知识目标 理解单形、聚形的概念，单形的推导和种类及分布。

能力目标 认识47种几何单形，掌握它们的特点，掌握聚形的分析方法。

在第二章中，根据晶体的32种对称型，将晶体进行了合理的分类。但是，这种分类只反映了晶体上晶面、晶棱和晶顶做有规律性重复的对称特点，尚未涉及晶体的具体外形特征。因为对称型相同的晶体、外部形状可能完全不同。例如，同属于$3L^44L^36L^29PC$对称型的晶体，外形上就有图3-1A，B，C等三种以上不同的形状。由于晶体的形状特征对鉴定矿物和研究矿物的形成环境都具有重要的意义，因此，很有必要对晶体的形态进行研究。

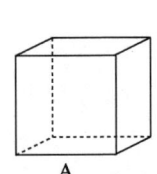 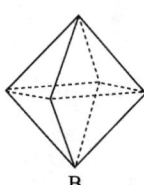 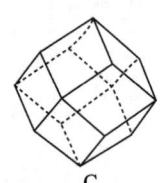　　　　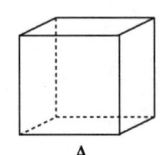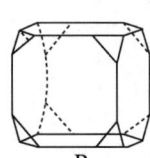

图3-1 同一种对称型的不同形态晶形　　　图3-2 单形（A）与聚形（B）

A—立方体；B—八面体；C—菱形十二面体

所谓晶体的理想形状，是指由面网性质相同、同等发育、同形等大的晶面组成的几何多面体。晶体的理想形态可分为两种类型——单形与聚形。由同种晶面所组成的晶形称为单形，如图3-2A；由两种以上的晶面所组成的晶形称为聚形，如图3-2B。

第一节 单 形

一、单形的概念

单形，是由对称要素所联系起来的一组晶面的总和。就是说，在具有几何多面体的晶体上，各同形等大的晶面都能够由对称要素的操作而有规律地重复出现。如图3-3中的单形——四方双锥，它是由八个同形等大的等腰三角形晶面组成，每个晶面皆可由其对称要素——L^4PC与原始晶面（A）的操作而推导出来。

单形不但在外形上表现出各晶面同形等大，而且在物理性质与化学性质上也都是相同的。但是这些特点只在理想晶体上能充分体现出来，在实际晶体上，由于生长时环境的影响，虽然物理与化学性质上的相同性仍保留下来，但几何多面体外形往往被歪曲，形成非理想形状的所谓歪晶。

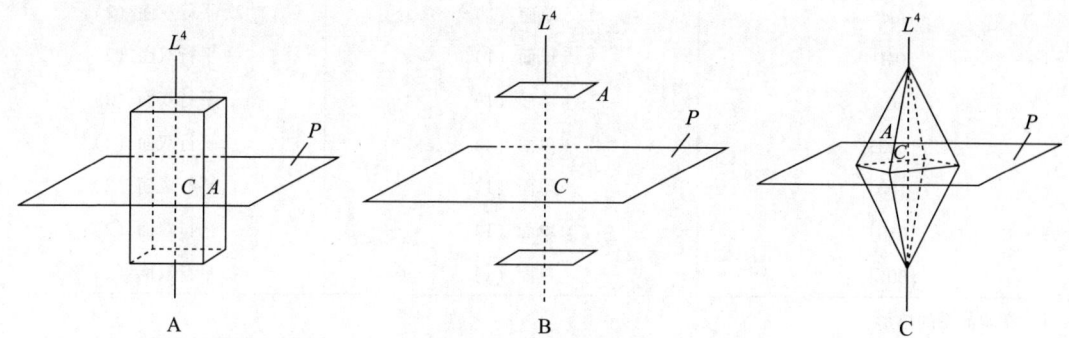

图 3 – 3　由 L^4PC 对称型所能推导出的单形

二、单形的种类

（一）单形推导

从单形的概念出发，一切可能存在的单形都可由 32 种对称型推导出来。在推导中，主要根据各种对称型的具体特征，分析晶面与对称要素之间的相对位置。这种位置最多为 7 种，因而每一对称型最多也只能推导出 7 种单形。现以 L^4PC 对称型为例，说明单形的推导方法。

在 L^4PC 对称型中，各对称要素的取向（或关系）是 L^4 直立，对称面（P）与 L^4 垂直，两者的交点为对称中心（C）。根据原始晶面（A）与对称要素相对位置的不同，可以推导出下面几种单形：

（1）当原始晶面（A）与 L^4 平行而与 P 垂直时（图 3 – 3A），由 L^4 的作用可以推导出 4 个相同的晶面，其中两两相互平行，围成一个四方柱的单形。此时，P 与 C 都不能推导出新的晶面而组成另外的单形。

（2）当原始晶面（A）与 L^4 垂直与 P 平行时（图 3 – 3B），由 L^4 的作用推导不出新的晶面，由 P 或 C 的作用可推导出相同的一个晶面，即由两个平行晶面组成单形，称为平行双面。

（3）当原始晶面（A）与 L^4 和 P 斜交时（图 3 – 3C），由 L^4 的作用推导出一个四方单锥，再由 P 的作用推导出另一个四方单锥，C 不能引出新的晶面，即得到由两个四方单锥组成的单形，称为四方双锥。

综上所述，由 L^4PC 对称型所能推导出的单形共有上述平行双面、四方柱及四方双锥 3 种。

（二）单形的种类

若将 32 种对称型都做上述类似的推导，除去重复的以及不考虑左、右形的区别外，可推导出 146 种单形（表 3 – 1）。

表 3-1　各晶系晶类的单形

Ⅰ. 三斜晶系的单形

单形符号	L^1	C
$\{hkl\}$	1.① 单面（1）②	2. 平行双面（2）
$\{0kl\}$	单面（1）	平行双面（2）
$\{h0l\}$	单面（1）	平行双面（2）
$\{hk0\}$	单面（1）	平行双面（2）
$\{100\}$	单面（1）	平行双面（2）
$\{010\}$	单面（1）	平行双面（2）
$\{001\}$	单面（1）	平行双面（2）

Ⅱ. 单斜晶系的单形

单形符号	L^2	P	L^2PC
$\{hkl\}$	3. 轴 双 面（2）	6. 反映双面（2）	9. 斜 方 柱（4）
$\{0kl\}$	轴 双 面（2）	反映双面（2）	斜 方 柱（4）
$\{h0l\}$	4. 平行双面（2）	7. 单　面（1）	10. 平行双面（2）
$\{hk0\}$	轴 双 面（2）	反映双面（2）	斜 方 柱（4）
$\{100\}$	平行双面（2）	单　面（1）	平行双面（2）
$\{010\}$	5. 单　面（1）	8. 平行双面（2）	11. 平行双面（2）
$\{001\}$	平行双面（2）	单　面（1）	平行双面（2）

Ⅲ. 斜方晶系的单形

单形符号	$3L^2$	L^22P	$3L^23PC$
$\{hkl\}$	12. 斜方四面体（4）	15. 斜方单锥（4）	20. 斜方双锥（8）
$\{0kl\}$	13. 斜 方 柱（4）	16. 反映双面（2）	21. 斜 方 柱（4）
$\{h0l\}$	斜 方 柱（4）	反映双面（2）	斜 方 柱（4）
$\{hk0\}$	斜 方 柱（4）	17. 斜方柱（4）	斜 方 柱（4）
$\{100\}$	14. 平行双面（2）	18. 平行双面（2）	22. 平行双面（2）
$\{010\}$	平 行 双 面（2）	平行双面（2）	平行双面（2）
$\{001\}$	平 行 双 面（2）	19. 单　面（1）	平行双面（2）

Ⅳ. 四方晶系的单形

单形符号	L^4	L^44L^2	L^4PC	L^44P
$\{hkl\}$	23. 四方单锥（4）	26. 四方偏方面体（8）	31. 四方双锥（8）	34. 复四方单锥（8）
$\{hhl\}$	四方单锥（4）	27. 四方双锥（8）	四方双锥（8）	35. 四方单锥（4）
$\{h0l\}$	四方单锥（4）	四 方 双 锥（8）	四方双锥（8）	四方单锥（4）
$\{hk0\}$	24. 四方柱（4）	28. 复四方柱（8）	32. 四方柱（4）	36. 复四方柱（8）
$\{110\}$	四 方 柱（4）	29. 四 方 柱（4）	四 方 柱（4）	37. 四 方 柱（4）
$\{100\}$	四 方 柱（4）	四 方 柱（4）	四 方 柱（4）	四 方 柱（4）
$\{001\}$	25. 单　面（1）	30. 平行双面（2）	33. 平行双面（2）	38. 单　面（1）

Ⅳ. 四方晶系的单形

单形符号	$L^4 4L^2 5PC$	L_i^4	$L_i^4 2L^2 2P$
$\{hkl\}$	39. 复四方双锥（16）	44. 四方四面体（4）	47. 复四方偏三角面体（8）
$\{hhl\}$	40. 四方双锥（8）	四方四面体（4）	48. 四方四面体（4）
$\{h0l\}$	四方双锥（8）	四方四面体（4）	49. 四方双锥（8）
$\{hk0\}$	复四方柱（4）	45. 四方柱（4）	50. 复四方柱（8）
$\{110\}$	42. 四方柱（4）	四方柱（4）	51. 四方柱（4）
$\{100\}$	四方柱（4）	四方柱（4）	52. 四方柱（4）
$\{001\}$	43. 平行双面（2）	46. 平行双面（2）	53. 平行双面（2）

Ⅴ. 三方晶系的单形

单形符号	L^3	$L^3 3L^2$	$L^3 3P$	$L^3 C$	$L^3 3L^2 3PC$
$\{hk\bar{i}l\}$	54. 三方单锥（3）	57. 三方偏方面体（6）	64. 复三方单锥（6）	71. 菱面体（6）	74. 复三方偏三角面体（12）
$\{h0\bar{h}l\}$	三方单锥（3）	58. 菱面体（6）	65. 三方单锥（3）	菱面体（6）	75. 菱面体（6）
$\{hh\overline{2h}l\}$	三方单锥（3）	59. 三方双锥（6）	66. 六方单锥（6）	菱面体（6）	76. 六方双锥（12）
$\{hk\bar{i}0\}$	55. 三方柱（3）	60. 复三方柱（5）	67. 复三方柱（6）	72. 六方柱（6）	77. 复六方柱（12）
$\{10\bar{1}0\}$	三方柱（3）	61. 六方柱（3）	68. 三方柱（3）	六方柱（6）	79. 六方柱（6）
$\{11\bar{2}0\}$	三方柱（3）	62. 三方柱（3）	69. 六方柱（6）	六方柱（6）	79. 六方柱（6）
$\{0001\}$	56. 单面（1）	63. 平行双面（2）	70. 单面（1）	73. 平行双面（2）	80. 平行双面（2）

Ⅵ. 六方晶系的单形

单形符号	L^6	$L^6 6L^2$	$L^6 PC$	$L^6 6P$
$\{hk\bar{i}l\}$	81. 六方单锥（6）	84. 六方偏方面体（12）	89. 六方双锥（12）	92. 复方六单锥（12）
$\{h0\bar{h}l\}$	六方单锥（6）	85. 六方双锥（12）	六方双锥（12）	93. 六方单锥（6）
$\{hh\overline{2h}l\}$	六方单锥（6）	六方双锥（12）	六方双锥（12）	六方单锥（6）
$\{hk\bar{i}0\}$	82. 六方柱（6）	86. 复六方柱（12）	90. 六方柱（6）	94. 复六方柱（12）
$\{10\bar{1}0\}$	六方柱（6）	87. 六方柱（6）	六方柱（6）	95. 六方柱（6）
$\{11\bar{2}0\}$	六方柱（6）	六方柱（6）	六方柱（6）	六方柱（6）
$\{0001\}$	83. 单面（1）	88. 平行双面（2）	91. 平行双面（2）	96. 单面（1）

单形符号	$L^6 6L^2 7PC$	L_i^6	$L_i^6 3L^2 3P$
$\{hk\bar{i}l\}$	97. 复六方双锥（24）	102. 三方双锥（6）	105. 复三方双锥（12）
$\{h0\bar{h}l\}$	98. 六方双锥（12）	三方双锥（6）	106. 六方双锥（12）
$\{hh\overline{2h}l\}$	六方双锥（12）	三方双锥（6）	107. 三方双锥（6）
$\{hk\bar{i}0\}$	99. 复六方柱（12）	103. 三方柱（3）	108. 复三方柱（6）
$\{10\bar{1}0\}$	100. 六方柱（6）	三方柱（3）	109. 六方柱（6）
$\{11\bar{2}0\}$	六方柱（6）	三方柱（3）	110. 三方柱（3）
$\{0001\}$	101. 平行双面（2）	104. 平行双面（2）	111. 平行双面（2）

Ⅶ. 等轴晶系的单形

单形符号	$3L^24L^3$	$3L^24L^33PC$	$3L_i^44L^36P$
$\{hkl\}$	112. 五角三四面体（12）	119. 偏方复十二面体（24）	126. 六 四 面 体（24）
$\{hhl\}$	113. 四角三四面体（12）	120. 三角三八面体（24）	127. 四角三四面体（12）
$\{hkk\}$	114. 三角三四面体（12）	121. 四角三八面体（24）	128. 三角三四面体（12）
$\{111\}$	115. 四 面 体（4）	122. 八 面 体（8）	129. 四 面 体（4）
$\{hk0\}$	116. 五角十二面体（12）	123. 五角十二面体（12）	130. 四 六 面 体（24）
$\{110\}$	117. 菱形十二面体（12）	124. 菱形十二面体（12）	131. 菱形十二面体（12）
$\{100\}$	118. 立 方 体（6）	125. 立 方 体（6）	132. 立 方 体（6）

单形符号	$3L^44L^36L^2$	$3L^44L^36L^29PC$
$\{hkl\}$	133. 五角三八面体（24）	140. 六 八 面 体（48）
$\{hhl\}$	134. 三角三八面体（24）	141. 三角三八面体（24）
$\{hkk\}$	135. 四角三八面体（24）	142. 四角三八面体（24）
$\{111\}$	136. 八 面 体（8）	143. 八 面 体（8）
$\{hk0\}$	137. 四 六 面 体（24）	144. 四 六 面 体（24）
$\{110\}$	138. 菱形十二面体（12）	145. 菱形十二面体（12）
$\{100\}$	139. 立 方 体（6）	146. 立 方 体（6）

①数字表示146种单形的顺序号；②括弧内的数字表示单形的晶面数目。

在146种单形中，显然还有形状相同的单形，譬如L^44L^25PC对称型也可以推导出上述的四方双锥和四方柱，但它们所代表的对称意义各不相同，所以，从对称角度来讲还是不同的单形。

如果不考虑所代表的对称意义，单纯地考虑几何外形，则可将146种单形归纳成为47种外形各不相同的单形。

图3-4 开形

47种单形中，根据晶面是否能自相封闭，可分为开形和闭形两类。所谓开形，是单形上所有的晶面不能自相封闭一定空间者，如图3-4所示。显然，开形不能单独存在，须与其他单形相聚才能存在于晶体中。因此，开形的晶面没有固定的形状。所谓闭形，是单形上所有的晶面能够自相封闭一定空间者，如图3-3C的四方双锥。显然，闭形在晶体中可以单独存在。因此，闭形的晶面具有一定的形状。

单形的形状和种类受对称规律所控制。因此，47种单形分属于三个晶族、七个晶系。现将47种单形在各晶族中的分布及其特点叙述如下。

1. 低级晶族的单形

共有7种。单形种类少，各单形的晶面数目不多。单形的名称、形状、横切面形状、晶面形状、晶系等详见表3-2。

表 3 – 2　低级晶族单形的名称、形状与特征

序　次	单形名称	单形形状	横切面形状	晶面形状	特　征	晶　系	备　注
1	单面				仅由 1 个晶面组成	三　斜 单　斜 斜　方	开形； 中级晶族各晶系也有此单形
2	板*面				由 2 个平行的晶面组成	三　斜 单　斜 斜　方	同　上
3	双面				由 2 个相交的晶面组成	单　斜 斜　方	开形
4	斜*方柱				由 4 个两两平行的晶面组成。晶棱互相平行，横切面为菱形	单　斜 斜　方	开　形
5	斜方四面体				由 4 个互不平行的晶面闭合而成。每个晶面为不等边三角形	斜　方	闭形
6	斜方单锥				由 4 个不等边三角形晶面相聚一点而成，横切面为菱形	斜　方	开　形
7	斜*方双锥				由 8 个不等边三角形晶面组成，犹如两个斜方单锥扣合而成，横切面呈菱形	斜　方	闭形

*表示常见单型，需重点掌握，表 3 – 3，表 3 – 4 同。　　　　　　　　　　　　　（据高福裕等，1985）

2. 中级晶族的单形

　　共有 27 种，其中有两种单形——单面和板面（又称平行双面）与低级晶族相同，其他 25 种为中级晶族所特有。这 25 种单形的外形特征与高次轴有密切的关系。可分为柱体类、单锥体类、双锥体类、偏方面体类、偏三角面体类及其他类。

　　柱体、单锥体及双锥体等单形，其横切面形状分别为等边三角形、正方形、正六边形和复三角形、复正方形及复六边形等。而复三角形、复正方形及复六边形分别为等边三角

形、正方形及正六边形的每条边变为等长的两条边所构成的形状，其特点是内角间隔相等。

（1）柱体类：这类单形的晶面均与高次轴平行。共有 6 种单形：三方柱、复三方柱、四方柱、复四方柱、六方柱、复六方柱。

（2）单锥体类：这类单形的晶面与高次轴相交于一点，共有 6 种单形：三方单锥、复三方单锥、四方单锥、复四方单锥，六方单锥、复六方单锥。

（3）双锥体类：这类单形的晶面呈等腰三角形或不等边三角形，均相交于高次轴的上下两点，犹如两个单锥扣合而成，亦有六种单形：三方双锥、复三方双锥、四方双锥、复四方双锥、六方双锥、复六方双锥。

（4）偏方面体类：晶面为两条邻边相等，另两条邻边不等的四边形（图 3-5），交于高次轴的上下两点。据对称性的不同，有 3 种单形：三方偏方面体、四方偏方面体、六方偏方面体。

在偏方面体中，凡两个同种单形的形状完全相同，而方向相反，两者互成镜像反映，但却不能通过旋转操作使其相互重复，犹如人的左右手之间的关系，分别称为左形与右形（图 3-6）。

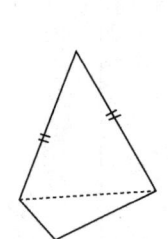 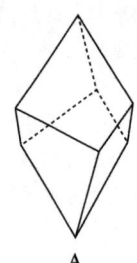 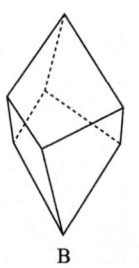 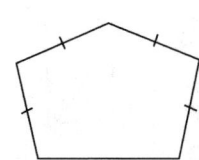

图 3-5　偏方面体　　图 3-6　左形（A）与右形（B）　　图 3-7　五角十二面体的晶面特征

（5）偏三角面体类：晶面形状为不等边三角形，包括两种单形：复三方偏三角面体、四方偏三角面体。

（6）其他类：包括两种单形，由四个等腰三角形晶面组成，上下两对晶面位置相错 90°的四方四面体；由六个菱形晶面，上下晶面彼此相错 60°组成的菱面体。

中级晶族单形的名称、形状、横切面形状、晶面形状、晶系等，详见表 3-3。

3. 高级晶族的单形

共有 15 种单形，单形的种类较多，一般各单形的晶面数目也较多。为便于掌握和记忆，分为四种类型：

（1）四面体类：基本形为四面体，由四个等边三角形晶面组成。当每个晶面被三个等腰三角形、三个四角形（邻边边长两两相等）、三个五角形（邻边边长两两相等，一边不等）及六个不等边三角形晶面所"替代"时，则分别为三角三四面体、四角三四面体、五角三四面体及六四面体。

（2）八面体类：基本形为八面体，由八个等边三角形晶面组成。当每个晶面的"替代"与四面体类相同时，则分别为三角三八面体、四角三八面体、五角三八面体及六八面体。

表 3 - 3　中级晶族单形的名称、形状与特征

序　次	单形名称	单形形状	横切面形状	晶面形状	特　征	晶　系	备　注
8	三*方柱				由 3 个晶面组成。晶棱平行,并平行于高次轴,横切面为正三角形	三　方六　方	开　形
9	四*方柱				由 4 个晶面组成。晶棱平行,并平行于高次轴,横切面为正方形	四　方	开　形
10	六*方柱				由 6 个晶面组成。晶棱平行,并平行于高次轴,横切面呈正六边形	三　方六　方	开　形
11	复*三方柱				由 6 个晶面组成。晶棱平行,并平行于高次轴,横切面为复三角形,内角每隔一个相等	三　方六　方	开　形
12	复四方柱				由 8 个晶面组成。晶棱平行,并平行于高次轴,横切面为复正方形,内角每隔一个相等	四　方	开　形
13	复六方柱				由 12 个晶面组成。晶棱平行,并平行于高次轴,横切面为复六边形,内角每隔一个相等	三　方六　方	开　形
14	三方单锥				由 3 个晶面交高次轴于一点组成。横切面为正三角形	三　方	开　形
15	四方单锥				由 4 个晶面交高次轴于一点组成。横切面为正方形	四　方	开　形
16	六方单锥				由 6 个晶面交高次轴于一点组成。横切面为正六边形	三　方六　方	开　形

序次	单形名称	单形形状	横切面形状	晶面形状	特征	晶系	备注
17	复三方单锥				由6个晶面交高次轴于一点组成。横切面为复三角形,其内角间隔相等	三方	开形
18	复四方单锥				由8个晶面交高次轴于一点组成。横切面为复正方形,其内角间隔相等	四方	开形
19	复六方单锥				由12个晶面交高次轴于一点组成。横切面为复六边形,其内角间隔相等	六方	开形
20	三方*双锥				由6个等腰三角形晶面交高次轴于上下两点组成。横切面为正三角形	三方 六方	闭形
21	四方*双锥				由8个等腰三角形晶面交高次轴于上下两点组成。横切面为正方形	四方	闭形
22	六方*双锥				由12个等腰三角形晶面交高次轴于上下两点组成。横切面为正六边形	三方 六方	闭形
23	复三方双锥				由12个不等边三角形晶面交高次轴于上下两点组成。横切面为复三角形	六方	闭形
24	复四方双锥				由16个不等边三角形晶面交高次轴于上下两点组成。横切面为复正方形	四方	闭形

序次	单形名称	单形形状	横切面形状	晶面形状	特征	晶系	备注
25	复六方双锥				由24个不等边三角形晶面交高次轴于上下两点组成。横切面为复六边形	六方	闭形
26	四方四面体				由4个等腰三角形晶面闭合而成	四方	闭形
27	菱*面体				由6个菱形晶面闭合而成	三方	闭形
28	复四方偏三角面体				由8个不等边三角形晶面闭合而成	四方	闭形
29	复*三方偏三角面体				由12个不等边三角形晶面组成,犹如菱面体每个晶面变成2个不等边三角形而成	三方	闭形
30	三方*偏方面体				由6个偏面晶面组成,上下部晶面交高次轴于上下两点,上下部晶面不相对,而是错开一定角度	三方	闭形
31	四方偏方面体				由8个偏方面晶面组成,上下部晶面交高次轴于上下两点,上下部晶面不相对,而是错开一定角度	四方	闭形
32	六方偏方面体				由12个偏方面晶面组成,上下部晶面交高次轴于上下两点,上下部晶面不相对,而是错开一定角度	六方	闭形

（据高福裕等，1985）

（3）立方体类：基本形是立方体（又称六面体），为六个正方形晶面组成。当每个晶面被四个等腰三角形晶面"替代"时，为四六面体。

（4）其他类：包括三种单形。五角十二面体由 12 个四边等长一边不等长的五角形晶面（图 3–7）组成；偏方二十四面体（又称偏方复十二面体）犹如五角十二面体每个晶面变成两个偏方面晶面，由 24 个偏方面组成；菱形十二面体由 12 个菱形晶面组成。

高级晶族单形的名称、形状、横切面形状、晶面形状、晶系等详见表 3–4。

表 3–4　高级晶族单形的名称、形状与特征

序　次	单形名称	单形形状	横切面形状	晶面形状	特　征	晶　系	备　注
33	四 * 面体	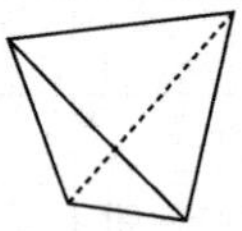			由 4 个等边三角形晶面组成，每个晶面垂直于 L^3	等　轴	闭　形
34	三角三四面体	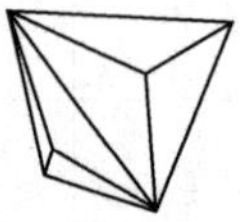		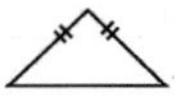	由 12 个等腰三角形晶面组成，视为四面体每个晶面被 3 个等腰三角形晶面替代而成	等　轴	闭　形
35	四角三四面体	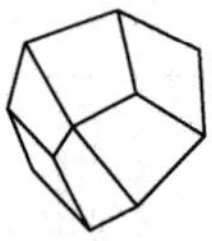		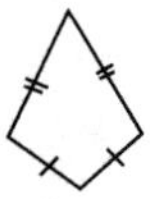	由 12 个边长为两两相等的四边形晶面组成，可视为四面体的每个晶面被 3 个四边形晶面替代而成	等　轴	闭　形
36	五角三四面体	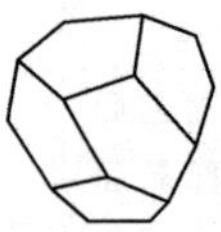		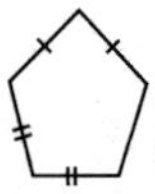	由 12 个五角形晶面组成，五角形有两对邻边相等，可视为四面体的每个晶面被 3 个五角形晶面替代而成	等轴	闭形
37	六四面体	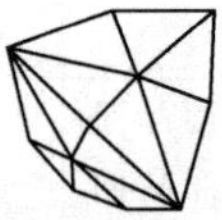		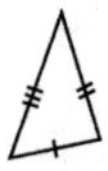	由 24 个不等边三角形晶面组成，可视为四面体的每个晶面被 6 个不等边三角形晶面替代而成	等　轴	闭　形
38	六 * 面体	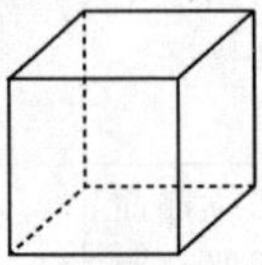		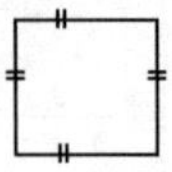	由 6 个正方形晶面组成，横切面为正方形。每个晶面垂直于 L^4	等　轴	闭　形
39	四六面体	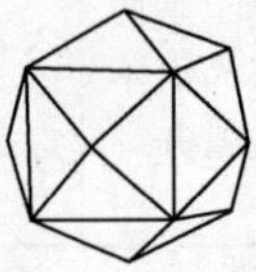		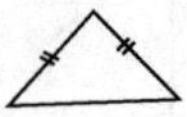	由 24 个等腰三角形晶面组成，可视为六面体的每个晶面被 4 个等腰三角形晶面替代而成	等　轴	闭　形

序次	单形名称	单形形状	横切面形状	晶面形状	特 征	晶系	备 注
40	八面体*				由 8 个正三角形晶面组成。每个晶面垂直于 L^3	等 轴	闭 形
41	三角三八面体				由 24 个等腰三角形晶面组成，可视为八面体的每个晶面被 3 个等腰三角形晶面替代而成	等 轴	闭 形
42	四角三八面体*				由 24 个边长两两相等的四边形晶面组成，可视为八面体的每个晶面被 3 个四边形晶面替代而成	等 轴	闭 形
43	五角三八面体				由 24 个有两对邻边相等的五角形晶面组成，可视为八面体的每个晶面被 3 个五角形晶面替代而成	等 轴	闭 形
44	六八面体				由 48 个不等边三角形晶面组成，可视为八面体的每个晶面被 6 个不等边三角形晶面替代而成	等 轴	闭 形
45	五角十二面体*				由 12 个四边相等的五边形晶面组成，另一不等边的中点为 L^2 的出露点	等 轴	闭 形
46	偏方二十四面体				由 24 个偏方面晶面组成	等 轴	闭 形
47	菱形十二面体*				由 12 个菱形的晶面组成	等 轴	闭 形

* 表示常见单形，应重点掌握。

（据高福裕等，1985）

第二节 聚 形

一、聚形的概念

两个或两个以上的单形相聚合而成的晶形称为聚形。

在图 3-8，图 3-9 中，粗线条部分的晶体形状，分别为四方柱与四方双锥；立方体与菱形十二面体聚合而成的聚形。自然界产出的矿物晶体绝大部分都是聚形，如图 3-10 所示。

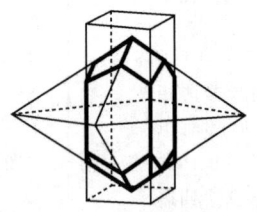 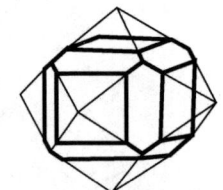 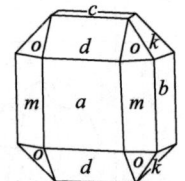

图 3-8 四方柱和四方　　　图 3-9 立方体和菱形　　　图 3-10 橄榄石晶形
　　双锥的聚形　　　　　　　十二面体的聚形

经过分析可知聚形有如下特点：①有多少种单形相聚，其聚形上就会出现多少种不同的晶面，它们的性质各异，对于理想形态而言，同一单形的晶面同形等大。②在聚形中，各单形的晶面数目及晶面的相对位置都没有改变；但由于单形彼此相互割切，致使晶面的形状与原来在单形中相比，可能会有所变化。因此，决不能依据晶面的形状来判定组成该聚形的单形的名称。③单形的聚合不是任意的，必须是属于同一对称型的单形才能相聚；换句话说，也就是聚形也必属于一定的对称型，因此，聚形中的每一单形的对称型当然都与该聚形的对称型一致。④由于每种对称型所能推导出的单形是有限的（即最多不超过七种），因此，聚形中的单形种类也是有限的，但是，某些同种单形在聚形中出现的个数可以不止一个。

二、聚形的分析方法

分析聚形，实质上是要确定聚形中的单形。可按如下步骤进行：①找出聚形中所有的对称要素，确定对称型，并根据对称特征确定其晶系。②观察聚形上有几种不同的晶面，把同形等大的晶面归在一起，从而决定是由几个单形所组成。有几种不同形状、大小的晶面，就有几个单形。③查出每种单形的晶面数目。④根据每种晶面的数目，晶面的相对位置，将晶面采用同时等速扩展相交的办法，恢复理想形状及确定单形的名称。根据某种晶面恢复某个单形时，其他晶面可视为不存在。逐一进行。

三、各晶系的聚形举例

下面按晶系举出各对称型中的聚形实例（表 3-5）。并图示出各对称型中对称要素的空间分布位置，可看出各单形的晶面与对称要素的关系。

表 3 – 5 各晶系聚形举例

晶族	晶系	对称型及对称要素分布	矿物名称
低 级 晶 族	三斜晶系	C 	钠长石 板面：c，M，m， b，p，o
	单斜晶系	L^2PC 	正长石 板面：c，b， y，x 斜方柱：m
	斜方晶系	$3L^2 3PC$ 	橄榄石 板面：c，a，b 斜方柱：m，d，k 斜方双锥：o
中 级 晶 族	三方晶系	$L^3 3L^2$ 	石英 六方柱：m 菱面体：z，r 三方双锥：s 三方偏方面体：x
		$L^3 3L^2 3PC$ 	方解石 复三方偏三角面 体：v 菱面体：r

晶族	晶系	对称型及对称要素分布	矿物名称
中级晶族	四方晶系	$L^4 4L^2 5PC$	锡石 四方柱：m, a 四方双锥：s, e
	六方晶系	$L^6 PC$	磷灰石 板面：c 六方柱：m, a 六方双锥：o, s, x, t
		$L^6 6L^2 7PC$	绿柱石 六方柱：m, a 六方双锥：p, s 板面：c
高级晶族	等轴晶系	$4L^3 3L^2 3PC$	黄铁矿 五角十二面体：e 立方体：a
		$3L^4 4L^3 6L^2 9PC$	石榴子石 菱形十二面体：d 四角三八面体：n

（据高福裕等，1985）

学习指导

📥 **要点** 要求深刻理解单形是由对称要素联系起来的一组晶面的总和及只有属于同一对称型的单形才能相聚成聚形的含义。认识单形先区分面类、柱类、锥类、体类，进一步根据晶面形状、晶面数、横断面形状、晶面间的相互关系来掌握每个单形。聚形分析的根本基础就是熟悉单形，同时理解和应用分析方法。

📥 **重点** 47 种几何单形及其特征；聚形的特征。

📥 **难点** 单形的推导，聚形的分析。

 **思考题与作业**

(1) 何谓单形、聚形、开形、闭形、左形、右形？

(2) 怎样区分八面体、四方双锥、斜方双锥及斜方四面体、四方四面体、四面体？

(3) 单形相聚应符合什么条件？为何不能根据聚形中的晶面形状来确定单形名称？

(4) 分析聚形包括哪些步骤？下列单形能否相聚？
八面体与四方柱、六方柱与菱面体、五角十二面体与平行双面、
斜方柱与四方柱、三方单锥与单面、六面体与菱形十二面体

(5) 单形是如何推导出来的，单形总共有多少种？

(6) 哪几种单形为何可以在不同晶族中出现？

第四章 晶体定向和晶体符号

内容介绍 晶体定向、晶体各有关符号的概念和确定方法。

知识目标 理解晶体的定向、晶面符号、单形符号、晶带符号的概念，熟悉常见的单形符号，了解晶带符号。

能力目标 理解和掌握晶体定向的方法，晶面符号、单形符号、晶带符号的确定方法。

图4-1所示的两个晶体，都是由四方柱和四方双锥组成的聚形，均属 L^44L^25PC 对称型，但其形态明显不同。这种形态的差异，是由于四方柱和四方双锥的相对位置不同造成的。由此可见，在研究晶体时，仅确定其对称型和由哪些单形所组成，仍不能获得晶体形态的完整概念，必须进一步确定各单形在空间中的相对位置，因而需要在晶体上选定一个坐标系统，这就是晶体定向。还必须进一步研究晶面、晶棱（晶带）以及单形等在晶体上的方向，并用一定的符号表示它们，这就是所谓的晶面符号、晶棱符号与单形符号。这些符号统称为晶体符号。

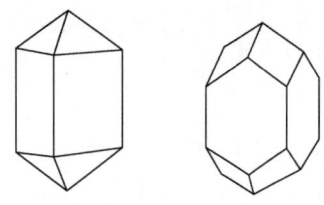

图4-1 由四方柱和四方锥组成的两种聚形

第一节 晶体定向

一、晶体定向的概念

晶体定向就是在晶体中建立一个坐标系统。具体说来，就是要选定坐标轴（晶轴）和确定各晶轴上单位长度（轴长）及其比值（轴率）。

1. 晶轴

如图4-2所示，晶轴系交于晶体中心的三条直线，它们分别为 a 轴（或称 X 轴），前端为"＋"，后端为"－"；b 轴（或称 Y 轴），右端为"＋"，左端为"－"；c 轴（或称 Z 轴）上端为"＋"，下端为"－"；对于三方和六方晶系要增加一个 d 轴（或称 u 轴），前端为"－"，后端为"＋"（图4-3）。

晶轴的选择：晶体中晶轴的选择应与空间格子类型的特征相吻合。三个晶轴的方向应当平行晶胞中三个棱的方向。

由于对称轴、对称面法线及晶棱的方向与空间格子的行列方向相平行。因此，晶轴的选择，首先应选对称轴作为晶轴，在无对称轴及对称轴数量不足时，可选对称面法线作为

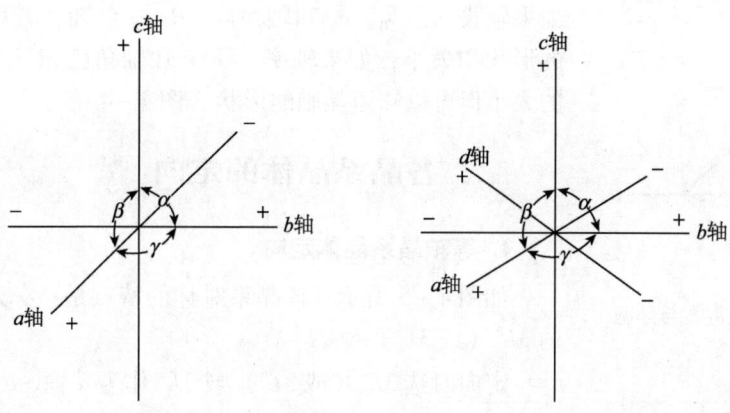

图 4 - 2 三晶轴的名称安置及轴角　　图 4 - 3 四晶轴的名称安置及轴角

晶轴，若两者均缺乏时，则可选择平行主要晶棱的方向线作为晶轴。选出的晶轴应尽可能互相垂直或近于垂直。

2. 轴角

两根晶轴正端间的夹角称为轴角。

各晶轴之间有一定的夹角关系，这些轴角都有相应的名称和代号。

三晶轴中：b 轴 $\wedge c$ 轴 $=\alpha$ 角、a 轴 $\wedge c$ 轴 $=\beta$ 角、a 轴 $\wedge b$ 轴 $=\gamma$ 角（图 4 - 2）。

四晶轴中：b 轴 $\wedge c$ 轴 $=\alpha$ 角、a 轴 $\wedge c$ 轴 $=\beta$ 角，a 轴 $\wedge b$ 轴 $= b$ 轴 $\wedge d$ 轴 $= d$ 轴 $\wedge a$ 轴 $=\gamma$ 角（图 4 - 3）。

等轴、四方和斜方晶系晶轴为直角坐标，$\alpha=\beta=\gamma=90°$；在三方和六方晶系中，$\alpha=\beta=90°$，$\gamma=120°$；在单斜晶系中，$\alpha=\gamma=90°$，$\beta>90°$；在三斜晶系中，三晶轴彼此斜交，$\alpha\neq\beta\neq\gamma\neq90°$。

3. 轴长与轴率

晶轴系格子构造中的行列，该行列上的结点间距称为轴长（也称轴单位）。a、b、c 轴上的轴长分别以 a_0、b_0、c_0 表示。由于结点间距极小（以 nm 或 Å[❶] 计），需借助 X 射线分析才能测定，根据晶体的外形不能测定出轴长，但是在晶体的外形上可以确定晶面和晶棱的方向，只要知道轴单位的比值便可以了。

将轴单位 a_0、b_0 及 c_0 进行连比，记作 $a:b:c$，称为轴率。轴率在具体使用时是将 b 值定为 1 来进行计算的。

如石膏 $a_0=5.68$ Å，$b_0=15.18$ Å，$c_0=6.29$ Å，$a:b:c=5.68:15.18:6.29$，当 $b=1$ 时，轴率 $a:1:c=0.3742:1:0.4140$。再如石英 $a_0=b_0=4.904$ Å，$c_0=5.397$ Å，因 $a_0=b_0$，$a:c=4.904:5.397$，轴率 $a:c=1:1.1005$。

4. 晶体常数

轴率 $a:b:c$ 和轴角 α、β、γ 合称为晶体常数，它是表征晶体坐标系统的一组基本参数。它与内部结构研究中表征晶胞的晶胞参数（轴长 a_0、b_0、c_0，轴角 α、β、γ）一致。

---

❶　1 Å $=10^{-8}$ cm。

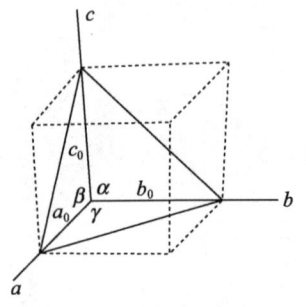

图 4-4 晶体常数与晶胞
形状的关系

如果轴长 a_0、b_0、c_0 和轴角 α、β、γ 已知，就可以知道晶胞的形状和大小；如果轴率 $a:b:c$ 和轴角已知，虽然不知晶胞的大小但可以知道晶胞的形状（图 4-4）。

二、各晶系晶体的定向

1. 等轴晶系晶体定向

如图 4-5 所示，该晶系对称的特点是：必定有相互垂直的 $3L^4$（或 $3L^4_i$）或 $3L^2$。

定向时选 $3L^4$（或 $3L^4_i$）或 $3L^2$ 作为 a 轴、b 轴和 c 轴。

根据晶胞参数特征，等轴晶系的轴角为：$\alpha = \beta = \gamma = 90°$，轴单位 $a_0 = b_0 = c_0$。因此，轴率 $a:b:c = 1:1:1$。

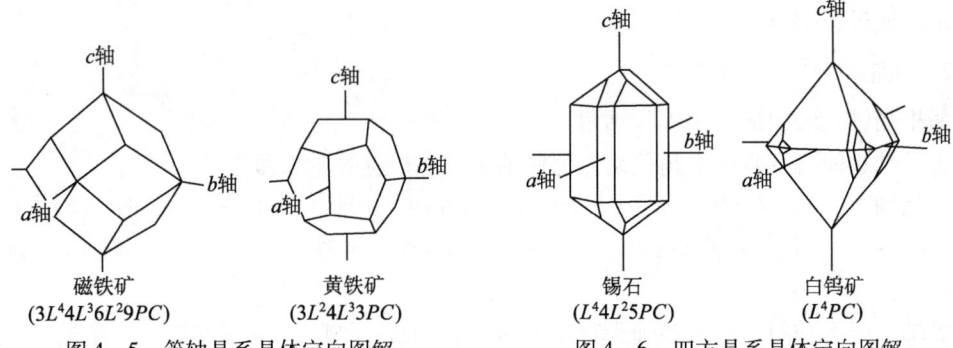

磁铁矿
$(3L^4 4L^3 6L^2 9PC)$

黄铁矿
$(3L^2 4L^3 3PC)$

锡石
$(L^4 4L^2 5PC)$

白钨矿
$(L^4 PC)$

图 4-5　等轴晶系晶体定向图解　　　　图 4-6　四方晶系晶体定向图解

2. 四方晶系晶体定向

如图 4-6 所示，该晶系对称的特点是：必有一根 L^4（或 L^4_i）。

定向时选 L^4（或 L^4_i）为直立轴 c 轴。选与 c 轴垂直而本身又相互垂直的两个 L^2 为水平轴 a 轴和 b 轴。对于没有 L^2 的对称型，则选两个相当的 P 之法线作为 a 轴与 b 轴。对于 L^2 与 P 都没有或数量不足的对称型，则选两个适当的晶棱方向作为 a 轴和 b 轴。

根据晶胞参数特征，四方晶系的轴角 $\alpha = \beta = \gamma = 90°$，轴单位 $a_0 = b_0$，轴率以 $a:c$ 表示。不同晶体其轴单位、轴率也不同。如黄铜矿的轴率 $a:c = 1:1.966$，锡石的轴率 $a:c = 1:0.6723$。

四方晶系中对于有 4 个 L^2 垂直于 L^4（即 $4L^2 \perp L^4$）的晶体，选两个 L^2 分别为 a 轴、b 轴时，便可能出现两种配置情况（图 4-7），一般将水平轴选于晶棱方向者称为第一位置，选于晶面法线方向者称为第二位置。

3. 斜方晶系晶体定向

如图 4-8 所示，该晶系对称的特点是：没有高次对称轴，但是有相互垂直的 $3L^2$ 或 $L^2 2P$。

定向时选 $3L^2$ 为 a 轴、b 轴和 c 轴，在具有 $L^2 2P$ 的对称型中，则以 L^2 为 c 轴，$2P$ 之法线为 a 轴和 b 轴。3 个结晶轴相互垂直。

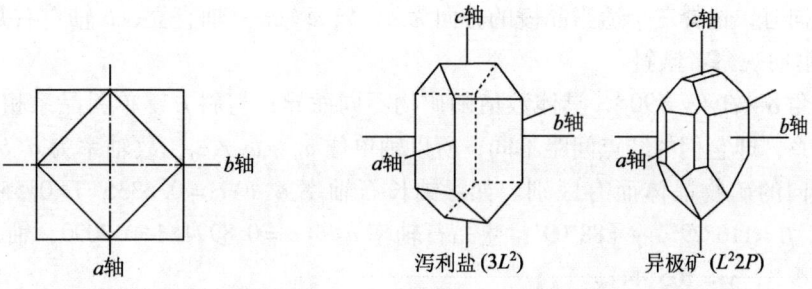

图 4-7 四方晶系水平轴的两种配置　　　图 4-8 斜方晶系晶体定向图解

（左）

　　　　　　　　　　　　　　　　泻利盐 (3L^2)　　异极矿 ($L^2$2P)

根据晶胞参数特征，斜方晶系的轴角为 $\alpha = \beta = \gamma = 90°$，轴单位 $a_0 \neq b_0 \neq c_0$，轴率为 $a : b : c$。晶体常数随不同晶体而异。如橄榄石的轴率为 $a : b : c = 0.4657 : 1 : 0.5865$；文石轴率 $a : b : c = 0.62244 : 1 : 0.72056$。

斜方晶系的晶胞形状似火柴盒状，因此，在以 3L^2 为 a 轴、b 轴和 c 轴时，将可能出现六种配置（图 4-9）。

4. 单斜晶系晶体定向

如图 4-10 所示，该晶系的对称特点：只有一个 L^2 或 P，无高次轴。

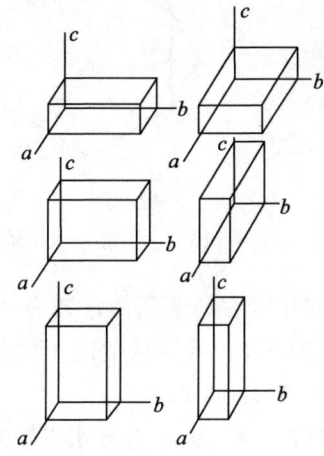
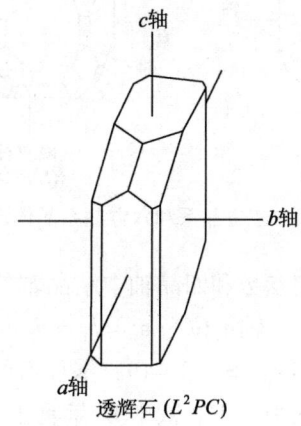

　　　　　　　　　　　　　　　　　　　　透辉石 (L^2PC)

图 4-9 斜方晶系晶体定向的六种配置　　图 4-10 单斜晶系晶体定向图解

定向时，以唯一的 L^2 或 P 之法线为 b 轴，选与 b 轴垂直的两个适当的晶棱方向为 a 轴与 c 轴，c 轴直立，b 轴左右水平，a 轴前后并向观察者倾斜。

轴角 $\alpha = \gamma = 90°$，$\beta > 90°$，β 值的具体数值随矿物而异；由于晶轴间无对称联系，所以轴单位 $a_0 \neq b_0 \neq c_0$，故轴率为 $a : b : c$，具体数值随不同矿物晶体而异。如正长石轴率 $a : b : c = 0.6585 : 1 : 0.5554$，轴角 $\beta = 116°03'$，$\alpha = \gamma = 90°$；透辉石轴率 $a : b : c = 1.0921 : 1 : 0.5893$，轴角 $\beta = 105°51'$，$\alpha = \gamma = 90°$。

5. 三斜晶系晶体定向

如图 4-11 所示，三斜晶系对称的特点是：无对称轴和对称面，只有对称中心或一次对称轴。

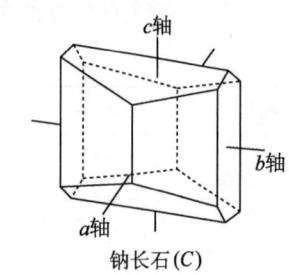

钠长石 (C)

图 4-11 三斜晶系晶体
定向图解

定向时，选择三个适当晶棱的方向为 a、b、c 轴。c 轴直立，b 轴左右并向右方倾斜，a 轴前后向观察者倾斜。

轴角 $\alpha \neq \beta \neq \gamma \neq 90°$，具体数值随矿物不同而异；与斜方、单斜晶系相同，三轴间无对称联系，即它们的结点间距不同，所以轴单位 $a_0 \neq b_0 \neq c_0$，故轴率为 $a:b:c$，其具体数值随不同的矿物晶体而有区别。如：钠长石轴率 $a:b:c = 0.6335:1:0.5577$，轴角 $\alpha = 94°03'$，$\beta = 116°29'$，$\gamma = 88°09'$；蓝晶石轴率 $a:b:c = 0.8994:1:0.7090$，轴角 $\alpha = 90°05'$，$\beta = 101°92'$，$\gamma = 105°44'$。

6. 三方晶系和六方晶系晶体定向

如图 4 - 12 所示，该晶系的对称特点是：必具一根高次对称轴，即 L^3 或 L^6（或 L_i^6）。

定向时，选四根晶轴。以唯一的一根高次轴 L^3 或 L^6（或 L_i^6）为直立轴 c 轴，在垂直 c 轴的平面内选三个互相呈 120° 夹角的 L^2 或 P 之法线或适当的晶棱作 a 轴、b 轴和 d 轴。

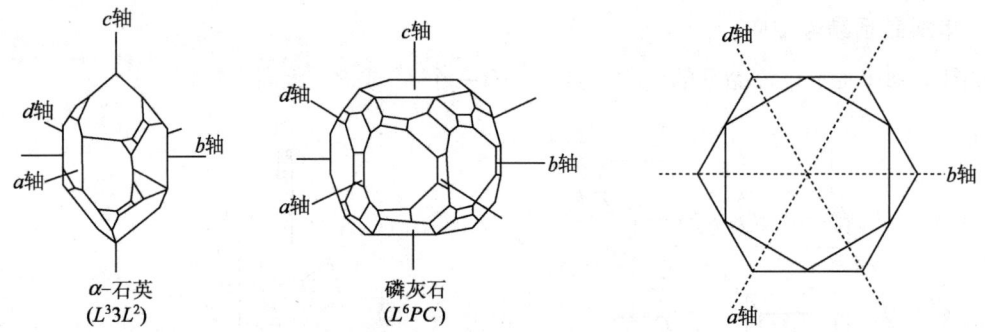

图 4 - 12　三方晶系和六方晶系晶体定向图解　　图 4 - 13　六方晶系水平轴的两种配置

根据晶胞参数和四晶轴中结晶轴的分布，三方和六方晶系晶体常数为：轴角 $\alpha = \beta = 90°$，$\gamma = 120°$，轴单位 $a_0 = b_0 = d_0 \neq c_0$，故轴率为 $a:c$，具体数值随不同晶体而异。如方解石的轴率 $a:c = 1:3.419$；绿柱石的轴率为 $a:c = 1:1.0001$。

六方晶系中对于有六个 L^2 垂直于 L^6 的晶体（$6L^2 \perp L^6$），在选择水平轴时，也可能出现两种配置（图 4 - 13）。和四方晶系一样，一般也是将水平轴选于晶棱方向者，称为第一位置；选于晶面法线方向者，称为第二位置。

综上所述，将各晶系、各种对称型的晶体定向及晶轴的选择列表如下（表 4 - 1）：

表 4 - 1　各晶系晶体定向表

晶族	晶系	对称型	对称特点	晶轴选择	晶轴的安置及晶体常数特征
高级晶族	等轴晶系	$3L^4 4L^3 6L^2$ $3L^4 4L^3 6L^2 9PC$	必有三个互相垂直的 L^4 或 L_i^4	以 $3L^4$ 为 a 轴、b 轴、c 轴	c 轴直立， b 轴左右水平， a 轴前后水平； $\alpha = \beta = \gamma = 90°$， $a_0 = b_0 = c_0$
		$3L_i^4 4L^3 6P$		以 $3L_i^4$ 为 a 轴、b 轴、c 轴	
		$3L^2 4L^3$ $3L^2 4L^3 3PC$	除有 $4L^3$ 以外必有三个互相垂直的 L^2	以 $3L^2$ 为 a 轴、b 轴、c 轴	

晶族	晶系	对 称 型	对称特点	晶 轴 选 择		晶轴的安置及晶体常数特征
中 级 晶 族	四 方 晶 系	$L^4 4L^2$ $L^4 4L^2 5PC$ $L_i^4 2L^2 2P$	唯一的高次轴为 四次轴（L^4 或 L_i^4）	以唯一的四次轴为 c 轴	两个互相垂直的 L^2 为 a 轴、b 轴	c 轴直立， b 轴左右水平， a 轴前后水平； $\alpha = \beta = \gamma = 90°$， $a_0 = b_0 \neq c_0$
		$L^4 4P$			两个互相垂直的 P 的法线为 a 轴、b 轴	
		L^4 $L^4 PC$ L_i^4			两个与 c 轴垂直的彼此又互相垂直的适当晶棱方向为 a 轴、b 轴	
	三 方 晶 系 与 六 方 晶 系	$L^6 6L^2$ $L^6 6L^2 7PC$ $L^3 3L^2$ $L^3 3L^2 3PC$	三方晶系中唯一的高次轴为三次轴（L^3）； 六方晶系中唯一的高次轴为六次轴（L^6 或 L_i^6）	以唯一的三次轴或六次轴为 c 轴	三个互成 60° 交角的 L^2 为 a 轴、b 轴、d 轴	c 轴直立， b 轴左右水平、 a 轴水平、斜向左 30°、 d 轴水平、斜向右 30°； $\alpha = \beta = 90°$， $\gamma = 120°$， $a_0 = b_0 \neq c_0$
		$L^6 6P$ $L_i^6 3L^2 3P$ $L^3 3P$			三个互成 60° 交角的 P 的法线方向为 a 轴、b 轴、d 轴	
		L^6 $L^6 PC$ L_i^6 L^3 $L^3 C$			三个与 c 轴垂直的彼此又互成 60° 交角的适当晶棱方向为 a 轴、b 轴、d 轴	
低 级 晶 族	斜 方 晶 系	$3L^2$ $3L^2 3PC$	无任何高次轴，有 $3L^2$ 或 $L^2 2P$	以 3 个互相垂直的 L^2 为 a 轴、b 轴或 c 轴		c 轴直立， b 轴左右水平， a 轴前后水平； $\alpha = \beta = \gamma = 90°$， $a_0 \neq b_0 \neq c_0$
		$L^2 2P$		以 L^2 为 c 轴，$2P$ 之法线为 a 轴、b 轴		
	单 斜 晶 系	L^2 $L^2 PC$	无任何高次轴，有 L^2 或 P，但皆不超过一个	以 L^2 为 b 轴	两个垂直于 b 轴的适当晶棱方向为 c 轴、a 轴	c 轴直立， b 轴左右水平， a 轴前后向前下方倾斜； $\alpha = \gamma = 90°$，$\beta > 90°$， $a_0 \neq b_0 \neq c_0$
		P		以 P 之法线为 b 轴		
	三 斜 晶 系	L^1 C	无任何对称要素或仅有一个 C	以三个适当的晶棱方向为 a 轴、b 轴与 c 轴		c 轴直立， b 轴左右向右下斜， a 轴前后，向前下方倾斜； $\alpha \neq \beta \neq \gamma$，$\alpha > 90°$， $\beta > 90°$，$\gamma \neq 90°$， $a_0 \neq b_0 \neq c_0$

（据高福裕等，1985）

第二节　晶面符号与单形符号

一、整数定律

晶体上各个晶面的方向是根据它与各晶轴的交截情况来决定的。如图 4-14 所示，晶面 ABC 在 a 轴、b 轴和 c 轴上的截距分别为 OA、OB 和 OC。如果各晶轴分别以轴单位 a_0、b_0 和 c_0 来表示截距长度，则可得：

$$OA = pa_0, \quad OB = qb_0, \quad OC = rc_0$$

式中，p、q、r 称为截距系数。截距系数计算公式为：

$$截距系数 = \frac{截距}{轴单位}$$

在图 4-14 中晶面 ABC 的截距系数 $p=2$，$q=3$，$r=6$。

晶体上任何晶面在各晶轴上的截距系数之比，恒为简单的整数比。这个定律称为整数定律。就是说，任何晶面截距系数之比，都是简单的整数比（一般不超过 10）。

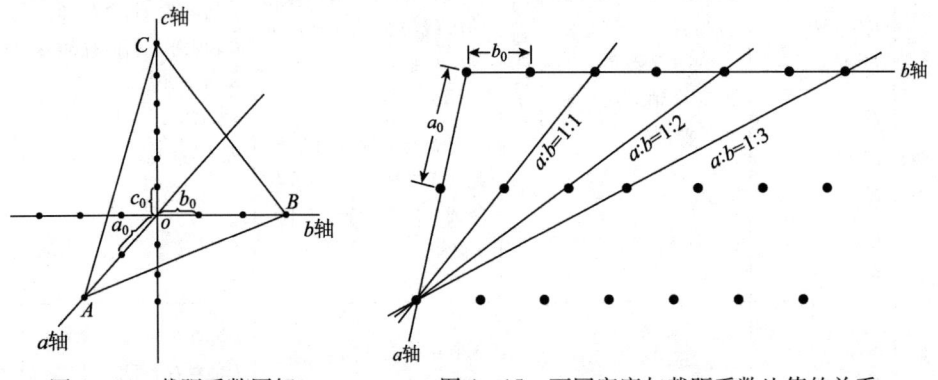

图 4-14　截距系数图解　　　图 4-15　面网密度与截距系数比值的关系

整数定律也是由于晶体内部质点的格子构造所决定的，可以两方面得到解释：①晶面是格子构造最外层的面网。晶轴和格子构造中的行列一致，晶面与晶轴必然交截于结点。所以，晶面在晶轴上的截距将是该晶轴上结点间距（轴单位）的整数倍。因而，截距系数必然是整数，其比值当然也是整数比。②根据晶体生长的原理，晶面是由密度较大的面网所组成。由图 4-15 可以看出，面网密度越大的晶面，它在各晶轴上所截的截距系数比值越简单。

整数定律的确立，为晶面符号的建立提供了理论依据，对晶体结构理论的发展，起到了重要的作用。

二、晶面符号（面号）

1. 晶面符号的表示方法

由于晶面在晶轴上的截距系数之比为简单整数比，因此，晶面在晶体上的方向，便可以用一些简单的数字符号来表示。这种代表晶面在空间方向的符号，称为晶面符号（简称面号）。通常所采用的是 1839 年英国学者米勒提出的一种符号，称为米氏符号。

米氏符号是用晶面在各晶轴上截距系数的倒数比来表示的。

米氏符号的表示方法如下：①取晶面在各晶轴截距系数的倒数比，即 $\frac{1}{p}:\frac{1}{q}:\frac{1}{\gamma}$；②乘以分母的最小公倍数，化成简单的整数比，即 $h:k:l$（h、k、l 为某晶面在 a 轴、b 轴和 c 轴三个晶轴上的晶面指数）；③去掉比例符号，加上圆括号，即为米氏符号。即（hkl）的形式；④在四晶轴中晶面指数有四个数字，一般形式为（$hkil$），其中的晶面指数是按 a 轴、b 轴、d 轴和 c 轴的顺序排列的。

由于截距系数为简单整数比，晶面指数也为简单的整数，一般不超过 6。

现举例说明如下，如图 4-16 所示，设有一晶面 ABC 在 a、b、c 轴上的截距分别为 $2a_0$、$3b_0$、$6c_0$，则截距系数为 2、3、6，求其米氏符号：①取截距系数的倒数比，即 $\frac{1}{2}:\frac{1}{3}:\frac{1}{6}$；②乘以分母的最小公倍数，化为简单整数，即：$\left(\frac{1}{2}\times 6\right):\left(\frac{1}{3}\times 6\right):\left(\frac{1}{6}\times 6\right)=3:2:1$；③去掉比例号加圆括号得（321），即为晶面 ABC 的米氏符号。

2. 晶面符号（米氏符号）的特点

（1）由于晶面指数是截距系数的倒数比。因此，截距系数越大其晶面指数越小；若晶面平行某晶轴时，其相应的指数则为 0，这是因为平行时，晶面与晶轴不能交截，其截距系数为 ∞，而 $\frac{1}{\infty}=0$。

（2）晶面指数的先后顺序不得颠倒，读时按晶面各指数的顺序读，不能读成数学数。如（321），读作三、二、一，不能读成三百二十一。

（3）由于晶轴有正负端之分，因而晶面指数亦应据其所交截的晶轴方向有正负之分。凡交截晶轴于负端者，则在该指数的上方加一负号。如图 4-16 中的 ADC 晶面，其晶面符号应为（$3\bar{2}1$）。

（4）同一晶体，任何两个平行晶面的指数绝对值相同，但符号相反，图 4-16 中晶面 ABC 与晶面 DEF 为相互平行的对应晶面，ABC 的晶面符号为（321），DEF 的晶面符号为（$\bar{3}\bar{2}\bar{1}$）。

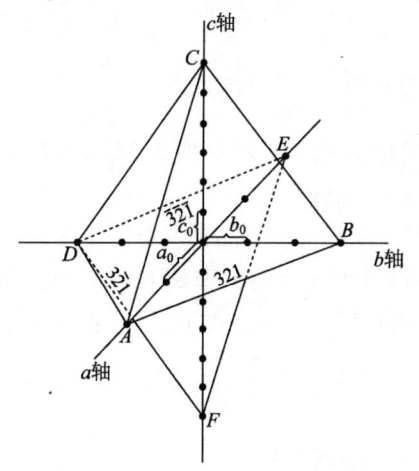

图 4-16　晶面符号图解

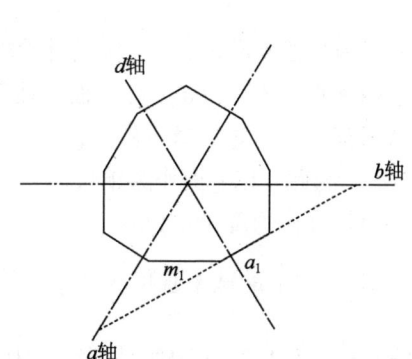

图 4-17　四晶轴晶体柱面晶面符号的确定

（5）四晶轴晶体，晶面在三个水平轴的晶面指数代数和为 0，即 $h+k+i=0$。

如图 4–17 所示，某晶体三方柱 m 与六方柱 a 的横切面，由于柱面与 c 轴平行，故晶面指数为 0，m_1 面与 b 轴平行，与 a 轴、d 轴相截等长，其晶面符号为 $(10\bar{1}0)$，前面三个指数相加 $(1+0+\bar{1}=0)$ 为零；a_1 面与 a 轴、b 轴的截距为 d 轴上截距的两倍，其晶面符号为 $(11\bar{2}0)$，前面三个指数相加 $(1+1+\bar{2}=0)$ 也为零。

3. 确定晶体的晶面符号（米氏符号）时要注意的几种情况

（1）如果只知道某晶面与晶轴是交截的，但无法确定其截距系数的比值时，这类晶面的晶面符号可用字母 (hkl) 表示，如 (hkl)、$(h\bar{k}l)$、(hhl) 等。若晶面又与某一晶轴平行，则该晶轴指数为 0，晶面符号如 $(hk0)$、$(h0l)$、$(0kl)$ 等。

（2）等轴晶系的晶体，其轴单位相等，即 $a_0=b_0=c_0$，故欲确定各晶面与三晶轴的截距系数，只需据该晶面与三晶轴相截长度即可判断。图 4–18 为黄铁矿的五角十二面体晶体，其对称型为 $4L^3 3L^2 3PC$，属等轴晶系。据定向原则，选互相垂直的 $3L^2$ 为 a、b、c 轴，轴角 $\alpha=\beta=\gamma=90°$。因轴单位相等（$a_0=b_0=c_0$），可直接以截距长度之比确定晶面符号。e 晶面与 c 轴平行，在垂直 c 轴的切面上晶面扩展后与 a 轴、b 轴相截，截距长度 b 轴是 a 轴的两倍，则其晶面符号为 $e(210)$。

（3）中、低级晶族各晶系的晶体，由于轴单位不等，在确定其晶面符号时，常借助于选择单位面来求得。以单位面在各晶轴上的截距作为相应晶轴的单位长度，其晶面符号为 (111)。其他任一晶面在三个晶轴上的截距与单位长度相比，即可求出该晶面的晶面指数。单位面一般是选择与三晶轴正端相截（包括扩展后相截）的、发育较大的晶面。

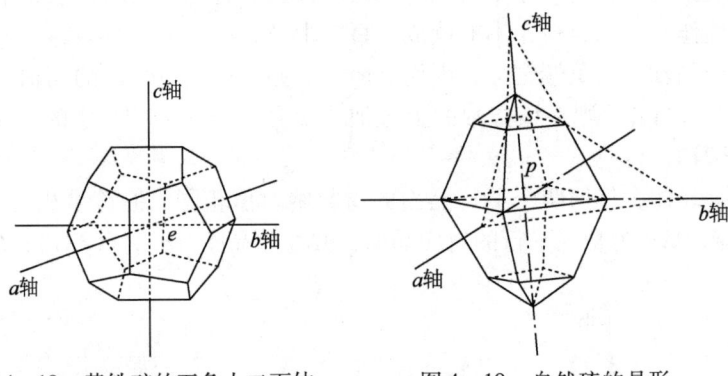

图 4–18　黄铁矿的五角十二面体　　　图 4–19　自然硫的晶形

图 4–19 为自然硫晶体，系由两个斜方双锥组成的聚形，对称型为 $3L^2 3PC$，属斜方晶系。选互相垂直的 $3L^2$ 为 a、b、c 轴，轴角 $\alpha=\beta=\gamma=90°$。

确定晶面符号时，先选择单位面，图中 p 面较发育，与三个晶轴均交于正端，截距符合 $a_0 \neq b_0 \neq c_0$。因此，以 p 面作为单位面，其晶面符号为 (111)，即 $p(111)$。以 p 面在三晶轴上的截距长度作为度量单位 a_0、b_0、c_0。将 s 面扩展后与 a、b 轴相交，在 a 轴上的截距长度为 $2a_0$，b 轴上的截距长度为 $2b_0$，c 轴上的截距长度为 $\frac{2}{3}c_0$。晶面截距系数的倒数比为：$\frac{1}{2} : \frac{1}{2} : \frac{3}{2} = 1:1:3$。$s$ 面的晶面符号为 (113)，即 $s(113)$。

三、单形符号（形号）

晶体上，一个单形的晶面数一般不止一个，为了表示各晶面的方向，便要写出每个晶面的晶面符号。如图4-20中的立方体和八面体，立方体有6个晶面，每个晶面的符号见表4-2。八面体有8个晶面，每个晶面的符号见表4-3。

表4-2 立方体晶面符号

晶面位置	前	右	上	后	左	下
晶面符号	(100)	(010)	(001)	($\bar{1}$00)	(0$\bar{1}$0)	(00$\bar{1}$)

表4-3 八面体晶面符号

晶面位置	前右上	前左上	前右下	前左下	后右上	后左上	后右下	后左下
晶面符号	(111)	(1$\bar{1}$1)	(11$\bar{1}$)	(1$\bar{1}\bar{1}$)	($\bar{1}$11)	($\bar{1}\bar{1}$1)	($\bar{1}$1$\bar{1}$)	($\bar{1}\bar{1}\bar{1}$)

用这种方式来表示单形各晶面的方向，显然是很繁锁的。因此，一般选择其中一个位于前、右、上（中、低级晶族选上、前、右）的晶面的面号，去掉圆括号，换成 { } 号，以代表各晶面的方向，即代表整个单形的方向，这种符号称为单形符号。单形符号的一般形式是：$\{hkl\}$ 或 $\{hkil\}$（四轴定向者）。如上述立方体和八面体的单形符号，按前、右、上的选择原则，分别为 $\{100\}$ 和 $\{111\}$。又如锆石（图4-21）晶形，由两个四方柱和一个四方双锥组成，按先上、次前、后右的原则，它们的单形符号为：四方柱 $m\{110\}$、$a\{100\}$，四方双锥 $p\{111\}$。

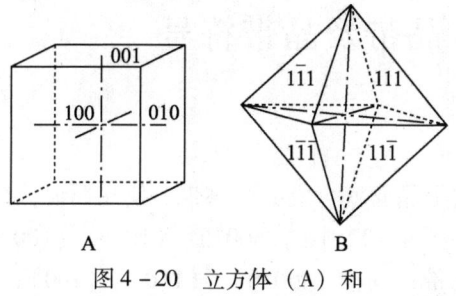

图4-20 立方体（A）和
八面体（B）的晶面符号

图4-21 锆石的晶形
及其单形符号的确定

常见单形的单形符号见下表4-4。

表4-4 一些常见单形的单形符号

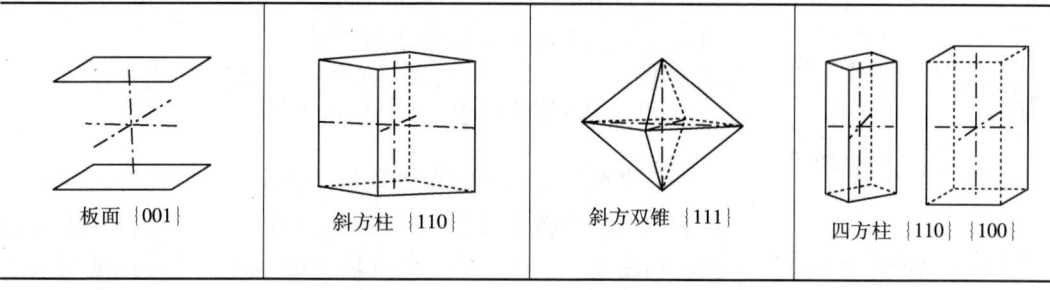

板面 $\{001\}$	斜方柱 $\{110\}$	斜方双锥 $\{111\}$	四方柱 $\{110\}$ $\{100\}$

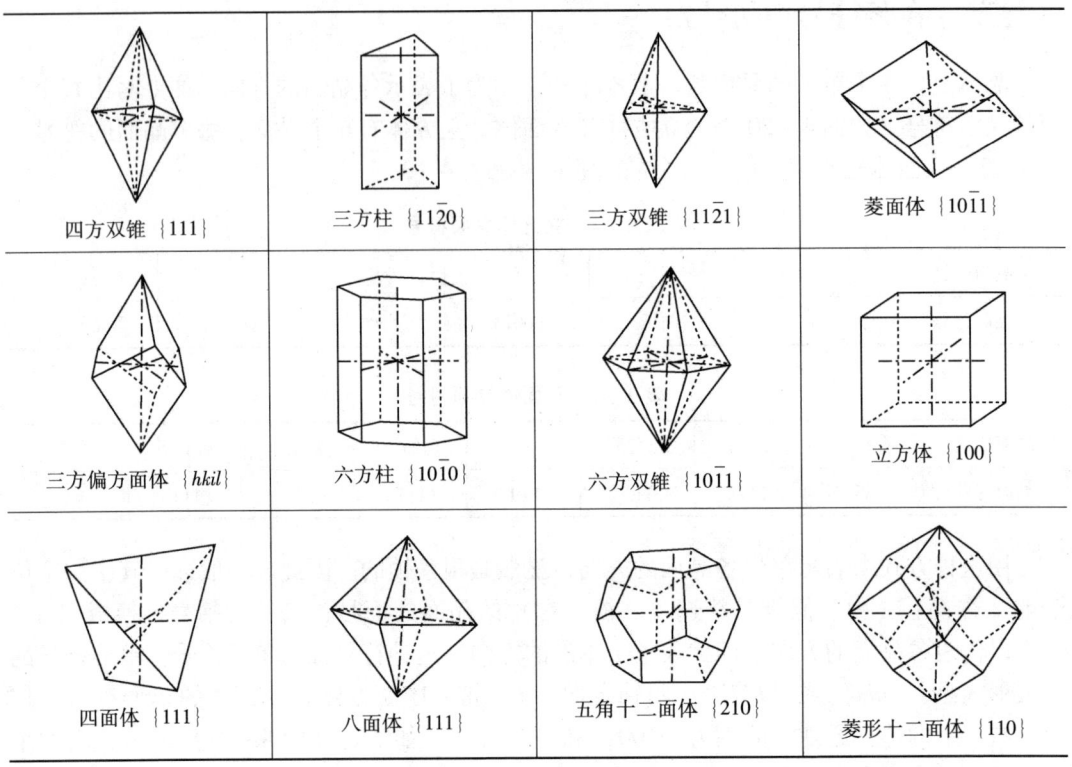

四方双锥 {111}	三方柱 {11$\bar{2}$0}	三方双锥 {11$\bar{2}$1}	菱面体 {10$\bar{1}$1}
三方偏方面体 {hkil}	六方柱 {10$\bar{1}$0}	六方双锥 {10$\bar{1}$1}	立方体 {100}
四面体 {111}	八面体 {111}	五角十二面体 {210}	菱形十二面体 {110}

（据高福裕等，1985）

第三节 晶带及晶带符号

一、晶带的概念

数个晶面相交的棱是平行的，这数个晶面就合成一个晶带。换句话说，彼此相交成平行晶棱的一组晶面组合，称为晶带。在图4-22中的（001）、（101）、（100）、（10$\bar{1}$）等晶面的相交棱彼此平行，所以是一个晶带；同样，（010）、（110）、（100）、（1$\bar{1}$0）等晶面组成另一个晶带；（001）、（111）、（110）、（11$\bar{1}$）等晶面也组成一个晶带。晶体上的晶面是按晶带分布的。

通过晶体中心且平行晶带上晶棱方向的直线称为晶带轴。例如图4-22中直线AA′就是由（010）、（110）、（100）、（1$\bar{1}$0）等晶面组成的晶带之晶带轴。

二、晶带符号

晶带在空间的方位也可用符号表示。表示晶带在空间方位的符号称为晶带符号。晶带符号是以晶带轴的符号来代表的。与晶面、单形一样，晶带轴（或晶带）符号也是用数字

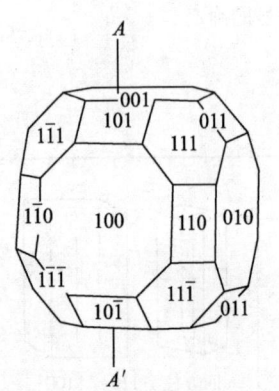

图4-22　晶面的带状分布

符号来表示，但数字指数是用方括号"［　］"括起来。其指数由晶带轴在晶体中的空间方位来确定，即以晶带轴与晶面相交的点，向 X、Y、Z 轴作垂线，晶体中心（原点）到垂足的长度（截距）除以轴单位，得截距系数，X、Y、Z 轴上的截距系数再化成简单的整数，则为晶带轴（晶带）符号中的指数。如图 4-22 所示，晶带轴 AA'（与 Z 轴平行）的符号为［001］，而垂直（100）方向（与 X 轴平行）的晶带轴符号为［100］，垂直（111）方向的晶带轴符号为［111］等。

在矿物鉴定（主要是显微镜鉴定）工作中经常用到晶带的概念。但所涉及的晶带符号只有［010］、［001］、［100］等少数几种最简单的符号。

学习指导

🔖 **要点**　本章内容是几何结晶学中学习难度最大的，应十分重视。需要扎实掌握对称要素的操作，正确确定对称型；熟悉各单形的特征，在熟练进行聚形分析的基础上才能顺利学好。

🔖 **重点**　①各晶系晶体的定向方法及晶体常数特点；②晶面符号的确定方法；③各晶系常见单形的符号。

🔖 **难点**　晶体定向、晶面符号、晶带符号的确定。

📖 思考题与作业

（1）何谓截距、截距系数、轴单位、整数定律？

（2）各晶系晶体定向的方法及晶体常数特点各有哪些？

（3）何谓晶面的米氏符号？某晶面与 X、Y、Z 轴上的截距系数分别为 2、2、4，请写出此晶面的米氏符号。

（4）在某等轴晶系的晶体上，某晶面与 X、Y、Z 轴的截距分别为 2.5 mm、5 mm、∞，试写出此晶面的米氏符号。

（5）如何利用单位面来确定中、低级晶族各晶系中晶体的晶面符号？

（6）{100}、{110}、{111} 在等轴、四方、斜方晶系中，{10$\bar{1}$1}、{11$\bar{2}$0}、{11$\bar{2}$1} 在三方、六方晶系中各代表哪些单形？

（7）在下列晶面中，哪些属于［001］晶带，哪些属于［010］晶带，哪些为［001］与［010］两晶带共有？

(100), (010), (001), (00$\bar{1}$), ($\bar{1}$00), (0$\bar{1}$0), (110), ($\bar{1}$10), (011),
(01$\bar{1}$), (101), ($\bar{1}$01), (1$\bar{1}$0), ($\bar{1}$$\bar{1}$0), (10$\bar{1}$), ($\bar{1}0\bar{1}$), (01$\bar{1}$), (0$\bar{1}$1)

第五章 晶体的规则连生

内容介绍 晶体的平行连生和双晶的概念，双晶要素、双晶律及常见的矿物双晶。

知识目标 了解晶体的规则连生和不规则连生，理解双晶和双晶要素。

能力目标 掌握双晶要素表示方法，认识常见矿物的双晶及其类型和双晶律。

前几章讨论的对象是单个晶体。但在自然界和实验室里晶体很少单个出现，大多是呈两个以上的晶体自然地生长、聚集在一起，称为连生。

晶体的连生可分为两大类：一类为不规则连生，指相聚在一起的晶体，相互之间的位置没有遵循任何严格的规律，只是处于偶然的位置上，这类连生在自然界有广泛的分布。另一类称为规则连生，这类连生的晶体在外形上表现出个体之间呈有规律的联结着。

在规则连生中又包括同种晶体的规则连生——平行连生和双晶，以及异种晶体间的规则连生——浮生。本章仅对平行连生和双晶进行介绍，其中重点讨论双晶。

第一节 平行连生

同种晶体平行地连生在一起，外形上表现出所有对应的晶面、晶棱呈平行的，单体之间有凹入角，这种规则连生称为平行连生（图5-1）。

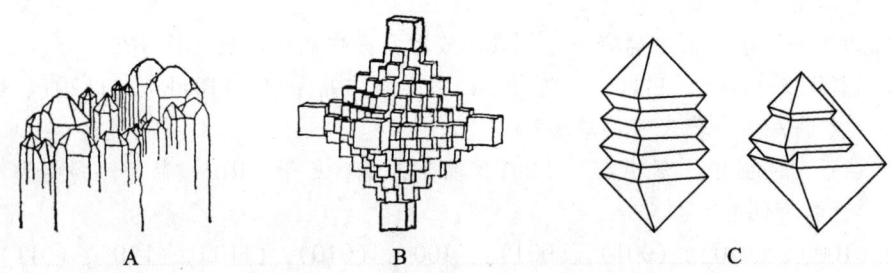

图5-1 石英（A）、萤石（B）和明矾石（C）的平行连生

平行连生从外形上看，是多个单晶体的连生。但是，从晶体的内部结构上看，各单体间的格子构造都是彼此平行而连续的，无法划分各单体间的界线。在条件允许的情况下，当晶体继续生长时，外形上各单体间的凹入角逐渐被填满，最后可形成一个单晶体。从这一点看来，平行连生只是单晶体的一种特殊形态。

第二节　双　晶

一、双晶的概念

双晶是两个或两个以上的同种晶体，彼此间按一定的对称规律相互结合而成的规则连生，其中一个晶体是另一个晶体的镜像反映，或者其中一个晶体旋转180°后与另一晶体重合或平行。图5-2A是石膏的单晶，图5-2B是石膏的双晶，其左、右两个晶体依假想平面P彼此成镜像关系，或固定其中一个晶体，将另一晶体绕假想直线CD旋转180°后，则两个石膏晶体完全平行。

二、双晶要素

欲使双晶相邻的两个个体重合或彼此平行而进行操作时所借助的辅助平面或直线，称为双晶要素。双晶要素有双晶面和双晶轴两种。

1. 双晶面

双晶面是双晶上的一个假想平面，通过此平面的反映，可使双晶相邻的两个个体重合或平行。

双晶面一般用晶面符号来表示，例如图5-2B的石膏双晶的双晶面为（100）。

双晶面不可能平行于单晶中的对称面，如果平行，就会使两个个体处于平行的位置而成为平行连生，而不是双晶了。

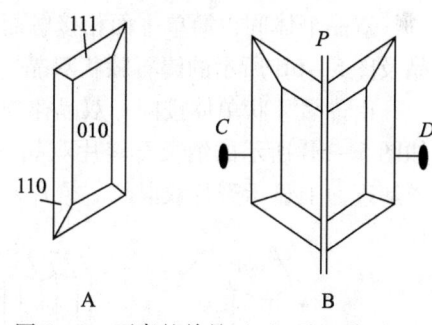

图5-2　石膏的单晶（A）及双晶（B）

2. 双晶轴

双晶轴是双晶上的一根假想直线，若固定其中一个单体而使另一单体绕此直线旋转180°，两个单体即可重合、平行或连成一个完整的晶体。

双晶轴是以垂直某个晶面或平行某个晶轴的方向来表示。如图5-2B所示的石膏双晶轴⊥（100），即图中的CD直线，其中一个石膏晶体绕此直线旋转180°，即可与另一个石膏晶体处于平行位置，连成一个完整的单晶体；又如图5-3所示的正长石卡斯巴双晶的双晶轴平行Z轴，其中一个个体绕Z轴旋转180°即与另一个体平行；图5-4中萤石双晶的一个个体（立方体）围绕垂直（111）的直线旋转180°后可与另一个立方体完全重合。

双晶轴不能平行单晶体的偶次轴，否则也将会形成平行连生。

双晶结合的规律称为双晶律。在描述双晶结合规律时，除用双晶要素外，还常常用到接合面。所谓接合面，即双晶相邻个体间相接触的面。接合面有的为简单平面，一般也用平行它的晶面符号来表示，如石膏双晶的接合面平行（100）。也有不少双晶，因单体间彼此穿插，接合面就十分曲折复杂，如图5-4所示的萤石双晶。

双晶律除用双晶要素、接合面描述外，有时也被赋予各种特殊的名称，有的以其形态命名，如石膏的燕尾双晶；有的以特征矿物命名，如钠长石律（图5-5B），有的以该双晶首次被发现的地点命名，如正长石的卡斯巴双晶律（图5-3）。

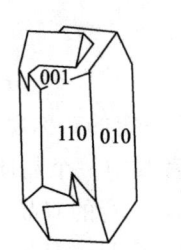 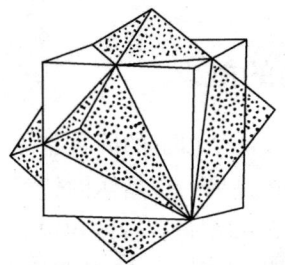

图5-3　正长石的卡斯巴双晶　　　　图5-4　萤石的双晶

三、双晶类型

根据双晶个体间的连生方式可将双晶分为两种类型。

1. 接触双晶

双晶个体间以简单平面相接触而连生者称为接触双晶，如图5-2所示的石膏燕尾双晶及图5-6B所示的锡石膝状双晶。

由许多片状单体按同一双晶律连生，接合面相互平行的一组接触双晶称为聚片双晶。如图5-5B所示的钠长石聚片双晶，它的结合面平行（010）。聚片双晶常可在某些晶面或解理面上显示聚片双晶纹。聚片双晶纹看起来是一条条互相平行而密集的细线。

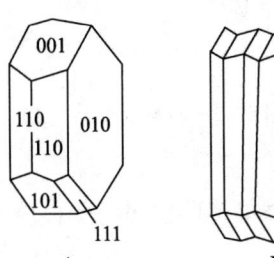 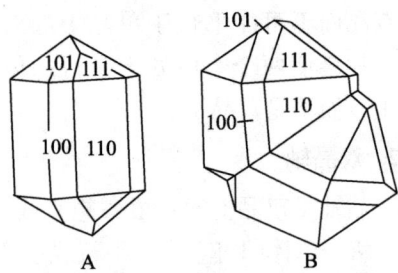

图5-5　钠长石单晶（A）及其聚片双晶（B）　　　图5-6　锡石单晶（A）及双晶（B）

2. 穿插双晶

个体相互穿插而形成的双晶，如图5-4所示的萤石的穿插双晶。

接触双晶和穿插双晶还可依连生晶体的个数称为三接晶、四连晶等。

四、双晶的辨认

理想形态的双晶还是比较容易辨认的。但自然界出现的双晶往往长成歪晶，有时可能只有少数晶面甚至无晶面出现，肉眼观察辨认是否是双晶自然要难一些。然而，既然是双晶仍有一些双晶现象可供肉眼辨认。一般可从下述几种现象来识别双晶（仪器鉴定在晶体光学等课中介绍）：

（1）双晶凹入角。完整的单晶体都是呈凸多面体。而双晶往往有凹入角。但要注意与平行连晶的凹入角区别开来，不能把平行连晶凹入角看成是双晶凹入角。

（2）双晶缝合线。双晶接合面在双晶的外形上或切面上的迹线称为双晶缝合线。缝合线多数是直线或简单的折线，也有的呈复杂曲线。缝合线的特点是，两侧的晶面花纹或解理纹互相不连续，反光的程度也有所不同。如图 5-7 所示的曲线即为石英道芬双晶的缝合线，其同一晶面上缝合线两侧的花纹不连续或截然不同。

（3）双晶假对称。双晶凹入角或双晶缝合线的存在都能确定双晶。但有的双晶没有凹入角或缝合线不清楚，而外形上如同一个单晶体，此时双晶的确定可注意晶体外形和对称的特点。这个特点是，双晶体的对称程度与组成该双晶的单晶体所固有的对称程度有所不同，这种对称叫作假对称。若此，则是双晶。图 5-7 是 α-石英（三方晶系 L^33L^2 对称型）的道芬双晶。在 α-石英的单晶体上，s 面（三方双锥 $\{11\bar{2}1\}$）与 x 面（三方偏方面体 $\{5\bar{1}61\}$）固有的对称是绕 c 轴每转 120°重复一次，呈三次对称（L^3）分布；但图 5-7 双晶体中 s 面与 x 面均绕 c 轴每转 60°就重复一次而成为六次对称（L^6）分布。这样，两者对称程度就有差别，从而证明是双晶。

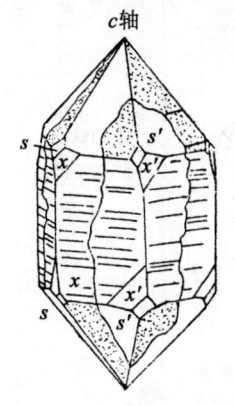

图 5-7 α-石英道芬双晶的
双晶缝合线与双晶假对称

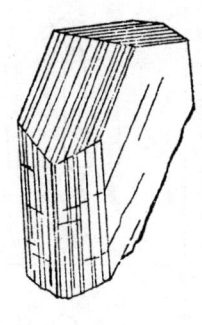

图 5-8 斜长石晶面上的
钠长石聚片双晶条纹

（4）聚片双晶条纹。如前所述，聚片双晶中一系列相互平行的接合面在晶面或解理面上的迹线（即双晶缝合线）所组成的平行直线条纹，称为聚片双晶条纹。图 5-8 斜长石晶面（$\{010\}$ 面除外）上的平行直线条纹，即聚片双晶条纹。这不仅证明此斜长石是双晶，而且证明是聚片双晶。聚片双晶条纹与单晶的晶面条纹是有区别的：聚片双晶条纹不仅在晶体的晶面上存在，而且在晶体内部的解理面，甚至断口上也可看到；但单晶体晶面条纹，则只能在晶面上出现。

此外，还可通过生长丘和蚀象等利用肉眼辨认双晶。

五、研究双晶的意义

研究双晶具有重大的实际意义。首先是因为许多矿物在自然界常以双晶产出，例如锡石、十字石、石英等，特别是斜长石，几乎总是以双晶产出，双晶的形态及其结合规律是这些矿物的重要鉴定特征。另外，双晶的存在往往会影响某些矿物的工业用途，如石英具道芬双晶就不能发生压电效应；方解石有双晶存在就会影响其在光学仪器中的应用等，对其双晶必须加以研究和消除。

各晶系常见矿物的双晶列于表 5-1。

表 5-1　各晶系常见矿物的双晶

晶系	矿物名称（成分）及对称型	单晶的形状	双晶		
			形状	类别（别名）	双晶律
等轴晶系	萤石（CaF_2）$3L^4 4L^3 6L^2 9PC$			穿插双晶	双晶垂直（111）双晶面平行（111）
四方晶系	锡石（SnO_2）$L^4 4L^2 5PC$			接触双晶（膝状双晶）	双晶面平行（011）接合面平行（011）
三方晶系	石英（SiO_2）$L^3 3L^2$	右形 x {$51\bar{6}1$}		穿插双晶（道芬双晶）	双晶轴平行 Z 轴，接合面不规则，两左形或两右形晶体
		左形 x {$\bar{6}1\bar{5}1$}		穿插双晶（巴西双晶）	双晶面平行（11$\bar{2}$0），接合面平行（11$\bar{2}$0），一左形晶体与一右形晶体

晶系	矿物名称（成分）及对称型	单晶的形状	双　晶		
			形　状	类别（别名）	双晶律
三方晶系	方解石（CaCO_3）$L^3 3L^2 3PC$			接触双晶	双晶轴垂直（0001）双晶面平行（0001）接合面平行（0001）
				接触双面（蝴蝶双晶）	双晶面平行（10$\bar{1}$1）接合面平行（10$\bar{1}$1）
				聚片双晶	双晶面平行（01$\bar{1}$2）接合面平行（01$\bar{1}$2）
斜方晶系	十字石（FeAl_4[SiO_4]_2 O_2(OH)_2）$3L^2 3PC$	$b\{010\}$ $c\{001\}$ $m\{110\}$ $r\{101\}$		穿插双晶	双晶面平行（031）
				穿插双晶	双晶面平行（231）

晶系	矿物名称（成分）及对称型	单晶的形状	双　晶		
			形　状	类别（别名）	双晶律
单斜晶系	石　膏（$CaSO_4 \cdot 2H_2O$）L^2PC			接触双晶（燕尾双晶）	双晶轴垂直（100）双晶面平行（100）接合面平行（100）
	正长石（$K[AlSi_3O_8]$）L^2PC	$b\{010\}$、$c\{001\}$、$m\{110\}$、$x\{10\bar{1}\}$ $y\{20\bar{1}\}$		穿插双晶（卡斯巴双晶）	双晶轴平行 Z 轴接合面以（010）为主（卡斯巴双晶律）
				接触双晶（曼尼巴双晶）	双晶轴垂直（001）接合面平行（001）（曼尼巴双晶律）
				接触双晶（巴温诺双晶）	双晶轴垂直（021）接合面平行（021）（巴温诺双晶律）
三斜晶系	钠长石（$Na[AlSi_3O_8]$）C			接触双晶（钠长石双晶）	双晶面平行（010）接合面平行（010）（钠长石双晶律）
				聚片双晶	

（据戈定夷等，1989）

学习指导

⊘ **要点**　双晶及双晶面、双晶轴、接合面的概念及其空间方位的表示应有透彻和清楚地理解。要求熟记最常见的重要双晶的形态和双晶律，如钠长石、正长石、方解石、十字石、锡石等矿物的双晶。

⊘ **重点**　常见矿物双晶的名称，形态及双晶律。

⊘ **难点**　双晶的定义、双晶要素、接合面及双晶律的确定。

📖 **思考题与作业**

(1) 何谓平行连生、双晶、双晶面、双晶轴、接合面？

(2) 双晶与平行连生、聚形、单形如何区分？

(3) 双晶面、双晶轴、接合面的位置如何表示？

(4) 双晶面为什么不能平行晶体的对称面？双晶轴为什么不能平行晶体的偶次对称轴？

(5) 常见的矿物双晶有哪些？写出常见双晶的双晶律。

(6) 研究双晶有何意义？

第二篇　矿物学通论

第六章　矿物的化学组成和内部结构

内容介绍　从地壳的化学成分入手，系统介绍矿物的化学成分类型，元素在矿物中的赋存状态和结合方式，矿物晶体内部质点的紧密堆积原理，以及与矿物化学成分紧密相关的几个重要内容，即类质同象、同质多象、胶体矿物和矿物中的水，最后介绍矿物化学成分的表示方法。

知识目标　掌握矿物的化学成分，理解矿物的化学组成类型、元素离子类型、化学键和晶格类型。理解并掌握最紧密堆积原理、类质同象、同质多象、胶体矿物和矿物中的水。

能力目标　能从化学组成类型上区分单质与化合物矿物，认识胶体矿物，区分不同种类的矿物中的水，能够写出矿物的化学式。

矿物的化学成分是组成矿物的物质基础，是决定矿物性质的基本因素之一。对于许多有用矿物来说，人们就是利用其中的某些化学成分。因此，它是矿物学研究的重要课题。

第一节　地壳的化学成分

地壳主要是由岩石组成的，而岩石的基本单元是矿物，地壳中的化学元素是形成矿物的物质基础。元素在地壳中平均含量的质量百分数称为元素的克拉克值。各种元素的克拉克值见表6-1。从表6-1可知，各种元素在地壳中的分布量是极不均匀的。氧元素几乎占地壳总质量的50%，氧、硅、铝、铁、钙、钠、钾、镁八种元素合计占地壳总质量的近99%，其余几十种元素总共才略多于1%。地壳中元素的含量直接影响矿物的种类和数量，含量多的八种元素形成的矿物（氧化物和含氧盐，特别是硅酸盐）分布最广、数量多，是地壳中各类岩石和土壤的主要组分。

矿物的形成除与元素的克拉克值有关外，还与元素的性质有关。有一些元素的克拉克值并不算太低，但它们很少形成独立矿物，例如锶、钒、铷等。这是因为它们和克拉克值最高的几种元素钙、铁、钾等性质相近，很容易"混入"这几种元素形成的矿物中，无形地分散到地壳的各部分，只有剩余的一小部分能集中起来形成独立的矿物，因此，可称为分散元素。相反，自古即广为人们利用的几种金属元素，其克拉克值并不高，如铜（约为锶的七分之一）、铅（约为锶的二十七分之一）等，但它们的矿物却很常见，可称为集中元素。这是因为其性质与克拉克值最高的几种元素性质不同，很少混入它们的矿物，

表 6 – 1 地壳中元素克拉克值表

≥0.10%	$1000 \times 10^{-6} \sim$ 100×10^{-6}	$100 \times 10^{-6} \sim$ 10×10^{-6}	$10 \times 10^{-6} \sim$ 1×10^{-6}	$1 \times 10^{-6} \sim$ 0.1×10^{-6}	$0.1 \times 10^{-6} \sim$ 0.01×10^{-6}	$0.01 \times 10^{-6} \sim$ 0.001×10^{-6}
O 46.60%	Mn 900×10^{-6}	Rb 90×10^{-6}	Pr 8.2×10^{-6}	Tb 0.9×10^{-6}	Hg 0.08×10^{-6}	Rh 0.002×10^{-6}
Si 27.72%	F 625×10^{-6}	Ni 75×10^{-6}	Th 7.2×10^{-6}	I 0.5×10^{-6}	Ag 0.07×10^{-6}	Os 0.005×10^{-6}
Al 8.13%	Ba 400×10^{-6}	Zn 70×10^{-6}	Sm 6.0×10^{-6}	Tm 0.5×10^{-6}	Se 0.05×10^{-6}	Au 0.001×10^{-6}
Fe 5.00%	Sr 375×10^{-6}	Ce 60×10^{-6}	Gd 5.4×10^{-6}	Lu 0.5×10^{-6}	Ru 0.01×10^{-6}	Re 0.001×10^{-6}
Ca 3.63%	S 260×10^{-6}	Cu 55×10^{-6}	Yb 3.4×10^{-6}	Tl 0.5×10^{-6}	Pd 0.01×10^{-6}	Ir 0.001×10^{-6}
Na 2.83%	C 200×10^{-6}	Y 33×10^{-6}	Cs 3×10^{-6}	Cd 0.2×10^{-6}	Te 0.01×10^{-6}	
K 2.59%	Zr 165×10^{-6}	La 30×10^{-6}	Dy 3×10^{-6}	Sb 0.2×10^{-6}	Pt 0.01×10^{-6}	
Mg 2.09%	V 135×10^{-6}	Nd 28×10^{-6}	Hf 3×10^{-6}	Bi 0.2×10^{-6}		
Ti 0.44%	Cl 130×10^{-6}	Co 25×10^{-6}	Be 2.8×10^{-6}	In 0.1×10^{-6}		
H 0.14%	Cr 100×10^{-6}	Sc 22×10^{-6}	Er 2.8×10^{-6}			
P 0.10%		Li 20×10^{-6}	Br 2.5×10^{-6}			
		N 20×10^{-6}	Sn 2×10^{-6}			
		Nb 20×10^{-6}	Ta 2×10^{-6}			
		Ga 15×10^{-6}	As 1.8×10^{-6}			
		Pb 13×10^{-6}	U 1.8×10^{-6}			
		B 10×10^{-6}	Ge 1.5×10^{-6}			
			Mo 1.5×10^{-6}			
			W 1.5×10^{-6}			
			En 1.2×10^{-6}			
			Ho 1.2×10^{-6}			

（据戈定夷等，1989）

而是经常集中起来形成独立的矿物。

氢的克拉克值比起前八种元素少得多，仅为 0.14%。但氢的原子量很小，按原子的数目来说，氢并不少，约为地壳中原子总数的 3%，仅次于氧、硅、铝，居第四位。因此，自然界含水（以 H_2O、OH^-、H^+ 或 H_3O^+ 等形式）矿物的数量很多，土壤的主要组分黏土矿物，都是含水的硅酸盐矿物或氧化物（氢氧化物）矿物。

第二节　矿物的化学组成类型

矿物是地壳内的化学元素在各种地质作用中按照一定规律互相结合而成的。它可以由一种元素组成，也可以由几种元素组成。根据化学组成可分为单质和化合物两种类型。

一、单质

矿物由同一种元素组成，如自然金（Au）、自然铜（Cu）、金刚石（C）等。元素主要以原子状态存在。这类矿物称为单质矿物。

二、化合物

由两种或两种以上不同化学元素化合而成的即为化合物。如闪锌矿（ZnS）、铬铁矿（$FeCr_2O_4$）、方解石（$CaCO_3$）等。化合物按其化学组成又可分为：

（1）简单化合物：由一种阳离子和一种阴离子化合而成。阳离子多数为金属元素，如方铅矿（PbS）、黄铁矿（FeS_2）等。

（2）配合物（原称络合物）：含有配离子（原称络离子）的化合物称为配合物。这种组分的矿物数量最多，各种含氧盐矿物通常为配合物，如正长石（$K[AlSi_3O_8]$）、方解石（$CaCO_3$）、硬石膏（$CaSO_4$）等。配离子是由多原子组成的离子团。它们主要是各种含氧酸根，如 $[CO_3]^{2-}$、$[SO_4]^{2-}$、$[PO_4]^{3-}$、$[SiO_4]^{4-}$ 等。它们虽然由几个原子组成，但经常作为一个整体参加晶格，始终保持其形状，表现出其特有的物理化学性质，这种离子团称为配离子。矿物中的配阴离子除了上述含氧酸根外，还有 $[S_2]^{2-}$、$[AsS]^{2-}$、$[AsS_3]^{3-}$ 等。此外，矿物中还有个别配阳离子，如在风化作用中经常产生的 $[UO_2]^{2+}$。由于这些配离子具有独立的特征，对矿物的性质起着特定的作用。

（3）复化合物：由两种或两种以上的阳离子和阴离子或配离子组成的化合物，如白云石（$CaMg[CO_3]_2$）、绿帘石（$Ca_2(Al,Fe)_3[SiO_4][Si_2O_7]O(OH)$）、钛铁矿（$FeTiO_3$）等。

自然界的矿物不论是单质或化合物，其成分不是绝对固定的，它们可以在一定范围内发生变化，根据其变化是否明显，将它们分为成分基本固定的矿物和成分不固定的矿物。前者的化学成分变化范围非常小，可以忽略不计。如雄黄（AsS）、蓝铜矿（$Cu_3[CO_3]_2(OH)_2$）、硬石膏（$CaSO_4$）等；后者的化学成分变化明显，引起变化的原因不是由于机械混入物的存在，而是由于组成矿物本身的化学成分变化所造成的。如类质同象便是矿物化学成分发生变化的主要原因之一（在第六节介绍）。

第三节　元素的离子类型

从上节可知，组成矿物的化学成分为各化学元素的原子、分子和离子，其中以原子、分子组成的矿物很少。例如金刚石由碳原子（C）组成，自然硫由硫分子（S_8）组成。绝大多数矿物是由离子组成的，即矿物主要是由阳离子与阴离子结合而成的离子化合物，如石盐由 Na^+ 和 Cl^- 结合形成。矿物中阴离子种类有限，主要是 O^{2-}、S^{2-}、F^-、Cl^-，此外还有些次要的。但阳离子却有上百种，它们不仅半径、电价不同，而且外电子层结构也不一样。外电子层结构对离子的性质起决定作用，也决定着该阳离子与哪种阴离子结合形成矿物，从而决定矿物的物理化学性质。根据离子的最外电子层结构可将离子分为三种类型（表6-2）。

表6-2　元素的离子类型

Ne	Li	Be											B	C	N	O	F
Ar	Na	Mg					I						Al	Si	P	S	Cl
Kr	K	Ca	Sc	Ti	V	Cr	Mn	Fe	Co	Ni	Cu	Zn	Ga	Ge	As	Se	Br
Xe	Rb	Sr	Y	Zr	Nb	Mo	Tc	Ru	Rh	Pd	Ag	Cd	In	Sn	Sb	Te	I
Rn	Cs	Ba	La①	Hf	Ta	W	Re	Os	Ir	Pt	Au	Hg	Tl	Pb	Bi	Po	At
	Fr	Ra	Ac②				Ⅲ					Ⅱ					

①镧系元素；②锕系元素。Ⅰ—惰性气体型离子；Ⅱ—铜型离子；Ⅲ—过渡型离子。

一、惰性气体型离子

最外层电子数为 2 或 8 的离子，称为惰性气体型离子。它们的外电子层结构和惰性气体的原子完全一样，如 Li^+、Be^{2+} 和 He 一样，Na^+、Mg^{2+}、Al^{3+} 等和 Ne 一样，它们由表 6-2 中 I 区的元素的原子失去或获得电子后形成。本类型离子的元素除成为阳离子外，还有一部分常成为阴离子，如 O^{2-}、F^-、Cl^-、Br^-、S^{2-} 等。其阳离子主要有以下特点：①电子层结构很稳定，一般不变价。对可见光波吸收不明显，因而离子不呈色，所形成的矿物一般为无色—白色。这类离子大多数原子序数较小，原子量较小，它们所形成的矿物（除含 Ba 者外）的相对密度一般较小。②与电价和半径相近的其他类型离子相比，极化力和可极化性较小，形成的化合物离子键的性质较强。③易与氧结合形成氧化物或含氧盐，特别是硅酸盐，可形成大部分的造岩矿物，因此，这些离子又被称为造岩元素（也称亲氧元素或亲石元素）。

二、铜型离子

最外电子层的电子数为 18（如 Cu^+、Zn^{2+}）或 18+2（如 Pb^{2+}、Bi^{3+}）的离子，称为铜型离子。表 6-2 中 II 区元素的原子失去电子后形成该种离子。它们具有以下特点：①电子层仍为稳定结构，但稳定性低于惰性气体型离子。故这类离子多数不变价，但也有少数元素可呈不同价态的离子在自然界出现，如 Cu^+ 和 Cu^{2+}，Sb^{3+} 和 Sb^{5+} 等。除 Cu^{2+} 外，一般不呈色。②比惰性气体型离子的可极化性和极化力都大，形成的矿物具有较强的金属键或共价键的性质。例如惰性气体型离子 Na^+，与 S^{2-} 组成典型的离子键化合物，易溶于水，自然界中不存在；而本类型离子 Cu^+ 与 S^{2-} 组成的化合物 Cu_2S，因极化使化学键带过渡性，呈铅灰色，具弱导电性，几乎不溶于水，在自然界分布很广。铜型离子与硫有较大的亲和力，在自然界经常参加到硫化物的晶格中，形成有工业意义的金属矿物，故又称为造矿元素（也称为亲硫元素或亲铜元素）。③大多数原子序数较大，形成的矿物一般相对密度较大，由于与 S^{2-} 结合时电子层变形强，对可见光波强烈吸收，因而形成的矿物常不透明，呈现金属色，有时可因极化呈彩色。

三、过渡型离子

最外层电子数介于 8~18 之间。这不是一种稳定的结构。这部分离子由表 6-2 中 III 区元素的原子失去电子后形成。其特征如下：①由于电子层不稳定，离子很容易变价，如 Fe^{2+} 和 Fe^{3+}，Mn^{2+}、Mn^{3+} 和 Mn^{4+} 等。此外，电子层没有完全充满，对光波选择吸收明显，离子常常呈色，形成的矿物也具有颜色。②极化性能介于上述两种离子类型之间，以 Mn^+ 为界，左半区的离子，性质与惰性气体型离子相近，亲氧性强，多形成氧化物、含氧盐；右半区的离子，其性质与铜型离子相似，亲硫性强，多形成硫化物。

第四节　化学键与晶格类型

化合物和单质矿物中的原子、分子或离子之间相互作用的结合力，称为化学键，其中包括离子键、原子键（共价键）、金属键和分子键。对应于这四种基本的键型，在晶体结构中划分出四种晶格类型，即离子晶格、原子晶格、金属晶格和分子晶格；对于具过渡性键型和多键型的晶体，则以主导键型来划分其晶格类型。

一、离子键与离子晶格

在晶体结构中，质点是阳离子和阴离子（或配阴离子）组成时，阴阳离子间的结合力（静力引力）称为离子键。其晶格类型称为离子晶格。

离子晶格具有下列性质：①由于离子间没有自由电子存在，故离子晶体为电的不良导体。但熔融后具导电性。②离子键的键力比金属键和分子键都强，因此离子晶体的硬度、熔点、机械强度都较高，多为非金属光泽，往往透明和半透明。③离子晶格是由阴阳离子组成，而水分子（H_2O）为极性分子，所以离子晶格的矿物比金属晶格和原子晶格的矿物在水中的溶解度要大得多。

自然界中绝大多数矿物为离子晶体。绝大多数含氧盐，常见的氧化物、氢氧化物及卤化物类矿物，均属离子晶格类型。

二、原子键（共价键）与原子晶格

在晶体结构中，质点由原子组成时，原子之间是以共用电子对方式结合起来的，称为原子键，也称共价键。其晶格类型称为原子晶格。

原子晶格具有下列性质：①典型的原子键晶体，因无自由电子也无离子存在，导电性很低，在熔融状态下也不导电。②键力很强，晶体硬度大、熔点高。因共价键具方向性，原子发生相对位移后，键即破坏，所以晶体无延展性而具脆性。

自然界中典型的原子晶格的矿物晶体很少，除金刚石外，很少具此类型。但有共价键成分的晶格却很多。如含氧盐的配离子（如硅酸盐）即具共价键。

三、金属键与金属晶格

在晶体结构中，质点是由失去外层价电子的金属阳离子和一部分中性的金属原子组成，从金属原子中释放出来的自由电子弥散在整个晶体中，它们围绕阳离子运动，在任一瞬间都有一定的自由电子联系着所有的阳离子和金属原子，这种键力称为金属键。具有金属键的晶格称为金属晶格。

金属晶格具下列性质：①由于自由电子的存在，使晶体具有较大的导电性和导热性。自由电子易吸收和放出能量，所以当光线照射晶体时立即被吸收，又以光的形式把能量放出来，从而使晶体具有高度不透明、强的反射力和金属光泽。②自由电子在晶格中没有一定位置，使金属离子、金属原子易于滑动而不破坏晶格，因此晶体具较低的硬度和较强的延展性。

自然界中具典型金属晶格的矿物不多，只有自然金属元素类矿物，如自然金、自然铜、自然铂等。

四、分子键与分子晶格

在晶体结构中，质点由分子组成时，分子之间的结合力称为分子键。在分子内部的作用力主要是共价键。具分子键的晶格称为分子晶格。

分子晶格具下列性质：①分子键键力很弱，所以分子晶体一般熔点低、硬度小，可压缩性大。②电子在分子中不能自由往来，晶体一般不导电，导热性差，透明，不具金属光泽。

在矿物晶体中，具典型分子晶格的矿物为数不多，仅有个别单质（如斜方硫）和少数硫化物（雄黄、雌黄等）。具分子键的矿物，几乎都形成于低温条件下，而且极易遭受破坏。

第五节　球体最紧密堆积原理

在晶体结构中，由于质点（一般呈球形）间的引力作用，各质点是紧密靠近的，以使它们占有最小的体积，这样，晶体才能处于最稳定状态，因此，晶体质点的最紧密排列方式，可以看成是球体的最紧密堆积。球体最紧密堆积可分两种情况。

一、等大球体的最紧密堆积

等大球体在平面上做最紧密排列时，则必形成图 6－1 的图形，此时，每个球与周围的六个球相邻接，而相邻接的球体之间，出现弧线三角形的空隙，其中部分三角形角顶朝上，部分向下，两种空隙相间分布。这是做单层最紧密排列的情况。

在堆积第二层球体时，可以使它们堆在第一层球体中角顶向上的三角形空隙上，也可以堆在角顶向下的三角形空隙上（图 6－2），二者实质上一致。但无论何种情况，在第二层上出现两种不同的空隙：一种是连续贯穿两层的空隙，另一种是未贯穿两层的空隙。

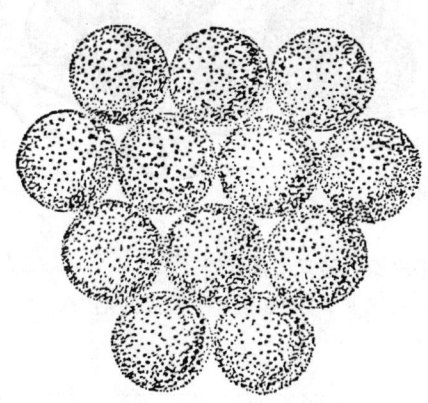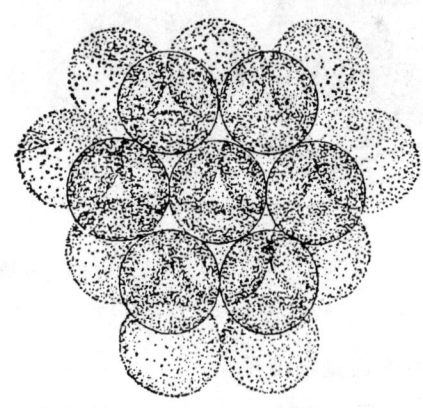

图 6－1　等大球体单层的　　　　　图 6－2　等大球体两层球体的
　　　最紧密堆积及其空隙　　　　　　　　最紧密堆积及其空隙

当再最紧密堆积第三层球体时，鉴于第二层上出现两种空隙，将有两种根本不同的堆积方式，从而形成两种球体最紧密堆积。

1. 六方最紧密堆积

这种堆积，是第三层球体堆积在第二层上未贯穿两层的空隙上，这样，第三层球体在空间的位置与第一层球体重复，如再继续堆积，则第四层与第二层重复，第五层又与第三层重复……即每隔一层重复一次。在这种堆积中，球体堆积的周期是两层，因此，又称为两层最紧密堆积，如图 6 – 3A 所示，又由于在这样的堆积中，可以找出六方晶胞，其中相当点（球）是按六方格子排列的（图 6 – 3B），所以称为六方最紧密堆积，其最紧密排列层平行于 {0001}，如图 6 – 4A 所示。

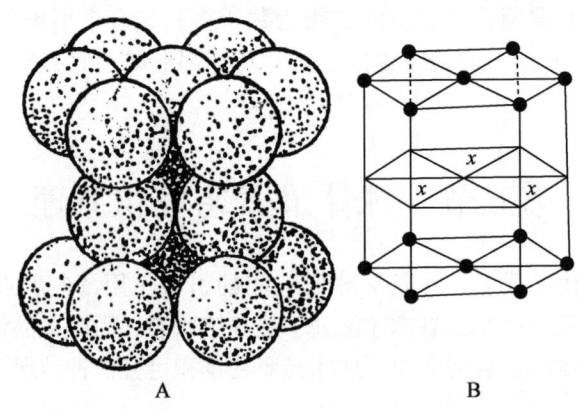

A   B

图 6 – 3　六方最紧密堆积

A—球体堆积形状；B—球中心分布（六方格子）

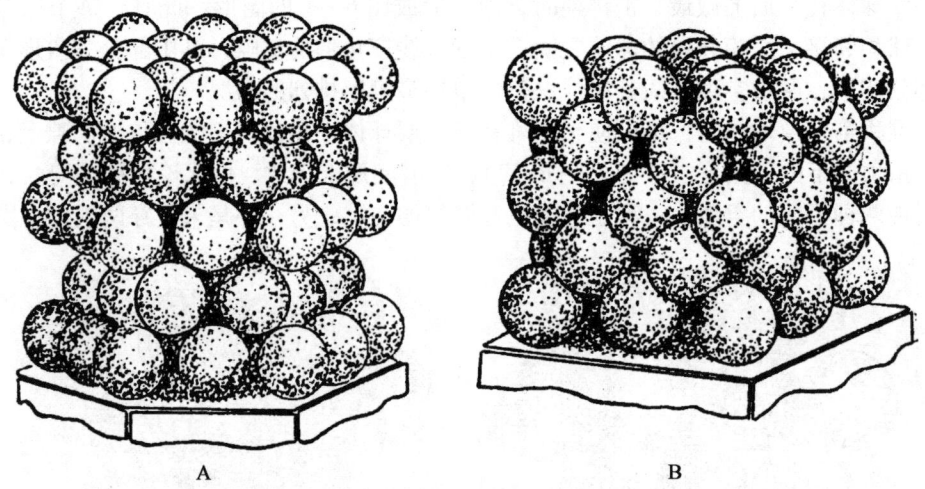

A   B

图 6 – 4　六方与立方最紧密堆积的最紧密排列层

A—六方最紧密堆积最紧密排列层平行 {0001}；B—立方最紧密堆积最紧密排列层平行 {111}

2. 立方最紧密堆积

这种堆积是在第二层球体上贯穿两层的空隙上堆积第三层球体，其位置与一、二层球体都不重复，在堆积第四层时，则与第一层重复，其后第五层与第二层重复，第六层与第三层重复……即每隔两层重复一次。在这种堆积中，球体堆积的周期是三层，因此，又称为三层最紧密堆积，如图 6 – 5A 所示。又由于在这种堆积中，可以找出立方晶胞（图 6 – 5B），其中相当点（球）是按立方面心格子分布（图 6 – 5C），所以称为立方最紧密堆积，其最紧密排列层平行于 {111}，如图 6 – 4B 所示。

晶体中质点（球体）的最紧密堆积，除以上两种情形外，还有四层、五层等最紧密堆积。但是常见的则是六方（二层）和立方（三层）最紧密堆积。

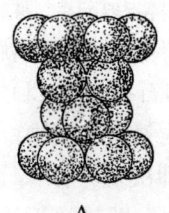 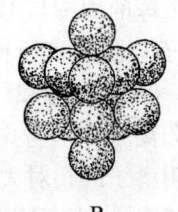 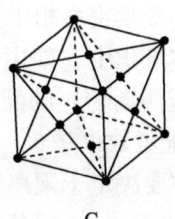

A B C

图6-5 立方最紧密堆积

A—球体堆积形状；B—立方晶胞形状；C—球心分布（立方面心格子）

在等大球体最紧密堆积中，球体间还存在有空隙，在上述两种堆积中，空隙就占了整个空间的25.95%，根据空隙周围球体分布的形状，可将空隙分为两种类型：

（1）四面体空隙：这种空隙是上述未贯穿两层的空隙，即空隙由四个球体围成（图6-6A），四球体中心点联结后呈四面体形状（图6-6B），故称为四面体空隙。

（2）八面体空隙：这种空隙是上述贯穿两层的空隙，即空隙由六个球体围成，如图6-7A所示。六个球中心点联结后呈八面体形状（图6-7B），故称为八面体空隙。

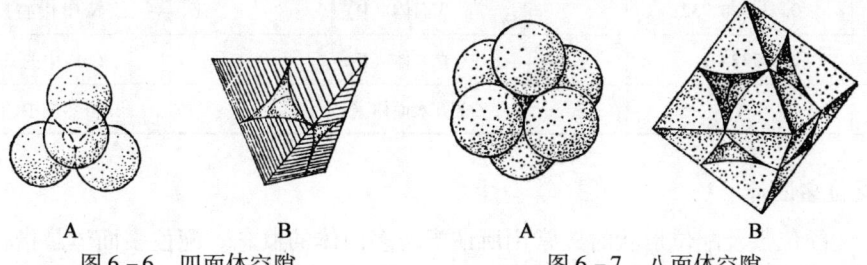

A B   A B

图6-6 四面体空隙   图6-7 八面体空隙

在等大球体做最紧密堆积中，四面体空隙数、八面体空隙数与球体的数目有一定的关系：经过计算，四面体空隙数为等大球体数的两倍，八面体空隙数等于球数。即若做最紧密堆积的等大球体数目为 n，则四面体空隙有 $2n$ 个，八面体空隙有 n 个。

二、不等大球体的堆积

在离子化合物组成的晶体中，是一种不等大球体的堆积。阴离子代表大球，阳离子代表小球，其堆积可以看成是较大的一种球体呈等大球体式的最紧密堆积，而较小的球体则根据其大小充填在八面体空隙或四面体空隙中，从而形成不等大球体的紧密堆积。如石盐（NaCl）的晶体结构可看成 Cl^- 做立方最紧密堆积，Na^+ 充填于所有八面体空隙中；金红石（TiO_2）则可看成是 O^{2-} 近似六方最紧密堆积，而 Ti^{4+} 则充填其半数的八面体空隙中。

三、配位数及配位多面体

1. 配位数

原子或离子周围所邻接的同种原子或异号离子的个数，称为原子配位数或离子配位数。

在等大球体的最紧密堆积中，每个球的周围与 12 个球体相邻接，则其配位数为 12。

在不等大球体堆积中（如由阳离子与阴离子所构成的结构）情况就有所不同，每个球体（如阳离子或阴离子）的配位数一般就不是 12 了。如石盐（NaCl）晶体中 Na^+ 的配位数为 6，Cl^- 的配位数也是 6，即阴阳离子分别与 6 个异号离子相邻接。

离子配位数主要决定于阳离子和阴离子的相对大小，即决定于阳离子半径（r_A）与阴离子半径（r_B）的比值。r_A/r_B 值越接近于 1，则配位数越大，即越接近于 12。反之，比值越小，则阳离子半径越小，配位数也越小（表 6-3）。

表 6-3　配位数与离子半径比的关系

配位数	r_A/r_B	配位多面体及形状 （参照图 6-8A，B，C，D，E，F）	实　例
2	0 ~ 0.155	哑铃状（A）	CO_2 中的 C^{4+}
3	0.155 ~ 0.225	平面三角形（B）	$[CO_3]^{2-}$ 中的 C^{4+}
4	0.225 ~ 0.414	四面体（C）	$[SiO_4]^{4-}$ 中的 Si^{4+}
6	0.414 ~ 0.732	八面体（D）	NaCl 中的 Na^+
8	0.732 ~ 1	立方体（E）	CaF_2 中的 Ca^{2+}
12	1	立方八面体（F）	自然铜中的 Cu

2. 配位多面体

在描述配位数及配位形状时，常用所谓配位多面体的概念。配位多面体是指将与阳离子相邻接的周围阴离子的中心联结起来所形成的多面体，阳离子位于中心，而与之配位的各阴离子的中心则位于多面体的角顶上。

常见的配位多面体如图 6-8 所示。

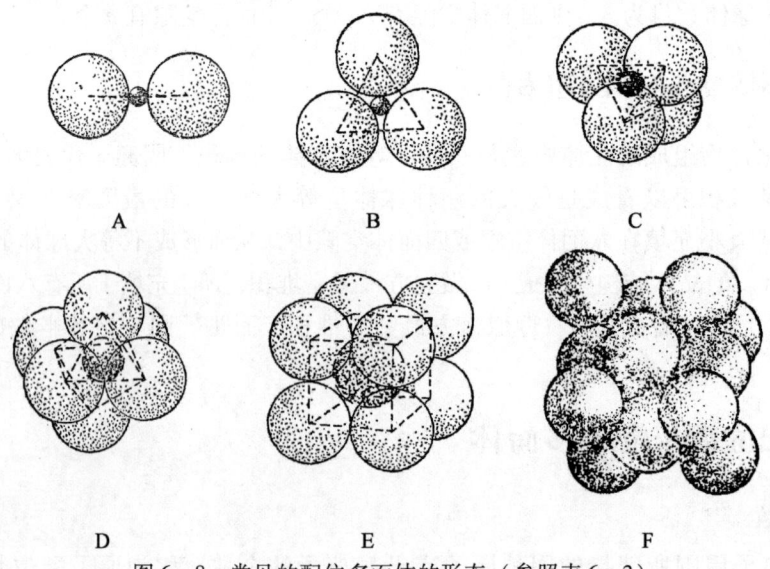

图 6-8　常见的配位多面体的形态（参照表 6-3）

第六节 类质同象

一、类质同象的概念

某种物质在一定条件下结晶时，晶体中某种质点（原子、离子、配离子或分子）的位置被类似的质点所占据，仍然保持原有的晶体结构类型，只是稍微改变其晶格常数的现象，称为类质同象。例如在菱镁矿 $Mg[CO_3]$ 晶格中，Mg^{2+} 的位置可被类似的质点 Fe^{2+} 所替换，从而形成一系列 Mg、Fe 含量不同的类质同象混合晶体（又称固溶体）。即：

$$Mg[CO_3] \rightarrow (Mg,Fe)[CO_3] \rightarrow (Fe,Mg)[CO_3] \rightarrow Fe[CO_3]$$
菱镁矿　　　铁菱镁矿　　　　镁菱铁矿　　　菱铁矿

这一系列矿物具有相同的晶体结构类型，只是晶格常数稍有变化。

二、类质同象的类型

1. 根据类质同象质点替换程度不同进行划分

（1）完全类质同象：在晶体中某种质点可以无限制地被另一种质点代替，称完全类质同象。例如，在镁橄榄石 Mg_2SiO_4 中的 Mg^{2+} 可被 Fe^{2+} 代替，Fe^{2+} 代替 Mg^{2+} 的数量从少到多，直至成为铁橄榄石，其化学成分可示意地表示如下（括号中的两种离子以前一种为主）：

$$Mg_2[SiO_4] \rightarrow (Mg,Fe)_2[SiO_4] \rightarrow (Fe,Mg)_2[SiO_4] \rightarrow Fe_2[SiO_4]$$
镁橄榄石　　　铁镁橄榄石　　　　镁铁橄榄石　　　铁橄榄石

这一系列矿物构成了一个完全类质同象系列（完全固溶体系列），镁橄榄石和铁橄榄石则称为该系列的端员矿物。在完全类质同象系列中，各个晶体的晶格常数及一系列的物理性质（如相对密度、折射率、颜色等），随着两种组分含量百分比的不同而呈有规律的变化。

（2）不完全类质同象：在晶体中某种质点被另一种质点的代替不能超过某一限度，只能在一定范围内进行，称为不完全类质同象。例如闪锌矿（ZnS）中的 Zn^{2+} 被 Fe^{2+} 代替，Fe^{2+} 最多只能达到 26%。在类质同象替换中，常把次要的成分称为类质同象混入物。例如闪锌矿（ZnS）中的 Fe^{2+}，在晶格中的数量比 Zn^{2+} 少，Fe^{2+} 被称为类质同象混入物。

2. 根据类质同象代替的离子电价是否相同进行划分

（1）等价类质同象：相互代替的离子电价相同，如闪锌矿中的 Fe^{2+} 代替 Zn^{2+}，以及橄榄石中 Mg^{2+} 和 Fe^{2+} 间的相互代替，都是等价类质同象。

（2）异价类质同象：相互代替的离子电价不相同。例如硅酸盐中的 Si^{4+} 被 Al^{3+} 代替。为了保持代替前后的电荷平衡，异价类质同象可以通过下列方法进行：

不等数代替：$2Fe^{3+} \rightleftharpoons 3Fe^{2+}$ （在磁黄铁矿中）

$\qquad\qquad Al^{3+} + Na^+ \rightleftharpoons Si^{4+}$ （在角闪石中）

成对代替：$Ca^{2+} + Al^{3+} \rightleftharpoons Na^+ + Si^{4+}$ （在斜长石中）

$\qquad\qquad 2Al^{3+} \rightleftharpoons Mg^{2+} + Si^{4+}$ （在绿泥石中）

由于平衡电荷的方式很多，异价类质同象很容易发生。在自然界中，异价代替并不比等价代替少见。

三、类质同象形成的影响因素

类质同象的形成不是任意的，它受一定的内因与外因条件的制约和影响。

1. 互相替换的离子或原子半径应相近

离子或原子在晶格中所占空隙容积与其本身的大小要适应，这样晶体的结构才可能稳定。这就要求在类质同象中，互相替换的离子（或原子）的半径应相近似，否则类质同象就难以形成。

经研究，在离子电价与离子类型相同的情况下，离子在晶格中的类质同象替换能力，随着离子半径差的增大而减小。若以 r_1 和 r_2 分别代表互相替换的大、小离子的半径值，则类质同象形成的情况如下：

(1) $(r_1 - r_2)/r_2 < 15\%$ 时，一般形成完全类质同象。

(2) $(r_1 - r_2)/r_2 \approx 15\% \sim 30\%$ 时，一般形成不完全类质同象，或者在高温时形成完全类质同象，而在温度下降时，固溶体就发生离溶，如钾长石与钠长石类质同象系列。

(3) $(r_1 - r_2)/r_2 > 30\% \sim 40\%$ 时，基本上不发生类质同象现象。

2. 相互替换的离子电价总和应相等

在离子化合物中，类质同象替换前后，离子电价总和应保持平衡。因为电价不平衡将导致晶体结构破坏，类质同象无法形成。

3. 相互替换离子的化学键性应相似

键性相同或相似的元素易于互相替换，否则不能相互替换。例如 Na^+（0.98 Å）和 Cu^+（0.96 Å）的电价相同，半径也相近，但是，由于 Na^+ 属惰性气体型离子，易形成离子键；而 Cu^+ 则属铜型离子，趋向于以共价键结合。两种不同类型的离子之间，由于极化力强弱的不同，不易形成类质同象替换。

4. 温度和组分浓度的影响

温度对类质同象的形成有显著影响。温度升高，类质同象替换的程度增大，温度降低，则类质同象替换减弱。如钾长石 $K[AlSi_3O_8]$ 与钠长石 $Na[AlSi_3O_8]$ 在高温时可以形成固溶体，但温度降低时，就分解成钾长石与钠长石的规则相嵌连生体，形成条纹长石。组分浓度的大小，对类质同象也有一定的影响。如在磷灰石的形成过程中，若 P_2O_5 浓度很大，而 Ca 量不足时，则 Sr 和 Ce 等元素可以进入晶格，占据 Ca^{2+} 的位置，从而使相当数量的稀有分散元素聚集于磷灰石中。

四、研究类质同象的意义

1. 了解矿物成分的变化原因并用正确的化学式表示矿物的成分

类质同象是矿物中一个极普遍的现象，它是引起矿物化学成分变化的主要原因。例如，各地产出的闪锌矿含铁有多有少。当我们了解到铁是以类质同象方式代替锌之后，就不会编造出许多化学式（如 $Zn_9Fe_4S_{13}$、Zn_3FeS_4……）来，而是把铁和锌看成是一种结构单位，让它们在化学式中共占一个位置，写出正确的化学式$(Zn,Fe)S$。

2. 理解矿物性质变化的原因

同种矿物的不同标本，其相对密度、颜色等性质常会不同，有时甚至差别很大，主要是这些晶体中的类质同象杂质所引起的。例如，纯闪锌矿（ZnS）透明无色，相对密度4.102；铁代替锌1.0%（离子数）的闪锌矿呈黑褐色，相对密度4.03；铁含量更高时，呈铁黑色，相对密度可降至3.9。我们可以通过测定矿物的性质来断定类质同象杂质的种类和数量。

3. 判断矿物的形成条件

通过研究矿物晶体中类质同象杂质的种类和数量，可以推断矿物形成时的条件。例如，含铁多的铁黑色闪锌矿，形成于较高的温度（300~400 ℃），因为只有在高温时形成的闪锌矿才能允许大量的铁代替锌。又如在磷灰石 $Ca_5[PO_4]_3F$ 中，发现有较多的钠代替钙，说明当时岩浆中钙不足而钠较多。

4. 综合利用矿物中的微量元素

许多元素在地壳中的数量很少或根本不能形成独立矿物，但可以类质同象混入物的形式赋存于一定矿物的晶格中。矿物中的类质同象杂质，有时具有很高的价值。例如闪锌矿中代替锌的镉、铟、镓、锗等，其价值常常不低于主要元素的工业价值，如果加以利用，可使矿床的价格成倍提高。

第七节 同质多象

一、同质多象的概念

相同的化学成分，在不同的物理化学条件（如温度、压力、结晶时介质成分等）下，可以形成在结构、形态和物理性质上完全不同的几种晶体，这种现象称为同质多象。而这些晶体则称为同质多象变体。如金刚石与石墨就是典型的同质多象变体。二者的化学成分都是碳（C），但它们的晶体结构完全不同，其晶体形态与物理性质也有显著的差别（表6-4）。

同一种物质只有两种变体，称为同质二象，如金刚石与石墨，方解石与文石（$CaCO_3$）；

表6-4　金刚石与石墨的形态和物理性质对比表

性　　质	金　刚　石	石　　墨
晶系与形态	等轴晶系，八面体、菱形十二面体等	六方晶系，片状、鳞片状等
颜色与光泽	无色，金刚光泽	黑色，金属光泽
透明度与相对密度	透明，相对密度3.52	不透明，相对密度2.23
硬度与解理	硬度10，{111}解理中等	硬度1，{0001}解理极完全
导　电　性	半导体	良导体

同一种物质有三种变体，如 TiO_2 可形成金红石、锐钛矿、板钛矿三种变体，则称为同质三象；若更多，则可称为同质多象，如 S 有六种变体，SiO_2 有十多种变体，都称为同质多象。但在矿物中，以同质二象较普遍。

二、同质多象形成的影响因素

同质多象的形成，主要受物理化学环境的制约，即受物质结晶时的温度、压力及介质成分特点的影响。当这些外界条件改变到一定程度时，各变体之间就会产生结构的转变，以便在新的条件下达到新的平衡。

如 SiO_2 的同质多象变体，在常压下，它们与温度之间有一定的关系：

$$\alpha-石英 \xrightleftharpoons{573\ ℃} \beta-石英 \xrightarrow{870\ ℃} \beta-鳞石英 \xrightarrow{1470\ ℃} \beta-方石英（白硅石）$$

由上式可知，SiO_2 同质多象变体在压力不变的条件下，它们在相互转变时，常有特定的温度，此温度称为转变点。如 $\alpha-$石英向 $\beta-$石英的转变点是 573 ℃，$\beta-$石英向 $\beta-$磷石英的转变点是 870 ℃，等等。同时，这些转变可分成两种类型，当温度在 573 ℃ 以上时，$\alpha-$石英转变成 $\beta-$石英，若温度低于 573 ℃，则 $\beta-$石英向 $\alpha-$石英转变，称为可逆转变；如果温度高于 870 ℃ 时，则 $\beta-$石英向 $\beta-$磷石英转变，但温度低于 870 ℃ 时，$\beta-$磷石英并不能转变成 $\beta-$石英，称为不可逆转变。

压力的变化对同质多象的转变有很大的影响，如 $\alpha-$石英与 $\beta-$石英，在常压下转变点是 573 ℃，但在地下 12 km 处，即压力相当于 3000×10^5 Pa 时，则转变点升为 644 ℃。此外，压力增大，同质多象转变趋向于形成相对密度较大的变体。

另外，介质成分、酸碱度、杂质等对同质多象变体的形成也产生一定的影响。例如，FeS_2 在同一温度、压力下，在酸性介质中形成白铁矿，而在碱性介质中则形成黄铁矿。

矿物发生同质多象转变后，新的矿物仍保留原矿物的外形，称为副象。如 $\beta-$石英转变为 $\alpha-$石英后，仍保留 $\beta-$石英的六方双锥外形，称 $\alpha-$石英呈 $\beta-$石英副象。

第八节　胶　体　矿　物

一、胶体矿物的概念

胶体是一种物质的微粒（1.0 ~ 100 nm）分散在另一种物质之中所形成的不均匀的细分散系。前者称为分散相（或分散质），后者称为分散媒（或分散介质）。无论是固体、液体或气体，都既可以是分散相，也可以作为分散媒。当分散相的量远少于分散媒的胶体系统，分散相的质点呈悬浮状态存于分散媒中时，称为胶溶体；当分散相的量远多于分散媒的胶体系统，整个胶体呈凝固状时，称为胶凝体。当矿物的成分呈胶体质点，形成胶溶体或胶凝体时，称为胶体矿物。通常所说的胶体矿物，实际上大都是水胶凝体。

二、胶体矿物的形成

胶体矿物除少数形成于热液作用及火山作用外，绝大部分形成于表生作用中。胶体矿物的形成大体经历了两个阶段：首先是出露地表的岩石或矿石，在风化过程中被磨蚀和分解成为胶体质点。这些胶体质点分散在水中，即成为胶体溶液（水胶溶体），这是形成胶体矿物的基础；然后是胶体溶液的凝聚，即胶体溶液在迁移过程中或汇聚于水盆地后，与不同电荷胶体质点发生电性中和而沉淀，或因水分蒸发过饱和而凝聚，水胶溶体形成含水少的水胶凝体，从而形成各种胶体矿物。

滨海地带形成的赤铁矿、硬锰矿、胶磷矿、燧石等，岩石风化壳中的铝土矿、褐铁矿、孔雀石、硅孔雀石，以及氧化带潜水面以下形成的辉铜矿等都是胶体作用的产物，有时还形成大规模的矿床，国内外都有这类矿床的实例。

三、胶体矿物的特征

胶体矿物在化学成分上的特点，首先是含有较多的水，而且含水量变化很大。其次是化学成分很不固定。这是由于胶体具有吸附作用的特性，它所吸附的离子及其种类和数量都不固定，而且很难与矿物本身的成分分开，因此，很难用确切的化学式来表示。

胶体矿物在形态上具有与一般晶质矿物不同的特征。胶体矿物不具有规则的几何多面体形态，而常常呈肉冻状、钟乳状、葡萄状、鲕状、豆状、肾状等。

胶体矿物随着时间的迁移或热力因素的改变，逐渐失去水分，硬度增大，内部质点趋向于规则排列，由非晶质逐渐转变为隐晶质，然后再转变成显晶质，这一转变过程称为胶体的"老化"。经老化而成的矿物称为"变胶体矿物"。例如隐晶质的石髓就可以是由胶体矿物蛋白石经老化而成。

第九节　矿物中的水

在很多矿物中，水起着重要作用。水是很多矿物的一种重要组成部分，矿物的许多性质与其含水有关。

根据矿物中水的存在形式以及它们在晶体结构中的作用，可以把水分为两类：一类是不参加晶格，与矿物晶体结构无关的，统称为吸附水；另一类是参加晶格或与矿物晶体结构密切相关的，包括结晶水、沸石水、层间水和结构水。

一、吸附水

不参加晶格，是渗入在矿物集合体中，为矿物颗粒或裂隙表面机械吸附的中性水分子（H_2O）。吸附水不属于矿物的化学成分，不写入化学式。它们在矿物中的含量不定，随温度和湿度而不同。常压下，温度达到 $100 \sim 110$ ℃时吸附水就全部从矿物中逸出而不破坏晶格。吸附水可以呈气态、液态或固态。

含在水胶凝体中的胶体水，作为分散媒被微弱的联结力固着在胶体的分散相的表面，这是吸附水的一种特殊类型。胶体水是胶体矿物固有的特征，应计入矿物的化学组成，但其含量变化很大，如蛋白石 $SiO_2 \cdot nH_2O$（n 表示 H_2O 分子个数，含量不固定）。

二、结晶水

以中性水分子（H_2O）的形式存在于矿物晶格中的特定位置上，水分子的数量与该化合物中其他组分之间有简单的比例关系。如石膏（$Ca[SO_4]\cdot 2H_2O$）、胆矾（$Cu[SO_4]\cdot 5H_2O$），分别表示其中含有 2 个和 5 个分子的结晶水。由于在不同的矿物晶格中，水分子结合的紧密程度不同，因此，结晶水脱离晶格所需的温度也就不同，通常在 100～200 ℃之间，少数高达 600 ℃。当结晶水逸出时，矿物晶格将被破坏，物理性质也发生变化。

三、沸石水

存在沸石族矿物中的中性水分子。沸石的结构中有大的空洞及孔道，水就占据在这些空洞和孔道中，位置不十分固定。水的含量随温度和湿度而变化。加热至 80～400 ℃，水即大量逸出，但不引起晶格的破坏，只引起物理性质（如密度、折射率、透明度等）的变化。脱水后的沸石仍能重新吸水，恢复原有的物理性质。可见沸石水具有一定的吸附水的性质，但其存在与结构有关，含量的变化有一定的上限和下限范围。

四、层间水

存在于某些层状结构硅酸盐结构层之间的中性水分子。如蒙脱石中水分子联结成层，并杂有交换性阳离子 Na^+、Ca^{2+} 等，水的含量多少受交换阳离子的种类和环境、温度、湿度的控制。加热至 110 ℃时，层间水大量逸出，结构层间距相应缩小，矿物的相对密度和折射率都增高；在潮湿环境中又可重新吸水。可见层间水也具有一定的吸附水性质。

五、结构水（又称化合水）

以 $(OH)^-$、H^+、$(H_3O)^+$ 形式参加矿物晶格的"水"，如高岭石（$Al_4[Si_4O_{10}](OH)_8$）、天然碱（$Na_3H[CO_3]_2\cdot 2H_2O$）和水云母（$(K,H_3O)Al_2[AlSi_3O_{10}](OH)_2$）中的水。但以 $(OH)^-$ 形式最为常见。结构水在晶格中占有固定的位置，在组成上具有确定的含量比。由于与其他质点有较强的键力联系，需要较高的温度（600～1000 ℃）才能逸出。当其逸出后，结构完全破坏，晶体结构重新改组。

第十节　矿物的化学式

将组成矿物的化学成分的种类及数量用一定方式表示出来，即矿物的化学式。化学式的表示方法主要有两种，即实验式和结构式。

一、实验式

只表示组成矿物的元素种类及其原子数之比的化学式，称为实验式。如 $CuFeS_2$（黄铜矿）、$BaSO_4$（重晶石）等。对于含氧盐矿物，也可以用元素的简单氧化物组合形式来表示，如绿柱石可写成 $3BeO \cdot Al_2O_3 \cdot 6SiO_2$。

实验式的计算是根据化学全分析得到的元素质量分数，分别除以该元素的原子量而求得原子数，然后再将原子数化为简单的整数比，见表 6-5。如果分析结果是用氧化物质量分数表示，则将氧化物的质量分数分别除以各元素氧化物的分子量，求得分子数，然后将分子数化为简单整数比，见表 6-6。

表 6-5 黄铜矿实验式的计算

成　　分	质量分数	原　子　数		原子数的简单整数比	化学式及矿物名称
		质量分数/原子量	结果		
Cu	34.40	$\dfrac{34.40}{63.5}$	0.541	1	
Fe	30.47	$\dfrac{30.47}{56}$	0.544	1	$CuFeS_2$ 黄铜矿
S	35.87	$\dfrac{35.87}{32}$	1.120	2	

表 6-6 绿柱石实验式的计算

成　　分	质量分数	原　子　数		原子数的简单整数比	化学式及矿物名称
		质量分数/分子量	结果		
BeO	14.01	$\dfrac{14.01}{25.01}$	0.5601	3	$3BeO \cdot Al_2O_3 \cdot 6SiO_2$ 或
Al_2O_3	19.26	$\dfrac{19.26}{101.96}$	0.1888	1	$Be_3Al_2Si_6O_{18}$
SiO_2	66.37	$\dfrac{66.37}{60.084}$	1.1046	6	绿柱石

矿物的实验式，计算简单，书写方便。其特点是不能反映原子在矿物中相互结合的关系，忽略了矿物中的次要成分。

二、结构式（晶体化学式）

既能表示矿物中元素的种类及其数量比，又能反映原子在晶体结构中相互关系的化学式，称为结构式。结构式能反映矿物成分与结构之间的关系，所以在矿物学中被普遍采用。书写结构式时，应遵从以下原则：①阳离子写在式子的最前面，当存在两种以上的阳离子时，要按碱性由强到弱的顺序排列，如 $MgAl_2O_4$（尖晶石）。②阴离子或配阴离子写在阳离子之后。配阴离子用方括号"［ ］"括起来。如 $CaMg[CO_3]_2$（白云石）。③附加阴离子写在主要阴离子或配阴离子的后面，如 $Ca_5[PO_4]_3(F,Cl,OH)$（磷灰石）。④类质同象置换的离子用圆括号"（ ）"括起来，它们之间以逗号"，"分开，含量多的写在前面。如 $(Zn,Fe)S$（铁闪锌矿）。⑤矿物成分中的水，分别按不同情况书写：结构水写在化学式的最后面，如 $Al_4[Si_4O_{10}](OH)_8$（高岭石）。结晶水、沸石水及层间水也写在化学式的最后，用圆点"·"与其他组分隔开。如 $Ca[SO_4] \cdot 2H_2O$（石膏），$(Mg,Ca)_{0.7}$ $(Mg,Fe^{3+},Al)_6[(Si,Al)_8O_{20}](OH)_4 \cdot 8H_2O$（蛭石）。胶体水因数量不定，以 nH_2O 表示，也有用 aq 表示的。如蛋白石，既可写成 $SiO_2 \cdot nH_2O$，也可写成 $SiO_2 \cdot aq$。

学习指导

> **要点** 本章是矿物学的重要理论基础。其内容与化学关系密切，复习和掌握化学中的有关知识十分必要。学习本章可从以下三个方面进行：①理解和掌握矿物的各种化学元素的性质及特征。如元素的原子和离子半径、离子外电子层结构、离子类型、化学键和晶格，以及对矿物的形成、性质的影响。②理解球体最紧密堆积原理及四面体空隙、八面体空隙、配位数的概念，并与离子类型、晶格类型及结晶学中空间格子的内容结合起来理解。③对比理解类质同象和同质多象，包括它们的概念、形成条件及意义，从化学成分的角度理解胶体矿物和矿物中的水。矿物的化学式要求掌握晶体化学式的书写原则。

> **重点** 矿物的化学组成类型、类质同象、同质多象、胶体矿物、矿物中的水、矿物的化学式。

> **难点** 元素的离子类型、化学键、晶格类型、球体最紧密堆积原理。

思考题与作业

（1）离子类型划分的依据是什么？三种类型离子各有何特点？举例说明。

（2）四种晶格类型中，每种晶格中的质点做何种紧密排列？为什么？

（3）石墨具有导电性和金属光泽、不透明、高熔点和化学稳定性及低硬度。这些性质与成分、化学键、晶格有何关系？

（4）等大球体最紧密堆积中有些什么空隙？它们的形状、大小、含量有何不同？

（5）何谓配位数？为何两种质点的半径相差越大，配位数越少？某阳离子位于立方体、八面体、四面体或正三角形配位多面体中，此阳离子分别被几个阴离子包围？

（6）何谓同质多象，C、SiO_2、$Ca[CO_3]$、TiO_2 各有哪些同质多象变体？

（7）何谓类质同象，类质同象分哪些类型？影响质点间相互代替的因素有哪些？研究类质同象有何实际意义？

（8）胶体矿物是如何形成的？胶体矿物有何特点？

（9）矿物中的水有几种类型，它们在矿物中的存在形式与赋存状态如何？

（10）从蛭石 $(Mg,Ca)_{0.7}(Mg,Fe^{3+},Al)_6[(Si,Al)_8O_{20}](OH)_4 \cdot 8H_2O$ 的化学式中，说明其每种离子（或分子）的晶体化学式书写原则。

第七章　矿物的形态

内容介绍　矿物的单体和集合体形态，包括矿物晶体的习性、晶面花纹、显晶质和隐晶质及胶体矿物集合体的形态。

知识目标　理解和掌握矿物的各种形态特征。

能力目标　正确地认识和描述各种矿物的形态，为认识和研究矿物打下基础。

矿物的形态是指矿物的外貌特征。包括单个晶体的形态和集合体的形态。矿物所呈现的形态是多种多样的，不同的矿物通常具有不同的形态，相同的矿物因生成环境不同，也可有不同的形态。自然界中的矿物，除少数呈单晶体和规则连生晶体外，多数是以集合体的形态出现。

晶体形态是矿物成分、内部结构和生长环境等综合作用的结果。研究矿物的形态不仅具有鉴定意义，而且可以了解矿物的生成环境。

第一节　矿物的单体形态

矿物的单体形态包括单个晶体的理想形态、晶体习性和晶面花纹。而单个晶体的理想形态已在第三章阐述，这里介绍晶体习性和晶面花纹。

一、晶体习性

同一种矿物晶体，在一定的外界条件下，趋向于形成某一种形态的特性，称为晶体习性。根据晶体在三维空间发育程度的不同，可将晶体习性分为三种基本类型（图 7-1）：

（1）三向等长：单体在三维空间的发育程度基本相同，呈粒状或等轴状，如磁铁矿、黄铁矿、石榴子石等（图 7-1A）。

（2）二向延展：单体在三维空间中有两个方向特别发育，另一方向发育较差，呈板状、片状、叶片状等。如石墨、云母、重晶石等（图 7-1B）。

（3）一向延伸：单体在三维空间中只有一个方向特别发育，呈柱状、针状或纤维状、毛发状等。如辉锑矿、电气石、角闪石等（图 7-1C）。

在以上三种类型之间还存在有过渡类型，例如：沿某一个方向发育稍长的短柱状或稍短的厚板状，还有板柱状等。图 7-2 为方解石晶体的几种习性，表现了由板状到粒状、到柱状的过渡。

晶体的习性主要决定于晶体内部结构，如层状结构的晶体多是二向延展型，链状结构的晶体常是一向延伸型，架状结构的晶体常是三向等长型。

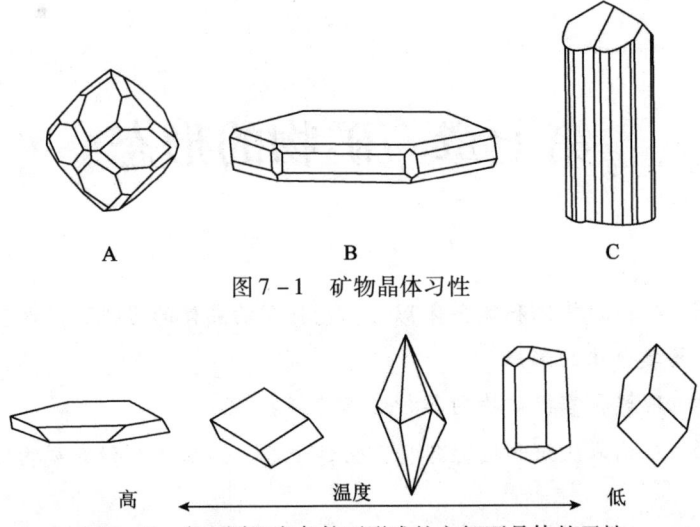

图 7-1　矿物晶体习性

高　　　　　←　　温度　　　→　　　低

图 7-2　在不同温度条件下形成的方解石晶体的习性

晶体习性明显地受到晶体对称性的制约。等轴晶系的晶体通常属于三向等长型；中级晶族晶体通常是沿 c 轴延伸或垂直 c 轴延展，在少数情况下也可能是近于三向等长；低级晶族晶体通常是沿某一结晶轴延伸或平行某两结晶轴延展，或者两者的过渡类型。

二、晶面花纹

实际晶体的晶面并不是严格平整光滑的平面，许多矿物的晶面具有各种各样的凹凸不平的天然花纹，称为晶面花纹。常见的有晶面条纹和蚀象等。

1. 晶面条纹

晶面条纹是指晶面上呈平行直线状的条纹。有的矿物晶面条纹平行晶体延长方向，称为纵纹，如电气石、绿柱石、辉锑矿等；有的矿物晶面条纹垂直晶体延长方向，称为横纹，如石英晶体柱面上的条纹；有的晶体条纹互相交错，如刚玉；有的矿物在相邻的晶面上的条纹互相垂直，如黄铁矿。各种晶面条纹如图 7-3 所示。

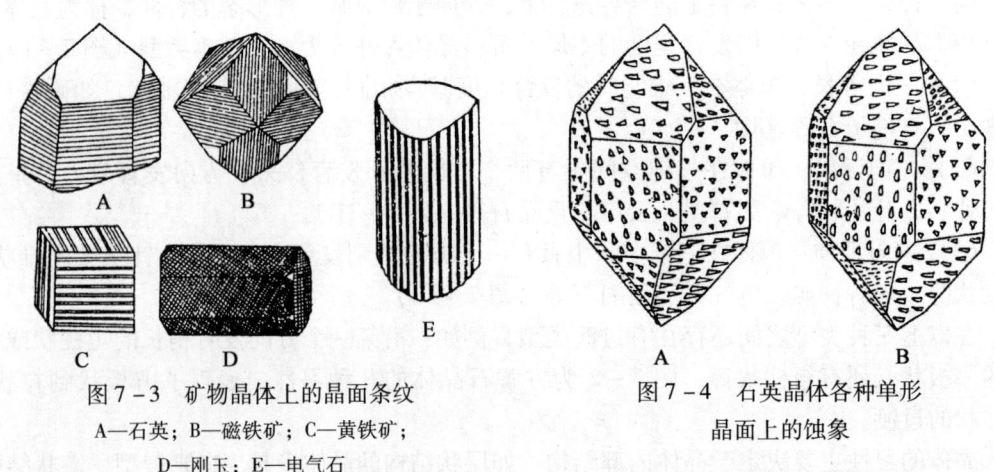

图 7-3　矿物晶体上的晶面条纹
A—石英；B—磁铁矿；C—黄铁矿；
D—刚玉；E—电气石

图 7-4　石英晶体各种单形
晶面上的蚀象

晶面条纹的形成原因：在晶体生长过程中，由相互邻接的两个单形的狭长晶面反复相间生长形成的一系列平行条纹，称为生长条纹或聚形条纹，如石英晶体上的横纹就是由菱面体和六方柱两个单形的狭长晶面相互交替出现而成。还有聚片双晶形成的双晶纹。

2. 蚀象

蚀象是指晶面在自然界中遭受各种酸、碱或其他具有腐蚀能力的介质侵蚀后所遗留下来的一种凹斑痕。蚀象的形状受面网性质的控制，因而不同晶体其蚀象形状和方位一般不同，同一晶体不同单形晶面上的蚀象也不相同，如图7-4所示的石英的蚀象就是如此。

第二节　矿物集合体的形态

同种矿物多个单体不规则聚集在一起的整体称为矿物集合体。矿物集合体形态取决于单体的形态和它们的集合方式。根据集合体中矿物颗粒大小（或可辨度）可分为以下三种：肉眼可以辨认单体的为显晶质集合体，显微镜下才能辨认单体的为隐晶质集合体，在显微镜下也不能辨认单体的为胶态集合体。

一、显晶质集合体形态

按单体的结晶习性及集合方式的不同可分为粒状、片状、板状、针状、柱状、棒状、放射状、纤维状、晶簇状等集合体。主要的显晶质集合体形态如图7-5所示。

（1）粒状集合体：是由许多粒状单体任意集合而成。一般可分为：粗粒状（颗粒直径在5 mm以上）、中粒状（颗粒直径在1~5 mm之间）及细粒状（颗粒直径小于1 mm）等。

（2）片状、鳞片状、板状集合体：是由结晶习性为二向延展的单体任意集合而成。集合体以单体的形状命名，如单体呈片状者，称为片状集合体；单体呈鳞片状者称为鳞片状集合体；单体呈板状者则称为板状集合体。

（3）柱状、针状、毛发状、束状、放射状集合体：系由一向延伸的单体集合而成。柱状、针状和毛发状集合体中的单体是呈大致平行或不规则排列的。若细长毛发状、针状矿物规则地平行紧密排列称为纤维状集合体；如呈束状排列则称为束状集合体。如果单体围绕某些中心呈放射状排列称为放射状集合体。

（4）晶簇：是在岩石的孔洞和裂隙中，在共同基底上生长的许多单晶的集合体，它们大多垂直基底，大致平行地生长发育成完好的晶体，多数为柱状，大小、长短不等，单晶形状大多相同。

二、隐晶质和胶态集合体形态

这类集合体可以由溶液直接结晶或由胶体生成。主要的隐晶质和胶态集合体形态有如下十种，如图7-6所示。

（1）分泌体：在不规则或球状空洞中，由胶体或隐晶质矿物自洞壁逐渐向中心沉积而成的矿物集合体。多数分泌体具有由外向内的向心层状结构，各层在成分和颜色上往往有差别，构成条带状色环，如玛瑙。分泌体直径<1 cm的称为杏仁体；>1 cm的称为晶腺。

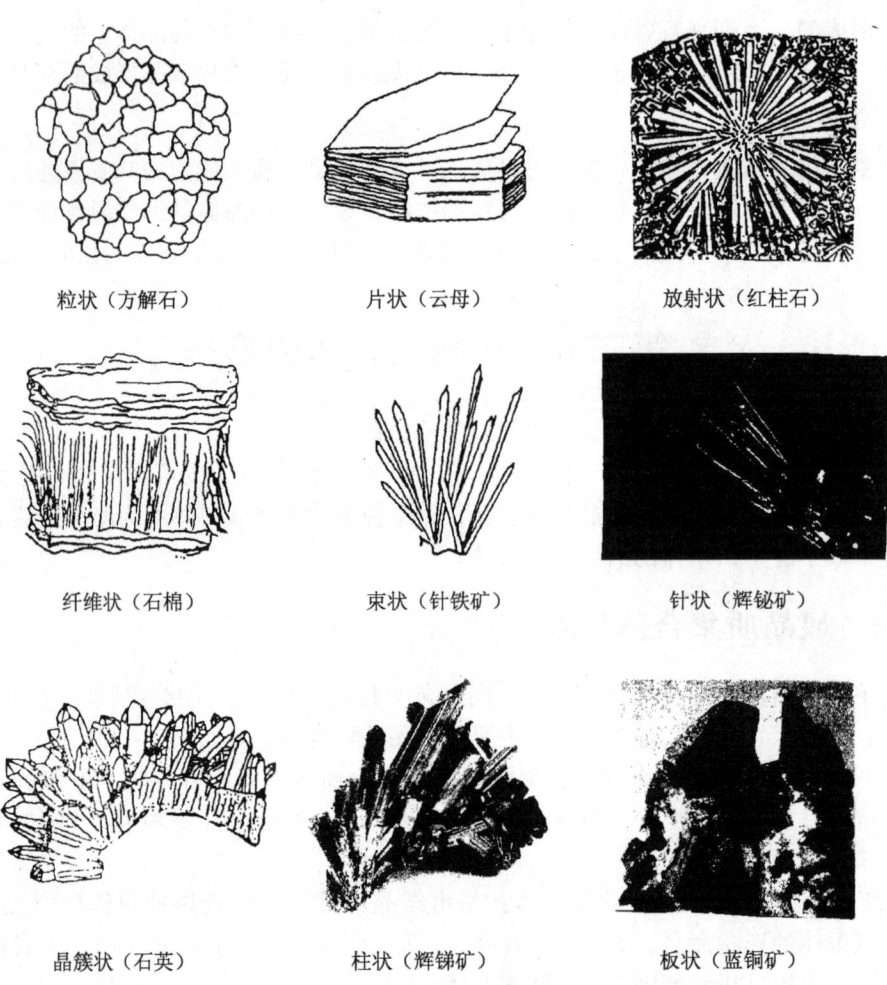

粒状（方解石）	片状（云母）	放射状（红柱石）
纤维状（石棉）	束状（针铁矿）	针状（辉铋矿）
晶簇状（石英）	柱状（辉锑矿）	板状（蓝铜矿）

图 7-5　矿物的显晶质集合体形态

（2）结核体：是围绕某一核心生长成球状、凸镜状或瘤状的矿物集合体。结核体的生长程序与分泌体相反，它是以某种其他物质颗粒为核心，从中心向外生长而成。结核体主要由胶体凝聚而成，其内部结构有放射状、同心层状或致密块状。结核体的大小相差悬殊，其直径可以从几毫米到几米。直径小于 2 mm 的结核体群称为鲕状集合体，如鲕状赤铁矿。直径像豌豆大小的结核体群则称为豆状集合体，如豆状结构的铝土矿等。这两者都具有明显的同心层状结构，是胶体以某种其他颗粒为核心逐层凝聚而成，各个体之间通常被同种成分的物质所胶结。常成结核体出现的矿物有磷灰石、方解石、菱铁矿、黄铁矿等。

（3）钟乳状集合体：通常是由真溶液蒸发或胶体凝聚，逐层堆积而成。将其外部形状与常见物体类比而给予不同名称，如葡萄状、肾状；附着于洞穴顶部下垂者称为石钟乳，溶液下滴至洞穴底部而凝固，逐渐向上生长者称为石笋，石钟乳与石笋上下相连即成石柱，这些形态在石灰岩溶洞中构成奇观。

钟乳状体内部常具有同心层状、放射状、致密晶粒状结构，这是凝胶再结晶的结果。

钟乳状体如表面圆滑、带漆光或玻璃光泽，横切面呈放射状、同心层状者称为玻璃头，如褐铁矿的褐色玻璃头、赤铁矿的红色玻璃头、硬锰矿的黑色玻璃头等。

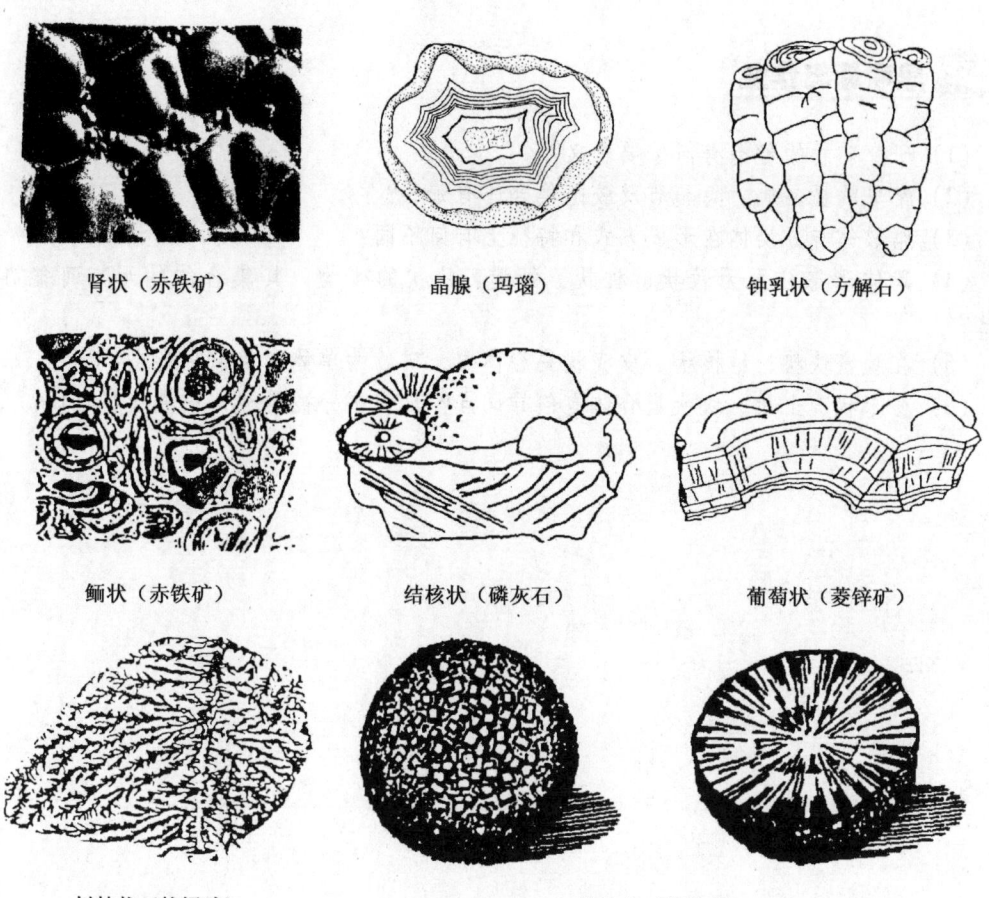

肾状（赤铁矿）　　　　　晶腺（玛瑙）　　　　　钟乳状（方解石）

鲕状（赤铁矿）　　　　结核状（磷灰石）　　　葡萄状（菱锌矿）

树枝状（软锰矿）　　　　　　　　　结核状（黄铁矿）

图7-6　矿物的隐晶质与胶态集合体形态

（4）粉末状集合体：矿物呈粉末状分散附着在其他矿物或岩石的表面。

（5）土状集合体：矿物呈细粉末状较疏松地聚集成块。

（6）被膜状集合体：矿物呈薄层覆盖于其他矿物或岩石的表面。

（7）树枝状集合体：在某些方向迅速生长所成的树枝状集合体。

（8）盐华状集合体：由可溶性盐类所组成的被膜，如干旱地区在地面上形成的硝石。

（9）皮壳状集合体：矿物呈较厚的层覆盖于其他矿物或岩石表面上。

（10）块状集合体：为肉眼看不到单体界线的致密块状体，如块状黄铜矿等。

学 习 指 导

　　要点　认识矿物的形态重在多看标本，并进行分析和体会，真正认识和理解每种矿物形态的特征，要注意同一种矿物可能有多种形态，同一种形态又有许多变化。自然界中矿物的形态是复杂多样的，但可以通过这些基本形态进一步认识和描述它们。

　　重点　晶体习性，显晶质集合体形态的认识和描述。

　　难点　隐晶质和胶态集合体形态的认识和描述。

 **思考题与作业**

（1）研究矿物的形态有何重要意义？

（2）常见的显晶质、隐晶质及胶态集合体有哪些？

（3）结核体与分泌体在形成方式和特征上有何不同？

（4）单体形态分别为粒状、柱状、针状、片状的矿物，其集合体的形态可能各有哪些？

（5）在致密块状、结核状、皮壳状集合体中，矿物的单体各为何种形态？

（6）粉末状、土状、块状集合体有何异同点？如何区分被膜状、皮壳状集合体？

第八章　矿物的物理性质

内容介绍　矿物的各种物理性质，主要有颜色、条痕、光泽、硬度、解理、相对密度等，介绍每种性质的特征、分类、形成原因等。

知识目标　理解和掌握各种物理性质的含义与特征，以及产生原因。

能力目标　正确地认识和描述矿物的物理性质，为认识和研究矿物打下良好基础。

每种矿物都具有一定的物理性质，根据每种矿物特有的物理性质，可以区分不同的矿物，把它们一一鉴定出来。所以，矿物的物理性质是鉴定矿物的主要依据。

在不同环境中形成的同一种矿物，其成分、结构往往有一些细微的差别，这种差别必然要反映到其物理性质上。因此，详细研究矿物的物理性质还可以提供有关矿物成分、结构以至成因的某些信息。

有些矿物的物理性质还可以直接应用于国民经济的某些方面。如重晶石的相对密度；云母的绝缘性能；刚玉和金刚石的硬度等都已直接为人们所利用。

矿物的物理性质包括光学性质、力学性质、相对密度、电学性质、热学性质及其他性质。

第一节　矿物的光学性质

矿物的光学性质是指矿物在光的作用下所表现出来的用肉眼能识别的各种性质。当光投射到矿物表面时，产生反射、折射和吸收等一系列的光学现象。用肉眼能观察到的矿物光学性质有矿物的颜色、条痕、光泽和透明度等，这些性质是相互联系的。

一、矿物的颜色

矿物的颜色主要是矿物对入射可见光中不同波长光线（色光）选择性吸收后，透射和反射的各种波长可见光的混合色。如果矿物对各种不同波长的光线普遍均匀地吸收，则随吸收量由多至少将呈现黑、深灰、灰、浅灰、白等色。如果矿物对不同波长光线表现出选择性吸收，则矿物呈现被吸收颜色的补色（图 8-1，图 8-2）。例如，照射到矿物上的白光中的绿光被矿物吸收，矿物即呈现绿色的补色——红色。

根据矿物的颜色产生的原因不同，可将矿物的颜色分为自色、他色和假色三种。

（1）自色：矿物本身固有的颜色称为自色。如黄铜矿的铜黄色、孔雀石的翠绿色等。产生自色的原因主要是与矿物固有的化学成分有关。如 Fe^{3+} 使赤铁矿呈现红色；Fe^{2+} 使

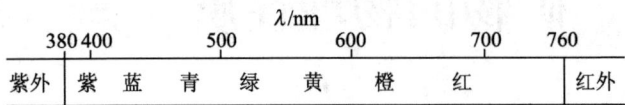

图 8－1　可见光中的七色光与波长　　　　　图 8－2　颜色的互补关系

普通角闪石、绿泥石呈现暗绿色。像这样一些能使矿物呈色的离子，称为色素离子。主要的色素离子有 Ti^{4+}、V^{5+}、Cr^{3+}、Mn^{2+}、Fe^{2+}、Fe^{3+}、Co^{2+}、Ni^{2+}、Cu^{2+} 和 TR 等元素的离子。常见的色素离子及有关矿物的颜色见表 8－1。

表 8－1　常见色素离子及有关矿物的颜色

离子	颜色	矿物举例	离子	颜色	矿物举例
Cu^{2+}	蓝	蓝铜矿	Fe^{2+}	暗绿	绿泥石
	绿	孔雀石	Mn^{4+}	黑	软锰矿
Ni^{2+}	绿	镍华	Mn^{2+}，Mn^{3+}	玫瑰	菱锰矿
Co^{2+}	玫瑰	钴华			红帘石
	蓝	钴土	Cr^{3+}	绿	钙铬榴石
Fe^{2+}，Fe^{3+}	黑	磁铁矿	V^{5+}	黄红	钒铅矿
Fe^{3+}	褐	褐铁矿	V^{2+}	绿	钒云母
	红	赤铁矿	Ti^{4+}	褐红、褐	榍石

　　（2）他色：矿物因含有外来带色杂质的机械混入所染成的颜色，称为他色。他色由于含有杂质不同，而随之变化，故他色在矿物鉴定上意义不大，通常他色在无色、白色或浅色矿物中比较常见。例如无色透明的石英，由于不同杂质的混入，可染成紫色（紫水晶）、玫瑰色（蔷薇石英）、烟灰色（烟水晶）、黑色（墨晶）等。引起他色的原因主要是矿物中混入了色素离子，而非矿物本身固有成分造成。

　　（3）假色：由于某些物理原因造成的与矿物本质（成分、结构）无关的颜色称为假色。主要有：①锖色，某些不透明矿物的表面，有时可见到色彩斑驳的薄膜。如斑铜矿的新鲜面本为暗铜红色，但由于其氧化面上的薄膜影响，造成紫蓝混杂的斑驳色彩即为锖色。②晕色（晕彩），某些透明矿物，常呈现出一种虹彩状的色彩。如白云母、方解石等的解理面上由于照射到矿物表面的入射光，受到矿物解理面或薄层包裹体表面的层层反射，造成光的干涉而呈现同心环状的色环即晕色。③变彩，转动观察某些矿物标本时，其表面呈现出光谱色的连续变化。如拉长石由于晶格内存在定向排列的显微包裹体，当沿不同方向观察时，由于光的干涉作用而形成蓝、绿、黄、红等色的依次变化即变彩。

　　矿物的颜色繁多，描述时采用的原则应力求确切、简明、通俗。如系两种颜色的混合色。则用双重命名法，如黄绿、褐红等，后者为主要颜色，前者为次要颜色作为形容词；如系同种颜色，而在色调上有深浅浓淡时，则采用比较法，如深红、浅绿、淡黄等；另外还可用比拟法，如乳白、铁黑、樱桃红、橄榄绿、天蓝色等。

为了更好地掌握矿物颜色的描述，通常利用标准色谱或实物对比的方法作为描述矿物的颜色。以下是几种标准的颜色及其代表矿物，可作为描述矿物颜色的基础。

紫 色——紫水晶	褐 色——多孔状褐铁矿	铅灰色——方铅矿
蓝 色——蓝铜矿	灰 色——铝土矿	黄褐色——粉末状褐铁矿
鲜绿色——孔雀石	靛蓝色——铜蓝	铜黄色——黄铜矿
黄 色——雌黄	铁黑色——磁铁矿	金黄色——自然金
橙 色——雄黄	钢灰色——镜铁矿	锡白色——毒砂
红 色——辰砂（粉末）	铜红色——自然铜	古铜色——斑铜矿

在观察矿物颜色时，既要注意矿物新鲜面的颜色，也要注意风化面的颜色，既要注意颜色是否均匀，也要注意不同方向矿物颜色的变化。另外还要注意当光源不同时，矿物的颜色也会不同。

二、矿物的条痕

矿物在无釉瓷板上刻划所留下的矿物粉末的颜色，称为条痕。条痕色可以消除假色，减弱他色，保存自色，因而比矿物颗粒的颜色更为固定，如赤铁矿的颜色可呈铁黑色，也可呈红褐色，但其条痕总呈樱红色，所以，条痕色对于不透明矿物具有重要的鉴定意义。但对于透明矿物及硬度大于 6~7 的矿物来说，则无多大意义，因为它们的条痕色均为白色或近于白色及无色，难以作为鉴定矿物的依据。

有些矿物的条痕色和颜色相同，如孔雀石为鲜绿色、自然金为金黄色、磁铁矿为铁黑色等；有些矿物的条痕色和颜色不同，如黄铜矿的颜色为铜黄色，而条痕为绿黑色。另外，条痕与颜色一样，会随着矿物成分的变化而变化，如浅色闪锌矿的条痕为近无色的淡色，黑色闪锌矿的条痕为棕褐色，这是由于闪锌矿中含铁量不同所致。

三、矿物的光泽

矿物表面对光的反射能力称为光泽。根据矿物的反光强弱将光泽分为以下四级。

（1）金属光泽：反光很强，如同光亮的金属器皿表面那样反光，称为金属光泽。如方铅矿、黄铁矿、自然金等。

（2）半金属光泽：反光较强，比金属光泽稍弱者，称为半金属光泽。如铁闪锌矿、磁铁矿、黑钨矿等。

（3）金刚光泽：反光较强，如同金刚石那样反光，称为金刚光泽。如金刚石、浅色闪锌矿、辰砂等。

（4）玻璃光泽：反光弱，如同玻璃表面那样反光，称为玻璃光泽。如石英、萤石、长石等。

以上四级光泽，是指各种矿物干净平坦、光滑的晶面、解理面对光的反射所表现的强弱而言的。但当矿物表面不平坦或是集合体时，就会出现一些特殊的光泽（又称变异光泽），主要有以下数种。

（1）油脂光泽（脂肪光泽）及树脂光泽（松脂光泽）：矿物表面好似涂了油似的反光，称为油脂光泽（脂肪光泽），如石英和霞石的断口；而矿物表面像树脂那样的光泽称为树脂光泽（松脂光泽），如闪锌矿的断口等。

（2）珍珠光泽：透明而具完全解理的矿物，其解理面上呈现出如同蚌壳内壁（珍珠层）一样的光泽，称为珍珠光泽。如透石膏、白云母及滑石等。

（3）丝绢光泽：具平行纤维状矿物，呈现出似蚕丝束一般的光泽，称为丝绢光泽。如石棉、纤维状石膏等。

（4）蜡状光泽：某些隐晶质块状集合体矿物，表面呈现如蜡烛般的光泽，称为蜡状光泽。如叶蜡石、滑石等。

（5）土状光泽：粉末状或土状集合体矿物，表面暗淡无光如泥土一样，称为土状光泽。如高岭土、褐铁矿等。

四、矿物的透明度

矿物透过可见光的程度称为透明度。矿物的透明度决定于矿物的化学成分和内部结构。在观察时要以一定的厚度（0.03 mm）作为标准。通常以矿物碎片边缘能否透见他物为标准，将矿物透明度分为三级。

（1）透明：透过碎片边缘能清晰地看到他物的轮廓称为透明。如水晶、黄玉等。

（2）半透明：透过碎片边缘不能清楚地看到他物的轮廓，而只能模糊地看到他物的存在称为半透明。如辰砂、锡石等。

（3）不透明：透过碎片边缘不能见到任何物体的存在称为不透明。如方铅矿、磁铁矿等。

矿物的颜色、条痕、光泽与透明度之间的相互关系见表8－2。

表8－2　颜色、条痕、光泽与透明度相互关系

颜色	非金属色（透射色为主）		金属色（反射色为主）	
	无色—浅色	浅色	深色	金属色
透明度	透明	透明—半透明	微透明—不透明	不透明
条　痕	无色、有色	白色—浅色	深彩色—黑色	黑色、金属色
光　泽	玻璃	金刚	半金属	金属

第二节　矿物的力学性质

矿物在外力作用下，如刻划、打击、压拉等所表现出的各种性质称为矿物的力学性质。包括解理、硬度、断口、裂理，还有延展性、脆性、弹性和挠性等。

一、矿物的硬度

矿物的硬度是指矿物抵抗外力刻划、压入或研磨的能力。矿物硬度以 H 表示。

矿物的硬度可分为相对硬度和绝对硬度。矿物学上所指的硬度一般为相对硬度——摩氏硬度。1824 年奥地利矿物学家摩氏（Friedrich Mohs）选出十种硬度不同的矿物作为测定其他矿物硬度的标准，称为摩氏硬度计。这十种矿物硬度由低到高排列如下：1. 滑石；2. 石膏；3. 方解石；4. 萤石；5. 磷灰石；6. 正长石；7. 石英；8. 黄玉；9. 刚玉；10.

金刚石。

以上十种标准矿物硬度等级之间只表示相对的高低，不代表矿物硬度的绝对大小，各级之间硬度差不是均等的。摩氏硬度与绝对硬度比较如图 8-3 所示。

用摩氏硬度计测定矿物硬度（相对硬度）的方法很简单，将被测矿物与硬度计中某一矿物互相刻划，可比较出该矿物的硬度。如被测矿物与正长石（$H_M = 6$）刻划，若互相不能刻伤，则被测矿物的摩氏硬度为 6。如被刻矿物能刻伤正长石，又能被石英刻伤，则硬度为 6~7。

在实际工作中，人们常用更简便的工具来确定矿物的摩氏硬度。指甲的硬度为 2.5，小刀（或玻璃）硬度为 5.5，如被测矿物的硬度小于指甲，即矿物硬度低（<2.5）；如大于指甲、小于小刀，则矿物硬度为中等（2.5~5.5）；如大于小刀，则矿物硬度大（>5.5）。

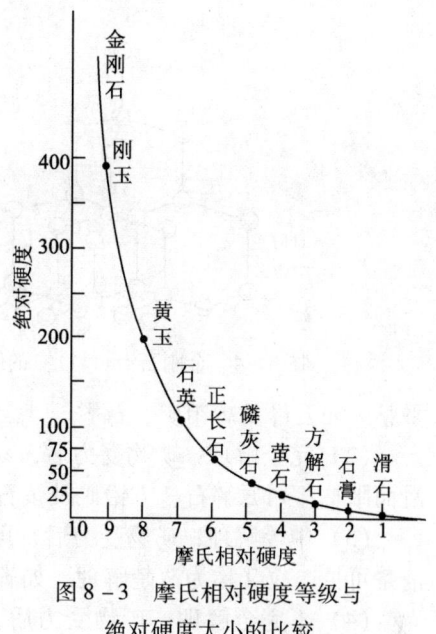

图 8-3　摩氏相对硬度等级与
绝对硬度大小的比较
（据高福裕等，1985）

矿物的硬度决定于矿物的成分和结构。具原子晶格者硬度最高，如金刚石。具分子晶格的矿物硬度最低，如自然硫。离子晶格矿物则决定于离子的电价和半径。在一般情况下，矿物的硬度随离子电位（电价/半径）的绝对值增大而提高。金属晶格矿物的硬度较低（除某些过渡金属外）。

在肉眼鉴定矿物时，测试硬度要注意方法。要在矿物新鲜平整的面上测试。刻划时，用力要缓而均匀，不可敲打。尽量避免因风化、裂隙、脆性以及矿物集合方式的影响所造成的虚假硬度。

二、矿物的解理

矿物在外力作用（如打击、挤压）下，沿着一定的结晶方向裂成光滑平面的性质，称为解理。所裂成的光滑平面称作解理面。解理面与晶面是不同的，解理面对晶体而言由外向里可形成许多互相平行的平面，且平滑而光亮；晶面仅是晶体最外面的一个平面，一般不平整，且光泽暗淡。

矿物解理的形成与晶体内部结构密切相关。解理总是沿着晶体结构中联结力最弱或较弱的面网之间发生。解理面一般平行于：①网面密度最大的面网，如金刚石的 {111} 解理，如图 8-4 所示；②阴阳离子电性中和的面网，如方铅矿的 {100} 解理；③两层同号离子相邻的面网，如萤石的 {111} 解理；④化学键力最强的方向，如石墨的 {0001} 解理，如图 8-5 所示。在实际晶体中，解理产生的原因是很复杂的，往往是上述各种因素综合影响的结果，不过有主次之分而已。

解理按其完善程度的不同，分成以下五个等级。

（1）极完全解理：矿物受力后极易沿解理面裂成薄片，解理面宽大、连续，光滑而

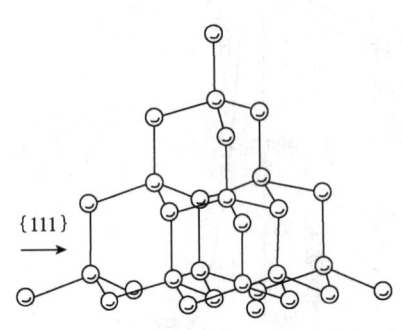

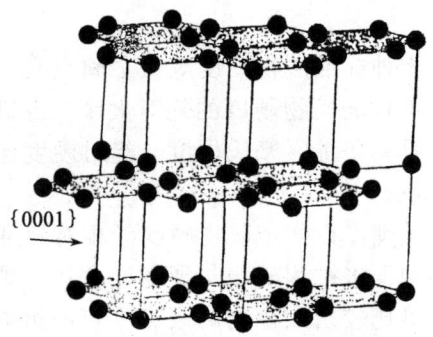

图8-4 金刚石沿 {111} 的解理　　　　图8-5 石墨沿 {0001} 的解理

平整。如云母及辉钼矿、石墨。

（2）完全解理：矿物受力后，易沿解理面裂出平面，但不成薄片，解理面完整、光滑而平整。如方解石、方铅矿及萤石。

（3）中等解理：矿物受力后，可沿解理面裂出平面，解理面不连续，呈阶梯状，但清楚可见，故又称为清楚解理。如辉石、角闪石。

（4）不完全解理：矿物受力后，不易裂出解理面，仅断断续续可见窄小的解理面。如磷灰石、绿柱石。

（5）极不完全解理：矿物受力后，极难或不出现解理面，通常认为无解理。如石英、石榴子石。

一个矿物晶体中，一系列相互平行的解理面称为一组解理，其方向可用晶体符号来表示。因为，解理面总是平行于晶体结构中的面网发生，因此，它的分布与晶体的对称性相一致，若平行于晶体中某一方向存在有解理，于是，与此面网成对称重复关系的其他面网方向上，也应存在性质相同的解理。这就是说，解理总是沿着同一单形中的所有晶面方向同时发生。因此，解理面在晶体中的方向可用相应的单形符号或单形名称来表示，其解理组数（方向数），可根据所表示的单形符号来辨别。例如 {100} 立方体解理三组（如方铅矿等）、{111} 八面体解理四组（如萤石等）、{110} 菱形十二面体解理六组（如闪锌矿等）、{10$\bar{1}$1} 菱面体解理三组（如方解石等）、{110} 柱状解理两组（如角闪石等）和 {001} 底面解理一组（如云母等），如图8-6所示。

观察描述矿物的解理时，应注意以下方面：①要选择较大的矿物晶体，对着光转动标本观察解理的有无，颗粒太小则难以观察。②注意区分晶面与解理面。晶面一个方向只有一个，且往往有晶面花纹及附着物，晶面暗淡不光滑，解理面平整光滑明亮如镜，沿解理方向为一系列阶梯状的解理面。③描述解理时应包括解理方向（用单形符号表示）及完善程度，有时还要说明解理的夹角，如普通角闪石解理 {110} 夹角56°，又如解理 {001} ∧ {010} ＝90°等。

三、矿物的裂开

矿物在外力打击等作用下，沿着一定方向裂开成光滑平面的性质，称为裂开或裂理。裂开面与解理面极为相似，且也成组出现，但两者的成因不同。

裂开产生的原因大致是：①裂开面可能是沿着双晶接合面，特别是聚片双晶的接合面发生。②裂开面的产生还可能是因为沿某一种面网存在有他种成分的细微包裹体，或者是

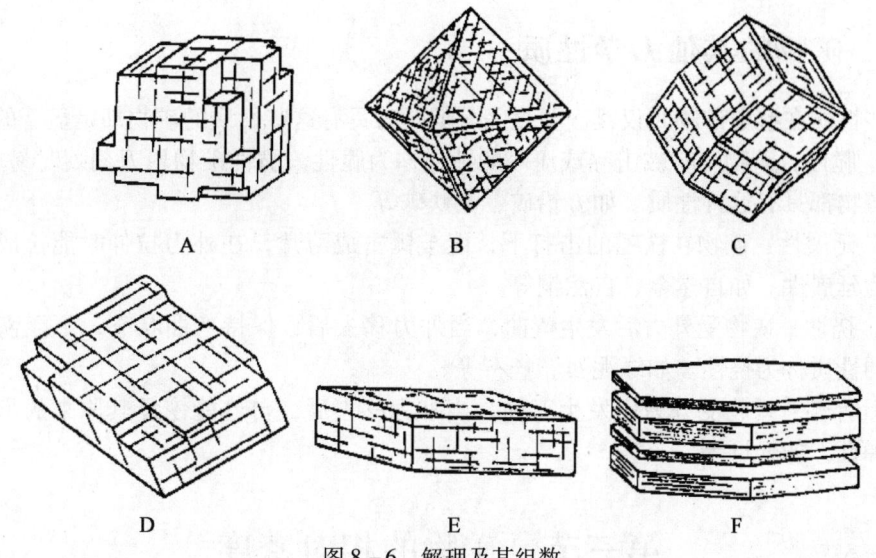

图 8-6　解理及其组数

A—｛100｝立方体解理三组；B—｛111｝八面体解理四组；C—｛110｝菱形十二面体解理六组；

D—｛10$\bar{1}$1｝菱面体解理三组；E—｛110｝柱状解理两组及｛001｝底面解理一组；

F—｛001｝底面解理一组

固溶体离溶物，这些物质作为该方向面网间的夹层，有规律地分布着，使矿物产生裂开。

所以，裂开与解理在本质上是不同的，因为同种矿物并非都有裂开的性质，它不是矿物固有的特性；而解理则不然，凡是具有解理的矿物，其所有矿物个体中存在相同的解理。

裂开也可作为一种鉴定特征，对某些矿物具有重要鉴定意义，有时还可帮助分析矿物成因及形成历史。裂开的常见例子有磁铁矿的八面体裂开、刚玉的菱面体裂开及辉石的底面裂开等。

四、矿物的断口

矿物在外力打击下，沿任意方向发生断裂而形成的断裂面，称为断口。断口在晶体和非晶体矿物中均可发生。而且与解理是互为消长的关系，晶体矿物中解理完善程度高的方向，断口不发育；而解理差的方向，则发育断口。

不同的矿物常具有不同形态的断口，因此，断口也可作为鉴定矿物的一种辅助手段。按断口形态的不同可分以下五种。

（1）贝壳状断口：断面呈椭圆形或各种不规则圆形光滑曲面的形态，且具有同心圆条纹，与贝壳的内壳相似。如石英的断口（图 8-7）。

（2）锯齿状断口：断面呈尖锐锯齿状形态者。如自然铜的断口。

（3）参差状断口：断面呈参差不平形态者。如磷灰石的断口。

（4）平坦状断口：断面呈较为平坦者，似瓷器的断口。大多数隐晶质矿物具有此断口。

（5）土状断口：断面呈细粉末状、泥土状。如高岭土的断口。

图 8-7　石英的贝壳状断口

五、矿物的其他力学性质

这些性质在鉴定矿物时仅具次要意义，但是对具有这些性质的矿物却是显著的特征。

（1）脆性：矿物容易被击碎或压碎的性质称为脆性。脆性矿物用刀刻划时易成粉末。大多数矿物都具有这种性质。如方铅矿、黄铁矿等。

（2）延展性：矿物在铁锤的击打下，能被锤击成薄片，在外力拉伸时能拉成细丝的性质称为延展性。如自然金、自然铜等。

（3）挠性：矿物受外力后发生弯曲，当外力移去后，保持弯曲状态，不能恢复其原来形态的性质称为挠性。如绿泥石、蛭石等。

（4）弹性：矿物受外力后发生弯曲，当外力移去后，自己能恢复其原来的形状的性质称为弹性。如云母等。

第三节 矿物的相对密度

矿物的密度是指单位体积的质量，度量单位为 g/cm^3。矿物手标本鉴定时一般使用相对密度（旧称比重），它是指矿物在空气中的质量与 4 ℃时同体积水的质量比，在数值上与密度相同。每种矿物都有自己的组成元素和晶体结构，所以都有自己的相对密度，它是鉴定矿物的一项重要的物理常数，也是重力找矿、选矿的重要依据。

从肉眼鉴定的要求，通常是凭经验用手掂量，将矿物的相对密度分为三级。

（1）轻级：相对密度在 2.5 以下，如石膏、石墨等矿物。

（2）中级：相对密度在 2.5~4 之间，如石英、长石类矿物。

（3）重级：相对密度在 4 以上，如方铅矿、重晶石等矿物。

绝大多数矿物具有中级的相对密度，但也有些矿物，如锡石（6.8~7.0）、黑钨矿（6.5~7.5）、白钨矿（5.8~6.2）、方铅矿（7.4~7.6）等，具有很大的相对密度，成为一种重要的鉴定特征。

矿物的相对密度取决于组成元素的原子量及原子或离子堆积的紧密程度。组成元素的原子量越大，且原子离子堆积越紧密，则相对密度越大。含有类质同象杂质的矿物，其相对密度随成分的改变而产生相应的变化。如闪锌矿（ZnS）中的 Zn^{2+} 被 Fe^{2+} 代替得越多，相对密度越小。纯闪锌矿相对密度为 4.10，Fe^{2+} 占 40%时相对密度降为 3.88。

矿物的相对密度可以进行精确的测定，但要用专门的仪器和相关的方法。

第四节 矿物的电性与磁性

一、矿物的电性

1. 矿物的导电性

矿物对电流的传导能力称为导电性。一般说来，金属矿物的导电能力比较强，为电的良导体，非金属矿物的导电能力比较弱或不导电，为电的半导体或绝缘体。

导电性和矿物内部结构中的化学键有关。以金属键结合的矿物，因具有自由电子，故具导电性。除了金属键及带有金属键性质相近的化学键以外，其余类型的化学键，因为它们没有自由电子存在，所以都不具导电性。

根据矿物导电能力的不同，可将矿物的导电性分为三类。

（1）良导体：金属矿物，如自然金、黄铜矿、辉钼矿、方铅矿及石墨等。

（2）半导体：富含铁和锰的硅酸盐矿物及铁、锰等的氧化物等。

（3）绝缘体：非金属矿物，如石英、长石、云母、方解石、石膏、橄榄石等。

导电性不仅用于鉴定矿物，在电法找矿、选矿，重砂矿物分离上均被广泛地利用。

2. 矿物的热电性（焦电性）

将矿物晶体加热至适当温度时，在晶体的某些结晶方向产生正电荷及负电荷的性质，称为热电性。其正、负电荷的分布常随晶体的性质而异。如电气石晶体加热到一定温度时，其 Z 轴的一端带正电，另一端则带负电，若将已热的晶体冷却，则两端电荷变号（图8-8）。

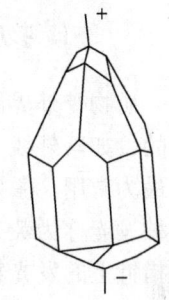

图8-8 电气石的
热电性

具热电性的矿物以方硼石、电气石及水晶最显著，其他如异极矿、石膏、黄玉、霞石、方解石等也可以由热生电。

晶体的热电性已在红外探测中得到应用。

3. 矿物的压电性

某些矿物晶体在压力或拉力作用下产生电荷的性质称为压电性。它所产生电荷的正负随着作用力而改变。压缩时产生正电荷的部位，在拉伸时就产生负电荷。因此，一压一松就可以产生一个交变电场，相反地，如果把它放在交变电场中，就会产生一伸一缩的机械振动，而形成"超声波"。如石英、电气石等矿物具有这种性质。这一性质广泛应用于国防和电子工业中，如压电水晶在无线电工业中用作各种换能器、超声波发生器。

二、矿物的磁性

矿物受外磁场吸引或排斥的性质称为矿物的磁性。在一般情况下，矿物受磁场排斥的力量非常微弱。因此在鉴定、分选和一般研究矿物时所指的磁性，主要指矿物受外磁场吸引的性质。根据矿物磁性的强弱可分为三类。

（1）强磁性矿物：矿物的大块或小的碎屑能被永久性磁铁（如马蹄形磁铁、磁化小刀等）吸引。如磁铁矿和磁黄铁矿。

（2）弱磁性（电磁性）矿物：矿物颗粒用永久性磁铁无法吸引，但能被磁场强度大得多的电磁铁吸引。如铬铁矿、黑钨矿等。由于电磁铁的磁场强度可调节，所以弱磁性矿物又可按强弱不同分为若干等级。

（3）无磁性矿物：具强大电磁场的电磁铁也不能吸引的矿物。如石英、长石等。

矿物的磁性主要决定于矿物晶格中是否存在未成对的电子。未成对电子越多，其磁性表现越强。晶格中的过渡型离子常有未成对的电子，因此，含 V^{3+}、Cr^{3+}、Fe^{2+}、Fe^{3+}、Mn^{2+} 等的矿物，常具磁性。但具强磁性矿物不多，只有当晶格中未成对电子的磁场在一定程度上统一取向时，才表现出强磁性。

磁性是鉴定矿物的特征之一，特别在鉴定少数具强磁性矿物时更为重要。磁性在矿物分选工作中具有更大的意义。在选矿工艺中，磁选更是极为重要的一种方法。

矿物的磁性在地质工作中也应用广泛。在磁法勘探中，利用磁性寻找铁矿。在航空或航天地质工作中，利用不同岩石中造岩矿物的磁性差异，可以圈出岩体的分布。利用岩体中磁性矿物磁场的取向，推断岩石形成时古地球磁场的方向是当前流行的板块构造学说确定板块运动方向的重要方法。

第五节 矿物的发光性与放射性

一、矿物的发光性

矿物受外界能量的激发，能发出可见光的性质称为发光性。激发使用的能源是多种多样的，如紫外线、X射线、阴极射线、加热、打击、摩擦以及可见光照射等。其中以紫外线最为常用。激发后发光的表现大致可分为两种：发光现象随激发的中断而立即终止者，这种发光称为荧光；停止激发后仍能在一段时间内继续发光，这种发光称为磷光。许多钟表指针上的发光物质，在日光或灯光照射后，移到暗处仍能发光，即属磷光。

常见具发光性的矿物如：在紫外光照射时，白钨矿发蓝色荧光，金刚石发天蓝色、紫色、黄绿色荧光，钙铀云母发鲜明的黄绿色荧光；萤石碎片在暗室高热金属板上当温度达150 ℃时发红、蓝、绿等色磷光；云母、萤石、石英、白云石等在暗室中摩擦或打击时，皆可发磷光。

有的矿物的发光性比较固定，但有的则不固定。例如，不同产地的同一种矿物有的发光，有的就不发光；发光的颜色也不尽相同，甚至在同一标本上，不同部位的发光性还有差异。这些可能与矿物晶格中存在微量元素和晶格缺陷有关。

矿物发光性的研究，在对某些矿物的鉴定和找矿勘探工作以及采矿和选矿工作中都具有一定的意义。特别是对白钨矿、锆石及金刚石等矿物的找矿和选矿更为有效。

二、矿物的放射性

含有铀（U）、钍（Th）、镭（Ra）等放射性元素的矿物，由于放射性元素的蜕变而放出 α、β、γ 等射线的性质，称为矿物的放射性。如各种铀矿等。放射性可用专用仪器（如盖氏计数器等）测定，也可以用照相底片感光法来检验矿物放射性的有无。

利用矿物的放射性，不仅可以鉴定放射性元素矿物，还可以寻找放射性元素的矿床，同时，对确定矿物、岩石的年龄数据，研究矿物和岩石的成因也极为重要。

第六节 矿物的其他物理性质

一、矿物的吸水性、可塑性、挥发性、易燃性

（1）吸水性：某些矿物能吸收水分的能力称为吸水性。有的矿物具较强的吸水性，如光卤石在空气中易潮解，高岭石会粘舌头，蒙脱石吸水后会膨胀分散成糊状等。

（2）可塑性：矿物吸水后，经搓、捏、压碎都不会形成松散粉末状，而是互相粘连的性质称为可塑性。可搓捏成很细、薄的泥线、泥片和各种造型。

（3）挥发性：矿物在燃烧、加热的过程中，某些化学成分易于挥发的性能称为挥发性。如雄黄、雌黄等。

（4）易燃性：矿物加热时易燃烧，称为易燃性。如自然硫等。

二、矿物的气味和触觉

人类感觉器官对某些矿物所觉察到的性质有以下几种：

（1）嗅觉：矿物因受打击、灼热及润湿等物理作用时而发生的臭气味。如毒砂受打击时的大蒜味；自然硫燃烧和硫化矿物摩擦时的硫黄味；高岭石水湿之后的土气味等。

（2）味觉：矿物溶于水中或唾液中所显示的特殊味道。如石盐的咸味；明矾的甜涩味；泻利盐的苦味等。

（3）触觉：以手抚摩矿物时，所得冷、粗糙、细腻、滑的感觉。如自然铜、自然银及宝石等的冷感；硅藻土、浮石等的粗糙感；石墨、滑石、辉钼矿、叶蜡石等的滑感。

学 习 指 导

要点 ①正确掌握观察、测试和描述各种物理性质的方法极为重要。这是进一步鉴定矿物的基础，只有经过认真细致的观察和分析，在手标本上反复练习，才能练就熟练的技巧和积累丰富的经验。否则，常常得不到正确的结果。②必须透彻理解各种性质的概念。如解理面是存在于一个单晶内的平面，而不是切穿一块矿物集合体的平面。在隐晶质集合体上找解理不仅是徒劳的，而且是错误的。各种物性之间的联系也要弄清楚，如四种光学性质间的关系，解理与断口的互为消长关系等。描述时不要自相矛盾。如"X 矿物灰白色，金属光泽，透明，条痕黑色……"显然自相矛盾。③了解矿物的物理性质与成分、结构的关系很有必要，有助于理解和认识矿物的物理性质。

重点 矿物的颜色、光泽、硬度和解理。

难点 金刚光泽和半金属光泽的区分，中等和不完全解理的认识，解理组数及夹角的确定，相对密度，断口类型的确定。

思考题与作业

（1）颜色按成因分为几种？每种是如何形成的？

（2）何谓条痕？条痕与颜色、透明度、光泽有何关系？

（3）光泽共有哪些？每种光泽有何特征？

（4）何谓相对硬度和绝对硬度？摩氏硬度如何分级？

（5）何谓解理？试举例（并画示意图）说明解理产生的各种原因。裂开和解理有何异同？

（6）说出下列解理的组数及夹角（90°，60°或斜交）：立方体、八面体、菱面体、$\{0001\}$、$\{001\}$、$\{010\}$、四方柱 $\{100\}$、四方柱 $\{110\}$、斜方柱 $\{110\}$ 解理。

（7）如何区分荧光和磷光？矿物的相对密度、磁性、硬度在鉴定矿物时如何测定？

（8）按类别详细写出矿物的各种物理性质。

第九章 矿物的成因

内容介绍 矿物形成的地质作用、影响矿物形成的条件、矿物形成过程中的相互关系（矿物组合）、反映矿物形成的标志以及矿物形成以后的变化。

知识目标 掌握各种地质作用下如何形成矿物，理解矿物的形成条件及变化。了解成矿期、成矿阶段、矿物世代。

能力目标 明确各种地质作用形成的主要矿物，熟悉矿物共生组合、矿物伴生组合、标型矿物和标型特征。

第一节 形成矿物的地质作用

矿物是地质作用的产物。根据地质作用的性质和能量来源的不同，一般可分为内生作用、表生作用和变质作用。

一、内生作用

内生作用一般指与岩浆活动有关、形成各种矿物的全部作用过程。形成矿物的物质和能量主要是来源于地球内部。内生作用包括岩浆作用、伟晶作用、热液作用及火山作用。

1. 岩浆作用及其形成的矿物

岩浆作用是指地下深处的岩浆侵入到地壳的不同部位，随着温度、压力的降低从岩浆中依次结晶形成一系列矿物、岩石、矿产的作用。

岩浆是地下深处高温高压、富含挥发分、成分极为复杂的硅酸盐熔体。它主要由造岩元素（O、Si、Al、Fe、Ca、Mg、Na、K 等，约占 90%）、挥发分（H_2O、CO_2、H_2S、Cl、F、B 等，占 8% ~9%）和金属元素（Cu、Pb、Zn、Cr、Ti、V、Ni、Mn、Li、Be、Ag、Hg、Sb 等，占 1% ~2%）三部分组成。

岩浆由于来源和成因的不同，成分上可有较大差异。一般按其中 SiO_2 质量分数的高低将岩浆分为超基性岩浆（$w_{SiO_2} < 45\%$）、基性岩浆（w_{SiO_2} 为 45% ~52%）、中性岩浆（w_{SiO_2} 为 52% ~65%）和酸性岩浆（w_{SiO_2} 为 65% ~75%），把一些特别富含 K_2O 和 Na_2O 的岩浆称为碱性岩浆。岩浆的温度约为 650 ~1200 ℃，压力可达 900 ~1000 MPa。

由于岩浆是高温、高压的硅酸盐熔体，具有强大的地质营力，可侵入到地壳深处、浅处以至溢出地表。通过岩浆作用、伟晶作用、热液作用及火山作用形成各种矿物、岩石及矿产。

岩浆中矿物的结晶次序与岩浆中的化学成分有关，一般按 Mg—Fe—Ca—Na—K 的顺序结晶。先形成的矿物多为铁镁矿物（橄榄石、斜方辉石等），中期多形成含钙高的矿物（基性斜长石、单斜辉石、角闪石等），晚期则主要形成钾和钠含量较多的矿物（酸性斜长石、钾长石、白云母等）；最后过剩的 SiO_2 形成石英。由于这些矿物都是构成岩浆岩的主要矿物，所以统称它们为"造岩矿物"。

在造岩矿物形成的同时往往有一些金属矿物的形成，如磁铁矿、铬铁矿、钛铁矿等。它们富集时可形成矿产。

岩浆作用形成的各种矿物可组成不同的岩石，如超基性岩、基性岩、中性岩、酸性岩和碱性岩。岩浆岩中的主要矿物成分虽然都是硅酸盐矿物，但不同岩浆岩中的硅酸盐矿物在种类和数量上都存在着明显的差异，共生的金属矿物也有所不同（表9－1）。

表9－1　各类岩浆岩中的矿物成分

岩石类型	主要组成矿物	共生金属矿物
超基性岩	橄榄石、斜方辉石、普通辉石	铬铁矿、金刚石、铂族矿物
基性岩	斜方辉石、普通辉石、基性斜长石	镍黄铁矿、黄铜矿、磁黄铁矿、钛磁铁矿
中性岩	普通角闪石、中性斜长石、黑云母	黄铜矿、磁铁矿
酸性岩	酸性斜长石、正长石、石英、黑云母、白云母	铌钽铁矿、磁铁矿、稀有、稀土和放射性元素矿物
碱性岩	霞石、霓石、正长石、钠长石、白榴石	稀有和放射性元素矿物

2. 伟晶作用及其形成的矿物

伟晶作用是指形成一系列粗大矿物晶体及其伟晶岩的作用。伟晶作用的温度一般认为在 700～400 ℃之间，压力介于 100～300 MPa 之间。

伟晶作用形成的矿物有以下三个特点：①伟晶岩中的主要矿物成分与相应的岩浆岩中的主要矿物成分相似，仍以硅酸盐类矿物为主。如分布最广的花岗伟晶岩主要由长石、石英、白云母等矿物组成。但伟晶岩中的矿物结晶粗大，最大的长石晶体可达数吨。②伟晶岩中有许多富含挥发分的矿物。如白云母、黄玉、电气石等。可形成白云母等非金属矿床。③伟晶岩中稀有元素矿物显著富集。如绿柱石、锂辉石、磷灰石、独居石、锆石、铌铁矿、钽铁矿、褐帘石等。常可形成稀有元素、放射性元素的矿床。

3. 热液作用及其形成的矿物

热液作用是指热液在地表以下 0.5～8 km 处，在较低的温度（50～400 ℃）和较低的压力条件下，从围岩中析出或与围岩反应生成一系列矿物的作用。

通常所说的热液系指岩浆期后热液。它是在岩浆侵入并逐渐冷却的过程中，分泌出来的以 H_2O 为主的富含金属元素的气水溶液；随着温度的下降，气水溶液转变而形成热水溶液。当其沿裂隙向围岩运移渗透的过程中，还可从围岩中淋滤和溶解部分成矿物质，在适当条件下，形成各种矿物、岩石和矿产。

除岩浆期后热液外，还有变质热液和地下水热液。变质热液主要由沉积岩在变质作用过程中所释放出来的孔隙水以及矿物中的吸附水、结晶水和结构水等构成；地下水热液则主要是地表水向下渗透到地壳深部受地热等影响而形成，它们和岩浆期后热液一样，在沿岩石裂隙运移渗透的过程中，也可从围岩中淋滤或溶解部分成矿物质，在适当条件下沉淀形成矿物。

热液作用所形成的矿物以硫化物和氢氧化物为主，其次是各种含氧盐矿物。矿物形成的温度一般为 400～50 ℃。若为汽化热液，其温度可高于 400 ℃。按照矿物形成的温度，可将热液作用划分为三种类型：

（1）高温热液作用。热液温度一般在 400～300 ℃ 之间，有时高于 400 ℃，当温度高于 374 ℃ 时热液呈汽化状态，故又称为汽化－高温热液作用。高温热液作用主要形成由高电价、小半径的阳离子组成的氧化物和含氧盐矿物，如黑钨矿、锡石、铌钽铁矿和绿柱石、黄玉等；也可形成部分硫化物，如辉钼矿、辉铋矿、毒砂、黄铁矿、磁黄铁矿等。其中有些矿物（如黑钨矿、锡石、辉钼矿、绿柱石等）可富集形成高温热液矿床，如钨矿床、锡矿床、钼矿床、铍矿床等。高温热液作用形成的矿物组合可简称为 $W-Sn-Mo-Bi-Be$ 矿物组合。

（2）中温热液作用。热液温度一般在 300～200 ℃ 之间。由于热液中 H_2S 的离解度增大，硫离子的浓度增加，常形成以 $Cu-Pb-Zn$ 为主的硫化物矿物组合，如黄铜矿、方铅矿、闪锌矿、黄铁矿、斑铜矿、黝铜矿等。一些分散元素（Ga、In、Tl、Ge、Se、Te 等）则以类质同象的方式进入硫化物的晶格中。此外，常常还有石英、方解石、萤石等矿物的形成。其中有用矿物富集时形成中温热液矿床，如铜矿床、铅锌矿床等。

（3）低温热液作用。热液温度在 200～50 ℃ 之间。低温热液的来源很复杂，大部分热液不一定直接来自岩浆，地下水热液和变质热液可能起到主要作用。形成的矿物主要是 $As-Sb-Hg$ 的硫化物（如雌黄、雄黄、辉锑矿、辰砂等）和重晶石等硫酸盐矿物组合。其中有用矿物富集时形成低温热液矿床，如汞矿床、锑矿床等。

4. 火山作用及其形成的矿物

火山作用是岩浆作用的一种特殊形式，是指地下岩浆通过火山管道喷出地表后，在温度和压力快速降低条件下形成一系列矿物、岩石的过程，还包括火山热液与喷气形成矿物的作用。

火山作用形成的矿物与相应岩浆岩中的矿物基本一致，所形成的岩石从超基性岩、基性岩、中性岩到酸性岩和碱性岩都有。但由于火山作用的特殊性，所形成的矿物和岩石有以下特点：①火山岩中的矿物除斑晶外常呈隐晶质，矿物晶体肉眼不易识别；火山岩中还可以有非晶质（玻璃）存在。火山岩中的矿物斑晶常常是火山喷发前形成的。②火山岩中常保存有一些在缓慢冷却条件下不稳定的矿物。如金刚石、方英石、透长石等。③在火山通道（喷气孔）周围则常有经凝华作用形成的自然硫、雄黄、石盐等矿物产出。④火山岩中由于挥发分逸出所造成的气孔，常被火山后期热液作用形成的一系列矿物（如沸石、蛋白石、玛瑙、方解石、自然铜等）所充填。

火山作用形成的矿产主要有自然硫、金刚石、铁、铜等。值得指出的是，在个别情况下，火山作用还可以喷溢矿浆，如智利的拉科铁矿，就认为是由溢出地表的铁矿浆结晶而成的。

二、表生作用

表生作用是指在地壳表层，在较低的温度、压力条件下，受太阳能、水、二氧化碳、大气和有机质等因素的影响，形成矿物的各种地质作用。按其性质的不同，可分为风化作用和沉积作用。

1. 风化作用及其形成的矿物

风化作用是指出露于地表或近地表的矿物和岩石，在大气、水、生物等地质营力的影响下，所发生的机械破碎作用和化学分解的总称。它包括物理风化、化学风化和生物风化三种主要的作用方式。

在风化作用过程中，可形成一系列稳定于地表条件的表生矿物。一般层状结构硅酸盐矿物、富含水及变价元素的高价氧化物和氢氧化物在地表最为稳定。因此，表生矿物主要是各种层状结构硅酸盐矿物、氧化物及金属氧化物、氢氧化物等。如高岭石、多水高岭石、水云母、褐铁矿、铝土矿、蛋白石、硬锰矿等。其中有用矿物富集可形成风化矿床，如高岭石矿、铝土矿、褐铁矿、硬锰矿等矿床。

金属硫化物一般在地表都很不稳定，它们在水和氧的作用下形成硫酸盐矿物，其中部分溶解度大的元素被水带走；部分硫酸盐进一步在水和各种酸的作用下，或与围岩发生作用，形成难溶的氢氧化物或含氧盐等表生矿物。金属硫化物在地表条件下常形成氧化带和次生富集带。常可形成有工业价值的金属硫化物矿床。如图 9-1 所示。金属硫化物在风化作用过程中的变化，用化学反应式表示如下，以黄铜矿（$CuFeS_2$）为例：

$$CuFeS_2（黄铜矿）+ O_2 \rightarrow CuSO_4 + FeSO_4$$
$$2CuSO_4 + CO_2 + 3H_2O \rightarrow Cu_2[CO_3](OH)_2（孔雀石）+ 2H_2SO_4$$

或者 $$2CuSO_4 + 2CaCO_3 + 2H_2O \rightarrow Cu_2[CO_3](OH)_2（孔雀石）+ 2CaSO_4 + CO_2$$

或 $$3CuSO_4 + 2CO_2 + 4H_2O \rightarrow Cu_3[CO_3]_2(OH)_2（蓝铜矿）+ 3H_2SO_4$$
$$4FeSO_4 + 2H_2SO_4 + O_2 \rightarrow 2Fe_2[SO_4]_3 + 2H_2O$$
$$Fe_2[SO_4]_3 + 6H_2O \rightarrow 2Fe(OH)_3（针铁矿或纤铁矿）+ 3H_2SO_4$$

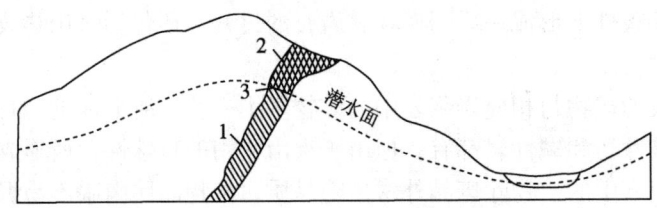

图 9-1　金属硫化物矿床次生富集带

1—原生带；2—氧化带；3—次生富集带

2. 沉积作用及其形成的矿物

矿物和岩石在风化作用过程中遭受机械破碎和化学分解所产生的风化产物（主要为碎屑物质、泥质和溶解物质），除少部分残留在原地外，大部分由介质搬运到新的地方沉积下来，形成新的矿物或新矿物组合，这种作用称为沉积作用。如果沉积物质来源于火山产物，则称为火山沉积作用。

沉积作用主要发生在河流、湖泊及海洋中。根据沉积方式不同，分为机械沉积、化学沉积和生物化学沉积。

（1）机械沉积：在风化条件下，物理和化学性质稳定的矿物，遭受机械破碎后所形成的碎屑，除残留原地外，主要被流水、风等外营力搬运，由于水流速度或风速的降低，矿物按颗粒大小、密度不同发生分异沉积。在适宜的场所造成有用矿物的集中，形成各种砂矿。如砂金、金刚石、锡石、独居石等。在一般情况下，则形成各种砂岩或砾岩。显然，机械沉积作用一般不形成新的矿物，主要是矿物的再沉积。

（2）化学沉积：在风化作用中被分解的矿物，其可溶组分溶解于水成为真溶液，当它们进入内陆湖泊、封闭或半封闭的潟湖或海湾以后，如果处于干热的气候条件下，水分将不断蒸发，溶液浓度不断提高，当达到过饱和程度时，就发生结晶作用，形成卤化物、硫酸盐、硝酸盐、硼酸盐等一系列易溶盐类矿物，它们可形成巨大的非金属矿床。另一些低溶解度的金属氧化物和氢氧化物，常可成为胶体溶液，当它们被搬运到湖泊及海盆内时，受到电解质的作用而发生凝聚、沉淀，形成铁、锰、铝、硅等胶体成因的氧化物或氢氧化物矿物。在一定条件下可形成工业矿床。

（3）生物、生物化学沉积：某些生物在其生命活动的过程中，可从周围介质中吸收有关元素和物质，组成它们的有机体和骨骼，当这些生物死亡后，其遗体可直接堆积起来形成矿物，如硅藻土、方解石（生物灰岩的主要矿物成分）等。此外，在生物的生理活动过程中，能产生大量的 CO_2、H_2S、NH_3 等气体，可影响沉积介质的酸碱度及氧化还原条件，并对有机体进行分解和合成作用，从而形成某些有机矿物和无机矿物。前者如琥珀、草酸钙石等，后者如磷灰石（磷块岩的主要矿物成分）等。另外，煤、石油、天然气的形成也直接与生物、生物化学沉积作用密切相关。

三、变质作用

变质作用是指在地表以下的一定深度内，已形成的矿物和岩石，由于地壳变动和岩浆活动使其物理化学条件发生变化，造成岩石结构改变或组分改组，并形成一系列变质矿物的过程。

变质作用按其发生的原因和物理化学条件的不同，分为接触变质作用、区域变质作用、气成热液变质作用、动力变质作用、混合岩化作用五种。

1. 接触变质作用及其形成的矿物

接触变质作用发生在岩浆侵入体与围岩的接触带上。按侵入体与围岩之间有无成分之间的交换，又分为接触热变质和接触交代变质两种类型。

（1）接触热变质形成的矿物。当岩浆侵入体与围岩接触时，围岩受岩浆高温的影响，而引起围岩中矿物重结晶或生成与围岩成分有关的矿物。前者如石灰岩变成大理岩（方解石发生重结晶，颗粒变大），后者如泥质岩石中形成的红柱石、堇青石等矿物。在这个作用过程中，基本上不发生侵入体与围岩之间的成分交换。

（2）接触交代变质形成的矿物。当岩浆侵入体与围岩接触时，侵入体中的某些组分与围岩发生化学反应，从而导致矿物的形成。它与热变质不同的是有成分之间的交换发生，所形成矿物的种类随侵入体与围岩成分的不同而异。以中酸性侵入体与石灰岩的接触交代为例。此时，侵入体中富含挥发性组分的气体和溶液进入围岩，带入 SiO_2、Al_2O_3 等组分，使围岩中的 CaO 和 MgO 等组分被交代并将之带入到侵入体中；这样，在接触带附近的岩石就要发生成分和结构、构造的变化，并形成一系列接触交代成因的矿物，如石榴子石、透辉石、符山石、方柱石、硅灰石等，它们组成了所谓的矽卡岩。在接触交代过程中，有时还可以形成铁（磁铁矿）、钨（白钨矿）、钼（辉钼矿）、铜（黄铜矿）、铅（方铅矿）、锌（闪锌矿）等的富集，并往往构成有工业意义的矽卡岩矿床。

2. 区域变质作用及其形成的矿物

区域变质作用是指在广大区域范围内，由于大规模的构造运动（地壳升降、褶皱和断裂）和岩浆活动，导致原有岩石和矿物所处的物理化学条件发生很大变化，使原来岩石和矿物发生变化的作用过程。

区域变质作用形成的矿物种类与原岩的化学组成和遭受变质作用的程度有关。如原岩的主要成分为 SiO_2 和 Al_2O_3 的黏土岩，经变质后可能出现的矿物有：石英、红柱石、蓝晶石、矽线石、刚玉等。但具体出现什么矿物，须视变质条件而定。例如：Al_2SiO_5 的同质多象变体红柱石、蓝晶石和矽线石，红柱石常形成于较高温度和较低的压力（中等以下）条件下；蓝晶石形成于低温、高压的条件下；而矽线石则在高温和压力范围较宽的条件下形成。

此外，在定向压力起主要作用的地段中，有利于柱状（如角闪石）和片状（云母、绿泥石等）矿物的形成；在以静压力为主的地段中，加上温度的增高，可形成结构紧密、体积小、相对密度大、不含水和（OH）$^-$的矿物，如石榴子石、矽线石等。

3. 气成热液变质作用及其形成的矿物

气成热液变质作用是由化学性质比较活泼的气体和溶液与固体岩石发生交代，而使岩石发生变质的一种作用，又称为交代蚀变作用或围岩蚀变。

这种变质作用的主要因素为化学活动性流体，其次为温度。这些汽水热液，主要来自岩浆岩结晶所析出的汽水溶液，区域变质作用及混合岩化作用时岩石分泌出的热液，变质原岩脱水时形成的热液，地壳中的区域性分布的热水等。

气成热液变质作用形成的矿物种类与原岩及热液的性质有关，如超基性岩浆岩及白云岩变质后形成蛇纹石、滑石、菱镁矿等；花岗岩变质后形成石英、白云母，还有黄玉、电气石、萤石、绿柱石、磷灰石，还可形成黑钨矿、毒砂等；中酸性火山岩变质后形成石英、绢云母、明矾石、高岭土、红柱石、叶蜡石、水镁石等；中基性火山岩变质后形成钠长石、绿泥石、绿帘石、阳起石、碳酸盐矿物等。

4. 动力变质作用及其形成的矿物

在构造运动产生的定向压力下，使原岩及其组成矿物发生变形，破碎以至重结晶的变质作用，称为动力变质作用。该作用主要对已形成的矿物发生破坏，形成的新生矿物较少，只有在强烈的定向压力作用下，原岩碾磨后成为粉末状，而发生重结晶，则形成新矿物，主要形成绢云母、绿泥石、钠长石、绿帘石、石英等。

5. 混合岩化作用及其形成的矿物

混合岩化作用是一种介于变质作用与典型岩浆作用之间的地质作用。它是在区域变质作用的基础上，由于地壳内部热流上升和局部重熔熔浆渗透、交代、贯入变质岩中并形成混合岩的变质作用。混合岩化作用形成的矿物主要有石英、长石。

以上五种变质作用，以接触变质、区域变质作用最重要，形成的矿物种类、数量最多，尤其区域变质作用形成的矿物在地壳中的储量最大、分布最广。

应当指出，地质作用是地壳发展变化过程中各种因素的综合表现，内生作用、表生作用和变质作用不是彼此孤立、截然分开的。例如，火山作用与内生作用和外生沉积作用都有关系；变质作用中的交代作用与汽化－热液作用有密切联系；变质作用过程中产生的热液和从地表渗透到地下深处的热水与岩浆成因的热液实际上常常混在一起，难以区分。因此，在分析形成矿物的地质作用时，应尽量收集各方面的资料，进行综合分析，做出合理的推断。

第二节　矿物的形成条件

一、影响矿物形成的条件

在地质作用中影响矿物形成的主要物理化学条件有：温度、压力、组分的浓度、介质的酸碱度（pH）和氧化还原电位（E_h）等。

1. 温度

温度是影响矿物形成的重要因素之一，它的作用在于决定质点动能的大小。只有当质点的动能降低到适应某种矿物的晶体结构时，质点才能相互结合形成矿物，所以每种矿物都有一定的结晶温度，并在一定的温度、压力范围内稳定。例如，在1个标准大气压下，β-石英在温度低于867 ℃时开始形成，并只在867～573 ℃的范围内稳定；而 α-石英则在573 ℃时开始形成，低于573 ℃的条件下稳定。又如，高岭石可在地表常温下形成，并在温度较低的情况下稳定，温度在250 ℃左右时高岭石可与石英反应生成叶蜡石，其反应式如下：

$$Al_4[Si_4O_{10}](OH)_8 + 4SiO_2 \longrightarrow 2Al_2[Si_4O_{10}](OH)_2 + 2H_2O$$
　　（高岭石）　　　　　（石英）　　　　　（叶蜡石）

随着温度以及压力的增高，叶蜡石又可以转变为红柱石等富铝硅酸盐矿物。

2. 压力

地壳中的压力一般是随深度而增加的，在高压条件下出现的矿物往往在地壳深处形成，其特点是质点堆积紧密、矿物具较大的密度。对于矿物同质多象变体之间的转变，压力增高还将使转变温度上升，如在1 MPa压力下，α-石英转变为 β-石英的温度为573 ℃；在300 MPa压力下为644 ℃；在900 MPa压力下，则上升到832 ℃。此外，在定向压力的作用下，有利于某些片状和柱状矿物的形成，并使这类矿物（如云母、角闪石等）在岩石中呈定向排列。

3. 组分的浓度

矿物的形成只有在溶液浓度达到过饱和的状态，即结晶速度大于溶解速度时才能稳定形成。大部分表生及热液中形成的矿物是在水溶液中进行的，条件是溶液必须达到饱和或过饱和。在岩浆分异结晶过程中，某种组分浓度的减小，就意味着与该组分相关的某些矿物消失。如基性岩浆分异的中后期，岩浆中 CaO 的浓度逐渐减小，K_2O 的浓度逐渐增大，因而普通角闪石 $NaCa_2(Mg,Fe,Al)_5[(Si,Al)_4O_{11}]_2(OH)_2$ 将逐渐消失，代之而形成的是黑云母 $K(Mg,Fe)_3[AlSi_3O_{10}](OH,F)_2$。

4. 介质的酸碱度（pH）

每种矿物都各自形成于一定的 pH 的介质中。例如在水化学沉积作用中，赤铁矿形成时的介质 pH 为 6.6～7.8，白云石形成时的 pH 为 7～8。再如热液中的 ZnS，当介质为碱性时，形成闪锌矿；当介质为酸性时，则形成纤维锌矿。

5. 氧化还原电位（E_h）

当溶液中存在多种变价元素时，往往因彼此存在着电位差而有电子的转移，与此同时出现氧化－还原作用。由于电子的得失而显示的电位称为氧化还原电位。氧化还原电位对含变价元素的矿物的形成影响很大。如当溶液中含有 Mn 和 Fe 时，由于 Mn 的 E_h（$Mn^{2+} \rightarrow Mn^{4+} + 2e$，$E_h = 1.35$ V）比 Fe 高（$Fe^{2+} \rightarrow Fe^{3+} + e$，$E_h = 0.75$ V），所以高价的 Mn 离子具有很强的氧化能力，这样当 Mn^{4+} 和 Fe^{2+} 相遇时，Fe^{2+} 将被氧化为 Fe^{3+}，同时 Mn^{4+} 还原为 Mn^{2+}。因此，溶液中有 Fe^{2+} 存在的情况下，就难于形成软锰矿 MnO_2。又如 S 在不同的氧化还原介质中可以呈 S^{2-}、S^0 及 S^{6+} 等形式存在，则相应的分别形成硫化物、自然硫和硫酸盐类矿物。一般情况下，表生矿物中变价元素都以高价状态出现，在内生和变质作用所形成的矿物中，变价元素多以低价状态存在。

在地质作用中，矿物的形成通常是各种物理化学因素综合作用的结果；不过在不同的地质作用中，各种物理化学条件对矿物形成的影响程度有所不同。例如在岩浆和热液作用过程中，通常是温度和组分浓度起主要作用；在区域变质作用中，温度和压力起主导作用；而在外生作用中，pH 和 E_h 对矿物的形成则具有重要的意义。

二、反映矿物形成条件的标志

能反映矿物形成条件的标志很多，主要介绍以下三种。

1. 矿物的标型特征

矿物的标型特征是指同一种矿物的某些特征，因形成条件不同而存在一定的差异，这种能反映形成条件的特征称为标型特征。

矿物的标型特征主要表现在矿物的晶形、物理性质、次要化学成分的种类和含量，以及矿物的精细结构等方面。例如，产于花岗伟晶岩、锡石石英脉及锡石硫化物矿床中的锡石（SnO_2），其晶体形态、物理性质以及次要成分的种类和含量都可作为不同成因的锡石的标型特征，如图 9 - 2 所示。通常一种矿物只要具有某一方面的标型特征时，就可作为该矿物的成因标志。

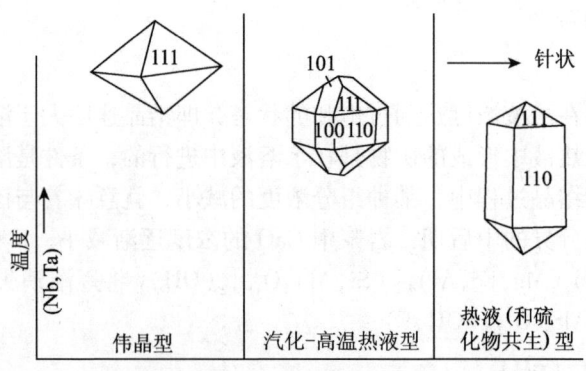

图 9 - 2　锡石的形态标型

2. 标型矿物

标型矿物是指只在某一特定的地质作用中形成的矿物。也就是说，标型矿物是指那些具有单一成因的矿物。因此，标型矿物本身就是成因上的标志。例如，蓝闪石、多硅白云母是低温高压变质作用的产物；霞石、白榴石是碱性岩浆岩的特征矿物；辉锑矿、辰砂是低温热液矿床的标志矿物等。

3. 矿物中的包裹体

矿物在生长过程中所捕获的被包裹在晶体内的其他物质，称为包裹体。矿物中包裹体的大小、形状不一，呈固、液和气态的都有。其中以原生的气液包裹体对于研究矿物形成时的物理化学条件最为重要。因为这种包裹体是与主矿物（即含有包裹体的矿物）在同一个成矿溶液中同时形成的，它是被保存在主矿物中的气体或溶液。测定这种样品的均匀化温度（均变为气体或液体时的温度）、压力、含盐度、成分、pH 和 E_h 等，可确定主矿物的形成条件。例如，对包裹体进行加温时：若包裹体全部转变为液体，表明矿物是由热液作用形成的；包裹体全部转变为气体，则表明矿物是在汽化作用下形成的；当包裹体全部转变为熔体时，则说明矿物是在岩浆作用中形成的。

研究包裹体的方法很多，除加温法外，还有爆裂法、冷冻法以及其他一些测定包裹体成分的方法。关于这方面的知识，可参阅有关专著。

三、矿物的共生组合

同一成因、同一成矿期或成矿阶段所形成的不同种矿物出现在一起的现象，称为矿物共生组合。彼此共生的矿物称为共生矿物。

成矿期是指形成矿物的地质历史时期，常常与地质作用的发生与发展相联系。如岩浆成矿期是指岩浆从侵入到冷凝形成各种矿物的历史时期。成矿期一般根据地质作用来划分，如岩浆成矿期、伟晶成矿期、热液成矿期、火山成矿期、风化成矿期、沉积成矿期、接触变质成矿期和区域变质成矿期。

成矿阶段是指成矿期内物理化学条件相同或相似的一段地质时间，一个成矿期可以包含一个或几个成矿阶段。如热液成矿期可分为高温热液阶段、中温热液阶段和低温热液阶段。

矿物的共生不是偶然的，它是由矿物的化学元素的性质和某一成矿过程（或阶段）中的物理化学条件所决定的，矿物的共生组合是矿物形成条件的反映。各种地质作用过程（或阶段）都有其特有的矿物共生组合。例如，铬铁矿经常与橄榄石、斜方辉石共生在一起是超基性岩特有的矿物共生组合；黄铜矿、方铅矿、闪锌矿和石英一起共生是中温热液成矿阶段常见的矿物共生组合等。

四、矿物的伴生组合及世代

1. 矿物的伴生组合

矿物的伴生组合是指不同成因的矿物共同出现于同一空间范围内的现象。例如在含铜矿床的氧化带中，经常可以看到黄铜矿与孔雀石、蓝铜矿在一起。前者通常是在热液作用过程中形成的，而后两者则是典型的表生矿物（次生矿物），由于它们是属于不同地质作用过程的产物，所以其间的关系仅仅是一种伴生的关系。矿物的伴生组合可以反映矿物形成时的不同地质条件。

2. 矿物的世代

由同一地质作用的不同阶段形成的同一种矿物，由于在形成时间上有先有后，这种先后关系称为矿物的世代。由于在不同成矿阶段中，形成矿物的介质成分和物理化学条件多少会有些差异，因而不同世代的矿物往往在形态、成分、某些物理性质及包裹体等方面也会显示出某些不同。

例如我国某热液矿床中的萤石，可区分为三个不同的世代：第一世代的萤石为八面体和菱形十二面体的聚形，且两种单形发育程度相似，颜色为暗紫或烟紫色，发荧光，气液包裹体的均一化温度为 330 ℃；第二世代的萤石为菱形十二面体与八面体的聚形，但以前者发育为主，晶体中心为浅绿或浅紫色，边缘为暗紫色，具环带结构，包裹体均一化温度为 300～330 ℃；第三世代的萤石为立方体或立方体与菱形十二面体的聚形，以立方体为主，浅绿色、白色或无色，包裹体的均一化温度为 300 ℃。分析、确定矿物的世代，可以有助于了解矿物形成过程的阶段性以及各成矿阶段矿物的共生关系。

第三节 矿物的变化

矿物形成之后，在后续的地质作用过程中，当物理化学条件的变化超出该矿物的稳定范围时，矿物就会发生某种变化。矿物常见的变化现象有以下几种。

一、溶蚀与再生

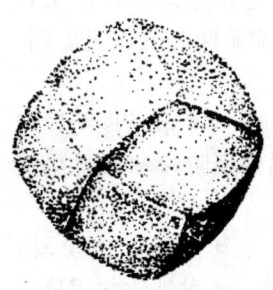

矿物生成之后，受后继溶液的作用可发生部分溶解或全部溶解的现象，称为溶蚀。部分溶蚀的结果常常在晶面上留下溶蚀的迹象——蚀象，以致晶面变粗糙，光泽降低，角顶或晶棱变圆滑。如金刚石晶体被溶蚀之后常呈球状晶形（图 9-3），溶蚀后的矿物，当条件适宜时，又可重新生长并恢复原来的形状，这种作用称为再生。

图 9-3 球状金刚石

二、交代

在地质作用过程中，已经形成的矿物与熔体或溶液发生反应，引起成分上的交换，使原来的矿物转变为其他矿物的现象，称为交代。如橄榄石被蛇纹石交代。交代作用通常沿矿物的边缘、裂隙或解理进行。如网环状蛇纹石，就是含硅酸的溶液沿橄榄石颗粒边缘和裂隙进行交代的结果，其中未被交代的部分称为交代残余。若交代作用强烈，原来的矿物可全部被新形成的矿物所代替。一种矿物被交代成为另一种矿物，但其形态往往被保留下来，称为假象。如褐铁矿呈黄铁矿假象。

三、晶化和非晶质化

1. 晶化

原已形成的非晶质矿物，在漫长的地质年代中逐渐变为结晶质，从而形成另一种矿物的现象，称为晶化或脱玻化。如蛋白石转变为石英；由火山喷发的岩浆，因快速冷却而形成的非晶质火山玻璃，经过漫长的地质年代，逐渐脱玻化成为长石、石英等结晶质矿物。

2. 非晶质化

与晶化现象相反，一些原已形成的晶质矿物，因获得某种能量而使晶格遭受破坏，转变为非晶质矿物，称为变生非晶质化或玻璃化作用。例如含放射性元素的结晶质锆石，由于受放射性元素蜕变时放出的 α–射线的作用，而变为非晶质的水锆石。

四、失水

矿物因外界条件的变化而失去晶格中的水分，从而导致在化学成分和内部结构上同时发生改变而形成新矿物的作用称为失水。如芒硝在干燥空气中失去水分变成无水芒硝：

$$Na_2SO_4 \cdot 10H_2O \rightarrow Na_2SO_4 + 10H_2O$$

矿物的形成和变化是物质运动的一种结果，矿物只不过是物质在一定的物理化学条件下，在特定的空间和时间内处于暂时平衡状态的一种存在形式而已，它将随外界物理化学条件的不断变化而变化，通常，某些新矿物的形成过程往往也就是某些原有矿物遭受破坏和变化的过程。因此，对矿物各种变化现象的研究，不仅可以了解矿物形成的历史过程，而且可以提供有关矿物成因的某些信息。

学习指导

⚑ **要点**　学习矿物的成因，要与已经学过的普通地质学的内容结合起来。矿物就是在各种地质作用下形成的。进一步将矿物形成的条件、形成矿物的有关标志、矿物形成后的变化结合起来，就能较好的理解和掌握。

⚑ **重点**　形成矿物的各种地质作用。

⚑ **难点**　矿物的形成条件，矿物共生组合、伴生组合及世代。

📖 **思考题与作业**

（1）岩浆作用与火山作用有什么异同？

（2）为什么在伟晶作用中会形成大量含稀有元素的矿物？伟晶岩中矿物晶体发育得很大的原因是什么？

（3）热液作用形成的矿物在国民经济中具有重要意义，为什么？

（4）接触交代变质作用与热变质作用有何异同？

（5）在风化作用中只破坏矿物而不形成矿物，这种看法对吗？试举例说明。

（6）何谓标型特征？矿物有哪些特点可以用来说明其形成条件？

（7）何谓共生组合？它与伴生组合有何区别？

（8）区域变质作用如何形成矿物？

（9）沉积作用主要形成哪些矿物？

第十章 矿物的分类和命名

内容介绍 矿物的分类和命名方法。

知识目标 明确矿物分类的种类，分类的依据，矿物命名的原则。

能力目标 掌握矿物的分类体系及每一级分类的含义，掌握矿物分类命名方法。

第一节 矿物的分类

目前世界上已发现的矿物达4145余种。虽然每一种矿物都各自有其相对固定的化学组成和内部结构，各自具有一定的形态以及物理和化学性质。但各种矿物之间并不是彼此孤立的，它们之间经常由于在化学组成上或内部结构上有着某些类同之处，因而表现出相似的共同特征。为了揭示矿物之间的相互联系及其内在的规律性，进一步掌握各种矿物的共性和个性，有必要对矿物进行科学合理的分类。

矿物的分类方法有很多，如化学成分分类、晶体化学分类、成因分类、地球化学分类等。早期采用单纯的化学成分为依据的化学成分分类，后来又有人提出以元素的地球化学特征为依据的地球化学分类和以矿物成因为依据的成因分类。目前矿物学中广泛采用的是以矿物的化学成分和晶体结构为依据的晶体化学分类。矿物的化学成分和晶体结构决定了矿物的性质，并与一定的形成条件有关，在一定程度上也反映了自然界化学元素结合的规律性。因此，以晶体化学为基础的矿物分类方案，是比较合理的分类方案。矿物的晶体化学分类体系见表 $10-1$。

表 10-1 矿物的晶体化学分类体系

级序	划分依据	举 例
大类	化合物类型和化学键	含氧盐大类
类	阴离子或配阴离子种类	硅酸盐类
（亚类）	配阴离子结构	架状结构硅酸盐亚类
族	晶体结构型和阳离子性质	长石族
（亚族）	阳离子种类	钾长石亚族
种	一定的晶体结构和化学成分	正长石（$K[AlSi_3O_8]$）
（亚种）	晶体结构相同，成分或物性、形态等方面有差异	冰长石（$K[AlSi_3O_8]$），无色透明，$\{110\}$ 特别发育且沿 a 轴压扁

矿物晶体化学分类的基本单位是"矿物种"。矿物种是指具有一定晶体结构和相对固定化学成分的矿物。人们给予每一种矿物的名称，一般就是矿物的种名。如金刚石、闪锌

矿、磁铁矿、方解石、正长石等都是矿物的种名。

在同一矿物种中，由于矿物在次要化学成分或物理性质、形态上呈现出较明显的差异，往往称之为亚种（也称为变种或异种）。例如，铁闪锌矿 $[(Zn,Fe)S]$ 是闪锌矿富铁的变种；紫水晶是石英呈紫色的变种；镜铁矿是赤铁矿呈片状或鳞片状、具金属光泽的变种。

此外，在矿物学中，还有许多名称，如长石、斜长石、云母、角闪石等，它们并不是矿物种的名称，而是包括了若干个类似的矿物种的统称，为族名（或亚族名）。因此，在了解矿物种或亚种的时候，一定要注意它们之间的区别。

根据晶体化学分类原则，本教材有关矿物的分类如下：

第一大类　自然元素矿物大类
  第一类　自然金属元素矿物类；
  第二类　自然半金属元素矿物类；
  第三类　自然非金属元素矿物类；
第二大类　硫化物及其类似化合物矿物大类
  第一类　简单硫化物矿物类；
  第二类　复硫化物矿物类；
  第三类　硫盐矿物类；
第三大类　氧化物和氢氧化物矿物大类
  第一类　简单氧化物矿物类；
  第二类　复杂氧化物矿物类；
  第三类　氢氧化物矿物类；
第四大类　卤化物矿物大类
  第一类　氟化物矿物类；
  第二类　氯化物矿物类；
第五大类　含氧盐矿物大类
  第一类　硅酸盐矿物类；
  第二类　硼酸盐矿物类；
  第三类　磷酸盐矿物类；砷酸盐矿物类；钒酸盐矿物类；
  第四类　钨酸盐矿物类；钼酸盐矿物类；
  第五类　铬酸盐矿物类；
  第六类　硫酸盐矿物类；
  第七类　碳酸盐矿物类；
  第八类　硝酸盐矿物类。

第二节　矿物的命名

每种矿物都有其固定的名称。矿物命名的依据各种各样，有的根据矿物本身的特征，如化学成分、形态、物理性质等命名；有的是以发现该矿物的地点或研究者的名字而命名。但多以矿物的化学成分、形态、物理性质等特征来命名，这样有助于熟悉矿物的主要成分和性质。

在我国现有的矿物名称中，仍沿用我国古代的某些矿物名称（如水晶、雄黄等），以及传统的命名习惯。如：

（1）呈金属光泽或主要用于提炼金属的矿物称为××矿，如方铅矿、菱铁矿等；

（2）具非金属光泽者称为××石，如方解石、孔雀石等；

（3）宝玉石类矿物常称为×玉，如刚玉、黄玉、硬玉等；

（4）呈透明晶体者称×晶，如水晶、黄晶等；

（5）常以细小颗粒产出的矿物称×砂，如辰砂、毒砂等；

（6）地表次生的并呈松散状的矿物称×华，如钴华、钼华等；

（7）易溶于水的硫酸盐矿物常称之为×矾，如胆矾、黄钾铁矾等。

由于种种原因，目前矿物的译名尚不统一，存在着某些混乱和不当之处。因此，我国新矿物及矿物命名委员会于1981年末对近3100种矿物和少数矿物族的中文名称进行了全面整理和修正，并出版了《英汉矿物种名称》（1984年由科学出版社出版），使矿物名称使用进一步规范化。

学 习 指 导

⊗ **要点**　矿物的分类和命名是研究矿物的总纲，正是有了它，人们才能对自然界中已发现的4000多种矿物进行科学有效的研究和利用。学习它，我们可以采用反序法，即从一种矿物开始，分析它的名称由来，属于哪个亚族、族、亚类、类和大类。

⊗ **重点**　矿物的分类、命名原则、矿物的具体分类。

⊗ **难点**　矿物分类体系中每个级序的区分和确定。

思考题与作业

（1）何谓矿物种？金刚石和石墨成分都是碳（C），它们是否同属一个矿物种？

（2）为什么在学习矿物各论时要按矿物晶体化学分类系统来学习？

（3）写出晶体化学分类体系中各级序分类的依据。

（4）矿物分为哪五大类？各大类的分类依据是什么？

（5）矿物命名的依据有哪些？

（6）铝土矿为土状光泽，为何不称其为铝土"石"？橄榄石的化学组成中阳离子为金属离子镁和铁，为何不能称之为橄榄"矿"？

第三篇 矿 物 各 论

第十一章 自然元素矿物大类

内容介绍 自然元素矿物的种类、分类及各矿物的特征。

知识目标 掌握自然元素矿物的一般特征，熟悉各矿物的化学组成、结晶形态、物理性质、成因、产状和用途。

能力目标 认识自然元素矿物，掌握常见矿物的鉴定特征以及与相似矿物的区别方法。

第一节 概 述

自然元素矿物是指元素呈单质状态组成的矿物。它们除了形成单一元素矿物外，尚可形成两种或多种元素组成的金属互化物。所谓金属互化物，是指两种或两种以上金属元素以金属键结合在一起形成的物质。目前，自然界中已发现这类矿物超过50种。虽然自然元素矿物占地壳总质量不足0.1%，但其中有一些矿物（如自然金、自然铜、自然铂、金刚石、石墨等）却可以在地质作用过程中富集形成大型甚至是超大型的矿床。因而，在国民经济中具有重要的意义。

一、化学组成

组成本大类矿物的化学元素包括：金属元素、半金属元素和非金属元素三种类型。

（1）金属元素：主要有钌、铑、钯、锇、铱、铂（Ru、Rh、Pd、Os、Ir、Pt）和金、银、铜（Au、Ag、Cu），偶见铅、锌、锡（Pb、Zn、Sn）等，铁、钴、镍（Fe、Co、Ni）的单质形式则主要见于铁陨石中。这些金属元素常呈类质同象混合物的形式出现，如银金矿（Au、Ag）、粗铂矿（Pt、Fe）等。

（2）半金属元素：主要是砷、锑、铋（As、Sb、Bi），其金属性由弱变强。

（3）非金属元素：主要为碳、硫（C、S），而硒、碲（Se、Te）通常呈类质同象混入自然硫中。

二、结晶形态

自然金属元素矿物的原子呈最紧密堆积，其中多数为立方最紧密堆积，具立方面心格子构造，如自然金、自然铜、自然铂等；少数为六方最紧密堆积，具六方格子构造，如自然锇。与之对应，矿物形态为等轴粒状或六方板状。

自然半金属元素矿物晶体为三方晶系，完好晶形少见，一般呈粒状、片状或块状。

非金属元素矿物形态有所差异，除金刚石可见完好晶形外，其他通常呈粒状、片状或块状。

三、物理性质

自然金属元素矿物均具典型的金属键，故矿物在物理性质上表现出金属色、金属光泽、不透明、硬度低、相对密度大、延展性强、导电导热性能好等金属键的特性。

自然非金属元素矿物的物理性质与化学键有关。金刚石和石墨由于两者的矿物结构及其中的 C 以不同形式的化学键相结合，因而两者的物理性质表现出极大的差异。自然硫有多种同质多象变体，但以自然硫（α－硫）最为常见。它由 8 个 S 原子以共价键连成环状分子，环间以分子键相连，所以其硬度低、熔点低、导热导电性差。

自然半金属元素矿物的物理性质随着元素的金属性变化而变化。金属性强的矿物，其物理性质与金属元素矿物接近；随着元素的金属性减弱，矿物的光泽减弱、硬度加大、相对密度降低、脆性增加。

四、成因及产状

自然元素矿物在成因上差别很大。铂族自然元素矿物主要出现于岩浆矿床中，以基性、超基性岩浆岩中的铜镍硫化物矿床和铬铁矿矿床中最为常见。自然金及半金属元素矿物往往为热液作用的产物，而自然铜和自然银除了热液成因以外，还见于硫化物矿床的氧化带中，由含铜或含银硫化物氧化后所形成的硫酸铜或硫酸银溶液被其他硫酸盐或硫化物还原而形成。金刚石主要与超基性岩（金伯利岩）有关，石墨主要是变质作用的产物，自然硫则以火山作用形成的最为主要。

五、分类

本大类分为三类，各类常见矿物为：

自然金属元素矿物类：铜族（自然金、自然铜、自然银），铂族（自然铂）；

自然半金属元素矿物类：铋族（自然铋）；

自然非金属元素矿物类：金刚石族（金刚石），石墨族（石墨），硫族（自然硫）。

第二节　自然金属元素矿物类

自然金（Gold，Au）

[化学组成] 自然界中纯金极少见，成分中常含有类质同象混入物 Ag，Au 和 Ag 两者可形成完全类质同象系列。当成分中 $w(Ag)<5\%$ 时称为自然金；$w(Ag)$ 为 5% ~15% 时称为含银自然金；$w(Ag)$ 为 15% ~50% 时称为银金矿；$w(Ag)$ 为 50% ~85% 时称为金银矿；$w(Ag)$ 为 85% ~95% 时称为含金自然银；$w(Ag)>95\%$ 时称为自然银。此外，还

有少量的 B、Pt、Cu、Pd、Te、Se、Ir 等。

［结晶形态］等轴晶系。通常呈不规则粒状集合体，尚可见树枝状、鳞片状、薄片状、网状、纤维状，偶见较大的团块状集合体（图 11 − 1）。肉眼可辨的单晶体少见，显微镜下常可见自形—半自形晶体，常见的单形有：立方体 {100}、八面体 {111}、菱形十二面体 {110}、四六面体 {210} 及四角三八面体 {311}。常依 (111) 形成双晶。

图 11 − 1　产于石英脉中的自然金

［物理性质］颜色与条痕均为金黄色，但随其成分中含 Ag 量的增高而逐渐变浅，含Ag 量越高者色越浅，至银金矿时呈淡黄色至奶黄色；含 Cu 时，色变深，呈深黄色；金属光泽，随 Ag 的含量增高光泽加强。无解理。硬度 2.5 ~ 3。相对密度 19.3（纯金）。具强延展性，可以锤成金箔或抽成细丝。熔点 1062 ℃。为热和电的良导体。化学性质稳定，不溶于酸，只溶于王水。火烧后不变色。

［成因及产状］自然金主要形成于各种高、中温热液作用和变质作用中，还有砂金矿。

［鉴定特征］金黄色，强金属光泽，相对密度大，低硬度，强延展性；化学性稳定，火烧不变色。自然金易与黄铁矿、黄铜矿相混淆，区别方法：一是利用条痕区别，自然金的条痕为金黄色，而黄铁矿、黄铜矿的条痕为黑色；二是利用延展性和脆性区别，自然金具有强延展性，黄铁矿、黄铜矿具有脆性；三是利用化学性质区别，黄铁矿、黄铜矿的矿粉溶于热 HNO_3，而自然金不溶于热 HNO_3。

［主要用途］自然金几乎是 Au 的唯一来源。各种金矿床中开采的基本上都是自然金。黄金储备量是衡量一个国家经济实力的指标之一，是世界性的"硬通货"。除了被用于制造货币、装饰品外，在工业上用途也极其广泛，因其具有优良的稳定性、导热和导电性、延展性，常被用作如高级真空管的涂料，计算机、电视机、收录机的涂金集成电路，核反应堆的衬料，喷气发动机和火箭发动机的涂金防热罩或热遮护板，用于制造特种精密电子仪器的拉丝导线等。

自然铂（Platinum，Pt）

［化学组成］成分中常含 Fe、Ir、Pd、Rh、Ni 等类质同象混入物。当含铁达到9% ~10% 时称为粗铂矿。实际上自然铂多为粗铂矿。

［结晶形态］等轴晶系。以不规则细小颗粒状、粉状、葡萄状常见，有时形成较大的块体集合体。单晶少见，偶见立方体 {100} 或八面体 {111} 的细小晶体。

［物理性质］锡白色，颜色视铁含量多少由银白至钢灰色；条痕钢灰色；金属光泽。无解理，断口锯齿状。硬度 4 ~ 4.5。相对密度 21.5（纯铂）。熔点 1774 ℃。具延展性。

微具磁性，电和热的良导体。

[成因及产状] 自然铂主要见于与基性、超基性岩有关的岩浆矿床，如铜镍硫化物矿床中。此外，也常见于砂矿中。还可形成于矽卡岩含金黄铁矿矿床及含铂石英脉中。

[鉴定特征] 因颗粒细小，肉眼不易识别，需借助显微镜观察。以颜色（银白色至钢灰色）、相对密度大、熔点高，在普通酸类中不溶解为其特征。

[主要用途] 为铂的主要矿石之一。工业上利用铂的高度化学稳定性和难熔性，制作高级化学器皿，或与镍等制成特种合金。近年来，铂族元素在人造卫星、核潜艇、火箭、导弹、遥测遥控等国防工业中得到广泛利用。铂金还可用作饰品，目前铂金饰品比较流行。

自然铜（Copper，Cu）

[化学组成] 原生自然铜中往往含有少量的 Au（可达 2% ~ 3%）、Ag（可达 3% ~ 4%）、Fe（可达 2% ~ 3%）等混入物。而次生自然铜的化学成分则较纯净。

[结晶形态] 等轴晶系。通常呈不规则树枝状、片状或致密块状集合体（图 11 - 2，图 11 - 3）。以单晶出现时可见有立方体 {100}、八面体 {111}、菱形十二面体 {110}，也可有四六面体 {410} 等单形，但自然铜具有完好晶形的晶体很少见，可依（111）成双晶。

图 11 - 2　不规则树枝状自然铜

图 11 - 3　致密块状自然铜

[物理性质] 铜红色，表面常因氧化而出现棕黑色锖色；条痕铜红色；金属光泽，不透明。无解理，断口呈锯齿状。硬度 2.5 ~ 3。相对密度 8.95（纯铜）。具延展性。熔点 1083 ℃。为热和电的良导体。

[成因及产状] 自然铜常见于原生热液矿床、含铜硫化物矿床氧化带下部及砂岩铜矿床中，是各种地质作用过程中还原条件下的产物。

自然铜在地表及氧化环境中不稳定，易氧化成氧化物和碳酸盐矿物，如赤铜矿、孔雀石、蓝铜矿等。

[鉴定特征] 铜红色，表面氧化膜呈棕黑色，强延展性，相对密度大，易溶于稀硝酸，常与孔雀石、蓝铜矿伴生。

[主要用途] 积聚量大时可作为铜矿石开采。铜在工业和国防方面用途极广。

自然银（Silver，Ag）

［化学组成］成分中常含 Au（可达 1% ~ 2%），偶尔 $w(Au)$ 达 10% ~ 20% 时称为金银矿。此外，见有少量的 Hg、Sb、Bi、Cu、As、Fe、Zn。当这些元素含量高时，就相应地构成它的亚种。

［结晶形态］等轴晶系，完整的单晶体极为少见，呈立方体和八面体或二者的聚形。一般晶体强烈变形，往往向一个方向延伸，并发生扭转或挠曲。依（111）成双晶。集合体呈树枝状及不规则薄片状、粒状或块状。

［物理性质］新鲜断口呈银白色，但表面往往呈灰黑的锖色。条痕银白色。金属光泽。硬度 2.5，具延展性。无解理，断口呈锯齿状。相对密度 10 ~ 11。熔点 960.5 ℃。电和热的最好良导体，但当 Au 和其他元素含量增高时，导电性减弱。

［成因及产状］热液成因的自然银见于一些中低温热液矿床。呈显微粒状分布在铅锌热液矿床的硫化物中。它的富集往往见于所谓 Ni – Co – U – Bi – Ag 碳酸盐脉矿床，与钴镍砷化物、含银硫盐矿物、自然铋、沥青铀矿等共生。此外，含有机质的方解石脉内常有自然银的富集，其成分中往往含有汞。

外生成因的自然银见于硫化物矿床氧化带，其成因类似于外生成因的自然铜。

［鉴定特征］新鲜断口呈银白色，锯齿状断口，相对密度大，富延展性。不同于自然铂，相对密度和硬度都较低。溶于 HNO_3，在溶液中加 HCl 则生成 AgCl 白色沉淀。

［主要用途］为银的重要矿石之一。银在工业与首饰方面用量巨大。

第三节　自然半金属元素矿物类

自然铋（Bismuth，Bi）

［化学组成］成分较纯，偶含微量 Fe、S、Te、As、Sb 等。

［结晶形态］三方晶系。单晶少见，常见呈粒状、片状、致密块状或羽毛状集合体。

［物理性质］新鲜断面呈微带浅黄的银白色，在空气中易变成具浅红的锖色；条痕灰色；金属光泽。{0001} 完全解理。硬度 2 ~ 2.5。相对密度 9.70 ~ 9.83。具弱延展性。熔点 271 ℃。具逆磁性，导电性。

［成因及产状］自然铋可形成于高温热液矿床、伟晶矿床中，与锡石、黑钨矿、辉铋矿、辉钼矿共生，我国江西南部钨锡矿床中较常见。自然铋在地表条件下易于氧化形成铋华和泡铋矿。

［鉴定特征］浅红锖色，一组完全解理，硬度较低和相对密度较大。吹管分析具有 Bi 的被膜反应。

［主要用途］铋主要用于制造易熔合金。

第四节　自然非金属元素矿物类

金刚石（Diamond，C）

［化学组成］无色透明的金刚石质纯，带色和不透明的常含 N、B、Si、Al、Na、Ba、

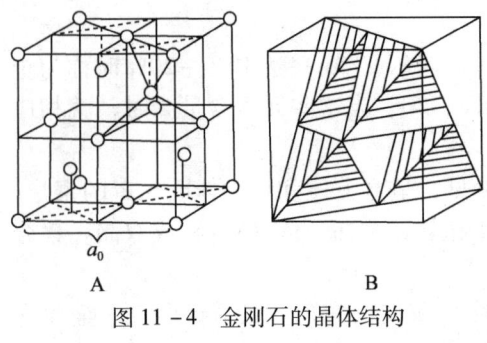

a_0

A   B

图 11 - 4 金刚石的晶体结构

Fe、Cr、Ti、Ca、Mg、Mn 等。

[晶体结构] 在金刚石的晶体结构（图 11 - 4）中 C 分布于立方晶胞的 8 个角顶和 6 个面中心，在将晶胞平均分为 8 个小立方体时，其中的 4 个相间的小立方体中心分布有 C（图 11 - 4A）。金刚石结构中的 C 以共价键与周围的另外 4 个 C 相连，键角 109°28′16″，形成四面体配位（图 11 - 4B）。

[结晶形态] 等轴晶系，自然界中金刚石大多数呈单晶产出（图 11 - 5，图 11 - 6），常见圆粒状或碎粒。其单形主要是八面体 {111}，菱形十二面体 {110} 及它们的聚形。少数为八面体 {111}、菱形十二面体 {110} 与立方体 {100}、四六面体 {hk0} 的聚形。由于溶蚀作用常见晶体呈浑圆状，晶面弯曲，并出现蚀象，不同的单形有不同的蚀象，如八面体晶面出现三角形，立方体晶面出现四边形溶蚀坑。

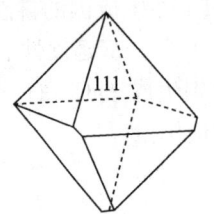

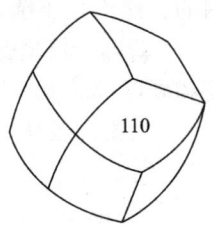

图 11 - 5 金刚石的晶形

图 11 - 6 金刚石的单晶体

[物理性质] 成分较纯的金刚石为无色透明，由于微量元素的混入而呈不同的颜色，常常带深浅不同的黄色调，也有呈乳白色、浅绿色、天蓝色、褐色和黑色等；典型的金刚石光泽，断口呈油脂光泽。平行 {111} 解理中等。硬度 10。相对密度 3.51 ~ 3.52。性脆。纯净金刚石导热性良好，室温下其热导率几乎是铜的 5 倍。具发光性。

[成因及产状] 金刚石仅形成于高温高压的条件下，为岩浆作用的产物，目前仅见于超基性岩的金伯利岩（角砾云母橄榄岩）、钾镁煌斑岩及高级变质岩榴辉岩中。

当含金刚石的岩石遭受风化后，可以形成金刚石砂矿。

世界上著名的金刚石产地有南非、刚果（金）、俄罗斯雅库特、澳大利亚等。我国山东、辽宁、贵州等地相继发现金刚石的原生矿床。山东发现一颗重 158.786 ct[❶] 的金刚石。

---

❶ 1 ct = 0.2 g。克拉（ct）一般常用作宝石的质量单位。

［鉴定特征］极高的硬度，标准金刚光泽，晶形轮廓常呈浑圆状，相对密度中等偏大。

［主要用途］根据用途不同可分为宝石金刚石和工业金刚石。前者主要利用其光彩诱人的色泽和极高的硬度，经人工琢磨成各种多面体后就成为"钻石"，钻石至今仍然是最紧俏、最名贵的宝石，质优粒大者价格更为昂贵，如大于 1 ct 的优质钻石价格可达 5000 美元/ct 以上。后者主要利用其各种特性，如利用金刚石的高硬度制作仪表轴承、玻璃刀、表镶钻头、固体微波器及激光器件的散热片；利用其优良的红外线穿透性制造卫星窗口和高功率激光器的红外窗口；利用其半导体性能制作整流器、三极管等。随着科学技术的迅速发展，金刚石的用途越来越广泛。

石墨（Graphite，C）

［化学组成］成分纯净者极少，往往含大量（10% ~ 20%）的各种杂质，如黏土、沥青及 SiO_2、Al_2O_3、FeO 等各类氧化物混入物。

［晶体结构］石墨具典型的层状结构（图 11 - 7）：C 成层排列，每个 C 与相邻的 3 个 C 之间以等距相连，每一层中的 C 按六方环状排列，上下相邻层的 C 六方环通过平行网面方向相互位移后再叠置形成层状结构，位移的方位和距离不同就导致不同的多型结构。上下两层中的 C 之间的距离比同一层内的 C 之间的距离要大得多（层内 C—C 间距 = 0.142 nm，层间 C—C 间距 = 0.340 nm）。石墨是一种多键型的晶体，层内主要为共价键，也有部分金属键，而层间则为分子键。这种化学键的差异造成石墨的物性具明显的异向性，并具导电性。

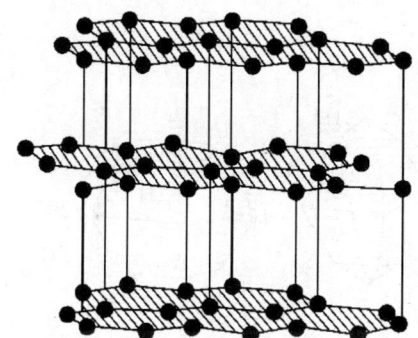

图 11 - 7　石墨的晶体结构（2H 多型）　　图 11 - 8　石墨土状集合体

［结晶形态］六方晶系，单晶体呈片状或板状，但完整的却极少见。通常为鳞片状、块状或土状集合体（图 11 - 8）。

［物理性质］颜色和条痕均为钢灰色至铁黑色；半金属至金属光泽；隐晶质的则暗淡。平行 ｛0001｝ 解理极完全。硬度 1 ~ 2。相对密度 2.21 ~ 2.26。解理片具挠性。有滑感，易污手。具导电性。

［成因及产状］石墨是高温变质作用的产物。主要由煤层或碳质沉积岩经区域变质作用而成。此外也可产于岩浆岩中，碳来源于含碳的围岩。

我国石墨产地很多，其中以黑龙江鸡西市柳毛为最大的产地。

［鉴定特征］以铁黑色，亮灰黑色条痕，硬度低，相对密度小，有滑感为特征。如果

将用硫酸铜溶液润湿的锌粒放在石墨上，则可析出金属铜的斑点，在与石墨相似的辉钼矿上则无此种反应。

[主要用途] 石墨由于其熔点高，抗腐蚀，不溶于酸等特性，用于制作冶炼用的高温坩埚；具滑感，作为机械工业的润滑剂；导电性良好，可制作电极等。成分纯净的所谓高碳石墨可作为原子能反应堆中的中子减速剂及供国防工业应用。3R型石墨用于人工合成金刚石的原料，因它容易转化为金刚石。

自然硫（Sulphur，S）

[化学组成] 成分一般不纯净。火山喷气作用形成的自然硫往往含有少量 Se、As、Te 和 Tl。而作为生物化学作用沉积的产物则夹杂有泥质、有机质、沥青等混入物。

[晶体结构] 为分子型：8 个 S 以共价键组成硫分子，原子上下交错排列在两平面上呈环状（图 11 - 9A）。

[结晶形态] 斜方晶系，晶形常呈双锥状或厚板状（图 11 - 9B）。通常呈块状、粒状、土状、球状、粉末状、钟乳状等集合体产出。

[物理性质] 带有各种不同色调（红、绿、灰、黑）的黄色；晶面呈金刚光泽，而断面显油脂光泽。透明至半透明。不完全解理；贝壳状断口。硬度 1 ~ 2。相对密度 2.05 ~ 2.08。性脆。不导电，摩擦带负电。熔点低，为 119 ℃；燃点也很低，为 270 ℃。

[成因及产状] 主要形成于生物化学沉积作用和火山喷气作用过程中。

[鉴定特征] 以黄色、油脂光泽、低硬度、性脆、硫臭味和易燃易熔为特征。

[主要用途] 主要用于制造硫酸，此外用于化肥、造纸、炸药、橡胶生产。

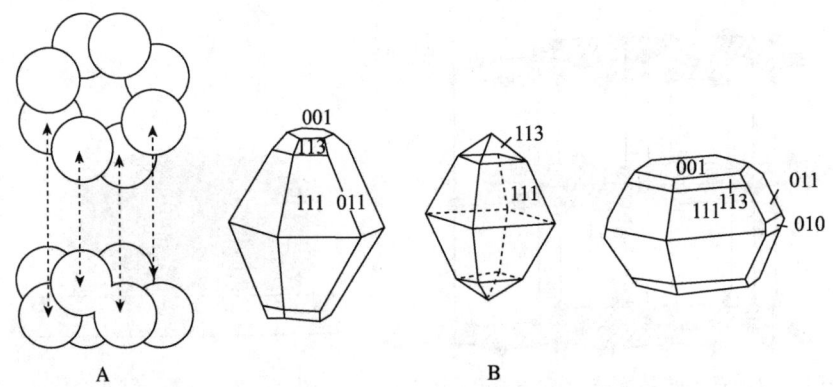

图 11 - 9　自然硫的结构与形态

斜方双锥：$p\{111\}$、$s\{113\}$；斜方柱：$n\{011\}$；平行双面：$c\{001\}$、$b\{010\}$

学 习 指 导

🔖 **要点**　自然元素矿物虽然数量不多，但经济意义很大。虽然金刚石、自然金、自然铂等不太容易看到，但在今后地质工作中不要忽视。另外，本大类矿物具有典型的原子晶格、金属晶格、分子晶格以及多键型晶格，对大家了解晶格类型和物理性质的关系很有帮助。本大类各种矿物的特征鲜明且独特。

🔖 **重点**　自然金、自然银、自然铜、石墨、自然硫的认识。

难点 自然铂、自然铋、金刚石的认识。

 **思考题与作业**

（1）对于晶格类型不同的矿物，其物理性质有哪些特点？

（2）试对比金刚石与石墨的结构和物理性质有哪些异同点？

（3）本大类哪些矿物能在漂砂中保存并富集？它们各有何特点？

（4）自然铂与自然银颜色、光泽基本相同，如何区分二者？

（5）自然金、自然铜、自然铋、石墨、自然硫有何主要鉴定特征？

（6）写出本大类各矿物的主要成因与用途。

第十二章 硫化物及其类似化合物矿物大类

内容介绍 硫化物及其类似化合物矿物的种类、分类及各矿物的特征。

知识目标 了解硫化物及其类似化合物矿物的一般特征，熟悉各矿物的化学组成、结晶形态、物理性质、成因、产状和用途。

能力目标 认识本大类的各种矿物，掌握常见矿物的鉴定特征以及与相似矿物的区别方法。

第一节 概　述

硫化物及其类似化合物矿物是指由金属元素与硫（S）、硒（Se）、碲（Te）、砷（As）等相结合而形成的化合物。自然界中已发现的该大类矿物种超过 370 种。其中以硫化物矿物种类最多，占该大类总量的 2/3 以上，而其中又以 Fe 的硫化物（黄铁矿、磁黄铁矿）占了绝大部分，其他硫化物矿物虽然数量少，但它们往往可以富集形成有工业意义的有色金属和稀有分散元素矿产。

一、化学组成

组成本大类矿物的阳离子主要为元素周期表右方的铜型离子（Cu^{2+}、Pb^{2+}、Zn^{2+}、Ag^+、Hg^{2+}）及靠近铜型离子一侧的过渡型离子（Fe^{2+}、Co^{2+}、Ni^{2+}），阴离子主要是 S^{2-}，还有少量的 Se^{2-}、Te^{2-}、As^{3+}、Sb^{3+}、Bi^{3+}等。

值得指出的是，在硫化物矿物中一些稀有分散元素，如镓（Ga）、铟（In）、铼（Re）等，虽然很少与 S 形成独立矿物，但往往可呈类质同象混入物存在。例如，Re 常在辉钼矿中作为类质同象混入物存在。硫化物矿物中的稀有分散元素是这些元素的重要来源，对综合利用稀有分散元素有重要的经济意义。

二、晶体化学特征

大多数硫化物矿物的晶体结构常可看作硫离子做最紧密堆积，阳离子充填于四面体或八面体空隙中，因此阳离子配位多面体很多是八面体、四面体或由此畸变的多面体。从质点堆积特点来看，硫化物矿物应属于离子化合物，但其晶体却常表现出一系列不同于典型离子晶格的晶体特点。这是因为在硫化物及其类似化合物矿物中出现复杂的化学键造成的，晶体中不仅表现共价键性，同时还显示一定的离子键性，甚至还有金属键性。这种化学键的复杂性源于硫化物矿物中的阳离子，主要为铜型和近于铜型的过渡型离子，它们位于元素周期表的右方，极化力强，电负性中等，而阴离子 S 又易被极化，电负性（相对氧）较小，因而阴、阳离子电负性差较小，致使硫化物矿物的化学键出现上述复杂的过渡性质。

三、结晶形态

成分简单的硫化物矿物对称程度高，如许多矿物具有等轴晶系或六方晶系的形态。而组分复杂的硫盐矿物则对称程度较低，主要为斜方晶系和单斜晶系。大多数硫化物矿物晶形较好，特别是复硫化物矿物（如黄铁矿、毒砂等）完好晶形很常见；硫盐矿物则主要以粒状或块状集合体出现。

四、物理性质

本大类矿物的物性主要取决于其上述的晶体化学特征。绝大多数矿物呈金属色、金属光泽，条痕色深而不透明，仅少数硫化物矿物（如雄黄、雌黄、辰砂、闪锌矿等）具金刚光泽、半透明。部分矿物具完好的解理。本大类矿物的硬度变化较大。其中简单硫化物和硫盐矿物硬度低，介于 $2 \sim 4$ 之间，而具对阴离子 $[S_2]^{2-}$、$[Te_2]^{2-}$、$[AsS]^{2-}$ 等复硫化物及其类似化合物矿物的硬度增高至 $5 \sim 6.5$。这一大类矿物的熔点低，相对密度较大（一般在 4 以上），这是由于它们的阳离子多具有较大的原子量。

五、成因及产状

本大类矿物主要是热液作用和岩浆作用的产物，形成的温度范围较大。绝大部分硫化物矿物是热液作用的产物，如方铅矿、闪锌矿、黄铜矿、辰砂、辉锑矿等，常形成金属硫化物矿床。部分硫化物矿物是岩浆作用的产物，如磁黄铁矿、镍黄铁矿等，常形成铜镍硫化物矿床。

本大类矿物在地表氧化环境中很不稳定，易于被氧化。几乎所有的硫化物矿物在地表均被氧化、分解，最初形成易溶于水的硫酸盐，然后形成氧化物（如赤铁矿）、氢氧化物（如针铁矿）、碳酸盐（如孔雀石）和其他含氧盐矿物，这些矿物是硫化物矿床氧化带的主要成分。当硫酸盐溶液（主要是硫酸铜，偶尔为硫酸银溶液）下渗至氧化带的深部（地下水面附近）时，在氧不足的还原条件下，硫酸铜、硫酸银溶液就与原生硫化物相作用，形成次生的铜或银的硫化物（次生辉铜矿、铜蓝），从而形成硫化物矿床的次生富集带。

六、分类

按阴离子或配阴离子的类型不同相应的分为以下三类：

简单硫化物矿物类：由阴离子 S^{2-} 与阳离子（主要为 Cu^{2+}、Pb^{2+}、Zn^{2+}、Ag^+、Hg^{2+}、Fe^{2+}、Co^{2+}、Ni^{2+}）结合而成。常见矿物有辉铜矿族（辉铜矿），方铅矿族（方铅矿），闪锌矿族（闪锌矿、硫镉矿），黄铜矿族（黄铜矿），辰砂族（辰砂），斑铜矿族（斑铜矿），磁黄铁矿族（磁黄铁矿），镍黄铁矿族（镍黄铁矿），辉锑矿族（辉锑矿、辉铋矿），铜蓝族（铜蓝），雌黄族（雌黄），雄黄族（雄黄），辉钼矿族（辉钼矿），辉银矿族（辉银矿）。

复硫化物矿物类：阴离子为哑铃型对硫 $[S_2]^{2-}$、对砷 $[As_2]^{2-}$ 及 $[AsS]^{2-}$、$[SbS]^{2-}$ 等与阳离子（主要为 Fe^{2+}、Co^{2+}、Ni^{2+} 等过渡型离子）结合而成。常见矿物有黄铁矿–白铁矿族（黄铁矿、白铁矿），辉砷钴矿–毒砂族（毒砂、辉砷钴矿）。

硫盐矿物类：硫与半金属元素 As、Sb、Bi 结合组成配阴离子团 $[AsS_3]^{3-}$、$[SbS_3]^{3-}$，然后再与阳离子（主要是 Cu^{2+}、Ag^+、Pb^{2+} 三种铜型离子）结合而成较复杂的化合物。常见矿物有硫砷银矿族（硫砷银矿、硫锑银矿），黝铜矿族（黝铜矿–砷黝铜矿等）。

第二节　简单硫化物矿物类

辉铜矿（Chalcocite，Cu_2S）

[化学组成] Cu 79.86%，S 20.14%，常含 Ag，有时含 Fe、Co、Ni、As、Au 等，其中有的是机械混入物。

[结晶形态] 斜方晶系，晶体极少见。晶形呈假六方形的短柱状或厚板状。通常呈致密块状、粉末状（烟灰状）集合体（图 12-1）。

[物理性质] 新鲜面铅灰色，风化表面黑色，表面常带锖色；条痕暗灰色。金属光泽，风化后表面呈黑色，无光泽。不透明。无解理。硬度 2~3，用小刀刻划可见光亮沟痕。相对密度 5.5~5.8。略具延展性。电的良导体。

[成因及产状] 有内生和外生两种成因。内生者见于富 Cu 贫 S 的晚期热液铜矿床中，常与斑铜矿共生。外生辉铜矿见于某些含铜硫化物矿床氧化带的下部，为氧化带渗滤下去的硫酸铜溶液与原生硫化物（黄铜矿、斑铜矿、黄铁矿等）进行交代作用的产物。辉铜矿在地表环境下很不稳定，易于分解而转变为铜的氧化物和铜的碳酸盐。在不完全的氧化下，可转变为自然铜。

[鉴定特征] 暗铅灰色，低硬度，弱延展性，小刀刻之出现光亮沟痕。常与其他铜矿物共生或伴生。呈铜的蓝绿色焰色反应；溶于 HNO_3 中，呈绿色，将小刀置于其中可镀上金属铜。

图 12-1　粉末状（烟灰状）集合体的辉铜矿　　图 12-2　方铅矿晶体

［主要用途］为含铜最富的硫化物，是铜的重要矿石矿物。

方铅矿（Galena，PbS）

［化学组成］Pb 86.6%，S 13.4%，常含有 Ag、Cu、Zn、Tl、As、Bi、Sb、Se 等，其中以 Ag 最为重要，Se 以类质同象置换 S，存在 PbS – PbSe 完全类质同象系列。

［结晶形态］等轴晶系，晶体常呈立方体 $\{100\}$（图 12 – 2），还可出现八面体 $\{111\}$、菱形十二面体 $\{110\}$，并有时以八面体与立方体聚形出现。也常见粒状、致密块状集合体。

［物理性质］铅灰色；条痕灰黑色；金属光泽。解理平行 $\{100\}$ 完全；含 Bi 的亚种，则可见平行 $\{111\}$ 的裂开。硬度 2 ~ 3。相对密度 7.4 ~ 7.6。具弱导电性，有良好的检波性。

［成因及产状］主要形成于中温热液矿床中，常与闪锌矿一起形成铅锌硫化物矿床。方铅矿也可形成于接触交代矿床中。

方铅矿在氧化带中不稳定，易转变为铅钒、白铅矿等一系列次生矿物。

［鉴定特征］铅灰色，强金属光泽，立方体完全解理，相对密度大，硬度小。

［主要用途］为提炼铅的主要矿物；含 Ag 的方铅矿又是提炼银的重要矿物原料。晶体还可用作检波器。铅主要用于冶金、电气、国防等工业。

闪锌矿（Sphalerite，ZnS）

［化学组成］Zn 67.1%，S 32.9%。通常含有 Fe、Mn、In、Tl、Ag、Ga、Ge 等类质同象混入物。其中 Fe 替代 Zn 十分普遍，替代量最高可达 26.2%。通常在较高温度条件下形成的闪锌矿，其成分中 Fe 和 Mn 的含量增高，颜色趋深。

［晶体结构］具闪锌矿型结构：S^{2-} 呈立方最紧密堆积，Zn^{2+} 充填于半数的四面体空隙中。Zn^{2+} 分布于单位晶胞的角顶及面心，S^{2-} 分布在相间的 4 个小立方体的中心（图 12 – 3）。面网 $\{110\}$ 为 Zn^{2+} 和 S^{2-} 的电性中和面，因此，闪锌矿具有平行 $\{110\}$ 的 6 组完全解理。

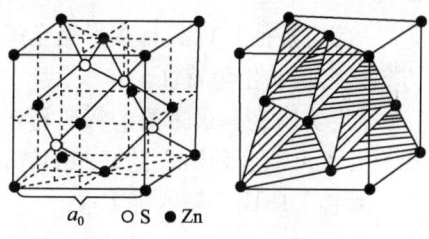

a_0　○ S　● Zn

图 12 – 3　闪锌矿的晶体结构

［结晶形态］等轴晶系，晶体常呈四面体，通常呈粒状集合体（图 12 – 4），有时呈肾状、葡萄状，反映出胶体成因的特征。在四面体晶体上可见由正形和负形相聚形成的聚形纹（图 12 – 5，图 12 – 6）。晶体有时呈菱形十二

图 12 – 4　粒状闪锌矿集合体

图 12 – 5　闪锌矿晶体

面体（通常为低温下形成）。偶见以（111）为接合面成双晶，双晶轴平行 [111]，有时成聚片双晶。闪锌矿的形态具有标型意义：一般的，高温条件下形成的闪锌矿主要是呈正负四面体，并见立方体；中低温下则以菱形十二面体为主。

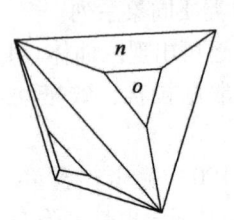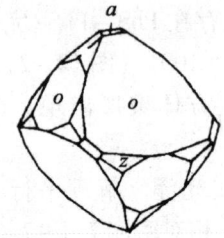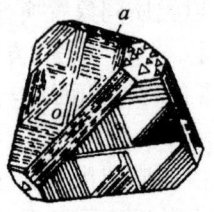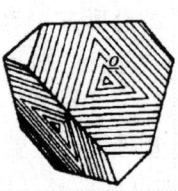

图 12－6　闪锌矿的晶形（具正负四面体的聚形纹）

四面体：$o\{111\}$ 或 $\{11\bar{1}\}$；立方体：$a\{100\}$；菱形十二面体：$n\{110\}$；六四面体：$z\{753\}$

[物理性质] 颜色、条痕、光泽和透明度与 Fe 的含量有关。随着含 Fe 量的增加，颜色由浅黄到棕褐直至黑色（铁闪锌矿）；条痕为淡土黄至棕褐色；光泽由树脂光泽至半金属光泽；透明至半透明。解理平行菱形十二面体 $\{110\}$ 完全。硬度 3.5～4。相对密度 3.9～4.1，随含 Fe 量的增加而降低。不导电。

[成因及产状] 闪锌矿是分布最广的锌矿物。常见于各种高、中温热液矿床中，也常出现于接触交代矿床中。在高温热液矿床中，闪锌矿成分中常富含 Fe、In、Se 和 Sn，与毒砂、磁黄铁矿、黄铜矿等矿物共生；在中低温热液矿床中则含 Cd、Ga、Ge 和 Tl，往往与方铅矿共生，有时还出现各种硫盐矿物，如硫锑铅矿。

此外，闪锌矿还有表生沉积成因的。闪锌矿在氧化带中形成菱锌矿 $Zn[CO_3]$ 等次生矿物。

[鉴定特征] 以具有多组完全解理、粒状晶形、条痕色、硬度小、金刚光泽以及常与方铅矿密切共生为特征。

[主要用途] 最重要的锌矿石矿物原料。矿物中所含 Cd、In、Ge、Ga、Tl 等一系列稀有元素可综合利用。良好的闪锌矿的单晶可用作紫外半导体激光材料。锌主要用于合金、镀锌、印刷、颜料等工业。

黄铜矿（Chalcopyrite，$CuFeS_2$）

[化学组成] Cu 34.56%，Fe 30.52%，S 34.92%，其成分中可有 Mn、As、Sb、Ag、Au、Zn、In、Bi、Se、Te 等混入，当形成温度高于 200 ℃时，其成分与理想化学式比较，S 不足，即 $(Cu + Fe):S > 1$。形成温度越高，缺 S 越多。形成温度低于 200 ℃时，其成分与理想化学式一致，即 $(Cu + Fe):S = 1$。

[结晶形态] 四方晶系，对称型 $L_i^4 2L^2 2P$。通常为致密块状或分散粒状集合体（图 12－7），偶尔见隐晶质肾状形态。单形常见有四方四面体、四方双锥，但晶体较少见。

图 12－7　黄铜矿晶体

[物理性质] 颜色为铜黄色，但往往带有暗黄

或斑状锖色；条痕绿黑色；金属光泽；不透明。解理不发育。硬度 3~4。相对密度 4.1~4.3。性脆。能导电。

[成因及产状] 黄铜矿成因类型较多。

（1）在与基性岩有关的铜镍硫化物岩浆矿床中，与磁黄铁矿、镍黄铁矿共生。

（2）在接触交代矿床中，黄铜矿充填于石榴子石或透辉石等矽卡岩矿物间。

（3）在中温热液矿床中，黄铜矿往往与黄铁矿、方铅矿、闪锌矿及方解石、石英共生。

在地表氧化环境中，黄铜矿易于氧化、分解，可形成孔雀石、蓝铜矿。

在含铜硫化物矿床的次生富集带中，黄铜矿被次生斑铜矿、辉铜矿和铜蓝所交代。

[鉴定特征] 以铜黄色、绿黑色条痕、硬度小于小刀为特征。黄铜矿与黄铁矿相似，但可以其更黄的颜色和较低的硬度加以区别，还可利用焰色反应进行区别。与自然金的区别在于绿黑色的条痕、性脆及溶于硝酸。

[主要用途] 炼铜的主要矿石矿物。

磁黄铁矿（Pyrrhotite，$Fe_{1-x}S$）

[化学组成] FeS 理论值为 Fe 63.53%，S 36.47%。但自然界产出的磁黄铁矿往往含有更多的 S，可达 39%~40%，这是因为磁黄铁矿中部分 Fe^{2+} 为 Fe^{3+} 代替，为保持电价平衡，结构中 Fe^{2+} 出现部分空位现象（此现象称"缺席构造"），使得 S 的含量相对较高，故其成分为非化学计量，通常以 $Fe_{1-x}S$ 表示（其中 $x=0~0.2$）。成分中常见 Ni、Co 类质同象置换 Fe。此外，还含有 Cu、Pb、Ag 等。

[结晶形态] 六方晶系，对称型 L^66L^27PC。通常呈致密块状、粒状集合体或呈浸染状。晶体呈平行 {0001} 的板状（图 12-8），少数为柱状或桶状。成双晶或三连晶。

[物理性质] 暗古铜黄色，表面常具褐色的锖色；条痕灰黑色。金属光泽。不透明。解理不发育，沿 {0001} 裂开发育。硬度 4。相对密度 4.6~4.7。性脆。具导电性和弱—强磁性。

[成因及产状] 磁黄铁矿的主要产状有：

（1）产于基性岩体内的铜镍硫化物岩浆矿床中，与镍黄铁矿、黄铜矿紧密共生。

（2）产于接触交代矿床中，与黄铜矿、黄

图 12-8　磁黄铁矿晶体

铁矿、磁铁矿、铁闪锌矿、毒砂等矿物共生，主要形成于接触交代作用过程的后期阶段。

（3）产于一系列热液矿床中，如锡石硫化物矿床，与锡石、方铅矿、闪锌矿、黄铜矿等共生。

在氧化带，磁黄铁矿极易分解，最后转变为褐铁矿。

[鉴定特征] 暗古铜黄色，硬度小，具弱—强磁性。

[主要用途] 为制作硫酸的矿石矿物原料，但经济价值远不如黄铁矿。含 Ni 较高时可作为镍矿石综合利用。

镍黄铁矿 （Pentlandite，（Fe，Ni）$_9$S$_8$）

［化学组成］Fe：Ni = 1:1 时，Fe 32.55%，Ni 34.22%，S 33.23%。常含 Co 的类质同象替代，有时含有 Se、Te。

［结晶形态］等轴晶系，对称型 $3L^44L^36L^29PC$。常呈叶片状或火焰状连生于磁黄铁矿中，系固溶体分离的产物。亦常呈微粒或细脉状被包裹于其他矿物中。

［物理性质］古铜黄色，色调稍浅于磁黄铁矿。绿黑色或亮青铜褐色条痕。金属光泽。不透明。解理完全。硬度 3～4。相对密度 4.5～5。

［成因及产状］主要分布于与基性、超基性岩有关的 Cu－Ni 硫化物矿床中，与磁黄铁矿、黄铜矿密切共生极富特征。在氧化带中易氧化成鲜绿色被膜状镍华或含水硫酸镍。

［鉴定特征］常呈极细的析出体连生在磁黄铁矿中。显微镜下具较磁黄铁矿稍淡的色调、古铜黄色条痕和裂理与之区分。镍黄铁矿无磁性，而磁黄铁矿通常有磁性。

［主要用途］富集时为镍的重要矿石矿物。常含有可综合利用的钴、铜、铂族元素及硒、碲等。

辰砂 （Cinnabar，HgS）

［化学组成］Hg 86.2%，S 13.8%，有时含少量的 Se、Te、Sb、Cu 混入物等。

图 12－9　辰砂的晶体形态

［结晶形态］三方晶系，对称型 L^33L^2。晶体常呈菱面体 $\{10\bar{1}0\}$，或平行 $\{0001\}$ 的厚板状，或平行 c 轴方向延伸的柱状。双晶常见，常成以 c 轴为双晶轴的贯穿双晶（图 12－9）。集合体多呈粒状，有时为致密块状、粉末状及被膜状。

［物理性质］鲜红色，有时表面呈铅灰的锖色；条痕红色；金刚光泽；半透明。解理平行 $\{10\bar{1}0\}$ 完全。硬度 2～2.5。相对密度 8.05～8.2。成分纯净者，导电性极差，如含 0.1% Se 或 Te 时，其导电性显著增强。

［成因及产状］为低温热液矿床标型矿物。常与辉锑矿、雄黄、雌黄、黄铁矿、隐晶质石英、方解石等矿物共生。辰砂在氧化条件下较其他硫化物稳定，可见于砂矿中。

我国是辰砂的主要生产国之一。湖南晃县、贵州铜仁等地是辰砂的著名产地。

［鉴定特征］以鲜红的颜色和条痕，相对密度大，硬度低为特征。

［主要用途］提炼汞最重要的矿石矿物。辰砂的单晶可作激光调制晶体，为目前激光技术的关键材料。此外，大而完好的晶体还具有极高的观赏及收藏价值。

辉锑矿 （Antimonite，Sb$_2$S$_3$）

［化学组成］Sb 71.4%，S 28.6%；成分较固定，含少量 As、Pb、Ag、Cu 和 Fe，其中绝大部分元素为机械混入物。

［结晶形态］斜方晶系，对称型 $3L^23PC$。晶体呈柱状或针状，柱面具有明显的纵纹（图 12－10），晶体平直。常呈柱状、放射状（图 12－11）或粒状集合体。

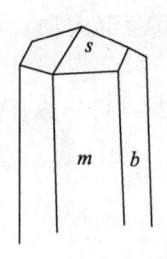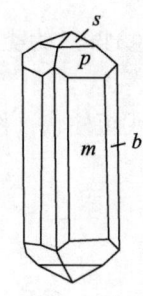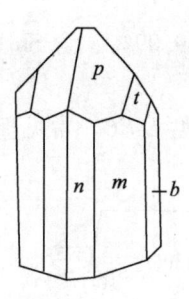

图 12 - 10　辉锑矿的晶形　　　　　　　　　　图 12 - 11　辉锑矿晶簇

斜方柱：$m\{110\}$、$n\{210\}$；平行双面：$b\{010\}$；斜方双锥：

$s\{111\}$、$p\{331\}$、$t\{341\}$

［物理性质］铅灰色或钢灰色，晶面常带暗蓝锖色；条痕黑色；金属光泽；不透明。解理平行 $\{010\}$ 完全。解理面上常有横的聚片双晶纹。硬度 2 ~ 2.5。相对密度 4.6。性脆。熔点低（546 ℃）。

［成因及产状］主要产于低温热液矿床中，与辰砂、石英、萤石、重晶石、方解石等共生。我国湖南新化锡矿山是世界最著名、最大的辉锑矿产地。

［鉴定特征］以铅灰色，柱状晶形，柱面上有纵纹，解理面上有横纹（聚片双晶纹）为特征。对于细粒的块体，滴 KOH 于其上，立刻呈现黄色，随后变为橘红色，以此区别于与其类似的辉铋矿。

［主要用途］为锑的重要矿石矿物，金属锑主要用于冶金工业，如耐磨合金、高硬度锑铅。晶体大或呈美观的晶簇状可具很高的观赏和收藏价值。

辉铋矿（Bismuthinite，Bi_2S_3）

［化学组成］Bi 81.3%，S 18.7%；常含少量 Pb、Cu、As、Ag、Sb、Fe 等类质同象混入物。

［结晶形态］斜方晶系，对称型 $3L^2 3PC$。晶体呈柱状或针状，柱面具有明显的纵纹，晶体往往显现弯曲。常呈柱状（图 12 - 12）、放射状或粒状集合体。

［物理性质］铅灰色—锡白色，晶面常带暗蓝锖色；条痕黑色；金属光泽；不透明。解理平行 $\{010\}$ 完全。硬度 2 ~ 2.5。相对密度 6.4 ~ 6.8。性脆。

［成因及产状］主要产于高温热液矿床中，与黑钨矿、锡石、辉钼矿、毒砂等共生。辉铋矿在中温热液矿床及接触交代矿床中也有产出。

辉铋矿在氧化带易转变成泡铋矿（$Bi_2[CO_3](OH)_4$）、铋华（Bi_2O_3）等含铋次生矿物，它们常呈辉铋矿假象。

［鉴定特征］以铅灰色—锡白色，柱状晶形，柱面上有纵纹为特征。与辉锑矿相似，可根据颜色、共生矿物和简易实验相区别。

图 12 - 12　辉铋矿晶体

［主要用途］ 为铋的重要矿石矿物，金属铋主要用于易熔合金、特殊玻璃和化学制剂。

雌黄（Orpiment，As_2S_3）

［化学组成］ As 60.91%，S 39.09%，含 Sb 可达 3%（为类质同象混入物）。此外，还有微量的 Hg、Ge、Se、V 等。

［结晶形态］ 单斜晶系，对称型 L^2PC。常见板状或短柱状（图 12 – 13）。集合体呈片状、梳状、土状等（图 12 – 14）。

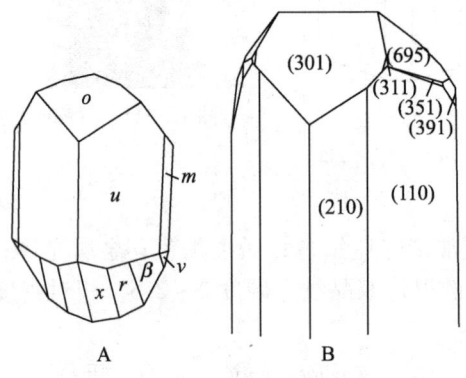

A   B

图 12 – 13   雌黄的晶形

平行双面：$o\{301\}$；斜方柱：$m\{110\}$、$u\{210\}$、
$x\{\overline{311}\}$、$\gamma\{\overline{321}\}$、$\beta\{\overline{331}\}$、$v\{331\}$

图 12 – 14   雌黄呈柱状的晶簇

［物理性质］ 柠檬黄色；条痕鲜黄色；油脂光泽至金刚光泽，解理面为珍珠光泽。半透明。解理平行 $\{010\}$ 极完全，薄片具挠性。硬度 1.5 ~ 2。相对密度 3.5。熔点低（320 ℃）。

［成因及产状］ 主要产于低温热液矿床中，为标型矿物。常与雄黄共生。此外，也可以由火山喷气直接结晶而成，与自然硫共生。

我国湖南、云南、贵州、四川、甘肃等省均有产出，尤以湖南和云南著名。

［鉴定特征］ 柠檬黄色，硬度低，一组极完全解理。与自然硫相似，但自然硫不具极完全解理。

［主要用途］ 为砷及制造各种砷化物的主要矿石矿物，还可用于中药。

雄黄（Realgar，AsS）

［化学组成］ As 70.1%，S 29.9%；成分固定，含杂质较少。

［结晶形态］ 单斜晶系，对称型 L^2PC。通常以致密块状或土状块体或皮壳状集合体产出。晶体通常细小，呈柱状、短柱状或针状（图 12 – 15），柱面上有细的纵纹（图 12 – 16）。

［物理性质］ 橘红色，条痕淡橘红色；晶面上具金刚光泽，断面上出现树脂光泽，透明—半透明。解理平行 $\{010\}$ 完全。硬度 1.5 ~ 2。相对密度 3.6。性脆。长期受光作用，可转变为淡橘红色粉末。

［成因及产状］ 形成条件与雌黄相似，并常与雌黄共生。

［鉴定特征］ 以橘红色，条痕淡橘红色，硬度低为特征。与辰砂相似，但辰砂的条痕色鲜红，相对密度大。

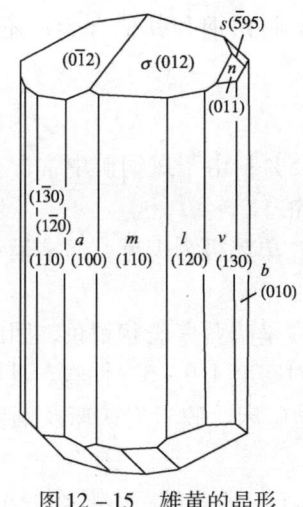
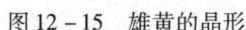

图 12 - 15　雄黄的晶形

图 12 - 16　晶簇状雄黄晶体

[主要用途] 为砷及制造各种砷化物的主要矿石矿物。

辉钼矿（Molybdenite，MoS$_2$）

[化学组成] Mo 59.94%，S 40.06%；自然界中的辉钼矿成分几乎都近于理论值。Re 为其重要的类质同象混入物，含量可高达 2%。S 被 Se、Te 替代可达 25%。

[结晶形态] 六方晶系，对称型 $L^6 6L^2 7PC$。晶体呈六方板状、片状，通常以片状（图 12 - 17，图 12 - 18）、鳞片状集合体产出。

[物理性质] 铅灰色；条痕为亮铅灰色，在涂釉瓷板上为微绿的灰黑色。金属光泽。不透明。解理平行 {0001} 极完全，解理薄片具挠性。硬度 1。相对密度 5.0。有滑腻感。

图 12 - 17　辉钼矿集合体

图 12 - 18　片状的辉钼矿集合体

[成因及产状] 主要产于高、中温热液矿床中；与黑钨矿、锡石等共生。此外，还可产于接触交代矿床中，与黄铁矿、黄铜矿等矿物共生。

我国钼矿储量居世界首位，最著名的产地有辽宁、河南、山西、陕西、安徽等。

[鉴定特征] 以铅灰色，金属光泽，硬度低，一组极完全解理为特征。以其相对密度大，光泽较强，颜色及条痕色较淡，在瓷板摩擦条痕呈黄绿色可与相似的石墨相区别。

[主要用途] 为钼最重要的矿石矿物，也为提取 Re 的主要矿石，当含 Pt 族元素

（Os、Pd、Ru、Rh）较多时，可综合利用。钼用于制钼钢和其他合金，还可用于化工、染料工业。

斑铜矿（Bornite，Cu_5FeS_4）

［化学组成］Cu 63.33%，Fe 11.12%，S 25.55%；由于斑铜矿中常含有黄铜矿、辉铜矿的显微包裹体，其成分变化很大。此外，常含银。

［结晶形态］等轴晶系，对称型 $3L^44L^36L^29PC$。单晶极为少见，通常呈致密块状或粒状不规则状集合体。

［物理性质］新鲜断面呈暗铜红色，风化表面常呈暗蓝紫斑状锖色，因此得名；条痕灰黑色。金属光泽。不透明。无解理。硬度 3。相对密度 4.9~5。性脆。具导电性。

［成因及产状］斑铜矿可形成于 Cu – Ni 硫化物矿床、矽卡岩矿床及铜硫化物矿床的次生硫化物富集带中。

斑铜矿在地表氧化环境中易遭受分解而形成孔雀石、蓝铜矿、赤铜矿、褐铁矿等矿物。

［鉴定特征］以特有的暗铜红色和不新鲜的表面蓝紫斑杂的锖色及低硬度为特征。

［主要用途］为铜的主要矿石矿物。

铜蓝（Covellite，CuS）

［化学组成］Cu 66.48%，S 33.52%。通常含有铁和少量的硒、银、铅等混入物。

［结晶形态］六方晶系。晶体呈细薄的六方板状或片状，但少见。通常呈粉末状、煤烟状或被膜状集合体。

［物理性质］靛青蓝色，遇水后稍带紫色。条痕灰黑色。暗淡至金属光泽。不透明。$\{0001\}$ 解理完全。硬度 1.5~2。相对密度 4.59~4.67。薄片稍具弹性。

［成因及产状］铜蓝主要是外生成因的，是含铜硫化物矿床次生富集带中最常见的矿物。它是由硫酸铜溶液交代黄铜矿、斑铜矿等的产物。其反应式如下：

$$CuFeS_2（黄铜矿）+ CuSO_4 \rightarrow 2CuS（铜蓝）+ FeSO_4$$
$$Cu_5FeS_4（斑铜矿）+ CuSO_4 \rightarrow 2CuS（铜蓝）+ 2Cu_2S（辉铜矿）+ FeSO_4$$

铜蓝在氧化带常分解成孔雀石。

［鉴定特征］铜蓝以靛青蓝色和硬度低为特征。有时铜蓝与表面常呈蓝紫锖色的斑铜矿容易混淆，但只要用小刀刻划一下，使其露出新鲜面，如仍呈蓝色则为铜蓝，如呈现古铜红色则为斑铜矿。

［主要用途］数量多时可作为铜矿石。

辉银矿（Argentite，Ag_2S）

Ag_2S 有两种变体：β – Ag_2S 是在 179 ℃以上稳定的高温等轴变体，称为辉银矿；α – Ag_2S 是在 179 ℃以下形成的单斜晶系的低温变体，称为螺状硫银矿。后者常呈等轴晶系高温变体的副象出现。矿物学上应用辉银矿这一名词常是泛指上述两种变体的总称。

［化学组成］Ag 87.06%，S 12.94%；还可含有 Cu、Pb、Te、Se 等，其中 Cu 为常见的类质同象混入物。

［结晶形态］等轴晶系，六八面体晶类，晶体常呈等轴状（图 12 – 19），常见单形为立方体、八面体、菱形十二面体、四角三八面体。完好晶形少见，多呈浸染状、细脉状、被膜状、网状、树枝状、毛发状及致密块状。晶体可成平行连生的形态。

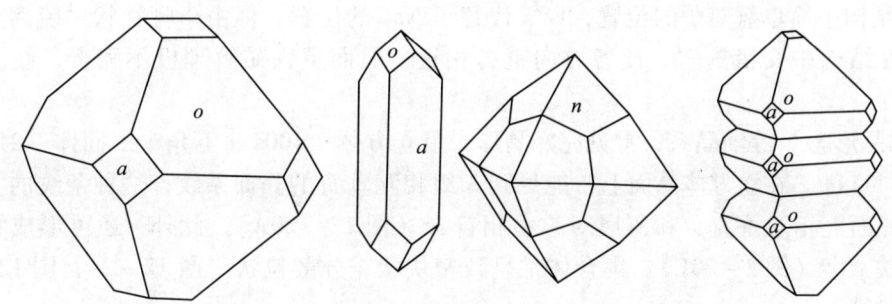

图 12 – 19　辉银矿的晶形

[物理性质] 铅灰色至铁黑色；亮铅灰色条痕。新鲜断口为金属光泽，风化面则暗淡无光。解理平行 {100} 和 {110}，不完全；贝壳状断口。硬度 2～2.5。相对密度 7.2～7.4。具挠性和延展性。

[成因及产状] 主要产于含银硫化物的中低温热液矿床中，常与自然银及其他含银矿物共生。外生成因的辉银矿经常为低温变体，在含银硫化物矿床氧化带中分布最广。

[鉴定特征] 铅灰色，相对密度大，弱延展性，常与自然银等银矿物共生。于 HNO_3 中分解再加 HCl 则出现白色 AgCl 沉淀。

[主要用途] 为一种重要的银矿石矿物。银不易氧化、导电性强、延展性好，是制造电子工业和发电设备中的零件，制作实验仪器、工具等的重要原料之一。

硫镉矿（Greenockite，CdS）

CdS 有两个同质多象变体，方硫镉矿为等轴变体，具闪锌矿型结构；硫镉矿为六方变体，具纤维锌矿型结构，以下仅叙述六方变体。

[化学组成] Cd 77.81%，S 22.19%。有时含 In。

[结晶形态] 六方晶系，复六方单锥类，极少数呈尖锥状细小晶体出现，多呈粉末状、土状或被膜状附于闪锌矿表面或菱锌矿上。

[物理性质] 黄、橙、暗橙黄色；条痕淡黄、橙黄至砖红色。松脂光泽。解理平行 $\{11\bar{2}0\}$ 完全，{0001} 不完全；断口呈贝壳状。性脆。硬度 3～3.5。相对密度 4.9～5.0。

[成因及产状] 为表生矿物。常与含镉闪锌矿或纤维锌矿伴生，产于硫化物矿床氧化带。此外，硫镉矿也有热液成因的。

[鉴定特征] 黄色，粉末状，常与闪锌矿伴生。

[主要用途] 为提取镉的重要矿石矿物。在铅锌矿床中含 Cd 量为 0.002%～0.009% 时可作为副产品回收。

第三节　复硫化物矿物类

黄铁矿（Pyrite，FeS_2）

[化学组成] Fe 46.55%，S 53.45%；成分中常见 Co、Ni 等呈类质同象置换 Fe，并常见 Au、Ag 呈机械混入物。

[晶体结构] 黄铁矿是 NaCl 型结构的衍生结构，即哑铃状对硫离子 $[S_2]^{2-}$ 代替了

NaCl 型结构中简单氯离子的位置，Fe^{2+} 代替了 Na^+ 的位置。但由于哑铃状对硫离子的伸长方向在结构中交错配置，使各方向键力相近，因而黄铁矿解理极不完全，硬度显著增大。

[结晶形态] 等轴晶系，常见完好晶形，呈立方体 $\{100\}$、五角十二面体 $\{210\}$ 或八面体 $\{111\}$。在立方体晶面上常能见到 3 组相互垂直的晶面条纹，这种条纹的方向在两相邻晶面上相互垂直，和所属对称型相符合（图 12-20A）。此外，还可形成穿插双晶，称铁十字（图 2-20E）。集合体常呈致密块状、分散粒状（图 12-21，图 12-22）及结核状等。

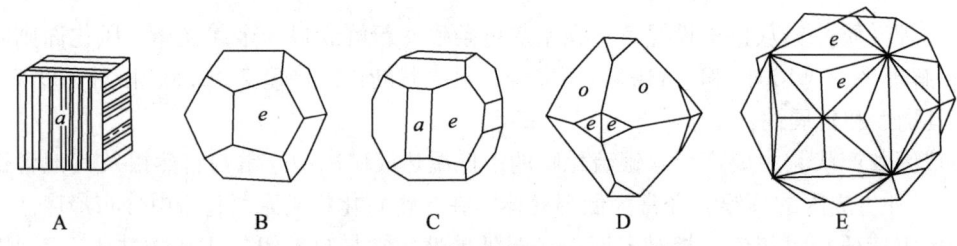

图 12-20　黄铁矿的晶形

立方体：$a\{100\}$；五角十二面体：$e\{210\}$；八面体：$o\{111\}$

图 12-21　黄铁矿立方体晶体

图 12-22　黄铁矿晶体

[物理性质] 浅铜黄色，表面带有黄褐的锖色；条痕黑色。强金属光泽。不透明。无解理，断口参差状。硬度 6~6.5。相对密度 4.9~5.2。性脆。

[成因及产状] 黄铁矿是在地壳中分布最广的硫化物，形成于多种不同的地质条件下。

（1）产于铜镍硫化物岩浆矿床中，以富含 Ni 为特征。

（2）产于接触交代矿床中，常含有 Co。

（3）产于多金属热液矿床中，黄铁矿成分中 Cu、Zn、Pb、Ag 等含量有所增高。

（4）与火山作用有关的矿床中，黄铁矿成分中 As、Se 含量有所增多。

（5）外生成因的黄铁矿见于沉积岩、沉积矿床和煤层中，往往呈结核状和团块状。

在地表氧化条件下，黄铁矿易于分解而形成各种铁的硫酸盐和氢氧化物。铁的硫酸盐中以黄钾铁矾为最常见；铁的氢氧化物中以针铁矿最为常见，它是构成褐铁矿的主要矿物成分。褐铁矿有时呈黄铁矿假象。

[鉴定特征] 据其晶形、晶面条纹、颜色、硬度等特征可与相似的黄铜矿、磁黄铁矿相区别。

[主要用途] 为制造硫酸的主要矿物原料，也可用于提炼硫黄。当含 Au、Ag 或 Co、Ni 较高时可综合利用。

白铁矿（Marcasite，FeS_2）

[化学组成] 成分同黄铁矿，与黄铁矿互为同质多象变体。含微量 As、Sb、Bi、Co、Cu 等混入物。

[结晶形态] 斜方晶系，单晶呈板状，有时呈矛头状晶形（图 12 - 23）。常形成依 {110} 的鸡冠状反复双晶。通常以结核状、皮壳状产出。

[物理性质] 淡黄铜色而稍带浅灰或浅绿的色调，新鲜面近于锡白色（较黄铁矿色浅）；条痕暗绿色。不透明。金属光泽。无解理。硬度 5～6.5。相对密度 4.05～4.9。性脆。弱导电性。

[成因及产状] 白铁矿在自然界中的分布远较黄铁矿为少，并且不形成大量的聚积。它是 FeS_2 的不稳定变体，高于 350 ℃ 即转变为黄铁矿。外生成因的白铁矿主要见于含碳质砂页岩中，呈结核状产出。在氧化条件下，白铁矿很易分解而形成铁的硫酸盐和氢氧化物。

[鉴定特征] 白铁矿与黄铁矿相似，晶形完好时，可据晶形、颜色相区别。颗粒细小时利用 X 射线粉晶法才能区分。

[主要用途] 与黄铁矿相同。

图 12 - 23　白铁矿晶体　　　　　　图 12 - 24　毒砂晶体

毒砂（Arsenopyrite，FeAsS）

[化学组成] Fe 34.30%，As 46.01%，S 19.69%；通常其成分大致变化范围为 $FeAs_{0.9}S_{1.1}$ 至 $FeAs_{1.1}S_{0.9}$。利用 As/S 值可估计其形成的条件：高温形成的毒砂富 As；低温者富 S。但同时还受压力的影响，压力增加，含 S 量也增加。在毒砂成分中常有 Co 呈类质同象置换 Fe，此外可含微量 Bi、Sb、Zn、Se 等，其中大部分系机械混入物。

[结晶形态] 单斜晶系。晶体常呈柱状，发育 {120} 或 {110} 斜方柱，且柱面上有晶面条纹（图 12 - 24）。另外还发育 {101} 假斜方柱。有时依（101）形成接触双晶；依（012）形成穿插双晶或三连晶。集合体往往为粒状或致密块状。

[物理性质] 锡白色至钢灰色，表面常带浅黄的锈色；条痕灰黑。金属光泽。不透明。解理不完全。硬度 5.5 ~ 6。相对密度 5.9 ~ 6.29。以锤击之发砷的蒜臭味道，灼烧后具磁性。性脆。

[成因及产状] 毒砂形成的温度范围很大，广泛出现于金属矿床中。但以高温和中温热液矿床中更为常见。毒砂在氧化环境中易分解而形成浅黄色或浅绿色的臭蒜石 $Fe[AsO_4] \cdot 2H_2O$。

[鉴定特征] 锡白色，硬度高，锤击发蒜臭味。与白铁矿相似，但毒砂条痕加 HNO_3 研磨分解后，再加入钼酸铵，可产生鲜黄绿色砷钼酸铵沉淀。

[主要用途] 为制造砷及砷化物的矿石矿物。成分中含 Co 较高时可综合利用。

辉砷钴矿（Cobaltite，CoAsS）

[化学组成] Co 35.41%，As 45.26%，S 19.33%；部分 Co 常被 Fe 和 Ni 代替。富 Fe 的变种称为铁辉砷钴矿，富 Ni 的变种称为镍辉砷钴矿。

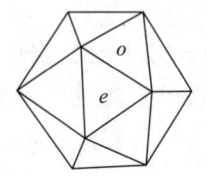

图 12 - 25　辉砷钴矿的晶形

[结晶形态] 等轴晶系，偏方复十二面体晶类。常见单形有八面体、立方体和五角十二面体（图 12 - 25）。晶体常呈八面体与五角十二面体同等发育的聚形。晶面条纹与黄铁矿相似。双晶依（110），较少依（111）。集合体呈粒状或致密块状。

[物理性质] 锡白色，微带玫瑰色调，在空气中置放一段时间后，玫瑰色更为明显；当含 Ni 高时呈钢灰色带紫色调，富 Fe 者灰黑色；条痕灰黑。金属光泽。不透明。解理平行 {100} 完全。性脆。硬度 5.5。相对密度 6.0 ~ 6.5。电的良导体。

[成因及产状] 为特征的高温热液矿物。与斜方砷铁矿、毒矿、方钴矿、红砷镍矿、硫钴矿及其他硫化物、砷化物伴生。

[鉴定特征] 辉砷钴矿与黄铁矿相似，但前者具微带玫瑰红和锡白色，{100} 完全解理，以及有钴的珠球反应（蓝色）可区分。

[主要用途] 为炼钴的重要矿石矿物。

第四节　硫盐矿物类

硫砷银矿（淡红银矿）（Proustite，Ag₃AsS₃）

[化学组成] Ag 65.42%，As 15.14%，S 19.44%。经常有少量的 Sb（3.74%）代替 As。As - Sb 在 300 ℃ 以上为完全类质同象，温度下降则产生固溶体离溶，所以在硫砷银矿中可以见到离溶产物硫锑银矿。此外，还有少量 Pb、Co、Fe 等。

[结晶形态] 三方晶系，复三方单锥晶类，对称型 L^33P。主要单形：六方柱、复三方单锥、三方单锥、六方单锥。柱面有斜条纹。常呈粒状或致密块状集合体。

[物理性质] 深红至朱红色，类似辰砂；条痕鲜红色；金刚光泽，半透明。解理平行 {1011} 完全；断口呈贝壳状至参差状；性脆；硬度 2 ~ 2.5。相对密度 5.57 ~ 5.64。不导电。

[成因及产状] 主要产于热液铅、锌、银矿床中，通常为热液晚期形成的矿物，与方

铅矿、自然银、铅和铜的硫盐共生。也有在次生富集过程中形成的。

[鉴定特征] 鲜红的颜色和条痕，金刚光泽。

[主要用途] 银矿石矿物，单晶可作为激光调剂晶体。

硫锑银矿（浓红银矿）（Pyrargyrite，Ag_3SbS_3）

[化学组成] Ag 59.76%，Sb 22.48%，S 17.76%。常有少量 As（2.6%）代替 Sb。当温度高于 300 ℃时，As 和 Sb 可为完全类质同象。也可有 Fe、Co、Pb 的机械混入物。

[结晶形态] 三方晶系，复三方单锥晶类，对称型 L^33P。晶体呈各种形态的短柱状。主要单形：六方柱、三方单锥。依 $\{10\bar{1}4\}$ 双晶最为常见。常呈粒状或块状集合体。

[物理性质] 深红色、黑红色或暗灰色，条痕暗红色，金刚光泽，半透明。解理平行 $\{10\bar{1}1\}$ 完全，$\{01\bar{1}2\}$ 不完全；性脆；断口呈贝壳状至参差状；硬度 2～2.5。相对密度 5.77～5.86。

[成因及产状] 硫锑银矿为主要含银矿物，比硫砷银矿常见。同样主要产于铅、锌、银热液矿床中，为热液晚期形成的矿物。也有在次生富集过程中形成的。常与硫砷银矿、方铅矿、自然银、铅锑硫盐矿物及方解石、石英共生。次生变化时转变为自然银和辉银矿。

[鉴定特征] 很难与硫砷银矿区别，仅颜色和条痕色稍深，相对密度稍大。

[主要用途] 重要的银矿石矿物。

黝铜矿 – 砷黝铜矿（Tetrahedrite – Tennantite，$Cu_{12}Sb_4S_{13}$ – $Cu_{12}As_4S_{13}$）

[化学组成] 黝铜矿含 Cu 45.77%，Sb 29.22%，S 25.01%。砷黝铜矿含 Cu 51.57%，As 20.26%，S 28.17%。二者的化学成分中类质同象替代现象广泛，除 Sb – As 间形成完全类质同象外，有限代替 Cu 的有 Ag、Zn、Fe 和 Hg 等，代替 Sb、As 的有 Bi，代替 S 的有 Se 和 Te。

[结晶形态] 等轴晶系，六四面体晶类，对称型 $3L_i^44L^36P$。主要单形：四面体、三角三四面体、菱形十二面体、立方体。通常呈半自形或他形粒状、致密块状集合体。

[物理性质] 钢灰色至铁黑色，钢灰色至铁黑色条痕，有时带褐色，砷黝铜矿条痕带樱桃红色调；金属至半金属光泽，往往变暗；不透明。无解理；具脆性；硬度 3～4.5；相对密度 4.6～5.1；砷黝铜矿的硬度比黝铜矿高，而其相对密度则比黝铜矿低。导电性弱。

[成因及产状] 主要产于中、低温热液矿床中，也产于矽卡岩型多金属矿床及铜铁矿床中，分布广泛，但都为次要矿物出现，与黄铜矿、方铅矿、闪锌矿、毒砂等共生。

黝铜矿的成分可作为分析矿床成因及找矿的依据：在钨、金、锑、汞矿床中多为黝铜矿，在黄铁矿矿床中则为砷黝铜矿，而在铅锌矿矿床中则为银黝铜矿，在铜锌矿床中多为锌黝铜矿。

氧化带中黝铜矿 – 砷黝铜矿分解形成铜的次生矿物孔雀石、蓝铜矿、铜蓝等。

[鉴定特征] 颜色和条痕色均为钢灰色至铁黑色，明显脆性，有铜的焰色反应。

[主要用途] 本身不形成独立矿床，常与其他铜的硫化物一起作为铜矿石。

学习指导

⮕ **要点** ①学习本大类时，首先应该注意其成分特征，以及由成分所决定的晶格类型特点和性质上的共同特点。再进一步按性质上的差别对各种硫化物进行分类排队。如按光泽，可分为金属光泽和金刚光泽两部分，具金属光泽者又可分为具金属彩色（铜黄色等）和不具金属彩色（锡白、铅灰）两部分，按硬度又可分为 <2.5、$2.5 \sim 5.5$、>5.5 三部分，等等。这样，通过自己归纳，就容易系统地掌握常见硫化物的主要特点。②硫化物特别容易被氧化分解，而且多数硫化物形成于含 S^{2-} 的水溶液中，因而硫化物的形成环境比较特殊，除少数形成于岩浆作用外，内生作用中主要形成于热液作用（包括交代热液作用和火山热液作用）；外生作用则形成于还原条件的水体中。风化后，硫化物氧化分解的产物或残留原地（常常会形成惹人注目的铁帽——以褐铁矿为主的风化壳），或随水流失，或在地下水中进一步反应生成其他矿物。③硫化物的鉴定特征比较明显，其主要组分比较容易用简易化学方法检出。所以，对本章所讲到的各种矿物，要求能熟练鉴定。学习矿物各论，反复练习用肉眼鉴定矿物是课外复习的重要内容，开始学习本大类以后，这点就更加突出了。希望大家利用一切可能，独立地鉴定各种矿物，然后找指导教师评定。

⮕ **重点** 各矿物的结晶形态、物理性质和用途。

⮕ **难点** 各矿物的成因及产状，与相似矿物的区别。

📖 思考题与作业

（1）为什么硫化物的光泽强（金刚—金属光泽）、一般硬度低、相对密度较大、溶解度较小，而且容易被氧化？试从本大类成分、晶格类型特点方面加以简单地解释。

（2）列出下列三部分硫化物（金刚光泽者、金属彩色者、锡白—铅灰—钢灰色者）的名称、成分和颜色。

（3）哪些硫化物硬度大于 5.5？哪些硫化物硬度小于 2.5？

（4）哪些硫化物具有完全解理？试逐一列出其名称、成分、解理符号和组数。你能否说明它们具有解理的原因？

（5）为什么在黑色地层中（包括煤层中）容易出现硫化物，而在红色地层中只能看见硫酸盐，如石膏（$CaSO_4 \cdot 2H_2O$）？

（6）为什么在硫化矿床氧化带由于地下水的活动，常形成铜的次生硫化物，而不形成铁、锰、铅、锌的硫化物？

（7）硫化物主要形成于哪些地质作用中？

（8）为什么说含铁的闪锌矿可以作为"地质温度计"？

（9）对硫化物的定义是什么？性质上有何特点？

（10）黄铁矿属何种晶系？常见什么晶形？试画出晶形图。

（11）何谓含硫盐？

· 138 ·

第十三章　氧化物和氢氧化物矿物大类

内容介绍　氧化物和氢氧化物矿物的种类、分类及各矿物特征。

知识目标　了解氧化物和氢氧化物矿物的一般特征，熟悉各矿物的化学组成、结晶形态、物理性质、成因、产状和用途。

能力目标　认识本大类的各种矿物，掌握常见矿物的鉴定特征以及与相似矿物的区别方法。

第一节　概　述

氧化物矿物是指金属阳离子与 O^{2-} 结合而形成的化合物。氢氧化物矿物则是指金属阳离子与 $(OH)^-$ 相结合而形成的化合物。本大类矿物目前已发现有 300 种以上，其中氧化物矿物 200 种以上，氢氧化物矿物 80 种左右。它们占地壳总质量的 17% 左右，其中石英族矿物占了 12.6%，铁的氧化物和氢氧化物矿物占 3.9%。

一、化学组成

阴离子为 O^{2-} 和 $(OH)^-$。阳离子有 40 多种，主要是惰性气体型离子（如 Si^{4+}、Al^{3+} 等）和过渡型离子（如 Fe^{3+}、Mn^{2+}、Ti^{4+}、Cr^{3+} 等）。

二、晶体化学特征

氧化物矿物晶体结构中的化学键以离子键为主，其结构一般可用最紧密堆积原理来阐述，并服从鲍林法则。当阳离子的配位数为 4 和 6 时，可看成是 O^{2-} 做紧密堆积，阳离子充填在其八面体和四面体空隙中而构成。并且，随着阳离子电价的增加，共价键的成分趋于增多，如刚玉 Al_2O_3 已具有较多的共价键成分，石英 SiO_2 则共价键占优势。另一方面，阳离子类型的不同，键性也发生改变，即随着从惰性气体型、过渡型离子向铜型离子转变时，共价键则趋于增强，同时阳离子配位数趋于减少，如赤铜矿 Cu_2O，如果按阴、阳离子半径比值（$r_c/r_o = 0.46/1.38 = 0.333$）计算 Cu^+ 的配位数为 4，但实际上 Cu^+ 的配位数为 2。这种阳离子配位数（即成键数）的减少是由于共价键的结果。

在氢氧化物矿物的结构中，由 $(OH)^-$ 或 $(OH)^-$ 和 O^{2-} 共同形成紧密堆积，在后一种情况下，$(OH)^-$ 和 O^{2-} 通常呈互层分布。氢氧化物矿物的晶体结构主要是层状或链状，与相应的氧化物矿物比较，其对称程度降低。在氢氧化物矿物中除离子键外，还往往存在氢键。由于氢键的存在，以及 $(OH)^-$ 的电价较 O^{2-} 电价低而导致阳离子与阴离子间键力的减弱，因此与相应的氧化物矿物比较，其相对密度和硬度都趋于减小。

三、结晶形态

氧化物矿物常可形成完好的晶形，如尖晶石、磁铁矿、铬铁矿等，也常见柱状、粒状、致密块状及其他集合体形态；氢氧化物矿物则常见为细分散胶态混合物，结晶好时，晶体呈板状、细小鳞片状或针状。

四、物理性质

本大类矿物的光学性质随阳离子类型的不同而变化，惰性气体型离子 Mg、Al、Si 等的氧化物和氢氧化物矿物，通常呈浅色或无色，半透明至透明，以玻璃光泽为主；过渡型离子 Fe、Mn、Cr 等的氧化物和氢氧化物矿物，则呈深色或暗色，不透明至微透明，表现出半金属光泽，且磁性增强。

氧化物矿物的显著特征是具有高的硬度，一般均在 5.5 以上，其中石英、尖晶石、刚玉依次为 7、8、9。氧化物矿物中仅少数可发育解理，且一般解理级别为中等—不完全。氧化物矿物的相对密度变化较大，如 W、Sn、U 等的氧化物的相对密度很大，一般大于 6.5，而 α–石英的相对密度仅为 2.65。这主要受阳离子原子量的大小影响。

氢氧化物矿物的硬度与相应的氧化物矿物比较，则显著降低。氢氧化物矿物因键力较弱，往往发育一组完全—极完全解理；相对密度与其相应的氧化物矿物比较，则趋于减小，这是由于氢氧化物矿物结构要松散得多的缘故。

五、成因及产状

绝大部分氧化物矿物成因广泛，可形成于包括内生、表生和变质作用过程中；少数矿物是单成因的（如铬铁矿、钛铁矿），只产于超基性、基性岩中。而 Cu、Sb、Bi 等的氧化物矿物，如赤铜矿（Cu_2O）、锑华（Sb_2O_3）、铋华（Bi_2O_3）等，则是硫化物矿床氧化带的次生矿物，它们是这些元素的硫化物在表生条件下氧化后的产物。

氢氧化物矿物往往是外生成因的，其中尤以 Fe、Mn、Al 的氢氧化物最为典型，它们是由风化作用过程和沉积作用过程中的胶体溶液凝聚而成的。

六、分类

本大类的矿物划分为氧化物矿物和氢氧化物矿物两类，其中氧化物矿物类又分为简单氧化物矿物和复杂氧化物矿物两类。

简单氧化物矿物类：赤铜矿族（赤铜矿），刚玉族（刚玉、赤铁矿），金红石族（金红石、锡石、软锰矿），晶质铀矿族（晶质铀矿、沥青铀矿），石英族（α–石英、β–石英、蛋白石）。

复杂氧化物矿物类：尖晶石族（尖晶石、磁铁矿、铬铁矿），钛铁矿族（钛铁矿），铌、钽铁矿族（铌铁矿–钽铁矿），金绿宝石族（金绿宝石），褐钇铌矿族（褐钇铌矿），烧绿石族（烧绿石）。

氢氧化物矿物类：水镁石、水铝石（一水硬铝石）、一水软铝石、水铝氧石（三水铝石）、铝土矿、褐铁矿、硬锰矿、水锰矿等。

第二节　简单氧化物矿物类

赤铜矿〔Cuprite，Cu_2O〕

〔化学组成〕Cu 88.82%，O 11.18%；常含 Fe_2O_3、SiO_2、Al_2O_3 等机械混入物。

〔结晶形态〕等轴晶系，通常为致密粒状或土状集合体，有时呈针状或毛发状。晶体为等轴粒状，主要晶形有八面体 $\{111\}$ 和立方体 $\{100\}$ 聚形（图 13-1），或与菱形十二面体 $\{110\}$ 的聚形，但后者少见。

图 13-1　赤铜矿晶体

〔物理性质〕暗红至近于黑色；条痕褐红。金刚光泽至半金属光泽。薄片微透明。解理不完全。硬度 3.5~4.0。相对密度 5.85~6.15。性脆。

〔成因及产状〕主要见于铜矿床的氧化带，为含铜硫化物氧化的产物。常与自然铜、孔雀石等伴生。

〔鉴定特征〕金刚光泽，暗红色和褐红条痕色。有铜的焰色反应，易溶于硝酸，溶液呈绿色，加氨水变蓝色。条痕上加一滴 HCl 产生白色 $CuCl_2$ 沉淀。

〔主要用途〕产出量大时可作为炼铜的矿物原料。

刚玉〔Corundum，Al_2O_3〕

〔化学组成〕Al 52.9%，O 47.1%；有时含微量的 Fe、Ti、Cr、Mn、V、Si 等，以类质同象置换或机械混入物形式存在于刚玉中。

〔结晶形态〕三方晶系，晶体通常呈腰鼓状、柱状，少数呈板状或片状（图 13-2，图 13-3）。常依菱面体 $\{10\bar{1}1\}$ 呈聚片双晶，以致在晶面上常常出现相交的几组条纹。刚玉的晶体形态与其形成时的介质成分有关：产于 SiO_2 含量低的岩石（如正长岩、斜长岩等）中的刚玉，呈长柱状和近三向等长的晶形；产于 SiO_2 含量有所增高的岩石中的刚玉，其晶体形态则以板状为特征。集合体成粒状或致密块状。

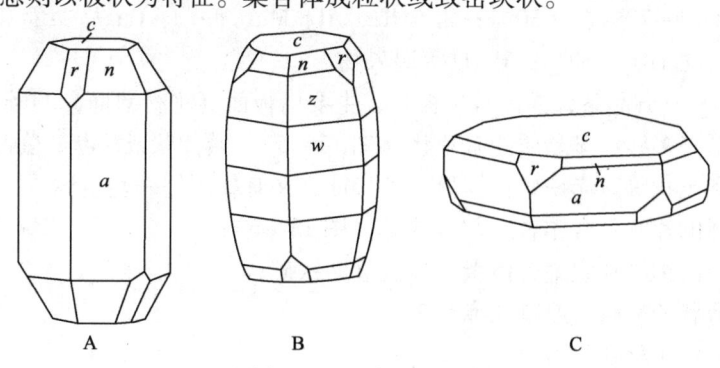

A　　　　　　B　　　　　　C

图 13-2　刚玉的晶形

六方柱：$a\{11\bar{2}0\}$；平行双面：$c\{0001\}$；六方双锥：$n\{11\bar{2}1\}$、$z\{22\bar{4}3\}$、

$w\{14 \cdot 14 \cdot \overline{28} \cdot 3\}$；菱面体：$r\{10\bar{1}1\}$

图 13 - 3　刚玉晶体　　　　　　　图 13 - 4　聚片双晶或微细包裹体
产生 {0001} 裂开

[物理性质] 一般为灰、黄灰色，含 Fe 者呈黑色；含 Cr 者呈红色者，称为红宝石；含 Ti 而呈蓝色者称为蓝宝石；在有些红宝石和蓝宝石的 {0001} 面上可以看到呈定向分布的六射针状金红石包裹体而呈星彩状，称为星彩红宝石或星彩蓝宝石。玻璃光泽。无解理；常因聚片双晶或细微包裹体产生 {0001} 或 {10$\overline{1}$1} 的裂开（图 13 - 4）。硬度 9。相对密度 3.95 ~ 4.10。熔点 2000 ~ 2030 ℃。化学性质稳定，不易腐蚀。

[成因及产状] 刚玉可以形成于岩浆作用、接触变质作用和区域变质作用过程中。

（1）岩浆作用中刚玉形成于富 Al_2O_3、贫 SiO_2 的条件下，因而多见于刚玉正长岩和斜长岩中或刚玉正长伟晶岩中。

（2）接触交代作用形成的刚玉，见于岩浆岩与灰岩的接触带。

（3）区域变质作用中黏土质岩石经变质作用可形成刚玉云母片岩。

各种成因的含刚玉的岩石或矿床，遭受风化破坏时，刚玉往往转入砂矿之中。

[鉴定特征] 以其晶形、双晶条纹、裂开和高硬度作为鉴定特征。

[主要用途] 主要利用其高硬度作为研磨材料和精密仪器的轴承。晶形好、粗大，色泽美丽且无瑕者，为高档宝石，如红宝石、蓝宝石、星彩红宝石、星彩蓝宝石等。人工合成的红宝石可作为激光材料。

赤铁矿（Hematite，Fe_2O_3）

[化学组成] Fe 70%，O 30%；常含 Ti、Al、Mn、Fe^{3+}、Cu 及少量 Ca、Co 类质同象混入物。有时含 TiO_2、SiO_2、Al_2O_3 等混入物。

[结晶形态] 三方晶系，晶体常呈板状，主要由板面（平行双面）与菱面体等构成的聚形。集合体形态多样，显晶质的有片状（图 13 - 5）、鳞片状或块状；隐晶质的有鲕状、肾状、粉末状和土状等。赤铁矿根据形态等特征，又有如下的一些名称：

具金属光泽的片状集合体者，称镜铁矿（图 13 - 6）；

具金属光泽的细鳞片状集合体者，称云母赤铁矿；

呈鲕状或肾状的称鲕状或肾状赤铁矿；

粉末状的赤铁矿称铁赭石。

赤铁矿的形态特征与其形成条件的关系是：一般由热液作用形成的赤铁矿可呈板状、片状或菱面体的晶体形态；云母赤铁矿是沉积变质作用的产物；鲕状和肾状赤铁矿是沉积作用的产物。

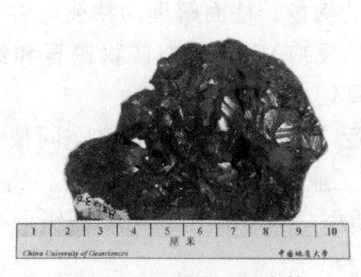

图 13 - 5　赤铁矿集合体

图 13 - 6　镜铁矿集合体

［物理性质］显晶质的赤铁矿呈铁黑至钢灰色，隐晶质的鲕状，肾状和粉末状者呈暗红色；条痕樱桃红色。金属光泽（镜铁矿、云母赤铁矿）至半金属光泽，或土状光泽。不透明。无解理。硬度 5.5 ~ 6，土状者显著降低。相对密度 5.0 ~ 5.3。性脆。镜铁矿常因含磁铁矿细微包裹体而具较强的磁性。

［成因及产状］赤铁矿是自然界中分布很广的铁矿物之一。它可以形成于各种地质作用之中，但以热液作用、沉积作用和沉积变质作用为主。

［鉴定特征］樱桃红色条痕是鉴定赤铁矿的最主要特征。此外，形态和无磁性（镜铁矿例外）可与磁铁矿相区别。

［主要用途］为提炼铁的最重要矿石矿物，当成分中 Ti、Co 等含量较高时，可综合利用。

金红石（Rutile，TiO_2）

［化学组成］Ti 60%，O 40%；常含 Fe、Nb、Ta、Cr、Sn 等类质同象混入物。当其中富含 Fe 时称为铁金红石，Fe^{2+} 和 Nb^{5+}（Ta^{5+}）可与 Ti^{4+} 呈异价类质同象置换。当 Nb 含量大于 Ta 时，称为铌铁金红石；当 Ta 含量大于 Nb 时，称为钽铁金红石。金红石的成分可以作为标型特征：碱性岩中金红石富含 Nb；基性岩和岩浆碳酸岩中金红石含 V；伟晶岩中金红石含 Sn。

［结晶形态］四方晶系，常见完好的四方短柱状、长柱状或针状（图 13 - 7），这与其形成条件有关。当有 Nb、Ta、Fe、Sn 等混入物存在时，常呈双锥状、短柱状晶形，如伟晶岩中所见；而当结晶速度较快，则出现长柱状、针状晶形，如含金红石石英脉中所见。双晶依（101）成膝状双晶和三连晶以及环状六连晶；依（301）成心状双晶者少见。集合体呈致密块状。

［物理性质］常见褐红、暗红色，含 Fe 者呈黑色；条痕浅褐色。金刚光泽。微透明。解理平行｛110｝中等。硬度 6 ~ 6.5。相对密度 4.2 ~ 4.3。性脆。铁金红石和铌铁金红石均为黑色，不透明。铁金红石相对密度 4.4，铌铁金红石相对密度可达 5.6。

［成因及产状］金红石形成于高温条件，主要产于变质岩系的含金红石石英脉中和伟晶岩脉中。此外，在岩浆岩中作为副矿物出现，也常呈粒状见于片麻岩

图 13 - 7　柱状金红石晶体

中。金红石由于其化学稳定性强，在岩石风化后常转入砂矿。

[鉴定特征] 以四方柱形，膝状双晶，带红的褐色，柱面解理为特征。溶于磷酸冷却稀释后，加入 Na_2O_2 可使溶液变成黄褐色（钛的反应）。与相似矿物锡石和锆石的区别是：锡石具较大相对密度（6.8~7.0），而锆石具较大的硬度（7.5）。

[主要用途] 为炼钛的矿物原料。钛合金广泛应用于化工、军工和空间技术，如用于喷气发动机、飞机机体和导弹火箭等；也用于碱工业等的反应塔、蒸馏塔、热交换器、阀门等多种设备和部件上。人造金红石可制造优质电焊条；钛白粉可制高级白色油漆、涂料、人造丝的减光剂、白色橡胶和高级纸张的填料。

锡石（Cassiterite，SnO_2）

[化学组成] Sn 78.8%，O 21.2%；常含 Fe、Ti、Nb、Ta 等元素。锡石成分中微量元素含量具标型意义：伟晶岩中的锡石，富含 Nb 和 Ta，且在较多的情况下是 Ta 含量大于 Nb 含量；汽化 - 高温热液矿床中的锡石，Nb 和 Ta 含量减少，不超过 1%，并且是 Nb 含量大于 Ta 含量；锡石硫化物矿床中的锡石，其成分中 Nb 和 Ta 含量很低，但富含稀有元素 In。

[结晶形态] 四方晶系，常呈由四方双锥、四方柱所组成的双锥柱状聚形，柱面上有细的纵纹；以 {011} 为双晶面形成的膝状双晶常见（图 13 - 8）。锡石的形态随形成温度、结晶速度、所含杂质的不同而异。伟晶岩中产出的锡石呈双锥状；汽化 - 高温热液矿床中产出的锡石呈双锥柱状；锡石硫化物矿床中产出的锡石往往呈长柱状或针状，集合体常呈不规则粒状，也有致密块状。

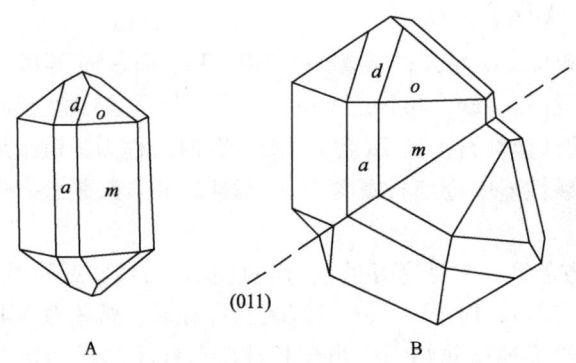

图 13 - 8 锡石的晶形
A—单晶体；B—双晶
四方柱：$m\{110\}$、$a\{100\}$；四方双锥：$d\{101\}$、$o\{111\}$

[物理性质] 常见黄棕色至深褐色，富含 Nb 和 Ta 者，为沥青黑色；条痕白色至淡黄色。金刚光泽。解理不完全；贝壳状断口，断口油脂光泽。硬度 6~7。相对密度 6.8~7.0。

[成因及产状] 锡石矿床在成因上与酸性岩浆岩，尤其与花岗岩有密切的关系，其中以汽化 - 高温热液成因的锡石石英脉和热液锡石硫化物矿床最有价值。当原生锡矿床经风化破坏后，锡石便转入砂矿中。图 13 - 9 为锡石晶形与形成条件的关系。

我国盛产锡石，主要产地在云南及南岭一带。如云南个旧锡矿，素有"锡都"之称。

[鉴定特征] 锡石的晶形和颜色与金红石很相似，但可据其解理、相对密度和化学反

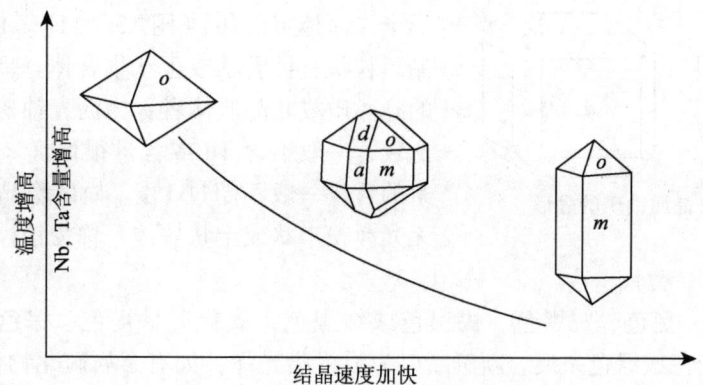

图 13 - 9　锡石晶形与形成条件的关系

应区别开：可将矿物细小颗粒放置于锌片上，加 HCl 一滴，经数分钟后，如果是锡石，则在表面形成一层淡灰色金属锡膜，而金红石和锆石均无此反应。

[主要用途] 为锡的最重要矿物原料。

软锰矿（Pyolusite，MnO_2）

[化学组成] Mn 63.2%，O 36.8%；隐晶体中常含 Fe_2O_3、SiO_2 等机械混入物，并含 H_2O。

[结晶形态] 四方晶系，完整晶体少见，有时呈针状、放射状集合体（图 13 - 10）。常呈肾状、结核状、块状或粉末状集合体。

[物理性质] 黑色，表面常带浅蓝的锖色；条痕黑色。半金属光泽至土状光泽。解理平行 {110} 完全。硬度视结晶粗细程度而异，显晶质者可达6，隐晶质的块体则降至2。晶体的相对密度为 4.7 ~ 5，块状的降至 4.5。性脆。

[成因及产状] 主要形成于风化作用和沉积作用中，是沉积成因锰矿床中主要锰矿物之一。我国湖南、广西、辽宁、四川等地沉积锰矿床中均有大量软锰矿产出。形成大片黑色污染，称之为"锰帽"。

图 13 - 10　软锰矿放射状集合体

[鉴定特征] 以其黑色，条痕黑色，性脆，呈晶体者有完全的柱面解理，呈隐晶质者硬度低，易污手为特征。此外，滴 H_2O_2 剧烈起泡。

[主要用途] 为锰的主要矿石矿物。

晶质铀矿（Uraninite，UO_2）

[化学组成] U 55% ~ 64%，O 36% ~ 45%；成分中铀主要为 U^{4+}，部分氧化为 U^{6+}。一般不含 Ti、Nb、Ta，TR 和 Th 含量也较低，一般情况下，$w(TR_2O_3) < 6\%$，$w(ThO) < 5\%$。富含 TR 的晶质铀矿变种称为钇铀矿；富含 Th 的晶质铀矿变种称为钍铀矿。在晶质铀矿中，常含有 U 和 Th 蜕变后的产物——Ra、Ac、Po 和 Pb。Pb 含量可达 22%。此外还含方铅矿包裹体。

[结晶形态] 等轴晶系，晶体较小，主要单形为立方体 $a\{100\}$，八面体 $o\{111\}$，菱

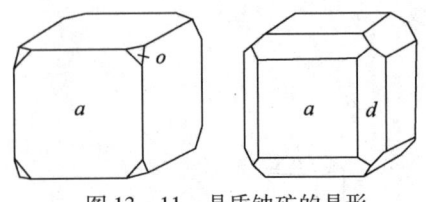

图 13-11　晶质铀矿的晶形

形十二面体 $d\{110\}$（图 13-11）。依（111）成双晶。粒状、钟乳状或土状集合体。呈肾状、钟乳状的隐晶质或非晶质体者称为沥青铀矿，与晶质铀矿比较，一般不含 Th 或含量很低（<1%），稀土元素的含量一般不超过 1%。松散隐晶质或非晶质的无光泽粉末状或土状块体，称为铀黑。在铀黑组分中，有更多的 U^{6+} 替代 U^{4+}。

[物理性质] 黑色、灰黑色、褐黑色或绿黑色，氧化后呈褐色、棕色，有时为紫色调，黑褐色、灰色或绿色条痕。新鲜断口为强树脂光泽，如有金属硫化物包裹体的存在，则呈蜡状光泽或无光泽。无解理。硬度 6~7，随蜕变程度加深而降低，可降至 4。性脆。相对密度 10.36~10.96，当 U^{4+} 被 Th^{4+}、TR^{3+} 等置换或遭受风化时，可降至 8 左右。具有强放射性和弱电磁性。

[成因及产状] 晶质铀矿产于花岗伟晶岩和正长伟晶岩中，与含稀土元素矿物，含钛、铌、钽矿物（铌铁矿、褐钇钽矿、磷铈镧矿等），电气石，锆石，长石和云母等共生，这种成因的晶质铀矿，通常含有较高量的 Th 和稀土元素。热液型晶质铀矿产于含锡高温热液矿床，含钍和稀钍元素相对降低，与锡石、毒砂、黄铁矿、黄铜矿等共生。

不论是晶质铀矿、沥青铀矿或铀黑，都容易分解，形成铀的各种次生矿物——铀的氢氧化物、硫酸盐、碳酸盐、磷酸盐和硅酸盐矿物（如铜铀云母、钙铀云母等）。这些矿物都具有鲜艳的黄色、绿色或橘红色，可作为铀的找矿标志。另外，由于放射性影响，常使围岩变色，如使长石变为深红色或砖红色，使石英变成烟水晶，使萤石变为暗紫色，黑色页岩可脱色等，这些也可作为找原生铀矿的标志。

[鉴定特征] 黑色，沥青光泽，相对密度大。具强放射性。

[主要用途] 提取铀的主要矿物原料，铀和钍主要用于原子能工业。

沥青铀矿（Pitchblende，$k\mathrm{UO_2} \cdot l\mathrm{UO_3} \cdot m\mathrm{PbO}$）

[化学组成] 成分中常含 Fe_2O_3、Al_2O_3、SiO_2 等混入物。

[结晶形态] 等轴晶系，在电子显微镜下可见其晶形为立方体。通常呈隐晶质葡萄状、球状、细脉状、肾状、块状集合体。

[物理性质] 黑色或浅褐、浅黄色；条痕黑色。沥青光泽或无光泽。硬度 3~5。断口呈贝壳状或参差状。相对密度 5~9。蜕变的沥青铀矿，其硬度和相对密度均显著下降。具强放射性。

[成因及产状] 以热液型和沉积型为主。①热液型以中、低温热液为主，与各种热液硫化物共生。沥青铀矿常见于中、低温热液型的钴镍砷化物及铋和银的硫化物金属矿脉中，形成 Co-Ni-Bi-Ag-U 的矿物组合，与自然铋、辉银矿、自然银、自然砷等伴生。磷酸盐脉中的沥青铀矿与硫化物、黑色萤石等伴生。铀黑出现于铀矿床氧化带矿体或围岩的裂隙中，是由溶解在水中的 U^{6+} 随地下水渗透，还原而成。②沉积型产于含有机质的泥岩、砂岩、灰岩中，属还原环境产物，有时产于磷块岩中，可形成大型矿床。

[鉴定特征] 以颜色、光泽、强放射性为特征。

[主要用途] 为提取铀的重要原料矿物。

石英 （Quartz，$\alpha-SiO_2$）

α – 石英（低温石英）和 β – 石英（高温石英）是 SiO_2 的两种同质多象变体。β – 石英在 573 ~ 870 ℃ 范围内稳定，低于 573 ℃ 将转变为 α – 石英。因此，自然界所见的石英是往往是 α – 石英。通常未加特别说明的"石英"，即指 α – 石英。

[化学组成] Si 46.7%，O 53.3%；化学成分较纯，但石英中常含不同数量的气态、液态和固态物质的机械混入物。

[结晶形态] 三方晶系，常见完好晶形，呈六方柱 $\{10\bar{1}0\}$ 和菱面体 $\{10\bar{1}1\}$、$\{01\bar{1}1\}$ 等单形所成的聚形。柱面上常具横纹（图 13 – 12）。有时还出现三方双锥 $\{11\bar{2}1\}$ 和三方偏方面体 $\{5161\}$（右形）、$\{61\bar{5}1\}$（左形）。集合体呈柱状（图 13 – 13）、晶簇状（图 13 – 14）及块状。

[物理性质] 颜色多种多样，常为无色、乳白色、灰色。玻璃光泽；断口油脂光泽。无解理，贝壳状断口。硬度 7。相对密度 2.65。具压电性。

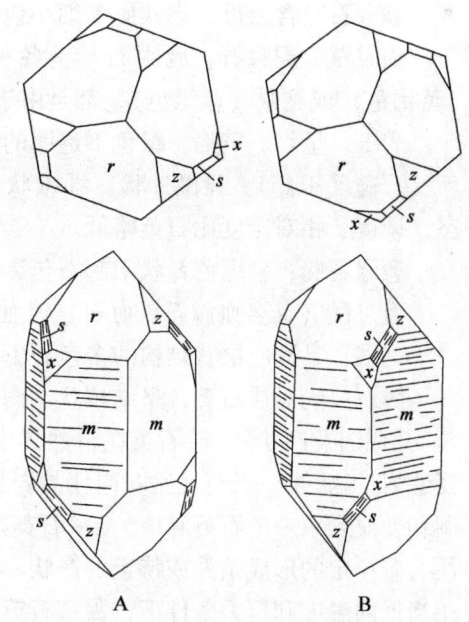

图 13 – 12　石英的晶形
六方柱：$m\{10\bar{1}0\}$；菱面体：$r\{10\bar{1}1\}$、$z\{01\bar{1}1\}$；
三方双锥 $s\{11\bar{2}1\}$；三方偏方面体：$x\{5161\}$
（右形）、$x\{61\bar{5}1\}$（左形）

图 13 – 13　水晶晶体

图 13 – 14　水晶晶簇

因含各种杂质，颜色各异，有以下异种：

水晶：无色透明。

紫水晶：紫色透明或半透明，加热可脱色。呈色原因可能是 Fe^{3+} 代替 Si 而引起。

烟水晶：烟色或褐色透明异种。呈色原因是在辐射线作用下，Si 被 Al 代替使四面体产生顺磁中心缺失引起。

墨晶：墨黑色，半透明的晶体或块体（含有机质）。

黄水晶：金黄色或柠檬黄色。呈色原因可能是含 Fe^{2+} 所致。

蔷薇石英：浅玫瑰色，致密半透明。呈色原因可能是 Al^{3+}、Ti^{4+} 代替 Si 引起。

乳石英：乳白色，半透明。因含细分散气、液包裹体及微细裂隙而致。因含固态包裹体而染色。

砂金石：含云母、赤铁矿等细小包裹体，呈浅黄或褐红色。

猫眼石、虎眼石、鹰眼石：呈各种不同深浅的色调，具丝绢光泽，似猫眼、虎眼（黄褐色）或鹰眼（蓝绿色），都是由于石英交代纤维石棉所致。

碧玉：呈红、黄褐、绿色不透明的致密块体。

石髓（玉髓）：显微针状、纤维状，石英雏晶的隐晶质集合体，钟乳状、皮壳状形态，硬度、相对密度比石英略低。

葱绿石髓：含绿色针状阳起石包裹体，呈浅绿色。

血玉髓（又名血滴石、血石、鸡血石）：玉髓中内含红色斑点。

玛瑙：具同心层状结构的多色石髓组成的晶腺状集合体。

燧石：隐晶质石英，呈结核状、瘤状、似层状。产于沉积岩（主要是石灰岩）中。

[成因及产状] α-石英在自然界中分布极广，是许多岩浆岩、沉积岩和变质岩的主要造岩矿物。α-石英又是花岗伟晶岩脉和大多数热液脉的主要矿物成分。在伟晶岩脉晶洞和变质岩系中的石英脉内，α-石英则是天然压电水晶的重要来源。有些石英的亚种往往有着一定的形成条件或特定的产状。如烟水晶只能在较高的温度下形成；紫水晶形成于相当低的温度和压力条件下；蔷薇石英总是呈块状产于伟晶岩脉的核心部位；玛瑙为低温热液的胶体成因产物，主要产于喷出岩的孔洞中。

[鉴定特征] α-石英以其晶形，无解理，贝壳状断口，硬度为特征。

[主要用途] 用途很广。晶体中没有任何包裹体、无双晶或裂缝的部分（不小于 6 mm×6 mm×6 mm）用作压电材料，制作石英谐振器（如石英手表）。此外，水晶还是重要的光学材料，对光谱的红外和紫外部分有良好的透明性，用以制作光谱棱镜、透镜及其他光学材料装置。玛瑙、紫水晶、蔷薇石英等可作宝玉石材料。色泽差的玛瑙和石髓用于制作研磨器具。较纯净的一般石英则大量用作玻璃原料、研磨材料、硅质耐火材料及瓷器配料。

β-石英在常压 573～870 ℃下稳定，温度再高时变为鳞石英，温度小于 573 ℃时将位移转变为 α-石英。现在看到的 β-石英大多已转变成 α-石英，但仍保留着 β-石英的六方双锥形态（称副象），如图 13-15 所示。

[结晶形态] 六方晶系，发育六方双锥 {10$\bar{1}$1}，有时可见很小的六方柱 {10$\bar{1}$0}。

[物理性质] β-石英通常呈灰白色、乳白色。玻璃光泽，断口油脂光泽。无解理。硬度 6.5～7。相对密度 2.53。在常温常压下均转变为 α-石英，此时相对密度增大至 2.65。

[成因及产状] 酸性喷出岩中呈斑晶产出，或见于晶洞中，为直接结晶产物，多已转变为 α-石英，但依 β-石英成副象。

图 13-15　β-石英的六方双锥晶形

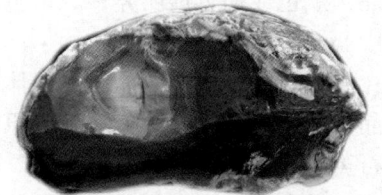

图 13-16　肉冻状体蛋白石

蛋白石（Opal，$SiO_2 \cdot nH_2O$）

［化学组成］SiO_2 65%～90%，H_2O 通常为 4%～9%，最高可达 20%；Al_2O_3 可达 9%，Fe_2O_3 可达 3%，有时 Mn 可达 10%，有机质可达 39%，以及其他杂质。

［晶体结构］一般认为，蛋白石是一种非晶质矿物。但根据近年的扫描电子显微镜和 X 射线研究发现，其内部具有方石英雏晶的亚显微结晶质结构，并存在大量的水分子。并且证明了贵蛋白石具有一种由 SiO_2 小球呈六方最紧密堆积的有序结构，该有序结构对可见光的衍射造成了贵蛋白石的变彩现象。这种对可见光的衍射类似于晶体结构中原子、离子对 X 射线的衍射。

［结晶形态］通常呈肉冻状体（图 13－16）、葡萄状、钟乳状、皮壳状等。

［物理性质］颜色不定，通常呈蛋白色，因含各种杂质而呈不同颜色；一般为微透明；玻璃光泽或蛋白光泽。无色透明者称为玻璃蛋白石；半透明而具强烈的橙、红等反射色者称为火蛋白石；半透明带乳光变彩的蛋白石称为贵蛋白石。由于其内部存在着前述的结构特征，导致对可见光的衍射而呈红、橙、绿、蓝等瑰丽的变彩。硬度 5～5.5。相对密度视含水量和吸附物质的多少介于 1.9～2.3 之间。

［成因及产状］蛋白石可以从温泉、浅成热液或地面水的硅质溶液中生成，常与低温石英、鳞石英、方石英等伴生。

［鉴定特征］以蛋白光泽和变彩为鉴定特征，有时类似于石髓，但硬度较低。

［主要用途］优质者俗称"欧泊"，可作为宝玉石材料，如贵蛋白石、火蛋白石等可作名贵雕刻品材料。硅藻土则用于制作过滤剂，又是重要的建筑和隔音材料。

第三节　复杂氧化物矿物类

尖晶石（Spinel，$MgAl_2O_4$）

［化学组成］MgO 28.2%，Al_2O_3 71.8%；常含 FeO、ZnO、MnO、Fe_2O_3、Cr_2O_3 等组分。尖晶石与铁尖晶石 $FeAl_2O_4$ 之间存在着完全类质同象的关系。

［结晶形态］等轴晶系，单晶常呈八面体形 {111}（图 13－17），有时八面体 {111} 与菱形十二面体 {110} 组成聚形。双晶依尖晶石律（111）成接触双晶（图 13－18）。

图 13－17　呈八面体 {111} 晶形的尖晶石晶体　　图 13－18　依尖晶石律（111）成接触双晶

［物理性质］通常呈红色（含 Cr）、绿色（含 Fe^{3+}）或褐黑色（含 Fe^{2+} 和 Fe^{3+}）；玻

璃光泽。无解理；偶有平行（111）裂开。硬度8。相对密度3.55。

［成因及产状］尖晶石常产于侵入岩与白云岩或镁质灰岩的接触带中，与镁橄榄石、透辉石等共生。在富铝贫硅的泥质岩的热变质带也可产生尖晶石。作为副矿物，见于基性、超基性岩浆岩中。此外，也常见于砂矿中。

［鉴定特征］八面体晶形，尖晶石律双晶和高硬度。

［主要用途］透明、色美者作为宝石。

磁铁矿（Magnetite，$FeFe_2O_4$）

［化学组成］Fe 72.4%，O 27.6%；或 FeO 31%，Fe_2O_3 69%；常含 Mg、Mn、Ti、V、Cr 等。其中 Mg^{2+}、Mn^{2+} 类质同象置换磁铁矿成分中的 Fe^{2+}。磁铁矿中 Ti 的含量比较灵敏地反映磁铁矿的成因：岩浆成因的磁铁矿，Ti 含量最高，常形成钛磁铁矿，其成分中 TiO_2 可达 12%~16%；接触交代成因和热液成因的磁铁矿，其成分中 Ti 的含量显著降低；沉积变质成因的磁铁矿，Ti 的含量最低。V^{3+} 类质同象置换磁铁矿中 Fe^{3+} 而形成钒磁铁矿 $Fe^{2+}(Fe^{3+},V^{3+})_2O_4$，其成分中 V_2O_3 含量可达 88%。在磁铁矿 – 铬铁矿类质同象系列中，铬铁矿成分中的 Cr_2O_3 可达 12%。

［结晶形态］等轴晶系，单晶呈八面体 {111}，较少呈菱形十二面体 {110}。在菱形十二面体面上长对角线方向常现条纹。双晶依尖晶石律（111）成接触双晶。集合体常呈致密块状和粒状（图 13–19）。

［物理性质］铁黑色；条痕黑色。半金属光泽。不透明。无解理，有时具 {111} 裂开。硬度6。相对密度5.20。性脆。具强磁性。

［成因及产状］主要形成于内生作用和变质作用过程中。常作为岩浆岩的副矿物出现。此外，它是岩浆成因铁矿床、接触交代铁矿床、汽化 – 高温含稀土铁矿床、沉积变质铁矿床以及一系列与火山作用有关铁矿床中的主要铁矿物。因其稳定性好也常见于砂矿中。我国磁铁矿的著名产地有：四川攀枝花（岩浆成因铁矿床）、辽宁鞍山（沉积变质铁矿床）、湖北大冶（接触交代铁矿床）等。

［鉴定特征］以其晶形、黑色条痕和强磁性可与其相似的矿物（如赤铁矿、铬铁矿等）相区别。

［主要用途］为最重要的炼铁矿物原料之一。所含的 V、Ti、Cr 等常可综合利用。

图 13–19　磁铁矿集合体

图 13–20　产于超基性岩浆岩中的铬铁矿

铬铁矿（Chromite，$FeCr_2O_4$）

［化学组成］FeO 32.09%，Cr_2O_3 67.91%；铬铁矿的成分比较复杂，广泛存在 Cr_2O_3、Al_2O_3、Fe_2O_3、FeO、MgO 五种基本组分间的类质同象置换。

［结晶形态］等轴晶系，通常呈粒状或块状集合体（图13-20）。单晶呈八面体 $\{111\}$，但极少见。

［物理性质］暗褐色至铁黑色；条痕褐色。半金属光泽。不透明。无解理。硬度5.5~6.5。相对密度4.3~4.8。性脆。具弱磁性，含铁量高者磁性较强。

［成因及产状］为岩浆作用的产物，常产于超基性岩中，与橄榄石共生，可作为指示超基性环境的标型矿物。也见于砂矿中。我国铬铁矿的主要产地分布在西藏和新疆。

［鉴定特征］以其暗棕色或黑色，条痕褐色，弱磁性，硬度大和产于超基性岩中为鉴定特征。将矿粉放入磷酸加热，溶液呈鲜艳的翠绿色，说明有铬离子存在。

［主要用途］提炼铬的唯一矿物原料。富含铁的劣质矿石可供制作高级耐火材料。

钛铁矿（Ilmenite，$FeTiO_3$）

［化学组成］Fe 36.8%，Ti 31.6%，O 31.6%；成分中常含 Mg、Nb、Ta、Mn 等类质同象混入物。在960℃以上，钛铁矿与赤铁矿形成完全类质同象，当温度降低时即发生离溶，故钛铁矿中常含有细鳞片状赤铁矿包裹体。

［结晶形态］三方晶系，单晶少见，偶见厚板状；通常呈不规则细粒状、鳞片状。可见依（0001）和（101）成双晶。

［物理性质］钢灰至铁黑色；条痕黑色，含赤铁矿者带褐色。金属—半金属光泽。不透明。无解理。硬度5~6。相对密度4.72。具弱磁性。

［成因及产状］主要形成于岩浆作用和伟晶作用过程中。常作为各类岩浆岩的副矿物出现。在与基性岩有关的钒钛磁铁矿矿床中，钛铁矿呈显微粒状或片状分布于磁铁矿颗粒之间，或沿磁铁矿 $\{111\}$ 面网方向呈定向分布，造成磁铁矿的 $\{111\}$ 裂开，这是由于在550℃以上所形成的磁铁矿-钛铁矿固溶体在温度降低时发生离溶，分离出的钛铁矿从 $\{001\}$ 面浮生（或交生）于磁铁矿的 $\{111\}$ 面上而导致磁铁矿产生 $\{111\}$ 裂开。我国四川攀枝花钒钛磁铁矿矿床是世界上钛铁矿著名产地之一。

［鉴定特征］据其晶形、条痕和弱磁性与其相似的赤铁矿、磁铁矿相区别。但颗粒细小时不易识别，需要用化学方法或显微镜下鉴定。

［主要用途］为钛的重要矿石矿物。

铌铁矿-钽铁矿（Columbite-Tantalite，$(Fe,Mn)(Nb,Ta)_2O_6$）

［化学组成］组分中 Fe 与 Mn，Nb 与 Ta 分别为完全类质同象，故各组分含量变化很大。此外，常有 Ti、Sn、W、Zr、Al、U、TR 等的混入，多者可达5%~10%，个别还有较高含量的 Sb 混入。

［结晶形态］斜方晶系。晶体呈薄板状、厚板状、柱状，也有的呈针状。主要单形有平行双面 $a\{100\}$、$b\{010\}$，斜方柱 $m\{110\}$，斜方双锥 $n\{111\}$ 等，组成较复杂的聚形（图13-21）。一般晶面光滑，有时可见纵纹，有的则表面粗糙似焦炭状。依（201）为双晶面形成板状心形或扇形的接触双晶，并具羽毛状条纹，也有的成穿插双晶或聚片双晶。晶形不好时成枣核状或不规则粒状。集合体呈块状、晶簇状、放射状。柱状晶体有时平行连生。

［物理性质］铁黑色至褐黑色，条痕暗红至黑色。半金属光泽至金属光泽。不透明。含锰、钽高的铌锰矿、钽锰矿，颜色较浅，暗黑红色至黄棕色，条痕可呈浅红色。解理平

行 {010} 中等，{100} 不完全，断口参差状，有的呈次贝壳状。性脆。硬度变化大，自 4.2（铌铁矿）至 7（钽锰矿）。相对密度 5.36（铌锰矿）至 8.17（钽铁矿），随 Ta_2O_5 含量增加而相对密度增大（因为铌、钽原子量相差甚大，分别为 93 和 181）。

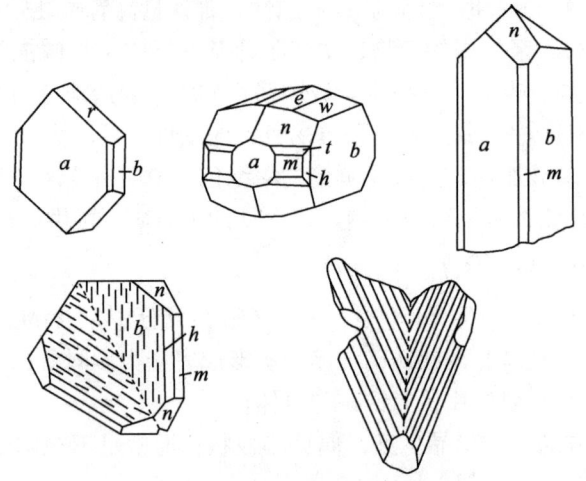

图 13 - 21　铌钽铁矿的晶形

［成因及产状］铌钽铁矿主要产于花岗伟晶岩中，其形成与伟晶岩的晚期交代作用（钠化）有关，常与石英、长石、白云母、锂云母、绿柱石、黄玉、锆石、锡石、独居石、细晶石等共生。

产于钠长石化、云英岩化黑云母花岗岩的铌钽铁矿，与石英、长石、云母、锆石、独居石、锡石、钍石、细晶石、黄玉等共生。

产于侵入到石灰岩内的细晶岩中，与锡石、黑钨矿、黄玉及透辉石、透闪石、镁橄榄石等共生。在表生条件下，由于其化学性质稳定，常转入砂矿。

［鉴定特征］板状晶形，黑色，相对密度大为其特征。与黑钨矿、褐帘石类似，但铌钽铁矿有较高的硬度（4.2～7），其解理不如黑钨矿完全。褐帘石则相对密度小（3.2～3.4），颜色及条痕较浅（黄绿—暗褐色），以此可区分。

至于铌钽铁矿的亚种可根据条痕和相对密度的测定初步鉴别之。

［主要用途］可作为铌、钽矿石。

金绿宝石（Chrysoberyl，$BeAl_2O_4$）

［化学组成］BeO 19.8%，Al_2O_3 80.2%；常含 Fe、Ti、Cr 等杂质。

［结晶形态］斜方晶系，晶体呈厚板状，有时为柱状，常形成假六方晶体（图 13 - 22）。金绿宝石常依（031）形成三连晶（图 13 - 23）。在 {001} 晶面上常具平行 a 轴的条纹。常呈粒状集合体。

［物理性质］黄色、黄绿色、无色者少见，含 Cr 异种呈绿色，称为翠绿宝石；有的变种磨光后，白天、黑夜呈现不同的颜色，称为变石；磨光后呈乳状光泽，表面呈闪亮光带者，称为金绿猫眼石。玻璃光泽，断口油脂光泽。硬度 8.5。性脆。解理平行 {011} 清楚，平行 {001}、{100} 不完全。断口贝壳状。相对密度 3.50～3.84。

［成因及产状］这是一种较少见的矿物，常分布于伟晶岩、蚀变细晶岩或接触变质带

中。因其化学性质稳定，也见于砂矿中。

[鉴定特征] 以假六方板状晶形、黄绿色、硬度大为特征。

[主要用途] 色美、透明者可作宝石，猫眼石、变石为中高档宝石。

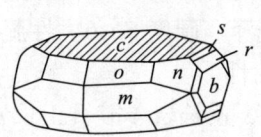 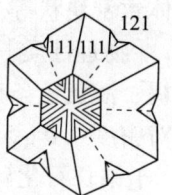 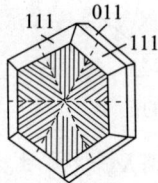

图 13-22　金绿宝石的假六方晶体　　　图 13-23　金绿宝石依（031）
$c\{001\}$、$o\{111\}$、$m\{110\}$、$b\{010\}$、　　　　　所成的三连晶
$n\{121\}$、$s\{021\}$、$r\{031\}$

褐钇铌矿（Fergusonite，$YNbO_4$）

[化学组成] 属褐钇铌矿（$YNbO_4$）-黄钇钽矿（$YTaO_4$）系列中富铌的端员。成分中的 Y 可被 Ce 完全替代，构成 $YNbO_4$ - $CeNbO_4$ 完全类质同象系列。此外，TR、U、Th 可替代 Y；Nb 则可被 Ta、Ti 和少量 Zr 替代，当 Ti 的原子数达 20% 时，则称之为钛褐钇铌矿。

[结晶形态] 四方晶系，四方双锥晶类。晶体沿 c 轴延伸，常呈四方柱状或纺锤状。常见单形有四方双锥、四方柱、平行双面等。晶面常弯曲使晶体呈纺锤状（图 13-24），可与其他相似矿物区别。一般呈浸染粒状存在于岩石中。

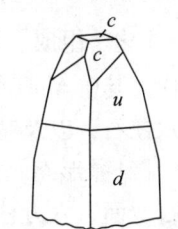

图 13-24　褐钇铌矿的晶形

[物理性质] 黄褐、黑褐色；条痕呈浅黄—黄褐色。油脂光泽。有时可见到 $\{001\}$ 及 $\{111\}$ 中等解理，由于成分中含 U、Th 等放射性元素，故常见非晶质化，所以解理不常见；贝壳状断口。硬度 5.5~6.5（显微硬度 683~897 kg/mm²）。相对密度 4.89~5.82，随成分中 Ta 含量的增加而增大。

[成因及产状] 多产于花岗岩及其伟晶岩中，也可产于与碱性岩有关的矿床中，与碱性正长岩有关的微斜长石岩及钠长岩中，与锆石、黑稀金矿共生；产于钠质交代的花岗伟晶岩中时，与硅铍钇矿、磷钇矿共生。

[鉴定特征] 晶形较粗大时，以其特有的晶形作为特征。准确鉴定需借助仪器（特别是晶形不好、晶粒细时）。

[主要用途] 褐钇铌矿富含钇族稀土及放射性元素，是提取上述元素的重要矿石。尤其是褐钇铌矿成分中含有铥、镥等稀土元素，比较重要。也可作为提取铌的原料。

烧绿石（Pyochlore，$(Ca,Na)_2Nb_2O_6(OH,F)$）

又称黄绿石。

[化学组成] 成分变化很大。烧绿石和细晶石形成完全类质同象。纯的烧绿石含 CaO 15.4%，Na_2O 8.5%，Nb_2O_7 3.05% 和 F 5.22%，纯的细晶石含 CaO 10.43%，Na_2O 5.76%，Ta_2O_5 82.14% 和 H_2O 1.67%。常有 K、Mg、Fe、Mn、TR、Th、U、Zr 的混入物。

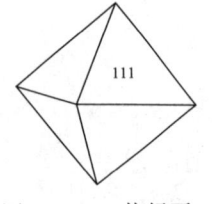

图 13 – 25　烧绿石
的晶形

[结晶形态] 等轴晶系，晶形呈八面体（图 13 – 25），常见不规则粒状。含铀较高的烧绿石可蜕变成非晶质，但仍保存烧绿石的八面体假象，或晶形趋于扭曲，并发生膨胀裂隙或呈胶态分泌体致密块状等。

[物理性质] 颜色为暗褐、红褐、黄绿、淡黄、粉红等色；淡褐、淡黄色条痕。油脂光泽。硬度 5 ~ 6。性脆。断口贝壳状。相对密度 4.0 ~ 5.4。具放射性。

[成因及产状] 烧绿石产于钠长石化碱性花岗岩、正长岩、霞石正长岩及岩脉中，与钠铁闪石、霓石、铁锂云母、锆石、褐帘石、榍石等共生。烧绿石还产在稀有碳酸盐岩矿床中，与磷灰石、磁铁矿、金云母、阳起石、锆石、铈钙钛矿、钙钛矿等共生。

[鉴定特征] 以晶形、颜色、光泽和产状为特征。与四方双锥发育的锆石相似，但锆石硬度大。

[主要用途] 可作为提取铌、钽、稀土和放射性元素的重要矿物原料。

第四节　氢氧化物矿物类

水镁石（Brucite，Mg（OH）₂）

[化学组成] MgO 69.12%，H_2O 30.88%。Mg^{2+} 可被 Fe^{2+}、Mn^{2+}、Zn^{2+} 等类质同象替代。其中 MnO 可达 18%，FeO 可达 10%，ZnO 可达 4%，可形成锰水镁石、铁水镁石、锌水镁石，以及锰锌水镁石（MnO 18.11%，ZnO 3.67%）等变种。

[结晶形态] 三方晶系，复三方偏三角面体晶类。晶体呈板状或叶片状。常见单形有平行双面、六方柱及菱面体（图 13 – 26）。晶体通常呈板状、细鳞片状、浑圆状、不规则粒状集合体，有时出现平行纤维状集合体，这种纤维状水镁石称为纤水镁石。

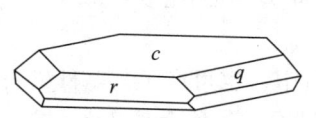

图 13 – 26　水镁石的晶形

[物理性质] 白色、灰白色，当具 Fe、Mn 混入物时呈绿色、黄色或褐红色。新鲜面和断口上呈玻璃光泽，解理面显珍珠光泽，纤水镁石呈丝绢光泽。透明。解理平行 {0001} 极完全。硬度 2.5。细片具挠性及柔性。相对密度 2.3 ~ 2.6。具热电性。

[成因及产状] 水镁石为可溶性含镁化合物在强碱性溶液中水解而成，为碱性溶液对镁质硅酸盐作用后的次生变化产物。其主要矿床与蛇纹岩有关，产于含蛇纹石、铬铁矿的岩石中。也产于接触变质菱镁矿石灰岩中，与方解石、透闪石、蛇纹石、金云母等共生。有时产于白云石化石灰岩中，与方解石、水菱镁矿和方镁石伴生，并按方镁石成假象。

[鉴定特征] 水镁石与滑石、叶蜡石、三水铝石及白云石、石膏等相似，但水镁石易溶于盐酸，不起泡。水镁石的硬度（2.5）较滑石（1）及石膏（2）为硬；滑感不如滑石；也不如白云母的薄片有弹性；较石膏易溶于 HCl，以此可与它们区别。

［主要用途］大量产出时可作炼镁矿石。纤维水镁石为重要的非金属矿物原料，是温石棉理想的代用品。

水铝石（Diaspore，$HAlO_2$）

又称一水硬铝石。

［化学组成］含 Al_2O_3 85%，H_2O 15%；常含 Fe、Mn 等。

［结晶形态］斜方晶系，晶体呈板状，但少见。通常呈细鳞片状集合体。

［物理性质］颜色为无色或白色，以及呈黄褐、淡紫等色。玻璃光泽，解理面上珍珠光泽。硬度 6～7。性脆。解理平行 {010} 中等。相对密度 3.3～3.5。

［成因及产状］主要形成于外生作用，是构成铝土矿的主要矿物成分。此外，偶见于某些接触交代矿床、热液矿床和结晶片岩中。

［鉴定特征］以片状集合体和较大硬度为特征。

［主要用途］炼铝的重要矿物原料。

一水软铝石（Boehmite，$AlOOH$）

［化学组成］Al_2O_3 85%，H_2O 15%；常含 Fe 和 Ga。一水软铝石与一水硬铝石均是 $HAlO_2$ 的同质多象变体。

［结晶形态］斜方晶系，晶体呈细小片状和扁豆状，极少见。常呈隐晶质块体或胶态。

［物理性质］白色或微带黄色。玻璃光泽。硬度 3.5～4。性脆。解理平行 {010} 完全。相对密度 3.01～3.06。

［成因及产状］主要形成于外生作用，是构成铝土矿的主要矿物成分。此外，也偶见有热液成因的。

［鉴定特征］以硬度较低为特征。

［主要用途］炼铝的重要矿物原料，同时可综合利用镓。

三水铝石（Gibbsite，$Al[OH]_3$）

又称水铝氧石。

［化学组成］Al_2O_3 65%，H_2O 34.6%；常含 Fe 和 Ga。

［结晶形态］单斜晶系，晶体呈六方板状，但极少见。通常呈细鳞片状集合体，有时呈结核状、豆状或隐晶质块状。

［物理性质］白色，有时带灰绿、浅红色。玻璃光泽，解理面上呈珍珠光泽。硬度 2.5～3.5。解理平行 {001} 极完全。相对密度 2.43。

［成因及产状］主要是含铝硅酸盐分解和水解的产物，大量出现在风化型或红土型铝土矿矿床中，在沉积型铝土矿矿床中较少分布。是铝土矿的主要矿物成分。

［鉴定特征］以解理极完全、硬度低、相对密度小、玻璃光泽为特征。

［主要用途］炼铝最主要的矿物原料，同时可综合利用镓。

铝土矿（Bauxite，$Al_2O_3 \cdot nH_2O$）

［化学组成］铝土矿不是一个单矿物，而是许多极细小的三水铝石（$Al(OH)_3$）、一水硬铝石（$AlO(OH)$），一水软铝石（$AlO(OH)$），加上一些硅质等的混合物。

［结晶形态］混合物，常呈块状、土状、豆状、鲕状等形态。

［物理性质］因成分不固定，导致物理性质变化很大。灰白色—棕红色。土状光泽。硬度 2～5。相对密度 2～4。有土臭味。

［成因及产状］铝土矿为表生作用产物，有风化成因和沉积成因两种类型。

［鉴定特征］在新鲜面上，用口呵气后有土臭味。

［主要用途］为铝的主要矿石矿物，也可用于制造耐火材料和高铝水泥。

水锰矿（Manganite，MnO(OH)）

［化学组成］MnO 40%，MnO_2 49.4%，H_2O 10.2%；混入物有 SiO_2、Fe_2O_3、Al_2O_3、CaO 等。

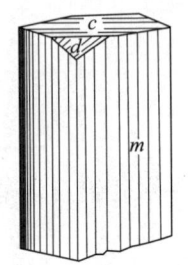

图 13－27　水锰矿的晶形

［结晶形态］单斜晶系，斜方柱晶类。晶体常呈柱状，沿 c 轴延伸，柱面具纵纹（图 13－27）。常见单形有平行双面、斜方柱。双晶面依（011）成接触双晶或穿插双晶，并常成聚片双晶。在热液矿床晶洞中可见到柱状晶簇；在沉积矿床中多呈隐晶质集合体，也有呈鲕状、钟乳状者。

［物理性质］暗钢灰至铁黑色；条痕红棕色。半金属光泽。解理平行 ｛010｝完全，｛110｝及｛001｝中等；断口不平坦状。性脆。硬度 3.5～4。相对密度 4.2～4.33。

［成因及产状］水锰矿生成于氧不足的条件下，以外生为主，呈鲕状或致密块体大量出现于沉积锰矿床中，为四价锰矿物（软锰矿、硬锰矿）和二价锰矿物（菱锰矿）之间的过渡矿物。

热液成因的水锰矿为晚期形成矿物之一，与重晶石及方解石共生。

水锰矿在氧化带不稳定，易于氧化变为软锰矿。有时具软锰矿假象。

［鉴定特征］水锰矿与软锰矿、硬锰矿相似，可以红棕色条痕大致区别之。

［主要用途］重要的锰矿石。

褐铁矿（Limonite，$Fe_2O_3 \cdot nH_2O$）

［化学组成］褐铁矿不是一个单矿物，而是许多极细小的针铁矿（α-FeO(OH)）、纤铁矿（γ-FeO(OH)），加上一些硅质等的混合物。

［结晶形态］常呈胶态集合体（肾状、钟乳状、葡萄状、豆状、鲕状等），也可呈块状、土状、多孔状等，有时呈黄铁矿的立方体假象。

［物理性质］因成分不固定，导致物理性质变化很大。土黄—棕褐色或黑褐色，条痕黄褐色。土状光泽。硬度 1～4。相对密度 3～4。

［成因及产状］有两种成因：由风化作用和沉积作用形成。风化成因的褐铁矿由含铁的矿物硫化物（如黄铁矿）风化形成，可保留黄铁矿的立方体形态（假象），有时在铜铁硫化物矿床的露头部分形成"铁帽"。沉积成因的主要由胶体沉积而成。

［鉴定特征］形态和褐黄色为特征。

［主要用途］为炼铁的矿物原料。"铁帽"可作为找原生铜铁硫化物矿床的标志。

硬锰矿（Psilomelane，$mMnO \cdot MnO_2 \cdot nH_2O$）

［化学组成］硬锰矿不是一个单矿物，而是一种细分散多矿物集合体，加上一些硅质

等的混合物。主要为含有多种元素的锰的氧化物和氢氧化物。

[结晶形态] 常呈块状、肾状、钟乳状、葡萄状、土状、豆状、鲕状等形态。

[物理性质] 因成分不固定，导致物理性质变化很大。黑色—深褐色。土状光泽。不透明。硬度 5~6。无解理。相对密度 3~4。

[成因及产状] 硬锰矿属于次生矿物。在地表条件下可由含锰矿物风化形成，常与软锰矿、褐铁矿等矿物伴生。此外，也有的是沉积成因。

[鉴定特征] 以胶态集合体、黑色为特征，加 H_2O_2 剧烈起泡。

[主要用途] 为提炼锰的矿物原料。

学 习 指 导

⚙ **要点** ①学习本大类时，可以把氧化物矿物类和氢氧化物矿物类分别进行总结。在总结时，应注意从下列三个方面进行归纳对比：O^{2-} 和参加氧化物矿物的阳离子的离子电位都比较高，所以氧化物矿物的硬度高，稳定性强；本类矿物在各种地质作用中都可以形成，在风化搬运过程中也常被保存，这方面可以和硫化物进行对比；不同离子类型的氧化物矿物性质差别很大，惰性气体型离子氧化物矿物（Al_2O_3、SiO_2 等），过渡型离子氧化物矿物（$FeFe_2O_4$、$FeTiO_3$ 等）和铜型离子氧化物矿物（SnO_2 等）各有特点，应以光学性质为主，从各方面总结对比；每个矿物族的矿物在化学式、晶体结构、形态或物理性质上都有共同之处，这在氧化物矿物中表现特别明显，同时，一个族的各种矿物，又各有其特点，所以要熟悉以下几个重点矿物族：刚玉－赤铁矿族（可把钛铁矿归并进来，它们的结构类型相同）、金红石族、石英族、尖晶石族。②氢氧化物矿物类在外生地质作用中分布很广，但是用肉眼详细鉴定矿物种比较困难，在学习时要从以下三方面领会：形成氢氧化物矿物的主要阳离子种类很少，主要是 Al^{3+}、Fe^{3+}、Mn^{4+} 和 Mn^{6+}，其中除 Mn^{2+} 可进一步氧化成 Mn^{4+}（变为软锰矿）外，其他在地表强氧化条件下都十分稳定；氢氧化物矿物基本上只形成于风化壳中或胶体沉积中，呈细分散多矿物集合体形式存在，其矿物颗粒极细，所含杂质也多，详细确定矿物种必须用进一步的鉴定方法，所谓铝土矿、褐铁矿和硬锰矿在这里都不是矿物种名称，它们分别是若干种铝的氢氧化物、铁的氢氧化物以及锰的氢氧化物细分散多矿物集合体的统称；氢氧化物矿物形成后常随时间的加长而失水，生成无水氧化物矿物，此种情况尤其在干旱地区常见，区域变质条件下也能使其转变为无水氧化物矿物，如一水软铝石（$AlO(OH)$）转变为刚玉（Al_2O_3）。

⚙ **重点** 各矿物的结晶形态、物理性质和用途。

⚙ **难点** 各矿物的成因及产状，与相似矿物的区别。

📖 **思考题与作业**

（1）试对比氧化物矿物与硫化物矿物的成分（分别对比阴离子和阳离子的电价、半径、电负性，在氧化环境中的变化）、晶格类型、物理性质和成因特点。

（2）试比较不同离子类型的氧化物矿物和氢氧化物矿物在物理性质上的差异。

（3）以（钒）钛磁铁矿为例，说明类质同象的分解和矿物的裂开这两个概念。

（4）为什么重砂中常常有石英、磁铁矿、钛铁矿、金红石、锡石等氧化物，但很少见到硫化物的颗粒，即使硬度极大的硫化物，如黄铁矿、毒砂等，也难以出现在重砂中呢？

（5）石英族矿物包括哪些矿物种？为何α-石英在自然界中分布最广？石英族矿物相对密度较小，其原因何在？

（6）燧石、碧玉、玛瑙、水晶、石髓（玉髓）、蛋白石和石英都有什么关系？

（7）试述α-石英、β-石英、鳞石英、白硅石的稳定温度界限。

（8）铌钽氧化物在成分、性质上有何特点？

（9）如何区别铁闪锌矿、磁铁矿、镜铁矿、铌铁矿？

（10）何谓细分散多矿物集合体？铝土矿、褐铁矿的矿物成分如何？为什么说铝土矿、褐铁矿不是矿物种的名称？

（11）写出各矿物的用途。

（12）写出各矿物的成因。

第十四章　卤化物矿物大类

内容介绍 卤化物矿物的种类、分类及各矿物的特征。

知识目标 了解卤化物矿物的一般特征，熟悉各矿物的化学组成、结晶形态、物理性质、成因、产状和用途。

能力目标 认识卤化物矿物，掌握每种矿物的鉴定特征以及与相似矿物的区别方法。

第一节　概　　述

本类矿物为卤族元素氟（F）、氯（Cl）、溴（Br）、碘（I）与金属阳离子的化合物，有 100 余种，其中以 F 和 Cl 的化合物为主，其他卤化物少见。

一、化学组成

组成卤化物矿物的阳离子主要是惰性气体型离子 K^+、Na^+、Ca^{2+}、Mg^{2+}、Al^{3+}；其次为部分铜型离子 Ag^+、Cu^{2+} 等。阴离子主要为 F^-、Cl^-，其次有 Br^-、I^-，另外还有附加阴离子 OH^- 或 H_2O 分子进入卤化物。半径较小的阴离子 F^- 与半径较小的阳离子 Ca^{2+}、Mg^{2+} 结合形成不溶于水的稳定化合物。半径较大的阴离子 Cl^- 与半径较大的阳离子 K^+、Na^+ 等结合形成易溶于水的化合物。

二、物理性质

由惰性气体型离子所组成的卤化物矿物常为离子键，一般无色透明、玻璃光泽、相对密度小、导电性差，许多矿物可溶于水。

铜型离子所组成的卤化物矿物常为共价键，一般为浅色、透明度低、金刚光泽、相对密度大、导电性强，并具延展性。

氟化物矿物的硬度一般大于其他卤化物，溶解度小于其他卤化物。

三、成因及产状

卤化物矿物主要由热液作用或表生作用形成。在热液作用中，往往形成大量的萤石。表生作用中 Cl 具有较强的迁移能力，往往与 K、Na、Ca、Mg 组成溶于水的化合物。在干旱的内陆盆地或潟湖海湾环境中形成大量的氯化物沉淀。

四、分类

本类矿物可分为两类：

氟化物矿物类：萤石族（萤石）；

氯化物矿物类：石盐族（石盐、钾盐），光卤石族（光卤石）。

第二节　氟化物矿物类

萤石（Fluorite，CaF₂）

又称氟石。

[化学组成] Ca 51.33%，F 48.67%；稀土元素（主要是 Ce 和 Y）可以类质同象形式代替 Ca，也可以吸附形式赋存在萤石的裂隙中，或呈独立的矿物以固体包裹体形式存在于萤石中。当含 Y 较多时可称为钇萤石。此外，也常含有 Fe_2O_3、Al_2O_3、SiO_2 和沥青物质（乌黑色，加热有臭味）等混入物。

[结晶形态] 等轴晶系，晶体常呈立方体 {100}，其次为八面体 {111}，少数有菱形十二面体 {110}，有时有四六面体 {210} 和六八面体 {421} 等（图 14 – 1）。常依 (111) 成穿插双晶（图 14 –2）。集合体呈晶粒状、块状、球粒状，偶尔见土状块体。

双晶轴

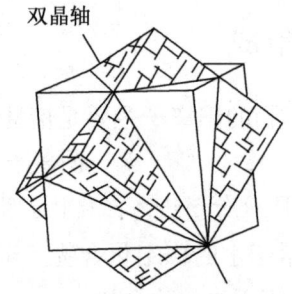

图 14 – 1　萤石晶体　　　　图 14 – 2　萤石的双晶示意图

萤石晶体形态具有标型特征，它随着介质的 pH 和离子浓度的变化而变化。在碱性溶液中结晶时，F^- 起主导作用，而发育 F^- 面网密度大的晶面 {100} 成立方体；在中性溶液中结晶时，Ca^{2+} 和 F^- 作用相当，而发育 Ca^{2+}、F^- 组成的面网密度最大的晶面 {110} 成菱形十二面体；在酸性介质中，Ca^{2+} 起主导作用而发育 Ca^{2+} 面网密度最大的晶面 {111} 形成八面体。

[物理性质] 颜色多样，有无色、白色、黄色、绿色、蓝色、紫色、紫黑色及黑色，其呈色机理也很复杂，主要为色心呈色，即放射性元素的辐射损伤造成晶格缺陷及 Na^+、$K^+ \to Ca^{2+}$ 引起 F^- 缺席而形成色心。加热时，可退色。玻璃光泽。解理 {111} 完全。硬度 4。相对密度 3.18（含 Y、Ce 者相对密度增大，钇萤石相对密度 3.3）。性脆。熔点 1270～1350 ℃。萤石具有发光性，且热发光强度与稀土含量、Na 的含量有关。

[成因及产状] 主要为热液型，也可以有沉积型。

[鉴定特征] 根据其晶形、{111} 完全解理、硬度 4 及各种浅色等特征易识别之，此

外进行荧光、热光试验也可辅助鉴别。

[主要用途] 在冶金工业上作熔剂，在化工上用于制氟化物（如氢氟酸），在玻璃和陶瓷业中制乳白不透明玻璃和珐琅。还可用于光学仪器和雕刻工艺。

第三节　氯化物矿物类

石盐（Halite，NaCl）

[化学组成] Na 39.4%，Cl 60.6%；常含有 Br、Rb、Cs、Sr 等以及气泡、卤水、泥质、有机质等包裹体，还有 Ca、Mg 氯化物的机械混入物。

图 14 - 3　石盐晶体

[结晶形态] 等轴晶系；常见晶形为立方体 {100}（图 14 - 3），其次为八面体 {111} 与立方体 {100} 的聚形，偶见有完好的八面体。有时可看到漏斗状的立方体骸晶。集合体呈粒状、致密块状或疏松盐华状。

[物理性质] 无色透明者少，因含杂质而呈各种颜色，含泥质呈灰色，含氢氧化铁呈黄色，含氧化铁呈红色，含有机质呈黑褐色，呈蓝色者与钠离子获得自由电子后变为中性原子有关（常因钾放射性同位素引起）。玻璃光泽，受风化后呈油脂光泽。解理 {100} 完全（平行电性中和面）。硬度 2～2.5。相对密度 2.1～2.2。性脆。易溶于水，有咸味。烧之呈黄色火焰。熔点 804 ℃。

[成因及产状] 主要产于气候干旱的内陆盆地盐湖中，少量的石盐系火山喷发凝华的产物。我国石盐资源丰富，除沿海各省盛产海盐外，在西北和西南、中南、华东各地区岩盐和湖盐均有大面积存在。

[鉴定特征] 立方体晶形，硬度低，易溶于水，有咸味等为其主要特征。

[主要用途] 为不可缺少的食料和食物防腐剂；用于化工及纺织工业；也可作为提炼金属钠的原料；在电气工业上石盐用于制作发光的充钠蒸气灯泡等；带蓝色的石盐可作为寻找 KCl 的标志。

钾盐（Sylvite，KCl）

[化学组成] K 52.4%，Cl 47.6%；常含微量 Br、Li、Rb、Cs 等，Na 有时可达 5%，此外，还有 Fe_2O_3 等机械混入物。

[结晶形态] 等轴晶系，晶体常呈八面体 {111} 与立方体 {100} 的聚形。集合体通常呈粒状（图 14 - 4）、致密块状，偶见柱状、针状、皮壳状。

[物理性质] 无色透明，但常因含 Fe_2O_3 而呈红色，也呈蓝、黄等色；条痕白色。玻璃光泽。硬度 1.5～2。解理平行立方体 {100} 完全。相对密度 1.97～1.99。易溶于水。有咸味，与石盐比较，还有苦味。性脆。烧之火焰呈紫色。

图 14 - 4　钾盐

［成因及产状］与石盐相似，产于干旱的盐湖中，但远少于石盐。因为 K⁺ 很容易被土壤吸收到层状硅酸盐晶格中，进入海水的钾比钠要少得多。

［鉴定特征］似石盐，但味苦咸且涩；烧之染火焰为紫色（隔蓝玻璃观察，把 Na 的黄色焰色隔去后才清楚）。

［主要用途］主要用于制钾肥。

光卤石（Carnallite，$KMgCl_3 \cdot 6H_2O$）

［化学组成］K 14.1%，Mg 8.7%，Cl 38.3%，H_2O 38.9%；类质同象混入物有 Br、Rb、Cs，偶尔有 Li 和 Ti，机械混入物以石盐、钾盐、硬石膏和赤铁矿等为常见，此外常含有黏土、卤水以及 N_2、H_2、CH_4 等包裹体。

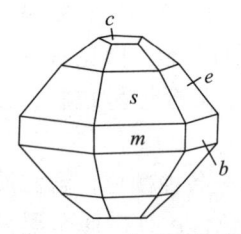

图 14-5　光卤石的晶形

［结晶形态］斜方晶系，斜方双锥晶类，晶体呈假六方锥形（图 14-5），很少见到。通常呈粒状或致密块体。

［物理性质］纯净者为无色或白色，常因含细微氧化铁而呈红色，含氢氧化铁混入物而显黄褐色。新鲜断面呈玻璃光泽，在空气中很快变为油脂光泽。无解理。硬度 2~3。性脆。相对密度 1.60，具强潮解性。味辛、辣、苦、咸。发强荧光。易溶于水，溶于水时发特殊的碎裂声，这是由于含有处在高压下的气泡爆破所致。

水浸法：把晶体置于载玻璃上，加一滴水，即分解生成中间产物——细小的钾盐晶体。在水滴小、不流动的情况下，KCl 晶体可以保持几分钟，但因溶液未达到饱和状态，故 KCl 晶体又会溶解。缓慢蒸发结晶时，首先析出 KCl 的立方体，晶体常显环带结构或漏斗状结构。在接近干涸时，早期结晶的 KCl 被水中 $MgCl_2 \cdot 6H_2O$ 交代又生成光卤石，且具钾盐假象。

［成因及产状］最富含 Mg 和 K 的盐湖中最后形成的矿物之一，因此它出现在沉积盐层的最上部，常与钾盐、石盐、杂卤石、泻利盐等伴生。我国青海柴达木盆地达布逊湖盛产光卤石，是世界罕见的内陆盆地现代沉积的光卤石矿床。

［鉴定特征］常与石盐和钾盐共生，易于潮解，味苦、辣、咸，无解理，强荧光可与石盐、钾盐相区别。水浸法鉴定效果良好。

［主要用途］用于制造钾肥和钾的化合物，可以提取金属镁。

学 习 指 导

要点　卤化物矿物具有典型的离子晶格。学习本大类矿物的目的之一是可以进一步了解离子晶格矿物的特性。萤石是常见矿物之一，应掌握其鉴定特点，比较它和菱镁矿、重晶石等矿物的异同。萤石的颜色各种各样，鉴定时应注意。石盐也是重要的沉积矿物，它的性质，是认识它的主要依据。钾盐是我国急缺矿产，其鉴定须借助显微镜和化学分析。

重点　各矿物的结晶形态、物理性质和用途。

难点　各矿物的成因及产状，与相似矿物的区分。

 **思考题与作业**

（1）萤石与哪些矿物相似，如何区分？

（2）写出各卤化物矿物的主要特征。

（3）写出各卤化物矿物的成因和用途。

（4）如何区分石盐与钾盐？

（5）卤化物大类为何矿物少？

第十五章　含氧盐矿物大类

内容介绍 含氧盐矿物种类、分类及各矿物的特征。

知识目标 了解含氧盐矿物的一般特征，熟悉矿物的种类划分及各矿物的化学组成、结晶形态、物理性质、成因、产状和用途。

能力目标 认识含氧盐矿物，掌握每种矿物的鉴定特征及与相似矿物的区别方法。

第一节　概　　述

含氧盐矿物是各种含氧酸的配阴离子（原称络阴离子）与金属阳离子所组成的盐类化合物。本大类矿物在自然界中分布极为广泛，约占已知矿物种数的2/3，质量超过地壳总质量的4/5。国民经济中许多重要的矿物原料，特别是非金属矿物原料，如化工、建材、陶瓷、冶金辅助原料以及许多贵重的宝（玉）石原料，主要来自含氧盐矿物。

在含氧盐矿物晶体结构中，含氧酸根呈独立的阴离子团存在，成为配阴离子。自然界中最主要的配阴离子有 $[SiO_4]^{4-}$、$[PO_4]^{3-}$、$[SO_4]^{4-}$ 和 $[CO_3]^{2-}$ 等，它们呈平面三角形、四面体等各种形状，具有比一般简单化合物的阴离子（O^{2-}、S^{2-}、Cl^- 等）大得多的离子半径（表15-1），但各种配阴离子的形状、半径、电价以及某些化学特性的差别，对矿物的化学成分、物理性质以及成因有决定性影响。配阴离子内部的中心阳离子一般具有较小的半径和较高的电荷，与其周围的 O^{2-} 结合的键力远大于 O^{2-} 与配阴离子外部阳离子结合的键力。因此，在晶体结构中它们是独立的结构单位。配阴离子与外部阳离子的结

表15-1　含氧盐矿物的主要配阴离子

配阴离子	半径近似值/nm	配阴离子形状
$[NO_3]^-$	0.257	三角形
$[CO_3]^{2-}$	0.257	三角形
$[BO_3]^{3-}$	0.268	三角形
$[SiO_4]^{4-}$	0.290	四面体
$[AsO_4]^{3-}$	0.295	四面体
$[SO_4]^{2-}$	0.295	四面体
$[CrO_4]^{2-}$	0.300	四面体
$[PO_4]^{3-}$	0.300	四面体
$[WO_4]^{2-}$		四方四面体
$[MoO_4]^{2-}$		四方四面体

合以离子键为主，因而含氧盐矿物具有离子晶格的性质，通常为玻璃光泽，少数为金刚光泽、半金属光泽，不导电，导热性差。无水的含氧盐矿物一般具有较高的硬度和熔点，一般不溶于水。

根据配阴离子种类的不同，将含氧盐矿物分为以下八类：硅酸盐矿物类；硼酸盐矿物类；磷酸盐矿物类，砷酸盐矿物类，钒酸盐矿物类；钨酸盐矿物类，钼酸盐矿物类；铬酸盐矿物类；硫酸盐矿物类；碳酸盐矿物类；硝酸盐矿物类。

第二节　硅酸盐矿物类

硅和氧是地壳中分布最广、平均含量最高的元素，其克拉克值分别为 27.2% 和 46.6%。由硅、氧和其他金属阳离子组成的硅酸盐矿物是组成地壳的物质基础，已发现的硅酸盐矿物占已知矿物种类的 1/3，达 800 多种，其质量占地壳岩石圈总重的 85%。

硅酸盐矿物是三大类岩石（岩浆岩、沉积岩、变质岩）的主要造岩矿物，同时也是工业上所需要的多种金属和非金属的矿物资源。如 Li、Be、Zr、B、Rb、Cs 等大部分是从硅酸盐矿物中提取的；而石棉、滑石、云母、高岭石、沸石等多种硅酸盐矿物又直接被广泛地应用于国民经济建设。此外，还有不少硅酸盐矿物是珍贵的宝石矿物，如祖母绿和海蓝宝石（绿柱石）、翡翠（翠绿色硬玉）、碧玺（电气石）等。

一、晶体化学特征

1. 化学组成

组成硅酸盐矿物的主要是惰性气体型离子、部分过渡型离子的元素。其中阳离子主要为惰性气体型离子（Si^{4+}、Al^{3+}、K^+、Na^+、Ca^{2+}、Mg^{2+} 等）；部分过渡型离子（Fe^{2+}、Fe^{3+}、Mn^{2+}、Cr^{3+}、Ti^{4+} 等）以及极其少量的铜型离子。

阴离子主要为 Si 和 O 组成的配阴离子团（硅氧骨干），还可以出现附加阴离子 O^{2-}、$(OH)^-$、F^-、Cl^-，以及 S^{2-}、$[CO_3]^{2-}$、$[SO_4]^{2-}$ 等。

此外，部分硅酸盐矿物中还可以有 H_2O 分子参加。

2. 硅氧骨干

在硅酸盐矿物结构中，每个 Si 一般为 4 个 O 所包围，构成 $[SiO_4]$ 四面体，如图 15-1 所示，它是硅酸盐矿物的基本结构单位。

由于 Si^{4+} 的化合价为 4 价，配位数为 4，它赋予每一个氧离子的电价为 1，即等于氧离子电价的二分之一，氧离子另一半电价可以用来联系其他阳离子，也可以与另一个硅离子相连。因此，在硅酸盐矿物结构中 $[SiO_4]$ 四面体既可以孤立地被其他阳离子包围起来，也可以彼此以共用角顶的方式连接起来形成各种形式的硅氧骨干。

目前所发现的硅氧骨干形式已有数十种，现将其几种主要类型介绍如下。

（1）岛状硅氧骨干：本类硅氧骨干被其他阳离子所隔开，彼此分离犹如孤岛。包括孤立的 $[SiO_4]$ 单四面体（图 15-1A）及 $[Si_2O_7]$ 双四面体（图 15-1B）。前者无惰性氧，如橄榄石 $(Mg,Fe)_2[SiO_4]$，后者有一个惰性氧，如异极矿 $Zn_4[Si_2O_7](OH)_2$。岛状

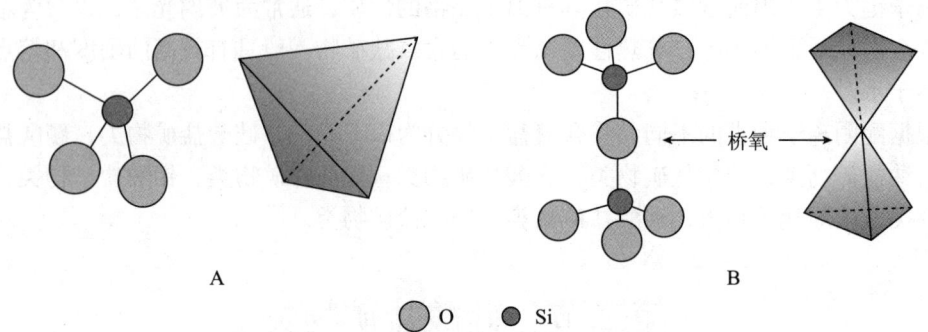

O　●Si

图 15－1　岛状硅氧骨干

A—[SiO_4] 四面体；B—[Si_2O_7] 双四面体

配阴离子之间靠金属阳离子来连接，从而形成岛状硅酸盐矿物。

（2）环状硅氧骨干：[SiO_4] 四面体以角顶联结形成封闭的环，根据 [SiO_4] 四面体环节的数目可以有三方环 [Si_3O_9]、四方环 [Si_4O_{12}]、六方环 [Si_6O_{18}] 等多种（图15－2）。环内每个硅氧四面体以两个角顶分别与相邻的两个四面体相连接；而环与环之间则靠金属阳离子来连接。如三方环中有三个硅氧四面体，即三个硅离子，惰性氧为三个，活性氧有六个，故其配阴离子用 [Si_3O_9]$^{6-}$ 表示，如蓝锥石（BaTi[Si_3O_9]）。四方环则以 [Si_4O_{12}]$^{8-}$ 表示，如包头矿（Ba(Ti,Nb)$_8$[Si_4O_{12}]O$_{16}$Cl）。六方环则用 [Si_6O_{18}]$^{12-}$ 表示，如绿柱石（Be$_3$A$_{12}$[Si_6O_{18}]）。

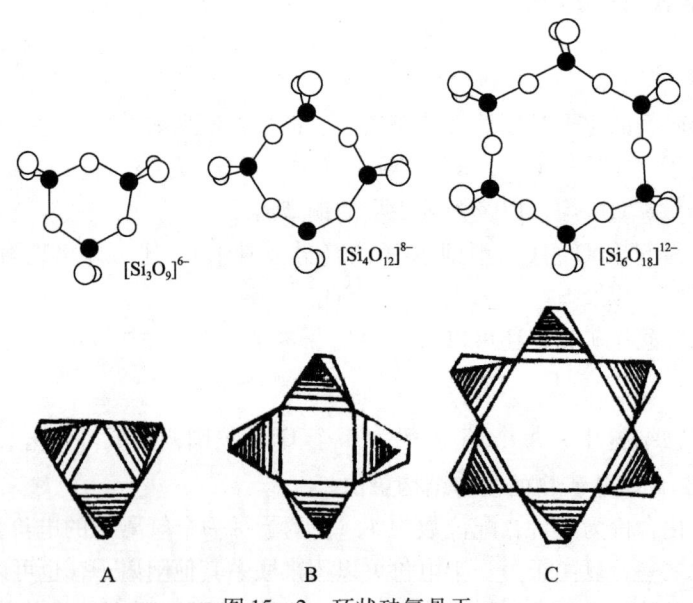

[Si_3O_9]$^{6-}$　　[Si_4O_{12}]$^{8-}$　　[Si_6O_{18}]$^{12-}$

A　　　　　B　　　　　C

图 15－2　环状硅氧骨干

A—三方环 [Si_3O_9]$^{6-}$；B—四方环 [Si_4O_{12}]$^{8-}$；C—六方环 [Si_6O_{18}]$^{12-}$

（3）链状硅氧骨干：[SiO_4] 四面体以角顶联结形成沿一个方向无限延伸的链，其中常见者有单链和双链。在单链中每个 [SiO_4] 四面体以两个角顶分别与相邻的 [SiO_4] 四面体连接成一向无限延伸的连续链，如辉石单链 [Si_2O_6]、硅灰石单链 [Si_3O_9] 等，如图 15－3A 所示。双链相当于两个单链并连而成（图 15－3B）。如两个辉石单链 [Si_2O_6]

相连形成角闪石双链 $[Si_4O_{11}]^{6-}$。

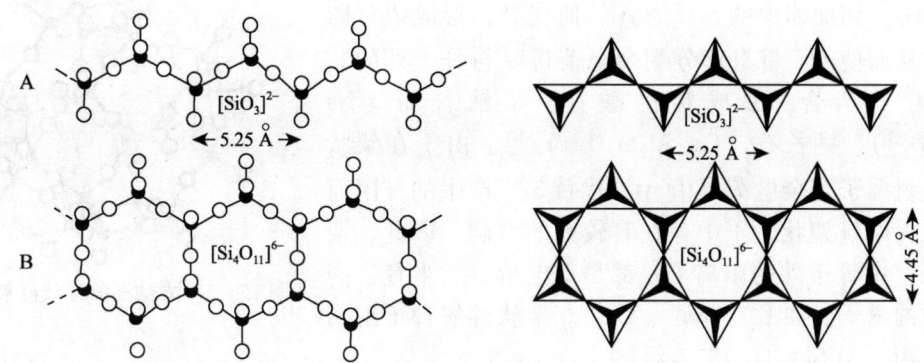

图 15 – 3　链状硅氧骨干

(据高富裕等，1985)

A—单链硅氧骨干（辉石单链 $[Si_2O_6]^{4-}$）；B—双链硅氧骨干（角闪石双链 $[Si_4O_{11}]^{6-}$）

（4）层状硅氧骨干：$[SiO_4]$ 四面体以角顶相连，形成在二维空间上无限延伸的层。在层中每一个 $[SiO_4]$ 四面体以三个角顶与相邻的三个 $[SiO_4]$ 四面体相联结。与两个硅相连接的氧电价饱和，为"惰性氧"或称"桥氧"；而与另一个硅相连接的氧为"活性氧"或称"端氧"。活性氧可指向一方，也可以指向相反方向。如滑石（$Mg_3[Si_4O_{10}](OH)_2$）的层状硅氧骨干 $[Si_4O_{10}]$（图 15 – 4），其活性氧指向一边，但也有少数层状硅酸盐矿物，如鱼眼石（$KCa_4[Si_4O_{10}]_2(F,OH)\cdot 8H_2O$），其活性氧指向两边。

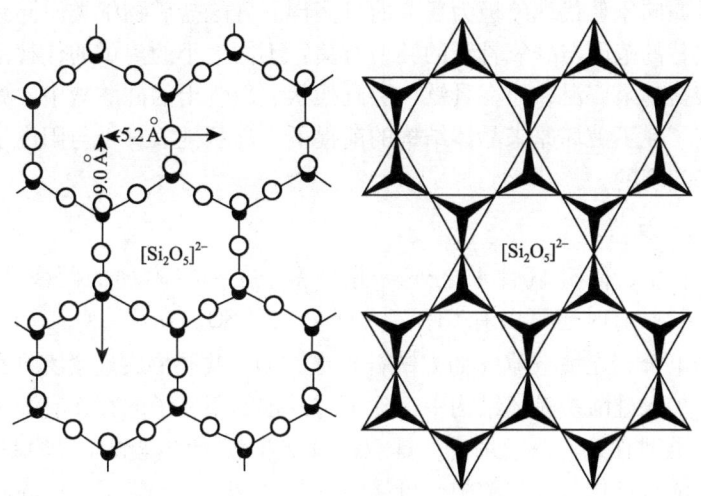

图 15 – 4　滑石的层状硅氧骨干

（5）架状硅氧骨干：在架状硅氧骨干中每个 $[SiO_4]$ 四面体的四个角顶全部与其相邻的四个 $[SiO_4]$ 四面体相连，形成向三维空间无限扩展的格架（图 15 – 5）。在这种结构中，由于每个氧与两个硅相联系，因此，所有的氧都是惰性的，即所有氧的电荷已经被硅中和，骨干外不再需要其他阳离子，这种情况就形成了成分为 SiO_2 的矿物，如石英。按照化合物类型通常将 SiO_2 矿物划分为氧化物矿物，但也有的教材将 SiO_2 矿物划分为硅酸盐矿物。但在架状硅氧骨干的硅酸盐矿物中，除了形成 SiO_2 矿物外，还可以形成硅氧骨干外具有其他阳离子的硅酸盐矿物，这时就必须有部分［SiO_4］四面体中的 Si^{4+} 为 Al^{3+} 所代替，形成铝氧四面体，从而使 O^{2-} 带有部分剩余电荷得以与骨干外的其他阳离子结合，形成铝硅酸盐。如钠长石（Na［$AlSi_3O_8$］）、钙长石（Ca［$Al_2Si_2O_8$］）等。由于在架状骨干中氧离子剩余电荷是由 Al^{3+} 代替 Si^{4+} 产生的，因而电荷低，而且架状骨干中存在着较大的空隙，因此，架状硅酸盐中骨干外的阳离子，都是低电价、大半径、高配位数的离子，如 K^+、Na^+、Ca^{2+}。架状硅氧骨干配阴离子可用［$Al_xSi_{n-x}O_{2n}$］$^{x-}$ 表示。

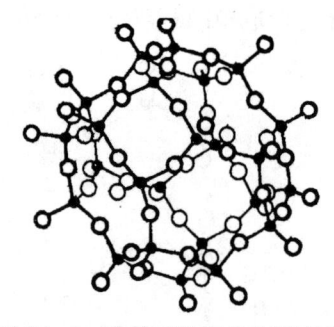

图 15-5　方钠石的架状硅氧骨干

3. 铝的作用

Al 在硅酸盐中起着双重作用，一方面它可以呈四次配位，代替部分的 Si^{4+} 进入配阴离子，形成铝硅酸盐，另一方面它也可以呈六次配位，存在于硅氧骨干之外，起一般阳离子的作用，形成铝的硅酸盐，如高岭石（Al_4［Si_4O_{10}］$(OH)_8$），或铝的铝硅酸盐，如白云母（KAl_2［$AlSi_3O_{10}$］$(OH)_2$）。

Al^{3+} 能够代替 Si^{4+} 进入硅氧骨干的原因，是因为它们的离子半径、离子性质都很相近。

4. 类质同象

硅酸盐中类质同象替代现象极为普遍而且多样。硅酸盐矿物中类质同象替代发生的难易程度及相互代替的范围与硅氧骨干的类型有关：不同大小的离子的代替范围在具有岛状硅氧骨干的硅酸盐中最广泛，而在具链、层到架状硅氧骨干的硅酸盐中，离子代替范围逐渐缩小。这说明了在不破坏原来晶体结构的前提下，岛状硅氧骨干与阳离子配位多面体之间的调整是最易实现的。

5. 附加阴离子及"水"

在硅酸盐结构中，除硅氧骨干之外，还常常存在一些附加的阴离子，最常见的有$(OH)^-$、O^{2-}、F^-，有时还可以有 Cl^-、［CO_3］$^{2-}$、［SO_4］$^{2-}$、［PO_4］$^{3-}$。这些附加阴离子可以用来平衡电价、充填空隙（如方钠石）或与 O^{2-} 共同形成最紧密堆积。

附加阴离子加入硅酸盐晶体结构中，除了与一定的阳离子的存在有关之外，还与硅酸盐的硅氧骨干的类型有关。一般来说，具双链及层型骨干的硅酸盐最容易接纳 $(OH)^-$，而架状骨干的硅酸盐结构的大空隙中也可接纳一些 $(OH)^-$、F^- 等，但岛状和单链状骨干的硅酸盐则很难接纳。

硅酸盐中除有结构水 $(OH)^-$（即附加阴离子）的形式外，还可以有 H_2O 及$(H_3O)^+$ 的形式，H_2O 在硅酸盐中大多数呈沸石水或层间水，只有在少数硅酸盐中才以结晶水的形式存在，起着填充空隙或水化阳离子的作用。

二、结晶形态

硅酸盐矿物的晶体结晶形态，取决于硅氧骨干的类型和其他阳离子配位多面体，特别是［AlO_6］八面体的联结方式。

具孤立的［SiO_4］四面体骨干的硅酸盐在结晶形态上常表现为三向等长，如石榴子石、橄榄石等；但也可表现为柱状，这与骨干外的［AlO_6］共棱形成链有关，如红柱石。

具有环状硅氧骨干的硅酸盐晶体常呈柱状习性，柱状晶体往往属六方或三方晶系，柱的延长方向垂直于环状硅氧骨干的平面，如绿柱石、电气石。

具有链状硅氧骨干的硅酸盐晶体常呈柱状或针状，晶体延长的方向平行链状硅氧骨干延长的方向，如辉石、角闪石、硅灰石。

具层状硅氧骨干的硅酸盐晶体呈板状、片状，甚至鳞片状，延展方向平行于硅氧骨干层，如云母、葡萄石。

对于具有架状硅氧骨干的硅酸盐，其结晶形态决定于架内化学键的分布情况，如在钠沸石的架状硅氧骨干中存在比较坚强的链，从而形成平行此链的柱状晶体。在长石的架状结构中平行 a 轴和 c 轴存在比较强的链，因此形成平行 a 轴或 c 轴的柱状晶体。

三、物理性质

硅酸盐矿物具有共价键及离子键，一般具有原子及离子晶格的特性。矿物一般为透明，玻璃、金刚光泽，浅色或无色。

硅酸盐矿物的解理也与其硅氧骨干的类型有关。岛状骨干硅酸盐矿物的解理一般不发育，含附加阴离子的矿物可见解理；具环状骨干的硅酸盐矿物一般解理不好；具链状骨干者常平行链的延长方向产生解理，如普通辉石、普通角闪石等；具层状骨干者常平行层面有极完全解理，如云母、滑石等；具架状骨干者，解理决定于架中化学键的分布，如长石有平行 a 轴的两组解理，是因为长石架状硅氧骨干中有平行 a 轴的比较强的链。

硅酸盐矿物的硬度一般来说比较高，与其他类矿物比较，仅次于无水氧化物。但具有层状骨干的硅酸盐矿物硬度却很低，这是由于层间是以分子键（如滑石，硬度为1）或以半径极大的低价阳离子（如云母，硬度为2.5）连接的缘故。

硅酸盐矿物的相对密度与结构和化学成分有关。一般具孤立［SiO_4］四面体骨干的硅酸盐由于结构紧密度大，因此有较大的相对密度；而具有层状、架状结构的硅酸盐矿物相对密度较小；含水的硅酸盐矿物相对密度较小。

四、成因及产状

硅酸盐类矿物成因产状比较广泛，内生、表生作用都可能生成。

在岩浆作用中，随着岩浆分异的发展，硅酸盐矿物结晶有依岛状、链状、层状、架状的顺序逐渐由贫硅富铁镁的硅酸盐矿物向富硅贫铁镁的硅酸盐矿物发展的趋势。

在伟晶作用中，除生成长石、石英、云母等一般硅酸盐矿物外，尚有半径过小（如 Li、Be 等）或过大（如 Rb、Cs）的离子的硅酸盐和含挥发组分（B、F）的硅酸盐矿物形成。

此外，在热液、变质及外生作用中都可形成硅酸盐矿物。外生作用中多为具层状结构的硅酸盐。

五、亚类的划分

硅酸盐矿物按照硅氧骨干的类型分为五个亚类：

岛状结构硅酸盐亚类。主要矿物有锆石族（锆石），橄榄石族（橄榄石），石榴子石族（石榴子石），红柱石族（红柱石、蓝晶石），黄玉族（黄玉），十字石族（十字石），榍石族（榍石），绿帘石族（绿帘石、褐帘石），符山石族（符山石）。

环状结构硅酸盐亚类。主要矿物有绿柱石族（绿柱石、堇青石），电气石族（电气石）。

链状结构硅酸盐亚类。主要矿物有辉石族（顽火辉石、紫苏辉石、透辉石、钙铁辉石、普通辉石、锂辉石、霓辉石、霓石、硬玉），蔷薇辉石族（蔷薇辉石），硅灰石族（硅灰石），角闪石族（直闪石、镁铁闪石、透闪石、阳起石、普通角闪石、蓝闪石、钠闪石），矽线石族（矽线石）。

层状结构硅酸盐亚类。主要矿物有滑石族（滑石、叶蜡石），云母族（白云母、金云母、黑云母、锂云母、铁锂云母），伊利石族（伊利石），蛭石族（蛭石、海绿石），绿泥石族（绿泥石），蛇纹石族（蛇纹石），蒙脱石族（蒙脱石），高岭石族（高岭石），多水高岭石族（多水高岭石），葡萄石族（葡萄石），坡缕石族（坡缕石、海泡石），间层矿物（累托石）。

架状结构硅酸盐亚类。主要矿物有长石族：钾钠长石亚族（正长石、微斜长石、透长石、条纹长石、歪长石）、斜长石亚族（钙长石、培长石、拉长石、中长石、更长石、钠长石），霞石族（霞石），白榴石族（白榴石），方柱石族（方柱石），方钠石族（方钠石），黝方石族（黝方石），日光榴石族（日光榴石），沸石族（斜发沸石、丝光沸石、钠沸石）。

▶ 岛状结构硅酸盐亚类

本亚类硅酸盐矿物中的 $[SiO_4]$ 为孤立四面体和双四面体。每个硅氧四面体所给出的负电价分别为 -4 和 -6 价，在所有各种硅氧四面体中是最高的。

参加岛状硅酸盐晶格的阳离子也是电价较高的，如 Zr^{4+}、Ti^{4+}、Al^{3+}、Fe^{3+} 等，二价阳离子 Mg^{2+}、Fe^{2+}、Mn^{2+}、Ca^{2+} 等也经常大量参加到晶格中来，但在多数情况下是和三、四价阳离子一同进入晶格。

岛状硅酸盐结构比较紧密，配阴离子和阳离子的电价都比较高，因此，岛状硅酸盐的硬度（5~6）、相对密度（>3）和折射率都比较高。

岛状硅酸盐常具有较完整的晶形，除了可作为鉴定特征外，有时还可以从同一种矿物出现的不同结晶形态分析其形成条件。

本亚类矿物的颜色多呈无色或浅色，透明至半透明，具玻璃光泽或金刚光泽；高的硬度（一般均大于5.5）；相对密度和折射率也都较大。

本亚类矿物主要形成于岩浆作用、伟晶作用和热液作用中，在交代蚀变和接触变质、区域变质作用中也可大量产出，但一般不形成于外生作用中。

锆石（Zircon，$Zr[SiO_4]$）

又称锆英石。

[化学组成] ZrO 67.22%，SiO_2 32.78%；常含有 Hf、Th、U、TR 等混入物，当其中

一些混入物达一定含量时可形成许多变种。如山口石（TR_2O_3 10.93%，P_2O_5 17.7%）、水锆石（含水量一般为3%~10%）、曲晶石（含较高的TR及U，放射性使晶面弯曲而故名）、富铪锆石（HfO_2可达24%）等。

[结晶形态] 四方晶系，晶体呈四方双锥状、柱状、板状（图15-6），可依（011）成膝状双晶。

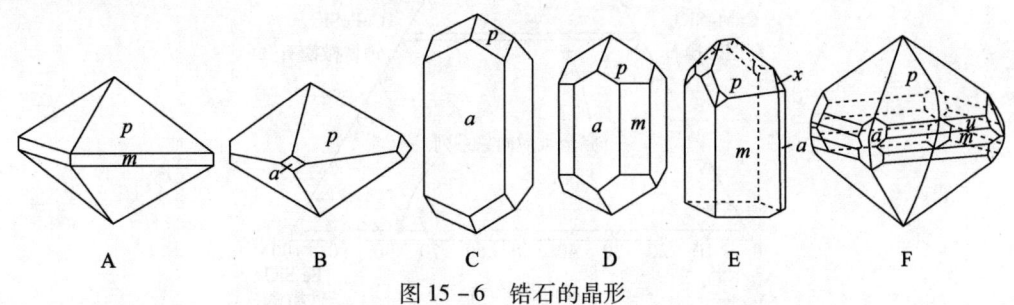

图15-6　锆石的晶形

锆石的结晶形态具有标型性，如在碱性岩中，锆石的四方双锥 {111} 很发育，在酸性岩中，锆石的四方双锥和四方柱 {100}、{110} 均较发育，晶体外形呈柱状；在基性岩、中性岩或偏基性的花岗岩中，锆石的柱面发育而锥面相对不发育，有时甚至不出现，但有时可出现 {311} 的复四方双锥。此外，利用锆石晶体长宽比、磨圆度也可判断其形成条件。因此，锆石可作为标型矿物。

[物理性质] 无色、淡黄色等，颜色多变，与其成分多变有关。玻璃至金刚光泽，断口油脂光泽。透明。解理平行 {110} 不完全；断口不平坦或贝壳状。硬度7.5~8。相对密度4.6~4.7。性脆。当锆石含有较高量的Th、U等放射性元素时，具放射性，常引起非晶质化，与普通锆石相比，透明度下降，可呈不透明；光泽较暗淡；相对密度和硬度降低（5）；折射率下降且呈均质体状态。

[成因及产状] 锆石是酸性和碱性岩浆岩中分布广泛的副矿物。在基性和中性岩中也有产出。在伟晶岩中，锆石常与稀有元素矿物等密切共生。在沉积岩、变质岩中也较常见。锆石在碱性岩中可富集成矿，如挪威南部霞石正长岩中产出的巨型锆石矿床。此外，由于锆石性质稳定，可富集成砂矿。

[鉴定特征] 以其晶形，大的硬度，金刚光泽为特征。与金红石的区别是硬度较大，无 {110} 完全解理、无Ti的反应；与锡石的区别是锆石相对密度较小，锡石有Sn反应。

[主要用途] 提取锆和铪的主要矿物原料，色泽绚丽且透明无瑕者可作宝石原料。金属锆由于具有耐高温、抗腐蚀、高的机械程度，以及吸收气体和吸收中子的能力，故金属锆及其锆合金和锆的化合物在工业上及国防尖端技术中应用广泛。锆石在陶瓷工业中可用作乳浊剂，不仅可起乳浊效果，并能提高釉面硬度、白度、抗磨强度及防止釉面龟裂；此外，借助锆石所含的稀土元素，还可生成氧化铍、氧化铈等提高制品的热稳定性、介电性、机械强度等。

橄榄石（Olivine，$(Mg,Fe)_2[SiO_4]$）

[化学组成] 纯镁橄榄石中含MgO 57.29%，SiO_2 42.71%；纯铁橄榄石中含FeO 70.51%，SiO_2 29.49%。成分中除Mg、Fe呈完全类质同象外，还有Fe^{3+}、Mn、Ca、Al、Ti、Ni等次要的类质同象代替（图15-7）。自然界中的橄榄石成分介于纯镁橄榄石和纯

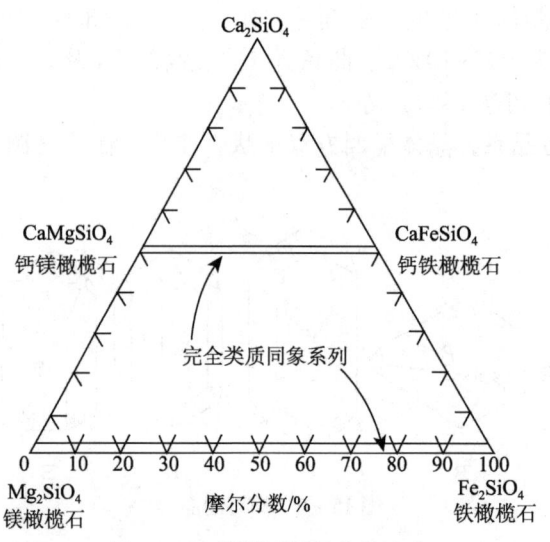

图 15 - 7　橄榄石族矿物的成分

铁橄榄石之间，一般以含 Mg 为主。

[结晶形态] 斜方晶系，晶体呈柱状或厚板状（图 15 - 8）。但完好晶形者少见，一般呈不规则他形晶粒状集合体。

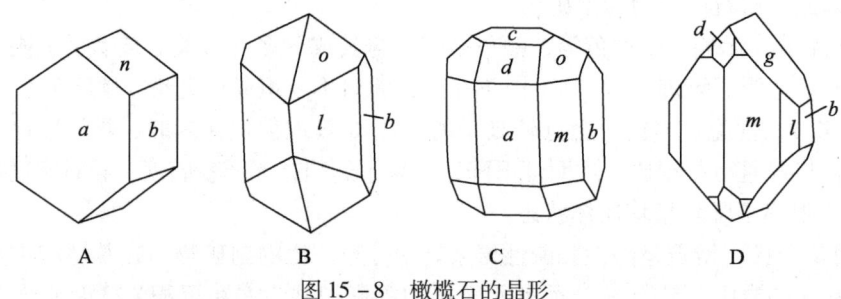

图 15 - 8　橄榄石的晶形

[物理性质] 镁橄榄石为白色、淡黄色或淡绿色，随成分中 Fe^{2+} 含量的增高颜色加深而呈深黄色至墨绿色或黑色，一般的橄榄石为橄榄绿色；玻璃光泽；透明至半透明。解理 {010} 中等；常见贝壳状断口。硬度 6.5 ~ 7。相对密度随 Fe^{2+} 含量的增加而增高（3.27 ~ 4.37）。

[成因及产状] 橄榄石主要产于富 Mg 贫 Si 的超基性、基性岩浆岩及矽卡岩等变质岩中。它是地幔岩的主要成分，也是陨石的主要组分。其中镁橄榄石是镁矽卡岩的重要矿物。一般可认为橄榄石是一种 SiO_2 不饱和矿物，因此产于富 Mg 贫 Si 的条件下，且不与石英共生，即：$Mg_2[SiO_4] + SiO_2 \rightarrow Mg_2[Si_2O_6]$（顽火辉石）。

橄榄石受热液作用和风化作用容易蚀变，常见产物是蛇纹石。野外所见橄榄石多已蛇纹石化，成为残晶或假象。

[鉴定特征] 以其特有的橄榄绿色，粒状，解理性差，具贝壳状断口为特征，也可根据产状鉴定。

[主要用途] 富镁的橄榄石可作镁质耐火材料；透明，晶粒粗大（8 mm 以上）者可作宝石原料，如我国张家口碱性玄武岩的深源包裹体中就有达宝石原料级的橄榄石产出。

石榴子石 （Garnet）

石榴子石族矿物的统称，因形似石榴子而得名。

[化学组成] 石榴子石族矿物的化学成分通式为 $A_3B_2[SiO_4]_3$。其中 A 代表二价阳离子 Mg^{2+}、Fe^{2+}、Mn^{2+}、Ca^{2+} 等及 Y、K、Na 等，B 代表三价阳离子 Al^{3+}、Fe^{3+}、Cr^{3+}、V^{3+} 及 Ti^{4+}、Zr^{4+} 等。A 类和 B 类阳离子分别配对可形成一系列石榴子石矿物种，但较常见的主要为以下两个系列，即 A 类阳离子为较大半径的 Ca^{2+}（称钙铁榴石系列）和 A 类阳离子为较小半径的 Mg^{2+}、Fe^{2+}、Mn^{2+}（称铁铝榴石系列）：

铁铝石榴子石系列（即 A 主要为 Mg、Fe、Mn）：$(Mg,Fe,Mn)_3Al_2[SiO_4]_3$

镁铝石榴子石	Pyrope	$Mg_3Al_2[SiO_4]_3$
铁铝石榴子石	Almandite	$Fe_3Al_2[SiO_4]_3$
锰铝石榴子石	Spessartite	$Mn_3Al_2[SiO_4]_3$

钙铁石榴子石系列（即 A 主要为 Ca）：$Ca_3(Al,Fe,Cr,Ti,V,Zr)_2[SiO_4]_3$

钙铝石榴子石	Grossularite	$Ca_3Al_2[SiO_4]_3$
钙铁石榴子石	Andradite	$Ca_3Fe_2^{3+}[SiO_4]_3$
钙铬石榴子石	Uvarovite	$Ca_3Cr_2[SiO_4]_3$
钙钒石榴子石	Goldmanite	$Ca_3V_2[SiO_4]_3$
钙锆石榴子石	Kimzeyite	$Ca_3Zr_2[SiO_4]_3$

A 类、B 类中及相互间类质同象广泛发育，故自然界中纯端员组分的石榴子石很少见，一般都是若干端员的"混合物"。

[结晶形态] 等轴晶系，晶体常呈完好晶形（图 15 – 9），菱形十二面体晶面上常有平行四边形长对角线的聚形纹。有时可见到感应面。集合体常为致密粒状或致密块状。

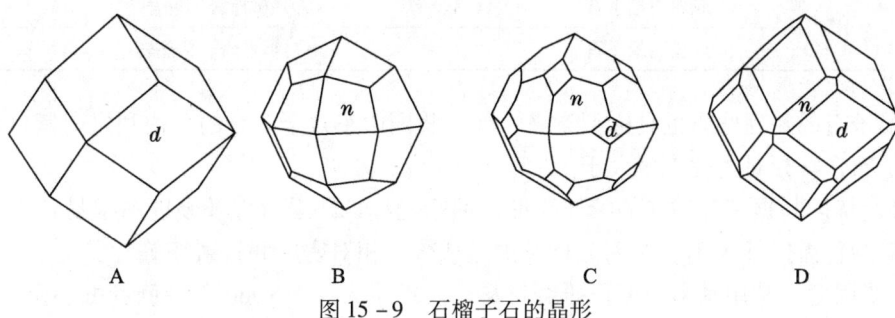

A   B   C   D

图 15 – 9　石榴子石的晶形

[物理性质] 颜色各种各样（表 15 – 2），受成分影响（如钙铬石榴子石因含铬呈鲜绿色），但没有严格的规律性；玻璃光泽，断口油脂光泽。无解理。硬度 6.5～7.5。相对密度 3.5～4.2，一般铁、锰、钛含量增加，相对密度增大。有脆性（如薄片中常见石榴子石裂纹发育，是脆性引起）。

[成因及产状] 石榴子石在自然界广泛分布于各种地质作用中，各类石榴子石的主要成因产状列于表 15 – 3。

此外，石榴子石由于性质稳定，在砂矿中分布广泛。

石榴子石受后期热液蚀变和遭受强烈的风化作用后，可转变成绿泥石、绢云母、褐铁矿等。

表 15 - 2　石榴子石的晶格常数及主要物理性质

矿物名称	晶格常数/nm	颜色	相对密度
镁铝石榴子石	1.1459	紫红、血红、橙红、玫瑰红	3.582
铁铝石榴子石	1.1526	褐红、棕红、橙红、粉红	4.318
锰铝石榴子石	1.1621	深红、橘红、玫瑰红、褐	4.190
钙铝石榴子石	1.1851	红褐、黄褐、蜜黄、黄绿	3.594
钙铁石榴子石	1.2048	黄绿、褐黑	3.859
钙铬石榴子石	1.2000	鲜绿	3.90
钙钒石榴子石	1.2035	翠绿、暗绿、棕绿	3.68
钙锆石榴子石	1.2460	暗棕绿	4.0

表 15 - 3　石榴子石的主要成因产状

系 列	名 称	主要成因产状
铁铝石榴子石系列	镁铝石榴子石	角砾云母橄榄岩（金伯利岩）、蛇纹岩、橄榄岩、榴辉岩
	铁铝石榴子石	以区域变质岩为主，其次为花岗岩、火山岩
	锰铝石榴子石	伟晶岩、锰矿床、花岗岩
钙铁石榴子石系列	钙铝石榴子石	矽卡岩、热液作用
	钙铁石榴子石	
	钙铬石榴子石	超基性岩、矽卡岩
	钙钛石榴子石	碱性岩（碱性伟晶岩和碱性火山岩）
	钙钒石榴子石	碱性岩、角岩
	钙锆石榴子石	碱性岩、伟晶岩

　　石榴子石的物理性质也具标型意义。如：我国山东含金刚石的金伯利岩中紫色系列镁铝石榴子石，其相对密度大多大于 3.75。

　　[鉴定特征] 据其等轴状的特征晶形，油脂光泽，缺乏解理及硬度高很易认出。但准确鉴定矿物种需进行 X 射线衍射分析及测定成分、相对密度和折射率等。

　　[主要用途] 利用其高硬度作研磨材料。晶粒粗大（>8 mm，绿色者可小至 3 mm），且色泽美丽、透明无瑕者，可作宝石原料。有些激光材料都具有石榴子石结构，如钇铝石榴子石 $Y_3Al_2[SiO_4]_3$。

红柱石 （Andalusite，$Al_2[SiO_4]O$）

　　[化学组成] SiO_2 36.8%，Al_2O_3 63.2%；Al 可被 Fe^{3+}（≤9.6%）和 Mn（≤7.7%）所代替。

　　[结晶形态] 斜方晶系，晶体呈柱状，横断面近正四边形。双晶少见，双晶面（101）。当红柱石在生长过程中俘获部分碳质和黏土物质呈定向排列时，使在其横断面上呈黑十字形（图 15 - 10），而纵断面上呈与晶体延长方向一致的黑色条纹，这种红柱石称为空晶石。有些红柱石呈放射状排列，形似菊花，称为菊花石（图 15 - 11）。

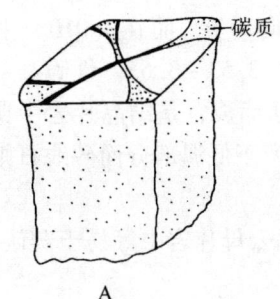

碳质

A

B

图 15 – 10　空晶石
A—素描图；B—晶体

图 15 – 11　菊花石（产于北京西山）

［物理性质］常为灰色、黄色、褐色、玫瑰色、肉红色或深绿色（含锰的变种），无色者少见；玻璃光泽。解理平行 {110} 中等。硬度 6.5～7.5。相对密度 3.15～3.16。

［成因及产状］红柱石主要为变质成因的矿物。与蓝晶石、矽线石是 Al_2SiO_5 的三个同质多象变体。在区域变质作用中产于变质温度和压力较低的条件下，一般见于富铝的泥质片岩中；常与堇青石、石英、白云母、石榴子石、十字石、黑云母及一些其他的铝的矿物共生。红柱石也见于泥质岩石和侵入岩体的接触带，为典型的接触热变质矿物。北京西山菊花沟产的放射状集合体的红柱石（又称菊花石）颇为著名（图 15 – 11）；北京周口店太平山北房山岩体与泥质围岩的接触带上也见接触变质的红柱石大量产出。

［鉴定特征］常呈灰白色、肉红色，柱状晶形，近于正方形的横截面，平行 {110} 的两组中等解理。空晶石具独特的碳质包裹物。硝酸钴试验呈 Al 的反应。

［主要用途］可制造高级耐火材料。还可作雷达天线罩的原料。可应用于陶瓷工业，增加制品的机械强度和耐急冷急热性能。产菊花石的岩石可作装饰石材。色泽好，且透明、晶粒粗大者可作宝石原料。空晶石可作很好的观赏石。

蓝晶石（Kyanite 或 Disthene，$Al_2[SiO_4]O$）

［化学组成］组分与红柱石相同。但蓝晶石可含 Cr^{3+}（≤12.8%），此外常含有 Fe_2O_3（达 1%～2%，有时达 7%）及少量 CaO、MgO、FeO、TiO_2 等混入物。

［结晶形态］三斜晶系；常沿 c 轴呈扁平的柱状或片状晶形（图 15 – 12A，B）。双晶常见，双晶面（100）或（121）（图 15 – 12C，D）。有时呈放射状集合体。

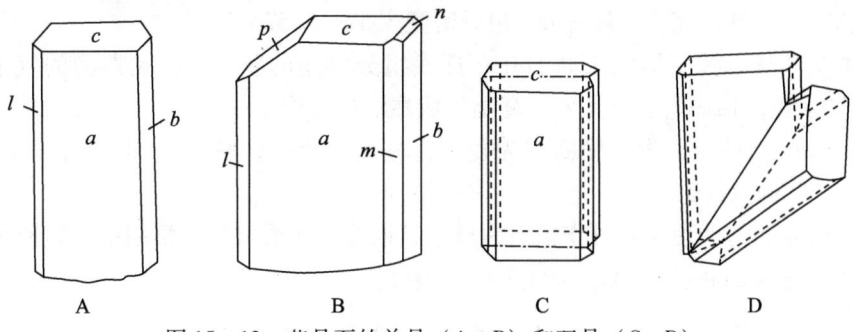

A　　　　　　　B　　　　　　　C　　　　　　　D

图 15 – 12　蓝晶石的单晶（A、B）和双晶（C、D）

［物理性质］蓝色、青色或白色，也有灰色、绿色、黄色、粉红色和黑色。玻璃光泽，解理面上有珍珠光泽。解理 {100} 完全，{010} 中等；{001} 有裂开。硬度随方向

不同而异：在（100）面上，平行 c 轴方向为 4.5，垂直 c 轴方向为 6，而在（010）和（110）面上垂直 c 轴方向则为 7，因此又称之为二硬石。相对密度 3.53～3.65。性脆。

［成因及产状］蓝晶石为区域变质作用产物，多由泥质岩变质而成，是结晶片岩中典型的变质矿物。在富铝岩石中，在中压区域变质作用下，蓝晶石产于低温部分而矽线石则产于高温部分，此外，蓝晶石还产于某些高压变质带。

［鉴定特征］根据其颜色，明显的硬度异向性和主要产于结晶云母片岩中等易于辨认。硝酸钴试铝呈 Al 反应。

［主要用途］可制造高级耐火材料及高强度轻质硅铝合金材料。也可以从中提取铝。色美者可作宝石。

黄玉（Tapaz，$Al_2[SiO_4](F,OH)_2$）

又名黄晶。

［化学组成］Al_2O_3 56.54%，SiO_2 33.22%，F 17.61%，随成分变化大的是 F/OH 值，其比值随黄玉的生成条件（产出的温度）从 3:1 到 1:1 不等。从伟晶岩→云英岩→热液，黄玉的 F/OH 值从大到小。

［结晶形态］斜方晶系，柱状晶形，常见单形为斜方柱 {110}、{120}、{021}；斜方双锥 {111}、{221}，平行双面 {001}、{010}。柱面常有纵纹（图 15-13，图 15-14）。也经常呈不规则粒状，块状集合体。

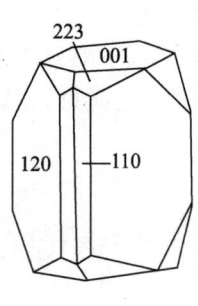 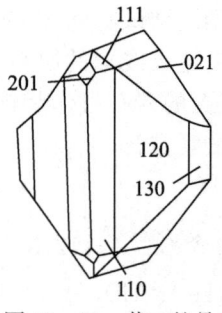 

图 15-13　黄玉的晶形　　　　　　　　　　　图 15-14　黄玉晶体

［物理性质］无色或微带蓝绿色、黄色、乳白色、黄褐色或红黄色等。透明。玻璃光泽。解理平行 {001} 完全。硬度 8。相对密度 3.52～3.57。

［成因及产状］黄玉形成于高温并有挥发组分作用的条件下，是典型的气成热液矿物。主要产于花岗伟晶岩、云英岩、高温气成热液矿脉中。

［鉴定特征］柱状晶形，横断面为菱形，柱面有纵纹，解理 {001} 完全，高硬度，以此可与类似的石英区分。

［主要用途］透明色美者可作宝石原料。其他可作研磨材料、精细仪表的轴承等。

十字石（Staurolite，$FeAl_4[SiO_4]_2O_2(OH)_2$）

$FeAl_4[SiO_4]_2O_2(OH)_2$ 或写成 $Fe(OH)_2Al_2[SiO_4]O$，即相当于两个蓝晶石加上氢氧化铁组成。

［化学组成］FeO 16.9%，Al_2O_3 53.8% SiO_2 28.2%，H_2O 1.1%。其中 Fe^{2+} 可被

Mg^{2+}（≤4%）代替，偶尔也可被 Co^{2+}（≤8.5%）、Zn^{2+}（≤7.4%）代替；Al^{3+} 可被 Fe^{3+}（≤5%）代替。

［结晶形态］斜方晶系，晶形呈短柱状（图 15－15A，B）。双晶极为特征，常形成穿插双晶（图 15－15C，D，E），双晶面或沿（031），两个体近于直交成十字形（图 15－15C）；或依（231），两个体斜交近 60° 成斜十字（图 15－15D，E）。也有的呈不规则粒状。

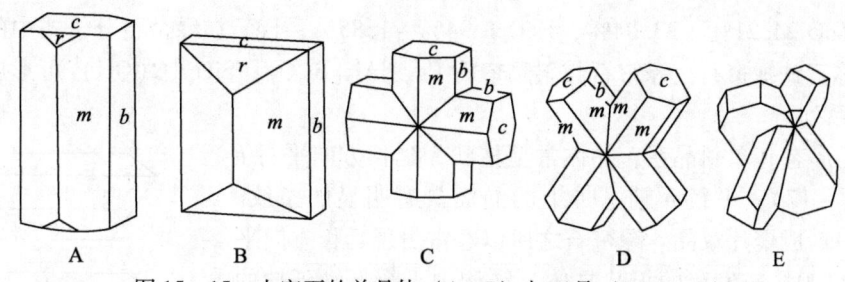

图 15－15　十字石的单晶体（A、B）与双晶（C、D、E）

［物理性质］深褐、红褐、黄褐色。玻璃光泽，但变化后（或不纯净）常显暗淡无光或土状光泽。解理 ｛010｝中等。硬度 7.5。相对密度 3.74～3.83。

［成因及产状］主要是区域变质及少数接触变质作用的产物。

［鉴定特征］短柱状，横断面为菱形，特别是双晶形状，深褐、红褐色，硬度大，以此可与红柱石区别。

［主要用途］具矿物学和岩石学的意义，形态完美者也可作宝石原料。

榍石（Sphene 或 Titanite，$CaTi[SiO_4]O$）

［化学组成］CaO 28.6%，TiO 40.8%，SiO_2 30.6%，Ca 可被 Na、TR、Mn、Sr、Ba 代替；Ti 可被 Al、Fe^{3+}、Nb、Ta、Th、Sn、Cr 代替；O 可被（OH）、F、Cl 代替。

［结晶形态］单斜晶系，晶体结晶形态多种多样，常见晶形为具有楔形横截面的扁平信封状晶体（图 15－16）。

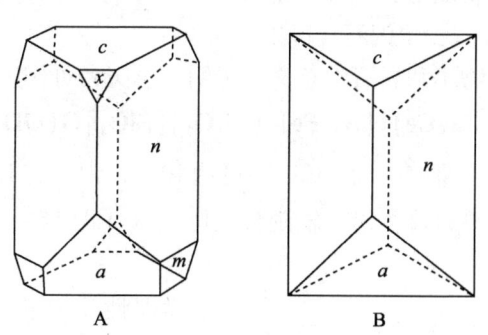

图 15－16　榍石的晶形

［物理性质］蜜黄色、褐色、绿色、灰色、黑色，成分中含有较多含量的 MnO 时，可呈红色或玫瑰色；条痕无色或白色。透明至半透明。金刚光泽、油脂光泽或树脂光泽。解理 ｛110｝中等；具 ｛221｝裂开。硬度 5～6。相对密度 3.29～3.60。

［成因及产状］榍石作为副矿物广泛分布于各种岩浆石中，如见于花岗岩、正长岩。在正长岩质的伟晶岩中可见大晶体产出。

[鉴定特征] 以其特有的扁平信封状晶形和楔形的横截面可与其他蜜黄色矿物相区别。

[主要用途] 大量时可作钛矿石，也可作为稀有元素矿床的找矿标志。色泽美丽、透明者也用作宝石原料。

绿帘石（Epidote，$Ca_2Fe^{3+}Al_2[Si_2O_7][SiO_4]O(OH)$）

[化学组成] SiO_2 38.92% ～ 37.4%，Al_2O_3 30.9% ～ 20.32%，Fe_2O_3 17.75% ～ 4.44%，CaO 24.21% ～ 23.04%，H_2O 1.94% ～ 1.85%。Fe^{3+} 在绿帘石分子式中的数目可大于1，称富铁绿帘石。绿帘石与斜黝帘石 $Ca_2AlAl_2[Si_2O_7][SiO_4]O(OH)$ 可形成一完全类质同象系列。

[结晶形态] 单斜晶系，晶体常呈柱状，延长方向平行 b 轴（图15－17）。平行 b 轴晶带上的晶面具有明显的条纹。可依（100）成聚片双晶。绿帘石之所以经常出现延长方向平行 b 轴、$\{100\}$ 较发育的板状晶体与结构中平行 b 轴延伸的八面体链及其所构成的平行 $\{100\}$ 的链层有关。另外，常呈柱状、放射状、晶簇状集合体。

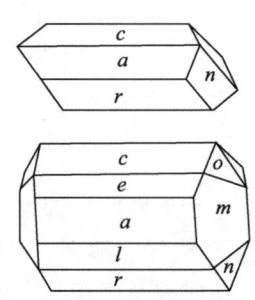

图15－17 绿帘石的晶形

[物理性质] 灰色、黄色、黄绿色、绿褐色，或近于黑色，颜色随 Fe^{3+} 含量增加而变深，很少量 Mn 的类质同象替代使颜色显不同程度的粉红色。玻璃光泽。透明。解理 $\{001\}$ 完全。硬度6。相对密度 3.38 ～ 3.49（随 Fe 含量增加而变大）。

[成因及产状] 绿帘石的生成与热液作用（相当于中温热液阶段）有关，主要形成绿帘石化，即原来的岩浆岩、变质岩、沉积岩受热液交代后形成的一种围岩蚀变。在伴有动力破碎的退变质作用中，Ca^{2+} 可以从斜长石、辉石和角闪石中析出而形成绿帘石族矿物。在区域变质岩绿片岩相中也广泛发育。此外，绿帘石也是基性岩浆岩动力变质的常见矿物。

[鉴定特征] 以其柱状晶形，明显的晶面条纹，平行 $\{001\}$ 的一组完全解理，特征的黄绿色可与相似的橄榄石、角闪石相区别。

[主要用途] 具有矿物学和岩石学意义，透明、色美者可作宝石。

褐帘石（Orthite，$(Ca,Ce)_2(Al,Fe)_3[Si_2O_7][SiO_4]O(OH)$）

[化学组成] 各成分含量变化大，Ce_2O_3 可达10%，常含有 La、Y、Th、Ti 和 Be 等。

[结晶形态] 单斜晶系，晶体沿 b 轴延长呈厚板状（图15－18），经常呈粒状集合体出现。

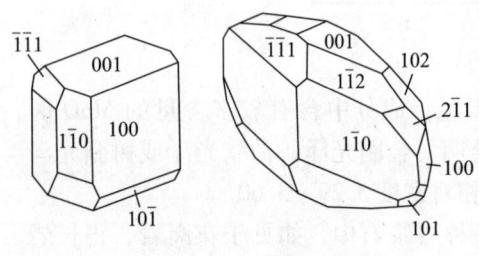

图15－18 褐帘石晶形

[物理性质] 褐色、沥青黑色，偶见黄色。玻璃光泽或树脂光泽。硬度6。性脆。解理平行 $\{100\}$ 和 $\{001\}$ 不完全。常见贝壳状断口。相对密度4.1，玻璃化后可降至2.7。含 Th 的褐帘石具放射性，并因此出现非晶质化。

[成因及产状] 主要见于酸性岩浆岩和伟

晶岩脉中，多呈浸染状产出，有时也可形成巨大晶体，如：我国某些花岗伟晶岩中的褐帘石，大者沿 b 轴长达 85 cm，厚 40 cm。此外，褐帘石也可作为副矿物出现于变质岩中。

［鉴定特征］以其厚板状晶形，褐黑色，树脂光泽和贝壳状断口及具有放射性为特征。与其他放射性矿物的区别是相对密度较小。

［主要用途］作为提取钍和稀土元素的矿石矿物。

符山石（Idocrase，$Ca_{10}(Mg,Fe)_2Al_4[SiO_4]_5[Si_2O_7]_2(OH)_4$）

［化学组成］有一些 Na 替换 Ca，Mn^{2+} 替换 Mg，Fe^{3+} 与 Ti 替换 Al，F 替换 OH。有些变种含有 Be 与 B。

［结晶形态］四方晶系，晶体呈柱状，常具纵条纹。常见单形有四方柱 $a\{100\}$、$m\{110\}$，四方双锥 $p\{101\}$、$o\{111\}$ 及板面 $c\{001\}$（图 15 - 19）。晶体常见，但条纹状柱状集合体更常见，此外，还有粒状、块状等。

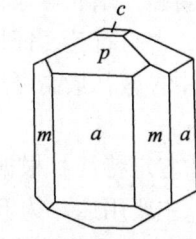

图 15 - 19　符山石的晶形

［物理性质］颜色通常为绿色或褐色，还有黄色、蓝色和红色。透明至半透明。玻璃光泽至油脂光泽。$\{100\}$、$\{001\}$ 及 $\{110\}$ 解理均不完全。硬度 6～7。相对密度 3.35～3.45。

［成因及产状］符山石是一种典型的接触变质矿物，主要与钙铝榴石、钙铁榴石、透辉石、硅灰石及其他接触变质矿物一起产于矽卡岩中。

［鉴定特征］符山石以其褐色的四方柱状及条纹状柱状块体为特征。以柱状区别于石榴子石，不发育的解理区别于透辉石或普通角闪石。如系粒状集合体，则须通过光性研究才能确切鉴别。

［主要用途］绿色变种称为玉符山石（Californite），可作装饰石料，有时作玉用。

▶ 环状结构硅酸盐亚类

环状硅酸盐晶体结构中的硅氧骨干是硅氧四面体环，其中主要是六方环 $[Si_6O_{18}]^{12-}$，矿物多属三方或六方晶系，具六方柱外形。环状配阴离子间以阳离子 Al^{3+}、Be^{2+}、Mg^{2+} 等联结，相当牢固，故矿物的硬度和化学稳定性较大。但由于环中有很大的空隙，所以本亚类矿物的相对密度不大。有些矿物中的空隙连成通道，还能容纳各种离子和分子。

绿柱石（Beryl，$Be_3Al_2[Si_6O_{18}]$）

［化学组成］BeO 13.96%，Al_2O_3 18.97%，SiO_2 67.07%，有些绿柱石可含 Na、K、Li、Cs、Rb 等碱金属。碱金属含量与交代作用有关。

［结晶形态］六方晶系，晶体多呈长柱状，富含碱的晶体则呈短柱状（图 15 - 20），或沿 $\{0001\}$ 发育成板状。柱面上常有平行 c 轴的条纹，不含碱的比含碱的绿柱石柱面上条纹明显。

［物理性质］纯的绿柱石为无色透明，常见的颜色有绿色、黄绿色、粉红色、深的鲜绿色等。深蓝色的称为海蓝宝石，其蓝色由 Fe^{2+} 引起；碧绿苍翠的称为祖母绿，是一种极珍贵的宝石，其颜色由 Cr_2O_3 引起，此外，含 Cs 则呈粉红色，含少量 Fe_2O_3 及 Cl 则呈黄绿色。玻璃光泽。透明至半透明。解理不完全。硬度 7.5～8。相对密度 2.6～2.9。

［成因及产状］绿柱石主要产于花岗伟晶岩、云英岩及高温热液矿脉中。我国内蒙

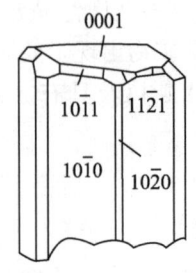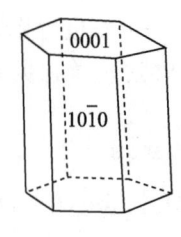

图 15-20   绿柱石的晶形和晶体

古、新疆、东北等地花岗伟晶岩中均有产出。在未受交代的伟晶岩中，绿柱石成分基本不含碱，常与石英、钾长石、微斜长石、白云母共生。受晚期钠质交代作用形成的绿柱石，成分中含碱，最高可达 7.23%，这种绿柱石常与钠长石、锂辉石、石英、白云母等矿物共生。

［鉴定特征］根据晶形和硬度及解理不发育易于识别。

［主要用途］为 Be 的重要矿石矿物。色泽美丽且透明无瑕者可作高档宝石原料。其中以祖母绿最佳，其加工后的价值不亚于钻石。

董青石（Cordierite，$(Mg,Fe)_2Al_3[AlSi_5O_{18}]$）

［化学组成］成分中 Mg 和 Fe 为完全类质同象代替，但大多数董青石是富镁的，因为在董青石晶体结构中，Mg、Fe 是四次配位的，Mg^{2+} 比 Fe^{2+} 的半径小，进入四面体中更稳定。骨干外的 Al^{3+} 可被 Fe^{3+} 代替。另外，成分中常含 H_2O、K、Na 等在结构中的大孔道中。

图 15-21   董青石的晶形

［结晶形态］斜方晶系，完好晶体不常出现，有时呈假六方柱晶体（图 15-21）。

［物理性质］无色，或浅蓝色、浅黄色。玻璃光泽。透明—半透明。解理 {010} 中等；贝壳状断口。硬度 7~7.5。相对密度 2.53~2.78。

［成因及产状］一种典型的变质矿物，产于片麻岩、结晶片岩及蚀变岩浆岩中，还产于接触变质带的角岩中。

［鉴定特征］很像石英，尤其是新鲜颗粒的断面，但其产状不同。确切鉴定须在显微镜下进行。

［主要用途］董青石最大的特性是热膨胀系数小，因此广泛应用于陶瓷、玻璃业，提高其抗急冷急热的能力。粒大、透明、色美者可作宝石。

电气石（Tourmaline，$Na(Mg,Fe,Mn,Li,Al)_3Al_6[Si_6O_{18}][BO_3]_3(OH,F)_4$）

或写成通式：$NaR_3Al_6[Si_6O_{18}][BO_3]_3(OH,F)_4$

［化学组成］B_2O_3 12%，Al_2O_3 44%，$FeO+Fe_2O_3$ 0~38%，MgO 0~25%，Na_2O 0~6%，CaO 0~4%，H_2O 1%~4%，电气石是一种硼硅酸盐矿物，即除硅氧骨干外，还有 $[BO_3]$ 配阴离子团。其中 Na^+ 可局部被 K^+ 和 Ca^{2+} 代替，$(OH)^-$ 可被 F^- 代替，但没有 Al^{3+} 代替 Si^{4+} 的现象。R 位置类质同象广泛，主要有 4 个端员成分，即：

镁电气石（Dravite），R = Mg

黑电气石（Schorl），$R = Fe$；

锂电气石（Elbaite），$R = Li + Al$；

钠锰电气石（Tsilaisit），$R = Mn$。

镁电气石—黑电气石之间以及黑电气石—锂电气石之间形成两个完全类质同象系列，镁电气石和锂电气石之间为不完全的类质同象。Fe^{3+} 或 Cr^{3+} 也可以进入 R 的位置，铬电气石中 Cr_2O_3 可达 10.86%。

［结晶形态］三方晶系，晶体呈柱状，晶体两端晶面不同，因为晶体无对称中心。柱面上常出现纵纹，横断面呈球面三角形（图 15-22）。双晶依 $(10\bar{1}1)$ 或 $(40\bar{4}1)$ 发育，但较少见。集合体呈棒状、放射状、束针状，也可呈致密块状或隐晶质块状。

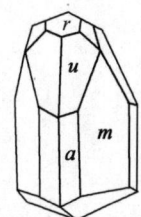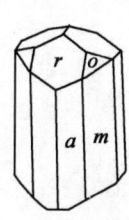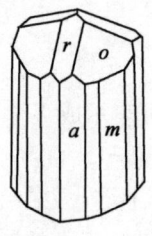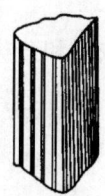

图 15-22　电气石的晶形

［物理性质］颜色随成分不同而异：富含 Fe 的电气石呈黑色，富含 Li、Mn 和 Cs 的电气石呈玫瑰色或淡蓝色，富含 Mg 的电气石常呈褐色和黄色，富含 Cr 的电气石呈深绿色。此外，电气石常具有色带现象，垂直 c 轴由中心往外形成水平色带，或 c 轴两端颜色不同。玻璃光泽。无解理，有时可有垂直 L^3 的裂开。硬度 7~7.5。相对密度 3.03~3.25，随着成分中 Fe、Mn 含量的增加，相对密度也随之增大。不仅具有压电性，还具有热电性。

［成因及产状］电气石成分中富含挥发组分 B 及 H_2O，所以多与气成作用有关，多产于花岗伟晶岩及气成热液矿床中。一般黑色电气石形成于较高温度，绿色、粉红色者一般形成于较低温度。早期形成的电气石为长柱状，晚期者为短柱状。此外，变质矿床中也有电气石产出。

［鉴定特征］以其柱状晶形，柱面有纵纹，横断面呈球面三角形，无解理，高硬度为特征。

［主要用途］其压电性可用于无线电工业；其热电性可用于红外探测、制冷业。色泽鲜艳、清澈透明者可作宝石原料（宝石名称为碧玺）。

▶ 链状结构硅酸盐亚类

链状结构硅酸盐中，配阴离子 $[SiO_4]$ 四面体共角顶相连形成沿一维方向无限延伸的链状硅氧骨干，各链互相平行，沿 c 轴无限延伸，链与链之间靠金属阳离子联结。

链状结构硅酸盐可分为辉石式的单链和角闪石式的双链。它们分别组成重要的辉石族矿物和角闪石族矿物。链状硅酸盐矿物和岛状硅酸盐矿物相比，具有下列特点：

（1）具有平行排列一向延伸的硅氧骨干；

（2）配阴离子电价较低，每个硅氧四面体给出的负电价分别为：$[Si_2O_6]$ 为 -2 价，$[Si_4O_{11}]$ 为 -1.5 价。

（3）阳离子电价相应也较低，起主要作用的为 Ca^{2+}、Mg^{2+}、Fe^{2+}、Mn^{2+} 等二价离子，Al^{3+}、Fe^{3+}、Ti^{3+} 等三价离子主要和 Na^+、Li^+ 等一价离子一同进入晶格，很少单独与配阴离子组成链状硅酸盐。

（4）Al 代替 Si 进入配阴离子的现象主要存在于分布极广的普通辉石、普通角闪石等矿物中，Al 代替 Si 的数量一般在 1/4 以下。

本亚类矿物常呈长、短不等的柱状、针状或纤维状；平行柱的方向（即结构中链的方向）具有中等—完全解理；矿物的硬度比岛状和环状硅酸盐低，一般多在 5~6 之间，少数可至 7；颜色随成分而异，含过渡性离子（主要是 Fe）者色深；本亚类矿物主要形成于岩浆作用和变质作用。

辉石族

1. 化学成分和分类

辉石族矿物的化学通式可表示成 $XY[T_2O_6]$。其中：

$X = Na^+$、Ca^{2+}、Mn^{2+}、Fe^{2+}、Mg^{2+}、Li^+ 等；

$Y = Mn^{2+}$、Fe^{2+}、Mg^{2+}、Fe^{3+}、Cr^{3+}、Al^{3+}、Ti^{4+} 等；

$T = Si^{4+}$、Al^{3+}，占据硅氧骨干中的四面体位置。

各类阳离子类质同象广泛。对于自然界产出的大部分辉石族矿物而言，可将其看成是 $Mg_2[Si_2O_6]$—$Fe_2[Si_2O_6]$—$CaMg[Si_2O_6]$—$CaFe[Si_2O_6]$ 体系和 $NaAl[Si_2O_6]$—$NaFe[Si_2O_6]$—$CaAl[AlSiO_6]$—$Ca(Mg,Fe)[Si_2O_6]$ 体系的成员。其中最常见的是 $Mg_2[Si_2O_6]$—$Fe_2[Si_2O_6]$—$CaMg[Si_2O_6]$—$CaFe[Si_2O_6]$ 体系，分类命名如图 15－23 所示。

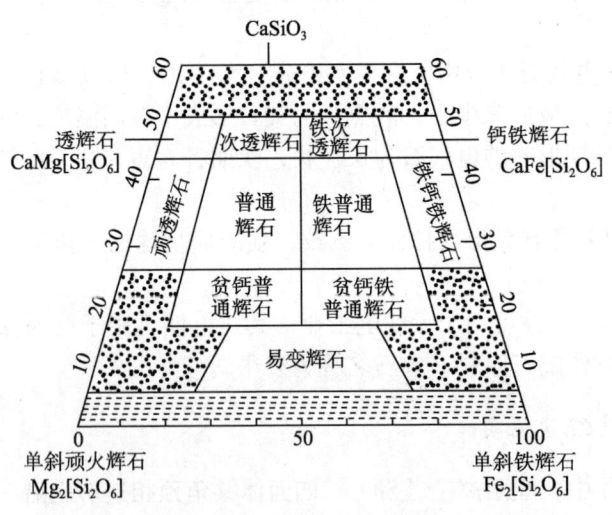

图 15－23　Ca—Mg—Fe 系列辉石命名图

（据潘兆橹，1993）

辉石族的矿物按照 M_1、M_2 位置中的阳离子类型可分为斜方辉石亚族和单斜辉石亚族。其中，斜方辉石亚族的特点是 M_1、M_2 位都由小半径阳离子 Fe^{2+}、Mg^{2+} 等占据，晶体结构为斜方晶系，本亚族矿物主要为顽火辉石—斜方铁辉石类质同象系列，据两端员组分的不同量比，通常划分出顽火辉石、古铜辉石、紫苏辉石、铁紫苏辉石、尤莱辉石、斜方铁辉石六种斜方辉石。单斜辉石亚族的特点是 M_1 由小半径阳离子 Fe^{2+}、Mg^{2+} 等占据，但 M_2 位由一些大半径阳离子 Ca^{2+}、Na^+、Li^+ 等占据，晶体结构为单斜晶系，主要有易变辉石、透辉石—钙铁辉石类质同象系列、普通辉石、硬玉、锂辉石、霓石、霓辉石。

2. 结晶形态和物理性质

辉石的晶体结构特征使辉石晶体均呈平行于 $[Si_2O_6]$ 链延伸方向（c 轴）的柱状晶形，其横截面呈假正方或八边形，并发育平行于链延伸方向的 $\{210\}$ 或 $\{110\}$ 解理，其解理夹角为 87° 和 93°，近于 90°，这与链的排列方式有关，解理沿着链的间隙处产生（图 15-24）。

本族矿物的颜色随成分而异，含 Fe、Ti、Mn 者，颜色变深。具玻璃光泽。硬度 5~6。相对密度中等（3.1~3.6），且随成分的变化而变化。

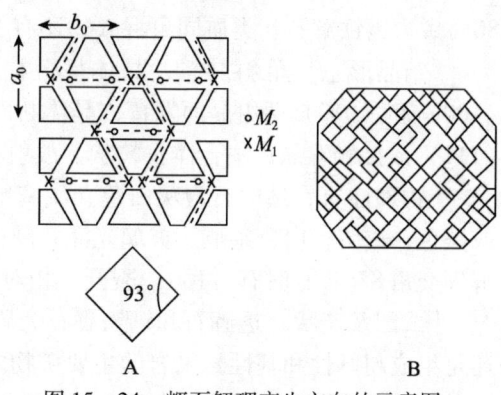

图 15-24　辉石解理产生方向的示意图

顽火辉石（Enstatite，$Mg_2[Si_2O_6]$）

［化学组成］MgO 40.15%，SiO_2 59.85%，成分中含 Al、Ca、Ti、Mn 等。

［结晶形态］斜方晶系，晶体常呈粒状。有时具（100）简单双晶或聚片双晶，常具离溶结构。

［物理性质］无色、黄色至灰褐色；条痕无色。玻璃光泽。解理 //（210）完全，夹角 87°；具 $\{100\}$、$\{001\}$ 裂开。硬度 5~6。相对密度 3.209~3.3。

［成因及产状］为橄榄岩中常见矿物。在玄武岩中富橄榄石包裹体中及金伯利岩的超基性岩包裹体中也较常见。此外，在变质岩中为超基性变粒岩的典型矿物。

［鉴定特征］根据颜色、解理及产状鉴定。进一步需进行 X 射线等测试。

［主要用途］具矿物学和岩石学意义。色美者可作宝石。

紫苏辉石（Hypersthene，$(Mg,Fe)_2[Si_2O_6]$）

［化学组成］$(Mg_{0.7\sim0.5}，Fe_{0.3\sim0.5})_2[Si_2O_6]$。成分中有 Al、Ti、Mn、$Fe^{3+}$ 等，还见磁铁矿、磷灰石等包裹体。

［结晶形态］斜方晶系，晶体常呈柱状。以平行双面 $\{100\}$、$\{010\}$ 和斜方柱 $\{210\}$ 较发育。出溶片晶结构极为常见。

［物理性质］灰绿色、灰褐色；条痕无色—浅绿、浅灰色。玻璃光泽。解理 $\{210\}$ 完全，夹角 87°。硬度 5~6。相对密度 3.3~3.87。

［成因及产状］在岩浆岩中，紫苏辉石主要产于基性超基性岩中；在变质岩中，紫苏辉石主要产于角闪岩、变粒岩、片麻岩、麻粒岩中。

［鉴定特征］根据颜色、解理及产状鉴定。进一步需进行 X 射线等测试。

［主要用途］具矿物学和岩石学意义。色美者可作宝石。

透辉石（Diopside，CaMg[Si$_2$O$_6$]）

钙铁辉石（Hedenbergite，CaFe[Si$_2$O$_6$]）

［化学组成］透辉石中 CaO 25.9%，MgO 18.5%，SiO$_2$ 55.6%；钙铁辉石中 CaO 22.2%，FeO 29.4%，SiO$_2$ 48.4%；两者呈完全类质同象关系。一般规定含钙铁辉石分子低于 20% 者为透辉石；20%～50% 者为次透辉石；50%～80% 者为铁次透辉石；超过 80% 者为钙铁辉石。类质同象混入物还有 Mn、V、Cr 等。

［结晶形态］单斜晶系，晶体呈短柱状（岩浆岩中）或长柱状（矽卡岩中常见），（100）和（010）两组晶面发育，晶体断面呈方形或矩形，（110）单形的晶面较小；常依（111）成接触双晶；集合体呈粒状、放射状（矽卡岩中）。

［物理性质］透辉石为灰白色、浅灰绿色或灰绿色（浊绿色），钙铁辉石则为灰绿色或黑色；透明；白色条痕。玻璃光泽。硬度 5.5～6。解理平行斜方柱｛110｝中等，两组解理交角 87°；有时有｛100｝裂开。相对密度 3.22～3.56，随钙铁辉石分子增加而加大。

［成因及产状］透辉石和钙铁辉石为矽卡岩的主要矿物，与石榴子石等共生；透辉石还是组成超基性和基性岩浆岩的主要矿物之一。

［鉴定特征］矽卡岩中的透辉石常呈柱状，做放射状排列，主要呈灰绿色，有时呈灰白色，在方形柱状（｛100｝和｛010｝聚形）的棱上可以看到中等解理。相似矿物符山石没有解理，晶面上光泽较强，并且硬度较大，可以容易地刻划玻璃（透辉石硬度近于玻璃）。岩浆岩中的透辉石须借助显微镜与其他辉石区别。

［主要用途］常见造岩矿物。色美、透明者可作宝石。

普通辉石（Augite，Ca(Mg,Fe^{2+},Fe^{3+},Ti,Al)[(Si,Al)$_2$O$_6$]）

［化学组成］成分较复杂，普通辉石含 CaSiO$_3$ 组分 25%～45%，含 MgSiO$_3$ 组分 10%～65%，含 FeSiO$_3$ 组分 10%～65%，其中若根据 FeSiO$_3$ 组分可进一步划分出铁普通辉石。

在普通辉石中 Al 代替 Si 数量稍大，多数超过 5%，有人认为 Al 代替 Si 可达 1/8～1/2。此外，还存在 Ti^{4+} 和 Fe^{3+} 代替 Si。

普通辉石次要成分有 Ti、Na、Cr、Ni、Mn 等。Ti 一般含量不高，钛辉石通常含 TiO$_2$ 3%～5%，有的高达 8.97%。

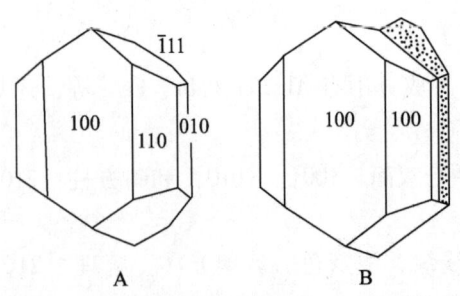

图 15-25 普通辉石的单晶（A）及双晶（B）

［结晶形态］单斜晶系，短柱状晶体，横断面呈正八边形。普通辉石也可呈粒状。依（001）和（100）所成的简单双晶和聚片双晶较常见，有时还依（101）和（122）成简单双晶（图 15-25）。

［物理性质］灰褐、褐、绿黑色；条痕无色—浅褐色。解理｛110｝完全，夹角 87°；具｛100｝、｛010｝裂开。硬度 5.5～6。相对密度 3.23～3.52。

［成因及产状］常见于各种基性侵入岩、喷出岩及其凝灰岩中，并且可见到很好的晶体。张家口北部汉诺坝玄武岩中普通辉石与橄榄石、斜长石共生。在变质岩和接触交代岩中也常见到。普通辉石常被蚀变为韭闪石、绿帘石、绿泥石等。

［鉴定特征］以其绿黑色、短柱状晶形及其解理等为特征。

［主要用途］仅具矿物学和岩石学意义，是最主要的造岩矿物之一。

霓石（Aegirine，$NaFe^{3+}[Si_2O_6]$）

霓辉石（Aegirine-Augite，$(Na,Ca)(Fe^{3+},Fe^{2+},Mg,Al)[Si_2O_6]$）

霓辉石在成分上是介于霓石和普通辉石之间的矿物。

［化学组成］霓石中含 Na_2O 13.4%，Fe_2O_3 34.6%，SiO_2 52.0%。与普通辉石间可以形成过渡性系列，其过渡矿物称为霓辉石。

［结晶形态］单斜晶系，晶体常呈针状、柱状，单形较多样（图 15-26，图 15-27），晶面常有纵纹。霓石呈细柱状或放射状集合体，霓辉石则为短柱状或板状。

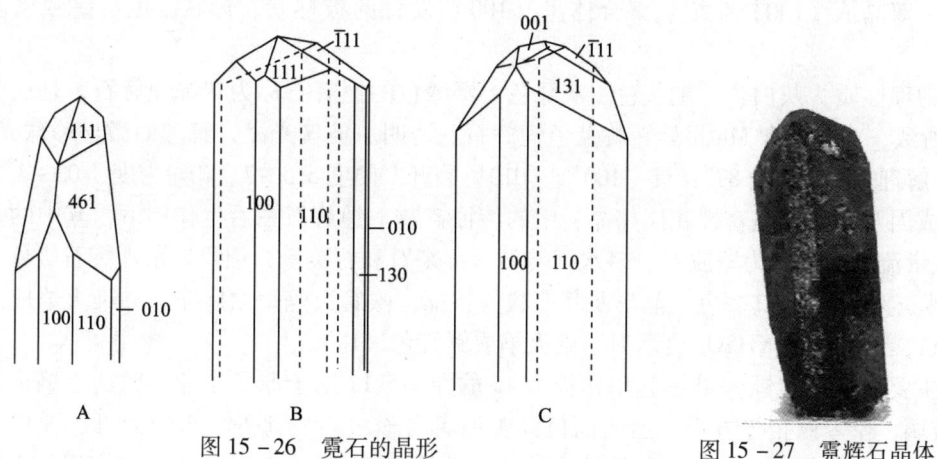

图 15-26　霓石的晶形　　　　图 15-27　霓辉石晶体

［物理性质］霓石呈暗绿色—绿黑色，霓辉石呈深绿色—黑色；条痕无色。玻璃光泽。解理 {110} 完全，夹角87°。硬度6。相对密度3.55～3.60。

［成因及产状］碱性岩浆岩的主要造岩矿物。一般产于正长岩、正长伟晶岩、霞石正长岩和响岩中，也产于碱性花岗岩等岩石中。与正长石、似长石、普通辉石和富钠角闪石共生。霓石与霓辉石还产于某些变质岩中，与蓝闪石、钠闪石等共生。

［鉴定特征］以其绿色，长柱状晶形，解理，碱性岩产状及共生矿物等为特征。但无光性测定则不易与其他辉石区别。

［主要用途］具矿物学和岩石学意义。粒大、色美者可作宝石。

硬玉（Jadeite，$NaAl[Si_2O_6]$）

宝石名称为翡翠。

［化学组成］Na_2O 15.3%，Al_2O_3 25.2%，SiO_2 59.4%，一般较纯。

［结晶形态］单斜晶系，自形晶体较少见，具两种不同习性的晶体，一种呈柱状平行 c 轴延长；另一种平行（100）延长呈板状。主要单形有平行双面 {100}、{010}，斜方柱 {110}、{111}。具平行（001）和（100）的简单双晶和聚片双晶。最常出现的是粒状或纤维状集合体。

［物理性质］无色、白色、浅绿或苹果绿色。透明。玻璃光泽。{110} 解理完全，解理夹角87°；断口不平坦，呈刺状。硬度6.5。相对密度3.24～3.43。坚韧。

［成因及产状］主要产于碱性变质岩中，是一种典型的变质矿物。

［鉴定特征］致密块状，高硬度，极坚韧，见于碱性变质岩中。

［主要用途］硬玉的细粒状或纤微交织状集合体并参有一些长石类、辉石类矿物，组成一种品质极佳的玉石，称为翡翠。翡翠的颜色是决定其价值的关键，若为祖母绿和苹果绿色，其价格会高得惊人，但若为浅绿、黄绿色等，价格会下降几百倍。

锂辉石 （Spodumene，$LiAl[Si_2O_6]$）

［化学组成］Li_2O 8.03%，Al_2O_3 27.40%，SiO_2 64.57%；锂辉石化学组成较稳定，可含有稀有元素、稀土元素混入物。

［结晶形态］单斜晶系，常呈柱状晶体，柱面常具纵纹。有时可见巨大晶体（长达16 m）。双晶依（100）生成。集合体呈（100）发育的板柱状、棒状，也可呈致密隐晶块状。

［物理性质］灰白色、烟灰色、灰绿色。翠绿色的锂辉石称为翠绿锂辉石，是成分中含Cr所致，成分中含Mn呈紫色称紫色锂辉石。透明。玻璃光泽，解理面微显珍珠光泽。$\{110\}$解理完全，夹角87°；具$\{100\}$、$\{010\}$裂开。硬度6.5～7。相对密度3.03～3.23。

［成因及产状］是富锂花岗伟晶岩中的特征矿物。锂辉石在后生作用下，其中的锂元素会大量流失，转变为蒙脱石、多水高岭石、拜来石和石英等，但仍保留锂辉石假象。

［鉴定特征］以其颜色，晶形及其产状为特征。吹管火焰烧之膨胀，并染火焰成浅红色（Li），与$CaF_2 + KHSO_4$合熔后，染火焰成鲜红色（Li）。

［主要用途］与锂云母一起用作提取Li的原料。Li用于原子工业、医药、焰火、照相、玻璃、伦琴照相等方面。透明而色泽美丽者可作宝石。此外，与锂云母、锂霞石一样，具有一般原料所没有的负膨胀性，故可与其他正膨胀性的矿物一起制成高温下膨胀系数接近于零的特殊陶瓷、微晶玻璃等，提高制品的抗热冲击性能和机械强度。

蔷薇辉石族

本族矿物的晶体结构中单链硅氧骨干不是辉石式的直线，而是折线，即由每五个$[SiO_4]$四面体形成一个短直单链，无数个短直单链周期性错开一个角度相连，一向延伸形成。

蔷薇辉石 （Rhodonite，$(Mn,Fe,Ca)_5[Si_5O_{15}]$）

［化学组成］MnO 30%～46%，FeO_2 2%～12%，CaO 4%～6.5%，SiO_2 45%～48%。成分中由于Ca、Fe、Mg、Zn的替换，所以蔷薇辉石的成分是变化的。其中$CaSiO_3$固溶体的含量不能超过20%。"西湖村石"是指含有MgO 6.24%的蔷薇辉石含镁变种。蔷薇辉石的变种还有铁蔷薇辉石、锌蔷薇辉石。

［结晶形态］三斜晶系，晶体常平行$\{001\}$呈板状（图15－28），通常呈粒状或致密块状集合体。

［物理性质］粉红色（蔷薇红色）、褐色，常具氧化锰的黑色表面。透明—半透明。玻璃光泽。$\{110\}$与$\{1\bar{1}0\}$解理完全，$\{001\}$解理中等。硬度5.5～6.5。相对密度3.57～3.76。

［成因及产状］蔷薇辉石产于锰矿床和富锰铁岩石中，由变质作用或交代作用形成。与锰石榴子石、菱锰矿等共生。

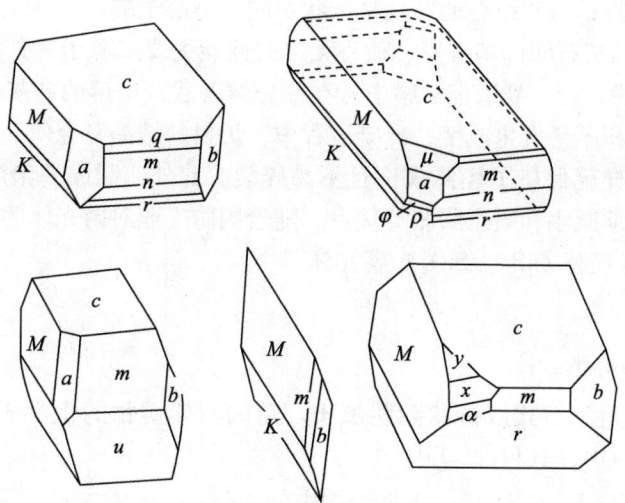

图 15 – 28　蔷薇辉石的晶形

北京昌平西湖村和辽宁某地产有蔷薇辉石。

〔鉴定特征〕致密块状，蔷薇红色。表面氧化而成黑色的氢氧化锰被膜或细脉。以其硬度和加盐酸（HCl）不起泡而区别于菱锰矿。

〔主要用途〕完全由块状蔷薇辉石组成的块状岩石用作细工石材，用于雕刻各种精美的工艺品。

硅灰石族

单链硅酸盐矿物除辉石族外，还有硅灰石族。因为在硅灰石矿物中阳离子全部是大半径阳离子 Ca^{2+}，为了与骨干外阳离子协调，$[SiO_4]$ 四面体单链发生了较大的变形。

硅灰石（Wollastonite，$Ca_3[Si_3O_9]$）

〔化学组成〕CaO 48.35%，SiO_2 51.7%。常含类质同象混入物 Fe、Mn、Mg 等，当达一定量时，可形成铁硅灰石、锰硅灰石等变种。

〔结晶形态〕三斜晶系，晶体常呈沿 b 轴延长的板状晶体（故以前称为板石）（图 15 – 29）。双晶依（100）或（001）形成。呈片状、放射状或纤维状集合体。

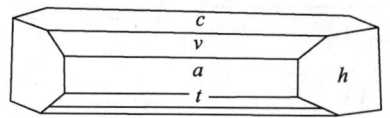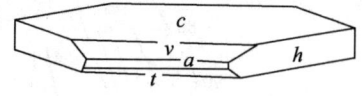

图 15 – 29　硅灰石的晶形

〔物理性质〕白色或带灰和浅红的白色，有少数呈肉红色；透明；白色条痕。玻璃光泽，纤维状集合体呈丝绢光泽，解理面有时呈现珍珠光泽。解理 {100} 完全，{001}、{102} 中等，（100）∧（001）=74°。硬度 4.5 ~ 5.5。相对密度 2.75 ~ 3.10。已知含 Mn 0.02% ~ 0.1% 的硅灰石能发出强的黄色阴极浅荧光。熔点 1540 ℃。

〔成因及产状〕典型的变质矿物，常出现在酸性岩浆岩与碳酸盐岩的接触带，系高温反应的产物。此外，硅灰石还见于深变质的钙质结晶片岩、火山喷出物的某些碱性岩里。

〔鉴定特征〕以其结晶形态、颜色、共生矿物为特征。与透闪石区别是硅灰石较软，不似透闪石性脆易折；与矽线石的区别是产状不同，易溶于酸。

[主要用途] 硅灰石的许多可贵、独一无二的性能主要来源于其针状、纤维状结晶形态，如制成"石绒"；加入到陶瓷炉料中，在部分熔融后，未熔的硅灰石针状体形成致密格架，使其原有体积不易发生改变，冷凝过程中，炉料的结晶又会使硅灰石针状体彼此紧紧固结在一起，这样就保持了坯体规格且不易碎裂。此外，制成的半熔瓷具有低瓷化温度、强度增加、收缩减小和吸水膨胀等优点。随着国防工业对磷光体的需要，已开始运用 $CaSiO_3 \cdot Mn$ 磷光体代替 $ZnBe[SiO_4]$ 磷光体。

角闪石族

1. 化学成分和分类

本族矿物具有角闪石式双链状配阴离子。角闪石族矿物的化学成分通式可表示为：$A_{0\sim1}B_2C_5[T_4O_{11}]_2(OH,F,Cl)_2$，其中：

$A = Na^+$、Ca^{2+}、K^+、H_3O^+，占据结构中的 A 位；

$B = Na^+$、Li^+、K^+、Ca^{2+}、Mg^{2+}、Fe^{2+}、Mn^{2+}，占据结构中的 M_4 位；

$C = Mg^{2+}$、Fe^{2+}、Mn^{2+}、Al^{3+}、Fe^{3+}、Ti^{4+}、Cr^{3+}，占据结构中的 M_1、M_2、M_3 位；

$T = Si^{4+}$、Al^{3+}、Ti^{4+}，占据硅氧骨干中四面体中心。

A、B、C 组阳离子中及其间的类质同象替代十分普遍和复杂，并可形成许多类质同象系列。现已发现和确定的角闪石矿物种和亚种（或变种）已超过 100 种，对于如此众多的矿物种，各国的许多学者对其分类和命名方法较多且不统一。我们还是按照像辉石族矿物分类方案一样，就其成分、结构特点，分为斜方角闪石亚族、单斜角闪石亚族。其中斜方角闪石亚族主要有直闪石；单斜角闪石亚族主要有镁铁闪石、透闪石－阳起石类质同象系列、普通角闪石、蓝闪石、角闪石石棉。另外，也可以像辉石族矿物分类一样，用梯形图将常见的镁、铁、钙闪石列入其中，如图 15－30 所示。

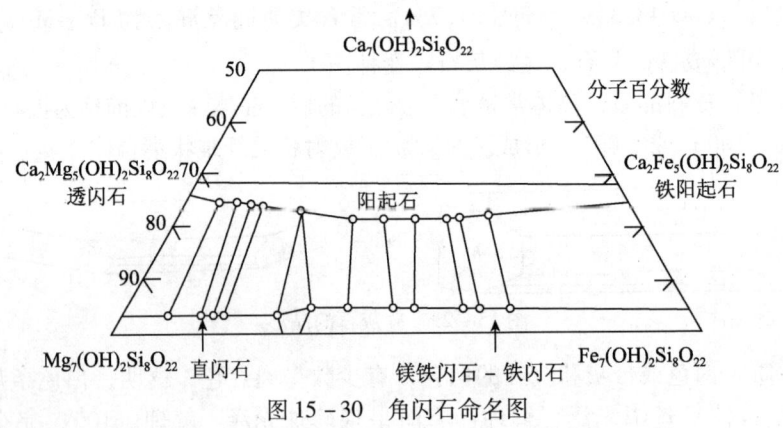

图 15－30　角闪石命名图

2. 结晶形态和物理性质

角闪石的晶体结构特征决定了角闪石族矿物具有平行 c 轴方向延长的柱状、针状甚至纤维状晶形。均发育平行于 {110}（或 {210}）的完全解理，其解理面夹角为 56° 和 124°（图 15－31），这是肉眼区分辉石族与角闪石族矿物的非常重要的依据之一。

角闪石族矿物的一些物理性质，如颜色、相对密度、折射率等随化学成分的变化而变

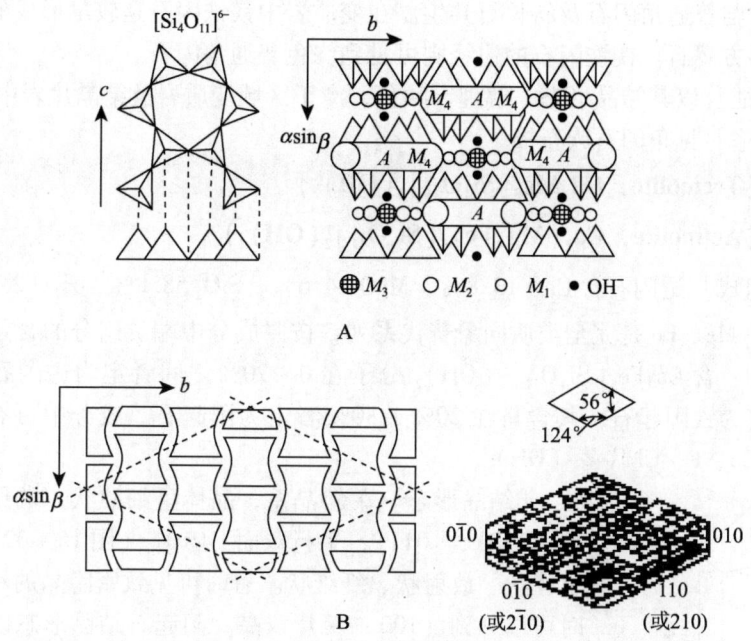

图15-31 角闪石晶体结构（A）及解理产生方向（B）的示意图

化。如当成分中 Fe 含量增高时，其颜色加深，相对密度和折射率均增大。

直闪石（Anthophyllite，$(Mg,Fe)_7[Si_4O_{11}]_2(OH)_2$）

［化学组成］MgO 和 FeO 比值不固定，直闪石是 $Mg_7[Si_4O_{11}]_2(OH)_2$ 至近似 $Fe_2Mg_5[Si_4O_{11}]_2(OH)_2$ 的固溶体系列的一部分；Fe 含量较高时，形成单斜晶系的镁铁闪石。铝直闪石是含 Al 和 Na 的直闪石变种，具近似 $Na_{0.5}(Mg,Fe^{2+})_2(Mg,Fe)_{3.5}(Al,Fe^{3+})_{1.5}[Si_6Al_2O_{22}](OH)_2$ 的化学组成。

［结晶形态］斜方晶系，晶体常呈柱状和板状，常见单形为 {210}、{100}、{001}。通常呈柱状或纤维状集合体。纤维状直闪石称为直闪石石棉。

［物理性质］白色、灰色或带绿色。玻璃光泽，纤维状者具丝绢光泽。解理 {210} 完全，夹角 125°30′。硬度 5.6~6。相对密度 2.85~3.57。

［成因及产状］为某些结晶片岩的造岩矿物。

［鉴定特征］以其结晶形态，解理，颜色，产于结晶片岩中为特征。

［主要用途］直闪石石棉不溶于酸，耐高温，是工业石棉原料之一。

镁铁闪石（Cummingtonite，$(Mg,Fe^{2+})_7[Si_4O_{11}]_2(OH)_2$）

［化学组成］Mg-Fe 间呈完全类质同象，有部分 Mn 的代替。在富 Mg 的端员中常见 Al 代替 Si，也可有极少量 Ca 的代替。

［结晶形态］单斜晶系，晶体呈针状、纤维状，常见单形有斜方柱 {011}、{110}，平行双面 {010}。依 (100) 有聚片双晶。呈纤维状集合体。纤维状的变种称为铁石棉。

［物理性质］深绿色—棕色，随着成分中 Fe^{2+} 含量增加，则颜色变深。玻璃光泽。半透明—透明。解理 {110} 完全，夹角 124° 及 56°。硬度 5~6。相对密度 3.10~3.60。

［成因及产状］镁铁闪石主要产于区域变质形成的角闪岩中，与角闪石共生。在片岩

及变粒岩中常与普通角闪石及斜长石共生。在变质岩中镁铁闪石是较早形成的矿物。其中常可包裹有斜方辉石。镁铁闪石的边缘则可见到绿色普通角闪石。

［鉴定特征］以其结晶形态，解理，颜色，产于区域变质岩及结晶片岩中为特征。

［主要用途］见角闪石族石棉。

透闪石（Tremolite，$Ca_2Mg_5[Si_4O_{11}]_2(OH)_2$）

阳起石（Actinolite，$Ca_2(Mg,Fe)_5[Si_4O_{11}]_2(OH)_2$）

［化学组成］透闪石含 CaO 13.8%，MgO 24.6%，SiO_2 58.8%，H_2O 2.8%。在透闪石－阳起石中 Mg、Fe 是完全类质同象替代系列，按照成分中端员组分的含量把这系列分成几个矿物种：含 $Ca_2Fe_5[Si_4O_{11}]_2(OH)_2$ 分子在 0～20% 之间者定为透闪石；其含量在 80% 以上者定为铁阳起石；其含量在 20%～80% 者定为阳起石。成分中可有少量的 Na、K、Mn 代替 Ca、F、Cl 代替（OH）。

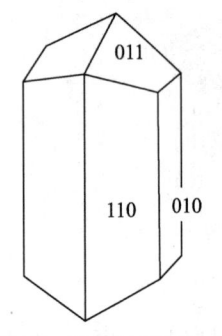

图 15－32　透闪石的晶形

［结晶形态］单斜晶系，晶体呈细柱状，常见单形为斜方柱 {110}、{011}，平行双面 {010}（图 15－32）。集合体常呈柱状、放射状、纤维状。有时可见致密隐晶的浅色块体。有时可以见到（100）聚片双晶。阳起石结晶形态以放射状集合体为特征。

［物理性质］透闪石为白色或灰色，阳起石为深浅不同的绿色。玻璃光泽，放射状、纤维状者常为丝绢光泽。透明至半透明。解理沿 {110} 完全，解理夹角56°；有时可见（100）裂开。硬度 5～6。相对密度 3.02～3.44，随铁含量而增加。

［成因及产状］接触变质矿物，经常发育于石灰岩、白云岩与岩浆岩的接触带中。也产于结晶片岩及区域变质的泥质大理岩中。

［鉴定特征］颜色、结晶形态及解理。以解理区别于辉石，以较浅的颜色区别于普通角闪石。

［主要用途］见角闪石族石棉。此外，透闪石或阳起石的致密坚韧并具刺状断口的隐晶质块体称为软玉，可作为玉石材料，用于雕刻工艺品。

普通角闪石（Hornblende，$NaCa_2(Mg,Fe)_4(Al,Fe^{3+})[(Si,Al)_4O_{11}]_2(OH)_2$）

［化学组成］成分较其他角闪石族矿物复杂，类质同象种类多，A、B、C 类阳离子均出现广泛的类质同象替代。

普通角闪石的成分也可看成是透闪石－阳起石系列引申出来的，即部分 Si 被 Al 替换的同时，相应的部分 Mg 为 Al 和 Fe^{3+} 替换，并有 Na^+ 的加入。在普通角闪石中 Al 是以两种方式存在的，有时 K 的含量可以超过 Na。此外，常含 TiO_2（0.1%～1.25%）。

［结晶形态］单斜晶系，常呈柱状晶体（图 15－33）。横断面呈假六边形。双晶依（100）成接触双晶。常呈细柱状、纤维状集合体。

［物理性质］深绿色—黑绿色；条痕白色略带绿色。玻璃光泽。解理 {110} 完全，两组解理夹角为124°或56°；有时可见 {100} 裂开，是由聚片双晶影响所造成。硬度5～6。相对密度3.1～3.3。

［成因及产状］与岩浆作用密切相关，是各种中、酸性侵入岩的主要组成矿物。在基

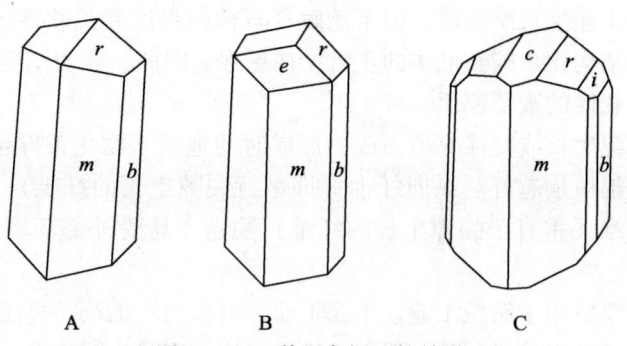

图 15-33 普通角闪石的晶形

性喷出岩中所见到的富含 Fe_2O_3 和 TiO_2 的普通角闪石变种，称为玄武角闪石。普通角闪石有时按辉石形成假象，称假象纤闪石。在区域变质作用产物中，是角闪岩、角闪片岩、角闪片麻岩的主要组成部分。

[鉴定特征] 颜色，柱状晶形，两组完全柱状解理。与普通辉石的区别主要是角闪石解理夹角为 124° 或 56°，断面为菱形或近菱形。

[主要用途] 见角闪石族石棉。

蓝闪石（Glaucophane，$Na_2Mg_3Al_2[Si_4O_{11}]_2(OH)_2$）

钠闪石（Riebeckite，$Na_2Fe_3^{2+}Fe_2^{3+}[Si_4O_{11}]_2(OH)_2$）

[化学组成] 碱性角闪石的一种，其特点是 B 类（M_4）阳离子为 Na^+，C 类阳离子中有 Al^{3+}。该矿物组成成分不定，在其成分中还常含有 Fe_2O_3 以及 CaO。蓝闪石的成分变化与变质原岩密切相关。

[结晶形态] 单斜晶系，晶体少见，常见单形为斜方柱 {110}、{011}，平行双面 {010}。可以见到依 (100) 成的聚片双晶。集合体常呈放射状、纤维状。

[物理性质] 灰蓝、深蓝至蓝黑色；条痕蓝灰色。玻璃光泽或丝绢光泽。解理 {110} 完全。硬度 6~6.5。相对密度 3.1~3.2。

[成因及产状] 蓝闪石是变质成因矿物，是蓝闪石片岩、云母片岩等的特征矿物，是低温高压变质带的特征矿物，也是"板块构造"俯冲带靠大洋一侧低温高压变质带的特征矿物。

[鉴定特征] 放射柱状结晶形态，灰蓝—暗蓝色。

[主要用途] 见角闪石族石棉。

角闪石族石棉

自然界中的石棉主要有两类：一类为蛇纹石石棉，也称为温石棉；一类为角闪石石棉。呈纤维状的角闪石族矿物，统称为角闪石石棉。也有人将富 Na 的称为碱性角闪石石棉，将透闪石、阳起石石棉称为狭义的角闪石石棉。

角闪石石棉是仅次于绿蛇纹石石棉最重要的石棉工业原料来源。自然界中质量好的石棉多为碱性角闪石石棉，尤其是高铁钠闪石石棉（也称青石棉或蓝石棉）：$NaMg_2Fe_4^{2+}Fe^{3+}[Si_4O_{11}]_2(OH)_2$，Na 含量最高，因为双链间以低电价大半径的阳离子 Na^+、K^+ 联结时，联系力弱，易于劈分（即可分的单根或纤维束很细），形成纤维长、劈分性好、质地柔软、抗拉强度大、耐碱、耐高温的高质量石棉。

角闪石石棉与普通角闪石的晶体结构无明显区别，但却包含更多的结构缺陷，这些缺陷可能是因纤维的快速生长所造成，但不能解释石棉的强度和柔软性。最近的研究表明：角闪石石棉的表面结构比角闪石晶体的正常结构更强。因此，表面结构也许是决定角闪石石棉的高强度及柔软性的重要原因。

石棉一般沿裂隙生长或交代充填而成，形成时的地质、物化条件越稳定、成分越纯、结晶度越高，则石棉质量越好。纵向纤维（即平行裂隙生长的纤维）虽然纤维长，但形成条件不如横向纤维（垂直于裂隙生长的纤维）稳定，易受外部环境影响，因而没有横向纤维质量好。

角闪石石棉主要应用于纺织工业、水泥工业，可作为石棉纸、过滤剂、电木和绝缘材料等。青石棉若被石英交代成假象，保留纤维状结构，则成为鹰晴石、虎晴石。

矽线石族

双链硅酸盐矿物除角闪石族外，还有矽线石族等。矽线石结构中 $[SiO_4]$ 四面体与 $[AlO_4]$ 四面体上下交替相接，构造一种沿 c 轴的特殊双链。

矽线石（Sillimanite，$Al[AlSiO_5]$）

矽线石是红柱石、蓝晶石的同质多象变体。

[化学组成] 成分比较稳定，常有少量的类质同象混入物 Fe^{3+} 代替 Al^{3+}，有时有微量的 Ti、Ca、Mg 和碱等混入物。

图 15-34 矽线石晶体集合体

[结晶形态] 斜方晶系，晶体呈长柱状或针状（图 15-34）。在 [001] 晶带的柱面上具有条纹。集合体呈放射状或纤维状。有时呈毛发状在石英、长石晶体中作为包裹体存在。毛发状矽线石称为细矽线石。矽线石的这种针状晶形与其结构中存在 $[SiO_4]$、$[AlO_4]$ 双链和 $[AlO_6]$ 八面体链有关。

[物理性质] 白色、灰色或浅绿、浅褐色等。玻璃光泽。 {010} 解理完全。硬度 6.5~7.5。相对密度 3.23~3.27。热分析：加热到 1545 ℃，矽线石转变为莫来石和石英。莫来石是一种重要的陶瓷材料，结构与矽线石一样，但有多余的 Al→Si 进入四面体双链中，为使电价平衡，产生一些 O^{2-} 缺席，莫来石的化学式为 $Al_{4+2x}Si_{2-2x}O_{10-x}$，$x$ 为 O^{2-} 缺位数。

[成因及产状] 变质矿物，与红柱石、蓝晶石是 Al_2SiO_5 的同质多象变体。在高温接触变质带中的铝质岩中产出。如北京周口店西北，二叠纪红庙岭砂岩的泥质胶结物经与花岗岩接触热变质后形成矽线石。在区域变质作用中，作为早期形成矿物，矽线石也见于结晶片岩、片麻岩中。

[鉴定特征] 棒状、针状晶形，在接触变质带和变质岩中产出。

[主要用途] 主要为制造高铝耐火材料和耐酸材料，用于技术陶瓷、内燃机火花塞的绝缘体及飞机、汽车、船舰部件用的硅铝合金。色美者可作玉石原料。

▶ 层状结构硅酸盐亚类

1. 晶体结构特征

在本亚类矿物的晶体结构中，$[SiO_4]$ 四面体分布在一个平面内，彼此以 3 个角顶相连，因此形成二维延展的网层（最常见的为六方形网），称四面体片，以字母 T 表示。在四面体片中，每一个四面体只有一个活性氧（或端氧）。活性氧通常指向同一方向，从而形成一个也按六方网格排列的活性氧平面，羟基（OH）位于六方网格中心，与活性氧处于同一平面上，上下两层四面体片，以活性氧（及 OH）相对，并相互以最紧密堆积的位置错开叠置，在其间形成了八面体空隙，其中为六次配位的 Mg、Al 等充填，配位八面体共棱联结形成了八面体片，以字母 O 表示。有时八面体片系由一个四面体片的活性氧（及 OH）与另一层 OH 组成（图 15-35）。

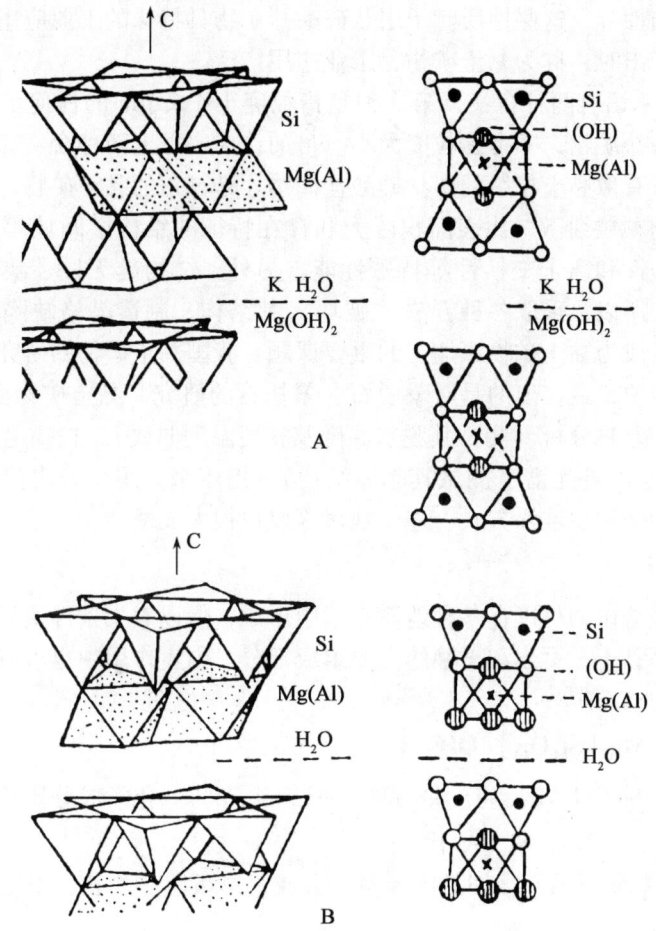

图 15-35　层状硅酸盐晶体中的结构单元层（TO 型与 TOT 型）

（据戈定夷等，1989）

A—2:1 型（TOT 型），两个四面体片夹一个八面体片组合；

B—1:1 型（TO 型），一个四面体片夹一个八面体片组合

四面体片（T）与八面体片（O）组合，形成更大一级的单位层，并以此单位层周期性叠堆起来形成整个层状结构，这一单位层称为结构单元层，有两种基本类型。

（1）1:1 型（TO 型）：由一个四面体片（T）和一个八面体片（O）组成。如高岭石、蛇纹石、多水高岭石。

（2）2:1 型（TOT 型）：由两个四面体片（T）夹一个八面体片（O）组成。如云母、

滑石、叶蜡石、伊利石、蒙脱石、绿泥石、海绿石。

2. 结晶形态和物理性质

本亚类矿物的结晶形态和许多物理性质常与其层状结构密切相关。

结晶形态上，多呈单斜晶系，假六方板、片状或短柱状。

物理性质上，一般具一组极完全的底面解理；低的硬度；薄片具弹性或挠性，少数具脆性；相对密度较小。玻璃光泽，珍珠光泽。

此外，还有一些特殊的物理性质，如吸附性、离子交换性、吸水膨胀性、加热膨胀性、可塑性、烧结性等，这些性质赋予层状硅酸盐矿物具特殊的工业应用价值，特别是当它们以黏土粒级产出时，称为黏土矿物，工业应用广泛。

"黏土"这一术语有两种含义，第一种是指粒度小于 2 μm 的任何矿物，第二种是指具层状结构的硅酸盐矿物，不考虑粒度大小。目前认为，以上两种含义综合起来才是真正的黏土矿物，即所有像黏土粒级的层状硅酸盐矿物才是真正的黏土矿物。

由于黏土矿物颗粒细微、比表面积巨大和存在特征的结构层间域等，使之具有吸附性、膨胀性、可塑性和离子交换性等特殊性能。另外，结构越无序、缺陷越多、颗粒越细，其活性越好，所以，采取各种方法"破坏"其结构，制造晶格缺陷，增加矿物的细度和比表面积，已成为黏土矿物深加工的重要课题。我国黏土矿物的研究和应用在某些方面处于国际领先地位，最突出的是对蒙脱石、累托石的研究。黏土矿物由于其粒度太小，研究方法主要有：差热分析（测试其脱水温度及相变温度曲线）、扫描电镜（观察其细小颗粒结晶形态等）、红外光谱（测试其晶体结构）。近年来，用高分辨扫描电镜和电子衍射详细研究其精细结构、堆垛方式、连生规律等取得很大成绩。

3. 成因及产状

层状结构硅酸盐矿物可以在各种地质作用中形成，但以表生条件最为有利并具有较大的稳定性，它们是黏土、页岩和土壤的主要组成部分。内生作用中也可有层状硅酸盐矿物形成，如云母、蛇纹石等。

滑石（Talc，$Mg_3[Si_4O_{10}](OH)_2$）

［化学组成］MgO 31.72，SiO_2 63.52%，H_2O 4.76%。化学成分比较稳定，Si 有时被 Al 代替，Mg 可被 Fe、Mn、Ni、Al 代替。

［结晶形态］单斜晶系，微细晶体为假六方或菱形板状、片状，但很少见，常呈致密块状。

［物理性质］纯者为白色，含杂质时可呈其他浅色。半透明。玻璃光泽，解理面显珍珠光泽晕彩。解理 {001} 极完全；致密块状者呈贝壳状断口。硬度1。相对密度2.58～2.83。富有滑腻感，有良好的润滑性能。解理薄片具挠性。

［成因及产状］滑石是典型的热液型矿物，是富镁质超基性岩、白云岩、白云质灰岩，经水热变质交代的产物。如：

$Mg_2[SiO_4]$（橄榄石）$+2CO_2+4H_2O \rightarrow Mg_6[Si_4O_{10}](OH)_8$（蛇纹石）$+2MgCO_3$

$Mg_6[Si_4O_{10}](OH)_8$（蛇纹石）$+3CO_2 \rightarrow Mg_3[Si_4O_{10}](OH)_2$（滑石）$+3MgCO_3$（菱镁矿）$+3H_2O$

$3CaMg[CO_3]_2$（白云石）$+4SiO_2+H_2O \rightarrow Mg_3[Si_4O_{10}](OH)_2$（滑石）$+3CaCO_3+3CO_2$

我国辽宁、山东等地蕴藏有丰富的滑石资源，尤以辽宁产的滑石，其规模和质量优异闻名于世界。

［鉴定特征］以其低硬度，滑感，片状具极完全解理为特征。与叶蜡石相似，区别在于用硝酸钴法，滑石灼烧后与硝酸钴作用变为玫瑰色，而叶蜡石则为蓝色。酸度法试验是更为简便的办法，在素瓷板上滴一滴水，以矿物碎块轻磨约半分钟获得乳浊状的水溶液，用石蕊试纸定性地检验其酸碱性，滑石呈碱性（pH≈9），叶蜡石呈酸性（pH≈6）。

［主要用途］滑石的电绝缘和耐热（耐火度达 1490～1510 ℃）性能较高，耐强酸、强碱。其超细粉有良好的吸附性（滑石粉吸油量可达 49%～51%）和覆盖性（滑石粉配制的涂料可严密均匀地覆盖物体）。因此，滑石广泛应用于陶瓷、造纸、涂料、塑料、橡胶、化妆品等行业，滑石还用作润滑剂、镁质化肥等；块滑石瓷具有良好的介电性能和机械强度，是一种高频电瓷绝缘材料。

叶蜡石（Pyrophyllite，$Al_2[Si_4O_{10}](OH)_2$）

［化学组成］Al_2O_3 28.3%，SiO_2 66.7%，H_2O 5.0%。天然产出者一般相当纯净，可以有少量 Al 被少量的 Fe^{2+}、Fe^{3+}、Mg^{2+} 代替，可有少量的 Al 代 Si。有时含少量的 K、Na、Ca，它们在叶蜡石中的位置还不是很清楚，可能存在于结构单元层间，以补偿 Al 代替 Si 所产生的正电荷的不足。也有人认为它们为表面吸附离子，或因含有少量的白云母包裹体所致。

［结晶形态］单斜晶系，完好晶形少见。常呈叶片状、鳞片状或隐晶质致密块体，有时呈放射叶片状集合体。

［物理性质］白色、浅绿、浅黄或淡灰色。玻璃光泽，致密块状者呈油脂光泽，解理面呈珍珠光泽。解理 {001} 极完全；隐晶质致密块体具贝壳状断口。硬度 1～1.5。相对密度 2.65～2.90。有滑感，解理片具挠性。

［成因及产状］叶蜡石是富铝的酸性喷出岩、凝灰岩或酸性岩经热液作用变质而成，在低温热液含金石英脉中也出现。我国福建寿山、浙江青田等地的叶蜡石，系白垩纪流纹岩和流纹凝灰岩经热液蚀变形成的。隐晶质致密块状的叶蜡石称为寿山石、青田石。

［鉴定特征］以其片状习性、解理和油脂滑感为主要特征。硝酸钴潮湿后灼烧显蓝色。

［主要用途］基本上与滑石相同。此外，在雕刻工艺和印章制作中，叶蜡石更有悠久的历史。寿山石为重要的工艺雕刻材料。

白云母（Muscovite，$KAl_2[AlSi_3O_{10}](OH)_2$）

［化学组成］K_2O 11.8%，Al_2O_3 38.4%，SiO_2 45.3%，H_2O 4.5%。类质同象代替较广泛，常见混入物中含有 Ba、Na、Rb、Fe^{3+}、Cr 等，形成多种成分变种。如钡白云母、铬云母；绢云母系指细小鳞片状的白云母；当 Si∶Al > 3∶1 时，称为多硅白云母。

［结晶形态］单斜晶系，晶体常呈 {001} 板状或片状，外形为假六边形或菱形，柱面有明显的横条纹。晶体细小者呈鳞片状，大者面积可达几平方米。双晶常见，依云母律成接触双晶或穿插双晶。

［物理性质］颜色从无色到浅彩色多变，常呈淡灰、淡绿等色。玻璃光泽，解理面呈珍珠光泽。硬度 2.5。解理平行 {001} 极完全。相对密度 2.76～3.00。薄片具弹性；具

良好电绝缘性能。

[成因及产状] 主要出现于酸性岩浆岩——白云母花岗岩、二云母花岗岩及其伟晶岩中；在中性的正长岩和闪长岩中比较少见。产于花岗伟晶岩中的白云母，常形成具有工业价值较大的晶体。此外，还常出现在云英岩、变质片岩及片麻岩中。热液金属矿床和热液变质岩中，绢云母化作用很普遍，形成绢云母。在变质岩中白云母（绢云母）分布广泛，如白云母结晶片岩、含绢云母千枚岩以及含白云母的石英岩等。它是黏土质岩石在较高温度和 K 参与作用下形成，如高岭石转变为白云母的化学反应：

$$3Al_4[Si_4O_{10}](OH)_8 + 2K_2O \rightarrow 4K\{Al_2[AlSi_3O_{10}](OH)_2\} + 8H_2O$$

在强烈的风化条件下，白云母可转变为水白云母和高岭石。

[鉴定特征] 颜色、极完全解理、弹性等。薄片具弹性，区别于滑石等片状矿物。

[主要用途] 白云母绝缘性能极好（但其绝缘强度明显受到包裹体杂质的影响，铁质斑点的存在会使绝缘强度大大降低），耐热性良好（在 100～600 ℃ 时，能保持其一系列优良的物理性能），化学性能稳定（难溶于酸，碱对白云母几乎不起作用），有抗各种射线辐射的性能，并有良好的防水防潮性。因此，白云母主要用于电器工业、电子工业和航空航天等尖端科技领域。

云母在开采、选矿和加工过程中的碎片余料以及天然小片云母的开发应用，目前已取得很大进展。各种粒级的云母粉在砖料、胶泥、塑料、油漆、织品颜料等各生产中作填料、混合料，可大大提高制品的抗冻、防腐、耐磨、密实等性能。云母粉和玻璃粉混合可制成云母陶瓷。还可制成云母纸，在电气、电子工业上已得到广泛运用。

金云母（Phlogopite，$KMg_3[AlSi_3O_{10}](F,OH)_2$）

[化学组成] 完全不含 Fe^{2+} 的金云母中，K_2O 11.3%，MgO 29.0%，Al_2O_3 12.2%，SiO_2 43.2%，H_2O 4.3%。黑云母和金云母构成 Mg—Fe 间的完全类质同象系列，当 Mg:Fe < 2:1 时为黑云母，当 Mg:Fe > 2:1 时为金云母。代替 K 的有 Na、Ca、Rb、Cs、Ba，代替 Mg、Fe 的有 Al、Fe^{3+}、Ti、Mn、Li，另外 F、Cl 可以代替 OH。

[结晶形态] 单斜晶系，晶形呈假六方板状、短柱状；集合体呈片状或鳞片状。

[物理性质] 黄褐色、绿色、白色，甚至深褐色。透明。玻璃光泽，解理面呈珍珠光泽。硬度2.5。解理平行 {001} 极完全。相对密度 2.7～2.85。薄片具弹性。

[成因及产状] 金云母产于富镁的岩石（如白云岩或富镁石灰岩）与岩浆岩的接触变质带中，和透辉石、镁橄榄石等共生。在金伯利岩中，金云母是一种常见矿物。

[鉴定特征] 一般特征与白云母相同，主要根据其褐色与其他云母相区别。与颜色相似的黑云母可以撕很薄的薄片放在白纸上对比，金云母呈淡褐色，而黑云母呈灰绿色或烟色。无色或其他颜色金云母的确切鉴定须借助显微镜。

[主要用途] 质纯的金云母主要用作电气绝缘材料。

黑云母（Biotite，$K(Mg,Fe)_3[AlSi_3O_{10}](F,OH)_2$）

[化学组成] 为金云母之富铁者（FeO > 16%）。

[结晶形态] 单斜晶系，晶形呈假六方板状、短柱状；集合体呈片状或鳞片状。

[物理性质] 常呈褐黑色、绿黑色、黑色。透明。玻璃光泽，解理面呈珍珠光泽。硬度2.5。解理平行 {001} 极完全。相对密度 3.02～3.12。薄片具弹性。

［成因及产状］黑云母形成的地质环境变化很大。可产于不同的岩浆岩中，从花岗岩至花岗伟晶岩、闪长岩、辉长岩和橄榄岩中都可产出。此外，在熔岩和斑岩中也可出现。在变质岩中从区域变质岩到接触变质岩中也都可以出现。

［鉴定特征］以其颜色与其他云母相区别；以其薄片的弹性和蛭石相区别。

［主要用途］鳞片状黑云母可作建筑材料充填物，如云母沥青毡。

锂云母（鳞云母）(Lepidolite, $K(Li, Al)_3[(Si, Al)_4 O_{10}](F, OH)_2$)

［化学组成］按其化学式计算，K_2O 11.9%，Li_2O 5.7%，Al_2O_3 32.2%，SiO_2 45.6%，H_2O 4.6%。置换 K 的有 Na、Rb、Cs。置换 Li 和 Al 的有 Fe^{2+}、Mn、Ca、Mg 和 Ti。

资料表明，Li 含量与 F 含量成正比。白云母和锂云母之间是否为连续的类质同象系列还有争议。但曾发现白云母中能进入 33% 的 Li_2O 而不使结构发生本质的改变，所以，一般将 Li_2O 含量高于 35% 的才列入锂云母范围，低于这一含量称为锂白云母。另外，富铁的称为铁锂云母，可视为锂云母 – 黑云母的过渡产物。

［结晶形态］单斜晶系，晶体呈假六方板状；依云母率形成双晶。常呈细小鳞片状集合体，故又名鳞云母。

［物理性质］常呈浅紫色，有时呈白色、桃红色（含 Mn^{2+}）。玻璃光泽，解理面具珍珠光泽。硬度 2.5。解理平行 {001} 极完全。相对密度 2.8 ~ 2.9。薄片具弹性；吹管下火焰呈红色，为 Li 的焰色反应。

［成因及产状］主要产于花岗伟晶岩中，与长石、石英、锂辉石、白云母、电气石等共生。

［鉴定特征］以颜色与产状为特征，此外可作锂的焰色反应。

［主要用途］为提取稀有金属锂的主要原料之一。锂云母中常含 Rb 和 Cs，所以也是提取 Rb、Cs 的主要原料。细粒集合体可作玉石材料（工艺名为丁香紫），由于其有较低的硬度，易于琢磨和抛光，加工后的成品光洁照人，具独特的丁香紫色，色泽十分柔和，可用于玉石工艺品和戒面等首饰镶嵌品，深受欢迎。此外，锂云母与锂辉石一样，可用于陶瓷工业，见锂辉石描述。

铁锂云母（Zinnwaldite, $K(Li, Fe^{2+}, Al)_3[(Si, Al)_4 O_{10}](F, OH)_2$)

［化学组成］为黑云母与锂云母之间的过渡产物。成分变化很大，K 能被 Na、Ba、Rb、Sr 和少量的 Ca 代替；在八面体位置的（Li、Fe、Al）可被 Ti、Mn 及 Mg 等代替；F 常为（OH）所代替，有时 F: OH < 1:1。

［结晶形态］单斜晶系，晶体呈假六方片状；常呈细小鳞片状集合体。

［物理性质］灰褐色、黄褐色，有时为暗绿色、浅绿色。玻璃光泽，解理面珍珠光泽。硬度 2.5。解理平行 {001} 极完全。相对密度 2.9 ~ 3.2。薄片具弹性。

［成因及产状］主要产于花岗伟晶岩中，与长石、石英、锂辉石、白云母、电气石等共生。

［鉴定特征］以颜色与产状为特征，此外可作锂的焰色反应。

［主要用途］为提取稀有金属锂的主要原料之一。我国江西南部一带的钨锡矿床中常有铁锂云母产出。

伊利石（Illite，$K_{0.75}(Al_{1.75}R^{2+})[Si_{3.5}Al_{0.5}O_{10}](OH)_2$）

又称水白云母。

[化学组成] 与白云母相比，其 K_2O 减少 6%，H_2O 可增至 8%～9%，Al_2O_3 可减少至 25%，SiO_2 可增加至 55%。式中 R^{2+} 代表二价金属阳离子，主要为 Mg^{2+}、Fe^{2+} 等。与白云母不同的是，层间 K 的数量比白云母少，而且有水分子存在，因此伊利石也称为水白云母。

[结晶形态] 单斜晶系，常呈极细小的鳞片状晶体，透射电子显微镜下呈不规则的或带棱角的薄片状，有时也呈不完整的六边形和板条状结晶形态，通常呈鳞片状、致密块状或土状集合体产出。

[物理性质] 白色、灰色，有时带黄、绿色调。玻璃光泽，致密块状呈油脂光泽或土状光泽。解理平行 {001} 完全。硬度 2～3。相对密度 2.5～2.8。

[成因及产状] 常见于黏土及黏土质岩石中。由长石、云母等风化而成，也可以有其他黏土矿物转变而来。低温热液蚀变也能形成伊利石。它也可向蒙脱石转化。

[鉴定特征] 一般用肉眼无法鉴定。

[主要用途] 为风化壳和泥质沉积岩中主要矿物组分之一，具有一定理论意义。

蛭石（Vermiculite，$(Mg,Ca)_{0.3～0.45}(H_2O)_n\{(Mg,Fe^{3+},Al)_3[(Si,Al)_4O_{10}](OH)_2\}$）

[化学组成] 化学成分复杂多变。四面体片中 Al^{3+}、Fe^{3+} 代替 Si 是层电荷产生的主要原因。电荷的补偿一方面靠八面体片中 Al^{3+}、Fe^{3+} 代替 Mg，另一方面靠层间阳离子（以 Mg^{2+} 为主，也可以有 Ca^{2+}、Na^+、K^+、$(H_3O)^+$，还可以有 Rb^+、Cs^+、Li^+、Ba^{2+} 等）。层间水的含量取决于层间阳离子水合能力以及环境中的温度和湿度。具水合能力高的 Mg^{2+}，在正常的温度和湿度下，单位化学式可含水分子 4～5 个。但阳离子为水合能力弱的 Cs^+ 时，几乎可以不含水分子。层间水含量最大时约相当于双分子层。

[结晶形态] 单斜晶系，粗粒蛭石多由黑云母、金云母等转变而来，因此保留着云母的片状晶形，且主要为三八面体型；细粒者呈土状，与其他黏土矿物混在一起，极难区分，黏粒级蛭石多为二八面体型，在土壤中广泛分布。

[物理性质] 褐、黄褐、金黄、青铜黄色，有时带绿色。光泽较黑云母弱，常呈油脂光泽或珍珠光泽。解理 {001} 完全，解理片微具或不具弹性。硬度 1～1.5。相对密度 2.4～2.7。灼热时体积膨胀并弯曲如水蛭，显浅金黄或银白色，金属光泽。其膨胀系由于层间水分子变为蒸汽时所产生的压力使结构层被迅速撑开所致。膨胀后，体积增大 15～25 倍，甚至可达 40 倍。相对密度由 2.34～2.7 减小到 0.6～0.9。

[成因及产状] 主要由黑云母或金云母经热液蚀变或风化而成，也可由基性岩受酸性岩浆的变质作用而形成。

[鉴定特征] 粗粒者与云母相似，但以其无弹性、加热膨胀性相区分；细粒者要用 X 射线、差热分析等方法鉴别。

[主要用途] 膨胀蛭石有良好的隔音、隔热、绝缘、化学性质稳定等性能，因此作为轻质、保温、隔热、隔音、防火等材料，广泛地应用于建筑行业及多种工业部门。蛭石有良好的阳离子交换性和吸附性，在农业上被用于土壤改良，作肥料、杀虫剂等，在环保方面可作为废料、污染的吸附剂。

海绿石（Glauconite，$K_{1-x}\{(Fe^{3+},Al,Fe^{2+},Mg)_2[Al_{1-x}Si_{3+x}O_{10}](OH)_2 \cdot nH_2O\}$）

［化学组成］成分类型与伊利石相似，只是类质同象阳离子中以 Fe^{3+} 为主，其次才是 Al 和少量的 Fe^{2+}、Mg。四面体中 Al 代替 Si 引起的正电荷不足由层间阳离子 K 补偿，K 可被少量 Na、Ca 代替。K 在结构式中小于1，为 $0.6 \sim 1.0$，有层间水。

［结晶形态］单斜晶系，晶体呈细小假六方外形，但极为少见。通常呈直径为数毫米的圆粒状集合体。

［物理性质］暗绿至绿黑色，也呈黄绿、灰绿色。不透明。条痕浅绿色，通常无光泽。硬度为 $2 \sim 3$。相对密度 $2.2 \sim 2.8$。性脆。

［成因及产状］海绿石是典型的表生矿物，产在浅海沉积物（如砂岩、碳酸盐岩岩石等）中。在近代，沉积于深度为 $300 \sim 500$ m 浅海的绿色淤泥和砂中也有发现；在华北一带，海绿石多产于震旦纪、寒武纪、奥陶纪地层中，在华中及西南产于震旦纪和泥盆纪地层中。

［鉴定特征］根据其结晶形态、颜色、低硬度及产状可以识别。

［主要用途］海绿石中含有钾，可作化肥。纯净的海绿石可作颜料。它具有阳离子交换性能，可作硬水软化剂。

绿泥石（Chlorite，$(Mg,Fe)_3[(Si,Al)_4O_{10}](OH)_2 \cdot (Mg,Fe)_3(OH)_6$）

［化学组成］化学成分非常复杂，结构中存在大量的类质同象，所以种属繁多，许多学者提出各种分类方案，但争议甚多，1991 年 Martin 和 Bailey 建议根据结构中 *TOT* 层中 *O* 层及层间域中的 *O'* 层（$Y_3(OH)_6$ 层）为三八面体型或二八面体型来进行分类：两者都为三八面体型，称为三八面体绿泥石；两者都为二八面体型，称为二八面体绿泥石；两者中一种为二八面体型，一种为三八面体型，称为二八 – 三八面体绿泥石。自然界中大多数绿泥石都属于三八面体绿泥石。

［结晶形态］单斜晶系，晶体呈假六方片状或板状，少数呈桶状，但晶体少见。双晶依云母律或绿泥石律形成。常呈鳞片状集合体、土状集合体。

［物理性质］大多带绿色调，但随成分而变化，富 Mg 为浅蓝绿色；富 Fe 颜色加深，为深绿—黑绿；含 Mn 呈浅褐、橘红色；含 Cr 呈浅紫到玫瑰色；条痕无色。玻璃光泽，解理面呈珍珠光泽。解理 $\{001\}$ 完全。硬度 $2 \sim 2.5$，随着含 Fe 量增加，硬度随之增大，可达3。相对密度随成分中 Fe 含量增加而增大，变化在 $2.68 \sim 3.40$ 之间。解理片具挠性。

［成因及产状］常见于低级变质带绿片岩相中及低温热液蚀变中（绿泥石化）；但在某些中、高温变质或蚀变岩中也可出现。在岩浆岩中绿泥石多为富铁镁矿物（角闪石、辉石、黑云母等）的次生矿物；在沉积岩、黏土中都含有一定量的绿泥石。

［鉴定特征］颜色、结晶形态、条痕微绿，以及硬度等可作为初步鉴定的特征。当晶体较大、解理可见时，与云母的区别除颜色外，其薄片具挠性也为其重要特点。

［主要用途］仅具矿物学和岩石学意义。

蛇纹石（Serpentine，$Mg_6[Si_4O_{10}](OH)_8$）

［化学组成］ MgO 43.6%，SiO_2 43.4%，H_2O 13.0%，代替 Mg 的有 Fe、Mn、Cr、Ni、Al 等，从而可以形成相应的成分变种。

［结晶形态］单斜晶系，晶体一般呈叶片状、鳞片状，集合体通常呈致密块状。有时

表面现波状揉皱。纤维状者称为蛇纹石石棉，也称温石棉。

[物理性质] 深绿、黑绿、黄绿等各种色调的绿色，并常呈青、绿斑驳如蛇皮。铁的代入使颜色加深、密度增大。油脂或蜡状光泽，纤维状者呈丝绢光泽。硬度 2.5～3.5。相对密度 2.2～3.6。除纤维状者外，解理 {001} 完全。

[成因及产状] 蛇纹石的生成与热液交代（约相当于中温热液）有关，富含 Mg 的岩石，如超基性岩（橄榄岩、辉石岩）或白云岩，经热液交代作用可以形成蛇纹石。在矽卡岩化作用的后期往往有蛇纹石生成。反应式为：

$$3Mg_2[SiO_4] + 4H_2O + SiO_2 \rightarrow Mg_6[Si_4O_{10}](OH)_8$$
$$6CaMg[CO_3]_2 + 4H_2O + 4SiO_2 \rightarrow Mg_6[Si_4O_{10}](OH)_8 + 6CaCO_3 + 6CO_2$$

蛇纹石块体中纤维蛇纹石（石棉）的生成，是由于蛇纹石胶凝体干缩而产生裂隙时逐渐生成的，纤维常与脉壁垂直（称横纤维），但也有少数与裂隙平行（称纵纤维），我国四川石棉县所产的纵纤维，纤维最长可达 2 m 以上，因此而闻名于世。

[鉴定特征] 根据其颜色、光泽、较小的硬度、纤维状或块状结晶形态及产状加以识别。蛇纹石矿物之间的区别较困难，只有通过扫描电镜、X 射线法、热分析、旋旋光性鉴定来进一步精确确定。

[主要用途] 石棉状蛇纹石（称为温石棉）的抗拉强度比角闪石石棉高，很多有机纤维和无机纤维的抗拉强度都不及蛇纹石石棉，尤其在高温下，蛇纹石石棉仍能保持其相当好的强度，是其突出的优点。一般来说，横棉比纵棉好，成分越纯性能越好。因而蛇纹石石棉广泛应用于建筑、化工、医药、冶金等行业。非石棉状蛇纹石，可利用其耐热、隔音、质轻等特点，制成不吸收水分、不燃烧、热绝缘性好、热容量大的高强特种材料；蛇纹石还可用于建筑石料及玉雕，如岫玉（成分主要是蛇纹石）为我国著名的玉石品种。

蒙脱石（Montmorillonite，$E_x(H_2O)_4\{(Al_{2-x},Mg_x)_2[(Si,Al)_4O_{10}](OH)_2\}$）

又称微晶高岭石或胶岭石。

[化学组成] 上式中 E 为层间可交换阳离子，主要为 Na^+、Ca^{2+}，其次有 K^+、Li^+ 等。x 为 E 作为一价阳离子时单位化学式的层电荷数，一般在 0.2～0.6 之间。根据层间主要阳离子的种类，分为钠蒙脱石、钙蒙脱石等成分变种。

[结晶形态] 单斜晶系；集合体常呈土状隐晶质块状，电镜下为细小鳞片状。

[物理性质] 白色，有时为浅灰、粉红、浅绿色。鳞片状者 {001} 解理完全。硬度 2～2.5。相对密度 2～2.7。很柔软。有滑感。加水膨胀，体积能增加几倍，并变成糊状物。具有很强的吸附力及阳离子交换性能。

[成因及产状] 蒙脱石主要由基性岩浆岩在碱性环境中风化而成，也有的是海底沉积的火山灰分解后的产物。蒙脱石为膨润土的主要成分。膨润土在我国产地很多，如辽宁、黑龙江、吉林、河北、河南、浙江等地都有产出。我国具工业价值的蒙脱石矿床多产于中生代火山岩系中。

[鉴定特征] 加水膨胀为其特征。确切鉴定须结合 X 射线分析、热分析和化学分析等。热分析：在 80～250 ℃ 之间出现第一个吸热谷，脱去层间水和吸附水。一般钠蒙脱石脱水温度较低，且为单吸热谷；钙蒙脱石脱水温度较高，并出现复合吸热谷。第二个吸热谷出现于 600～700 ℃ 之间，脱结构水。第三个吸热谷在 800～935 ℃ 之间，晶格完全破坏。其后，紧接着一放热峰，有新相尖晶石和石英生成。

［主要用途］利用其阳离子交换性能制成蒙脱石有机复合体，广泛用于制造高温润脂、橡胶、塑料、油漆；利用其吸附性能，用于食油精制脱色除毒、净化石油、核废料处理、污水处理；利用其黏结性，可作铸造型砂黏结剂等；利用其分散悬浮性，用于钻井泥浆。由于钠蒙脱石的许多性能优于钙蒙脱石，因而常利用蒙脱石的阳离子交换性能，进行改型处理，将钙蒙脱石改造成钠蒙脱石。

高岭石（Kaolinite，$Al_4[Si_4O_{10}](OH)_8$）

高岭石名称来自我国江西景德镇的高岭（山名），因该地所产的高岭石质地优良，在国内外久负盛名。

［化学组成］高岭石的成分变化不大。Al_2O_3 39.5%，SiO_2 46.5%，H_2O 14.0%；常有少量的 Mg、Fe、Cr、Cu 等代替八面体配位中的 Al。Al、Fe^{3+} 代替 Si 的数量通常很低。碱及碱土金属元素多为机械混入物。

［结晶形态］三斜晶系，多为隐晶质致密块状或土状集合体。电镜下呈平行于（001）的假六方板状、半自形或他形片状晶体，集合体为鳞片状，通常鳞片大小为 0.2～5 μm，厚度为 0.05～2 μm。结晶有序度较高的高岭石鳞片可达 0.1～0.5 mm，结晶有序度高的鳞片可达 5 mm。

［物理性质］纯者白色，因含杂质可染成深浅不同的黄、褐、红、绿、蓝等各种颜色；致密块体呈土状光泽或蜡状光泽。｛001｝极完全解理。硬度 2.0～3.5。相对密度 2.60～2.63。土状块体具粗糙感，干燥时具吸水性（粘舌），湿态具可塑性，但不膨胀。阳离子交换性能差，只能由颗粒边缘的破键而引起微量交换。

［成因及产状］高岭石是黏土矿物中分布最广、最主要的组成之一。主要是由富含铝硅酸盐的岩浆岩和变质岩，在酸性介质的环境里，经受风化作用或低温热液交代作用的产物。如钾长石风化而生成高岭石的作用可用反应式表示如下：

$$4K[AlSi_3O_8] + H_2O + 2CO_2 \rightarrow Al_4[Si_4O_{10}](OH)_8 + 8SiO_2 + 2K_2CO_3$$

［鉴定特征］致密土状块体易于以手捏碎成粉末，粘舌，加水具可塑性。灼烧后与硝酸钴作用呈 Al 反应（蓝色）。也可根据差热曲线和热失重曲线精确鉴定。

［主要用途］高岭石自古以来就被应用于陶瓷工业，它是陶瓷制品的最基本原料，主要利用的是它的可塑性（在陶瓷坯体中易成型）、烧结性（在加热过程中易熔物产生液相充填于未熔颗粒空隙中，使气孔率下降而致密、坚硬）、耐高温性、呈洁白色等性能。此外，在电器、建材、日用品及橡胶、造纸业等工业中也有广泛应用。高岭石的粒度对其工艺性能有很大影响，粒度越细，可塑性越好，越易烧结。如纸张涂布、高光洁油漆、油墨、特种陶瓷和橡胶用的一级涂布高岭石黏土，其粒度小于 2 μm 的部分不应低于 80%。

多水高岭石（Halloysite，$Al_4[Si_4O_{10}](OH)_8 \cdot 4H_2O$）

又称埃洛石、叙永石。

［化学组成］成分、结构与高岭石完全相似，但层间含有水分子。水分子含量不定，一般不超过 4。

［结晶形态］单斜晶系。集合体一般为土状块体，电子显微镜下为棒状（与蛇纹石石棉一样呈卷筒状，由于 Al^{3+} 比 Mg^{2+} 半径小，故八面体片缩小，其卷筒四面体片在外，八面体片在内）。

［物理性质］与高岭石相似，硬度 $1 \sim 2.6$，相对密度 2.1，完全脱水后可增至 2.6（与高岭石同），完全脱水后不再吸水形成高岭石。

［成因及产状］与高岭石类似，有时先形成多水高岭石，脱水后再形成高岭石。四川叙永县盛产，故名叙永石。

［鉴定特征］与高岭石十分相似。其块体吸水后易裂。但详细鉴别需用进一步手段。

［主要用途］与高岭石相同。

葡萄石（Prehnite，$Ca_2Al[AlSi_3O_{10}](OH)_2$）

［化学组成］CaO 27.16%，Al_2O_3 24.78%，SiO_2 43.69%，H_2O 4.37%。Fe^{3+} 可以代替 Al^{3+}，Mg、Mn、Na、K 含量极微。

［结晶形态］斜方晶系，晶体呈柱状，板状少见。集合体呈葡萄状、肾状、放射状、束状或致密块状等。

［物理性质］白色、浅黄色、肉红色，或带各种色调的绿色。玻璃光泽。解理 {001} 完全至中等；断口不平坦。硬度 $6 \sim 6.5$。相对密度 $2.80 \sim 2.95$。

［成因及产状］葡萄石在岩浆岩、沉积岩和变质岩中均有发现。

我国辽宁某地葡萄石产于碱性正长岩与石灰岩接触带的矽卡岩中。在正长岩晶洞中，常有葡萄石、顾家石的晶簇。易受风化呈白色粉末，而使岩石呈蜂窝状或放射性结构。一般为接触变质后期热液产物。

葡萄石还可呈球粒状充填于玄武岩气孔中或以完美的板状晶体构成束状、扇状集合体形态；在凝灰岩中，呈脉状或作为胶结物产出。在玢岩中也可见到葡萄石交代斜长石，呈斜长石假象。

［鉴定特征］以绿色和葡萄状、肾状形态为其特征。

［主要用途］色美者可作宝石。

坡缕石（Palygorskite，$(Mg,Al)_5(H_2O)_4[(Si,Al)_4](OH)_2$）

与其沉积成因的一种相同矿物又称凹凸棒石（Attapulgite）。

［化学组成］三价离子 Al^{3+} 和 Fe^{3+} 可以代替 Mg^{2+}，主要为 Al^{3+}。

［结晶形态］单斜晶系，通常为纤维状或土状集合体。

［物理性质］白、灰、浅绿或浅褐色。硬度 $2 \sim 3$。相对密度 $2.05 \sim 2.32$。具 {011} 解理。淋滤 – 热液成因者常呈纤维状，纤维柔软，具强吸附性。沉积成因者可形成大型黏土矿床，土质细腻，具滑感。具良好的吸附性。吸水性强，遇水不膨胀。湿时具黏性和可塑性，干燥后收缩性小。具阳离子交换性。

［成因及产状］形成于沉积作用或为热液蚀变的产物。其形成往往与沉积、风化作用，以及火山活动与热液蚀变有关。

［鉴定特征］纤维状或土状集合体形态，具良好吸附性和吸水性，加水膨胀，具黏性和可塑性。确切鉴定需依靠差热分析和电子显微镜等。

［主要用途］因为具有良好的抗盐性、耐碱性、热稳定性而成为当前最好的特殊泥浆料，用于地热、盐类地层、石油及海洋钻探。由于具有良好的吸附、脱色、净化、过滤性能，广泛应用于食品、酿造、医药、环保、国防、畜牧等行业。作为填料用于橡胶、塑料、纸张，以改善制品的强度、弹性及热稳定性。作为黏结刘，用于冶金球团、化妆品、

型砂、去污粉及陶瓷业。还可用作表面涂层稠化剂、密封材料、催化剂载体等。

海泡石（SepiOlite，$Mg_8[Si_6O_{15}]_2(OH)_4 \cdot 12H_2O)$）

［化学组成］成分上与坡缕石相似，不同之处在于海泡石含 MgO 量较高，而 Al_2O_3 含量较低，Mg 可被 Al、Fe、Ni、Ca、Na 等代替，从而形成不同的海泡石变种。

［结晶形态］斜方晶系，纤维状、土块状集合体。

［物理性质］白、浅灰、褐红等色。硬度 2~3。相对密度 2~2.5。性软，有滑腻感。具吸附性、抗盐性、阳离子交换性等工艺技术特性，与坡缕石相似。

［成因及产状］已知海泡石有内生及外生两种。通常作为表生矿物见于蛇纹岩风化壳。沉积作用形成的海泡石见于碳酸盐岩中。

［鉴定特征］根据其形态、产状、共生与伴生矿物以及物理性质初步辨认，再通过电子显微镜、X 射线衍射、热分析等进一步确认。

［主要用途］海泡石与坡缕石有大体相同的应用领域，已知海泡石的用途达百余种，是当前用途最广的矿物原料之一。作为吸附剂、脱色剂、净化剂，广泛应用于石油、油脂、食品、化工、医药、环保、农业、建材等行业，还是一种理想的香烟过滤嘴材料，无碳复写纸（NCR 纸）的显色剂，以其良好的抗盐性、耐热性而用于钻井泥浆。

累托石（Rectorite）

累托石为云母晶层与蒙皂石晶层按 1∶1 的混层矿物，理想的晶体化学式为：

$$\left\{ \begin{array}{l} 云母晶层(Na,Ca,K)_2\{Al_4[Si_6Al_2O_{20}](OH)_4\} \\ 蒙皂石晶层 E_{0.66}\{(Al,Mg)_4[(Si,Al)_8O_{20}(OH)_4]\} \end{array} \right\}$$

其中，E 为可交换阳离子。

［化学组成］SiO_2 43%~54%，Al_2O_3 24%~40%，H_2O 8%~15%，三项之和约 90%；MgO、Fe_2O_3、FeO、MnO、Na_2O、K_2O、CaO 约占 10%。

可根据层间阳离子进一步划分为钠累托石、钾累托石和钙累托石。

［结晶形态］单斜晶系，土状、细片状。扫描电镜下为不规则鳞片状，少数为纤维状、板条状。

［物理性质］白、灰绿、灰黑、褐黄色。一组解理完全，解理片具挠性。硬度小于滑石。具滑感。相对密度 2.3。遇水膨胀。

［成因及产状］主要形成于热液蚀变，少数为沉积成因。

［鉴定特征］土状或细片状集合体形态，硬度小于滑石，具滑感，加水膨胀。确切鉴定需要结合 X 射线衍射分析、热分析和化学分析。

［主要用途］用于钻井泥浆、石油催化剂载体、型砂黏结剂、制瓷黏结剂，以及作为橡胶、油漆、涂料和摩擦材料的填料等。

▶ 架状结构硅酸盐亚类

架状结构硅酸盐矿物的结构特征是每个 [SiO_4] 四面体的所有 4 个角顶都与毗邻的四面体共顶，形成类似于石英的架状结构，但石英（SiO_2）的架状结构内电性已中和，不需架状外阳离子。如果要形成架状的硅酸盐，则必须有一部分 Si^{4+} 被 Al^{3+} 代替，产生多余的负电荷，从而引进架状骨干外的阳离子来进行中和。最常见的骨干外阳离子都是一些电价低、半径大、配位数高的阳离子，如 K^+、Na^+、Ca^{2+}、Ba^{2+} 等，偶尔还有 Rb^+、Cs^+ 等，常见的具六次配位的 Mg^{2+}、Fe^{2+}、Mn^{2+}、Fe^{3+}、Al^{3+} 等则很少出现，这是因为架状结构中空隙较大，要求大半径阳离子充填；同时 $Al^{3+} \rightarrow Si^{4+}$ 的数目有限，产生的负电荷不多，要求低电价阳离子来中和。所以架状硅酸盐的阳离子种类很有限且类质同象很少，导致其成分较简单。

[SiO_4] 四面体沿三维空间以架状连接，有时在结构中可以形成巨大的空隙，甚至连通成孔道。矿物成分中的 F^-、Cl^-、$(OH)^-$、S^{2-}、[SO_4]$^{2-}$、[CO_3]$^{2-}$ 等附加阴离子即存在于这些空隙中，与 K^+、Na^+、Ca^{2+} 等阳离子相连，以补偿结构中过剩的正电荷；沸石矿物中的"沸石水"也占据在这些空隙或孔道，它们逸出（或重新进入）时不改变矿物的晶体结构。

架状结构硅酸盐矿物有：长石族、白榴石族、霞石族、沸石族、方钠石族、日光榴石族。

架状结构硅酸盐矿物的结晶形态，取决于各自结构特点，当架状中键力各方向无明显差异时，呈粒状，解理差，如白榴石；当某方向键力强于或弱于其他方向时，则呈片状、板状或柱状、针状，相应也会出现解理，如长石、沸石等。架状结构中键力较强，所以硬度较大（仅次于岛状硅酸盐矿物）。由于很少含 Fe^{2+}、Mn^{2+} 等色素离子，一般呈浅色。因结构中存在着较大的空隙，所以架状结构硅酸盐矿物的相对密度较小，折射率也较低。架状结构中有铝代替硅，因而矿物一般形成于高温条件或碱性条件下。

长石族

1. 化学成分和分类

本族矿物主要有 4 种：钾长石（Or）：$K[AlSi_3O_8]$；钠长石（Ab）：$Na[AlSi_3O_8]$；钙长石（An）：$Ca[Al_2Si_2O_8]$；钡长石（Cn）：$Ba[Al_2Si_2O_8]$。

自然界中产出的长石大多是前三者的固溶体，即相当于由钾长石（Or）、钠长石（Ab）和钙长石（An）三种简单的长石端员分子组合而成，可以用端员分子的百分数来表示。三种长石分子彼此的混溶性存在一定的范围（图 15 - 36）。

钾长石和钠长石在高温条件下形成完全的类质同象系列（称为碱性长石），温度降低时则混溶性逐渐减小，导致出溶形成条纹（称条纹长石）。

一般认为钠长石和钙长石能在任何温度条件下形成完全类质同象系列（称斜长石），但近来研究表明，温度降低后在某些区间内并不能相互混溶，形成两相晶胞尺寸下的规则连生体，不同成分范围所形成的规则连生体不同，其中在 An_2—An_{26} 范围内形成晕长石连生：是两种长石相的

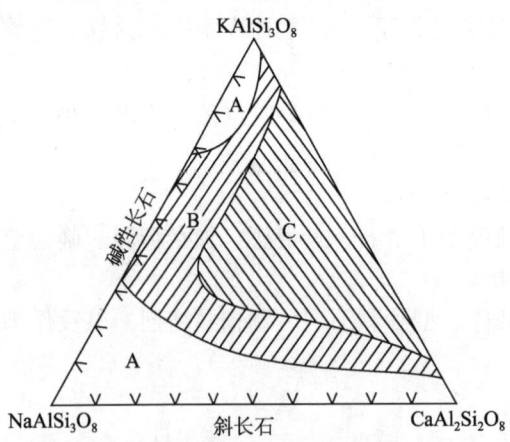

图 15 - 36 Or—Ab—An 系列混溶性

A 区—在任何温度下混溶（其中 $NaAlSi_3O_8$—$CaAl_2Si_2O_8$ 系列的某些区域会显微出溶形成一些显微规则连生体）；

B 区—仅在高温下混溶，温度下降出溶时为条纹长石；

C 区—混溶间隙，即在任何温度都不混溶

超显微体连生，一部分为具低钠长石结构的纯钠长石，另一部分为富钙的斜长石，晕长石即因此种连生表现出浅蓝至乳白色的晕彩而得名，但非所有此范围的斜长石都能见到晕彩；在 An_{68}—An_{88} 范围内形成休顿洛契连生；在 An_{45}—An_{62} 范围内形成博吉尔德连生。由于出溶时肉眼不能辨别，以前误认为任何温度下它们都能混溶。钾长石和钙长石几乎在任何温度下都是不混溶的。

三端员之间的不同程度类质同象现象与 K^+、Na^+、Ca^{2+} 的离子半径有关，Na^+（$r = 0.098$ nm）与 Ca^{2+}（$r = 0.099$ nm）的半径差最小，所以最易发生类质同象置换，即使出溶也形成晶胞尺寸的规则连生体；K^+（$r = 0.14$ nm）与 Na^+ 半径差稍大，因此高温下易发生置换，低温下不易置换，出溶时形成肉眼可见的条纹连生体（即条纹长石）；K^+ 与 Ca^{2+} 半径差大且不等价，最不易发生类质同象置换。由此也可看出，相对于其他硅酸盐而言，架状硅酸盐矿物发生类质同象是最难的。

钡长石（Cn）在自然界中产出很少，在碱性长石或斜长石中可含少量 Cn 分子，如果含 $BaO > 2\%$ 时可命名为某一长石的成分变种。

2. 结晶形态和物理性质

一般来说，长石晶体多呈平行（010）板状，或沿 a 轴延伸的柱状。

长石双晶复杂多样（图 15 – 37），也非常普遍，特别是聚片双晶。一些双晶律还出现共存或复合的现象，如钠长石律与肖钠长石律共存，两者接合面近 90° 相交，形成格子双晶；钠长石律与卡斯巴律共存时情况更为复杂，它们会发生复合而产生一新的双晶律，即钠长石—卡斯巴复合律，形成复合双晶，在复合双晶中，钠长石律、卡斯巴律、钠长石—卡斯巴律三种双晶律共存。它们之间有如下关系：三种双晶律中任意两种的复合操作必等于第三种的操作。

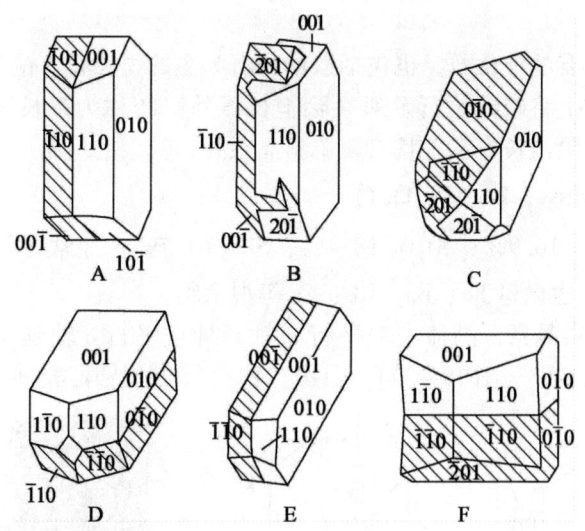

图 15 – 37　常见的长石双晶

A—卡斯巴律接触双晶；B—卡斯巴律穿插双晶；C—巴维诺双晶；

D—曼尼巴双晶；E—钠长石律双晶；F—肖钠长石双晶

长石族矿物的物理性质非常近似：颜色呈浅色，较常见的为灰白色和肉红色。{001}和 {010} 解理完全，解理交角等于或近于 90°（两组解理交角在单斜晶系中等于 90°，在三斜晶系中则近于90°）。硬度6~6.5。相对密度较小（2.5~2.7）。

3. 成因及产状

长石族矿物广泛产出于各种成因类型的岩石中，约占地壳总质量的50%。主要为岩浆作用和变质作用的产物，系岩浆岩及变质岩中重要的造岩矿物。在伟晶岩中可形成巨大晶体。长石经风化作用或热液蚀变易转变为高岭石、绢云母、沸石、方柱石、黝帘石、葡萄石、方解石等。

4. 工业应用

长石主要用于玻璃和陶瓷工业，在玻璃工业中的用量占总用量的50%~60%，在陶瓷工业中的用量占30%。色泽美丽者可用作宝石或玉石，也可用作工艺美术细工石料，含这种长石的岩石可用作装饰石料。

长石在玻璃和陶瓷工业的重要作用之一，是作为降低烧成温度的熔剂，因为长石中存在碱金属和碱土金属，可使硅酸盐混熔体系的液相温度大大降低。因钾长石熔融范围宽，黏度高，工艺性能最好，故自然界中只有经过良好分异作用形成的钾长石才符合工艺要求。

5. 长石族的划分

长石族根据成分不同，分为以下两个亚族：

（1）碱性长石亚族（又称钾钠长石亚族），主要矿物有：正长石、微斜长石、透长石、歪长石、条纹长石。

（2）斜长石亚族（又称钠钙长石亚族），主要矿物有：钙长石、培长石、拉长石、中长石、更（奥）长石、钠长石。

碱性长石亚族

这一亚族包括所有的钾长石，也包括以钠长石为主的歪长石。钠长石习惯上归于斜长石亚族。因此，习惯上将碱性长石系列（除歪长石外）统称为钾长石，即钾长石并不是一矿物种。本亚族中除透长石和正长石属单斜晶系外，其余的均属三斜晶系。

正长石 （Orthoclase，$K[AlSi_3O_8]$）

[化学组成] K_2O 16.9%，Al_2O_3 18.4%，SiO_2 64.7%；经常含有钠长石分子，有时可达30%；此外，可含微量Fe、Ba、Rb、Cs等混入物。

[结晶形态] 单斜晶系，晶体一般平行 a 轴延伸或平行 c 轴延长呈短柱状，以及延{010} 呈板状（图15-38，图15-39）。{110} 特别发育的特殊结晶形态者，称为冰长石。

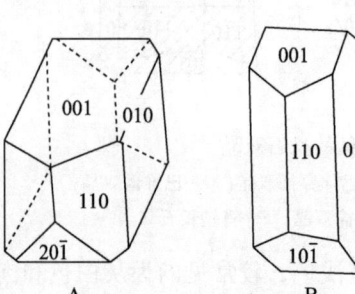

图 15-38　正长石的晶形

图 15-39　正长石晶体

双晶常呈下列双晶率：卡斯巴律穿插双晶，双晶轴为 c 轴；巴温诺双晶，双晶面与接合面为 {021}；曼尼巴双晶，双晶面与接合面为 {001}。

[物理性质] 常为肉红色、褐黄或浅黄色，有时也呈带浅黄色的灰白色或浅绿色。透明。玻璃光泽。解理 {001}、{010} 完全，两组解理交角90°。硬度6～6.5。相对密度2.57。

[成因及产状] 正长石为酸性、中性岩浆岩以及碱性岩的主要造岩矿物之一。产于花岗岩、花岗闪长岩、二长岩、正长岩、霞石正长岩、碱性辉长岩以及与它们相当的喷出岩和脉岩中。在变质岩中，包括正长石在内的钾长石，在高级区域变质带内比较普遍，在沉积岩的长石砂岩中，常见正长石。同时，正长石易于风化成高岭土，热液蚀变成绢云母等。

[鉴定特征] 通常根据肉红色、硬度和解理辨认。以其直角解理和最好的解理面上缺乏双晶条纹区别于其他长石。

[主要用途] 主要用于陶瓷工业和玻璃工业，富钾长石的岩石也可作为提取钾肥的原料。

微斜长石（Microcline，K[AlSi₃O₈]）

[化学组成] 与正长石同，但含 Ab 分子较少，不超过20%。富含 Rb、Cs（可达4%）的绿色异种，称为天河石。

[结晶形态] 三斜晶系，晶形与正长石相似，但常形成巨大的晶体，一个单晶的质量可达数吨。

在微斜长石中除具有正长石中的双晶外，还具有一种特殊的"格子双晶"。它是由平行（010）的钠长石律聚片双晶和平行 b 轴的肖钠长石律聚片双晶相交组成的格子状复合双晶（图15-40）。

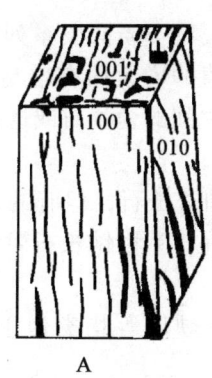

图15-40　肖钠长石律双晶与钠长石律双晶复合而成的格子双晶
A—在微斜长石中；B—在歪长石中

[物理性质] 常为肉红色、褐黄或浅黄色，有时也呈带浅黄色的灰白色或浅绿色。透明。玻璃光泽。解理 {001}、{010} 完全，两组解理交角89°40′，因而得名为微斜长石。硬度6～6.5。相对密度2.57。

[成因及产状] 微斜长石形成温度比正长石低，因此，主要形成于花岗伟晶岩中。

[鉴定特征] 一般根据产状与正长石区别，根据产状和颜色与斜长石区别。天河石以

完全解理区别于绿柱石和磷灰石。

[主要用途] 主要用于陶瓷工业和玻璃工业，富钾长石的岩石也可作为提取钾肥的原料。天河石可用来提取 Rb、Cs。颜色美丽者可作为宝石原料。

透长石（Sanidine，K[AlSi$_3$O$_8$]）

[化学组成] 常含有数量不等的 Na[AlSi$_3$O$_8$]，Ab 分子一般 < 30%，最高可达 60%（称为钠透长石）。有时还含有少量的 Ba、Rb、Ca 等。

[结晶形态] 单斜晶系，晶体呈短柱状或厚板状。常见卡斯巴双晶。

[物理性质] 无色；条痕白色。透明；玻璃光泽。解理 {001}、{010} 完全，解理交角 90°。硬度 6。相对密度 2.57。

[成因及产状] 透长石是一种高温相的钾长石。一般产于喷出岩中，由于岩浆冷凝比较迅速，有时可见到透长石。作为高温变质矿物，也曾发现于接触变质带中。

[鉴定特征] 透长石与石英的区别：前者为板状，后者为粒状；前者有两组完全解理，解理交角 90°，后者解理不发育，断口为贝壳状；前者常具卡式双晶，后者无。透长石与正长石的区别在于前者表面光滑，产于喷出岩及浅成岩中；后者表面多混浊。

[主要用途] 见长石族矿物概述。

条纹长石（Perthite）：因温度下降使固溶体离溶而形成的钾长石与钠长石片嵌晶。这些条片在（010）切面上可以见到，它们沿 [106] 的方向分布，并且与（001）面的夹角大致等于 73°。在条纹长石中，如果以钾长石为主，钠长石片晶少，称为正条纹长石；反之，如果主晶为钠长石，客晶为钾长石，则称为反条纹长石。

月光石（Moonstone）：如果条纹长石中的钾、钠长石两相形成显微层片状结构，则会产生漂亮的"浮光"效应，称为月光石，为宝石的一种。

歪长石（Anorthoclase，(Na,K)[AlSi$_3$O$_8$]）

[化学组成] 歪长石是高温钠长石和高温钾长石类质同象系列中较富 Ab 的产物，成分中含 Ab 分子在 63% 以上，CaO 含量随 Na/K 值的增大而有增高的趋势；当接近纯 Ab 时，含 CaO 可达 3% ~ 4%。含 Or 在 25% ~ 60% 之间的歪长石或透长石，可以离溶成歪长石隐纹长石或透长石隐纹长石。

[结晶形态] 三斜晶系，歪长石的结晶形态如透长石，但有的歪长石 {110}、{201} 等单形特别发育。在镜下可见到极细致的格子双晶，系由钠长石律和肖钠长石律两组聚片双晶共同组成。

[物理性质] 歪长石的颜色、光泽和解理、硬度等均类似于透长石。相对密度在 2.56 ~ 2.62 之间。

[成因及产状] 歪长石和歪长石隐纹长石也与透长石相似，仅见于中酸性和碱性火山岩中，作为斑晶或基质产出。

[鉴定特征] 歪长石以其具格子双晶而不同于正长石和透长石。它和微斜长石的不同之处在于其格子双晶的特点不同。

[主要用途] 见长石族矿物概述。

斜长石亚族

斜长石亚族是由钠长石和钙长石两个端员组分组成的类质同象系列，即 NaAlSi$_3$O$_8$—

$CaAl_2Si_2O_8$，但常温下在某些区间内并不能相互混溶，形成两相长石的显微连生体，但通常仍不正确地把它看作是完全类质同象系列。本亚族被人为地划分成6种（表15-4）。

表15-4 斜长石亚族矿物组成

产状归属	斜长石名称	Ab 分子含量/%	An 分子含量/%
酸性	钠长石（Albite）	100～90	0～10
	奥（更）长石（Oligoclase）	90～70	10～30
中性	中长石（Andesine）	70～50	30～50
基性	拉长石（Labradorite）	50～30	50～70
	培长石（Bytownite）	30～10	70～90
	钙长石（Anorthite）	10～0	90～100

但它们物理性质等特征基本一样，一般统称为斜长石。

从基性斜长石到酸性斜长石，由于它们的化学组成、结构特征、物理性质等方面均有规律的变化，故合并叙述。

［化学组成］斜长石的组成中经常有 Or 存在。一般说来含 An 越高的斜长石，含 Or 分子越少，常不超过5%，但含 An 少者则稍多。经分析，还发现斜长石中含有少量的 Ti、Fe^{3+}、Fe^{2+}、Mn、Mg、Sr 等。Ti 及 Fe^{3+} 应置换结构中的 Al^{3+}，而其他离子，如果不是混入物的话，则应置换结构中的 Ca。

［结晶形态］三斜晶系，单晶体平行 ｛010｝ 延展，呈板状，有时沿 a 轴延伸，但很少沿 c 轴延伸（图15-41）。有一种呈叶片状的钠长石，称为叶钠长石，其叶片也平行（010）面，形成于高温条件下。如沿 b 轴延伸，称为肖钠长石，形成于低温条件。

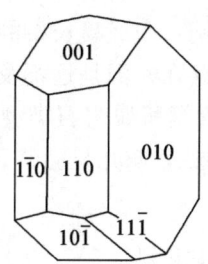

图15-41 斜长石的晶形及晶体

斜长石的双晶多种多样，最常见的是钠长石律和肖钠长石律。除少数自生作用下形成的钠长石外，不出现钠长石律聚片双晶的斜长石是极其罕见的。这种聚片双晶，每个单体都很薄，一般以微米计，发育良好时，可以在 ｛001｝ 解理面上看到其双晶纹（图15-42）。不过，一般情况下要靠偏光显微镜进行观察。卡斯巴律也颇普遍，巴温诺律和曼尼巴律比较少。值得指出的是，斜长石常出现钠长石卡斯巴复合双晶，这种复合双晶的情况在前面已叙及。与格子双晶不同的是，两种双晶律共存并产生了一种新的双晶律，这三种双晶律的接合面都是（010）。

［物理性质］白色或灰白色，如出现其他色调时，往往是由杂质引起的。玻璃光泽。｛001｝ 及 ｛010｝ 解理完全。硬度6～6.5。相对密度2.61～2.76。斜长石的许多物理性质（如相对密度、折射率等）都是随着成分的有规律变化而变化，如含 Ab 高者相对密度

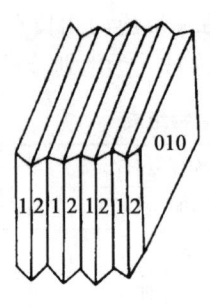

A	B

图 15 – 42　斜长石的聚片双晶（依（010）为双晶面）

小，含 An 分子越多，则相对密度越大。此外，根据结构及物性等差异还可有几个变种：

拉长石（Labradorite）：由于聚片双晶结构使光发生干涉而产生彩虹效应。

日光石（Sunstone）：由于含有分布均匀、定向排列的微细包裹体（赤铁矿、针铁矿、绿云母等）而产生闪光。

[成因及产状] 斜长石是分布很广的造岩矿物。高温斜长石产于某些火山岩及浅成岩中，低温斜长石则产于深成岩及区域变质岩中。随着岩浆岩类型的不同，斜长石也不同。通常将斜长石划分成酸性、中性及基性三类，其间界限大体上在 An_{30} 及 An_{50} 两点。小于 30 者为酸性斜长石，大于 50 者为基性斜长石，介乎其间者为中性斜长石。酸性斜长石产于酸性、碱性岩中，中性斜长石产于中性岩中，基性斜长石产于基性、超基性岩中。伟晶岩中仅见有钠长石或奥长石。只有少数基性伟晶岩中才见到有粒径粗大的中基性斜长石。区域变质作用过程中所形成的斜长石，其 An 含量将随变质作用的加深而增高。接触变质条件下所形成者，情况与此相似。

热液蚀变过程中所谓的钠长石化作用，便是形成钠长石或奥长石的过程。沉积岩中可以有钠长石作为自生矿物。碎屑岩中也可以有斜长石存在，但是远不及碱性长石普遍。

[鉴定特征] 斜长石亚族中各种矿物的区别可以根据所属岩石类型及产状大致区分出酸性、中性和基性斜长石，但精确可靠的鉴定，一般要靠偏光显微镜、X 射线测试资料。斜长石与正长石的区别见表 15 – 5。

表 15 – 5　斜长石与正长石的区别

正长石	斜长石
（1）晶面上无双晶纹，有时在同一断面上可见有反光程度不同的两部分（卡式双晶）；	（1）底面及解理面上常见密集的聚片双晶纹；
（2）两组解理（001）∧（010）= 90°；	（2）两组解理（001）∧（010）约 86°；
（3）晶体常呈粗短柱状；	（3）常呈板状；
（4）颜色为肉红色或白色；	（4）常为白色、灰色，偶见红色；
（5）常与石英、黑云母等共生，产于浅色岩石中，如花岗岩、正长岩、伟晶岩等；	（5）常和普通辉石、橄榄石等共生，产于深色岩石中，如辉长岩、橄榄岩等；
（6）染色试验：将小块正长石置于 HF 酸中 1 ~ 3 min，再在 60% 的亚硝酸钴钠浸液中浸蚀 5 ~ 10 min，显柠檬黄色	（6）按正长石的染色试验方法，斜长石不染色或呈浅灰色

[主要用途] 见长石族概述。其中拉长石若具拉长石效应（晕彩），则为宝石。

似长石族

具架状骨干的硅酸盐矿物还有霞石族、白榴石族、方钠石族、日光榴石族和方柱石族矿物等，一般统称为似长石族矿物，因为它们与长石矿物相似，同为不含水的架状结构硅酸盐矿物。

似长石族矿物具有下列特点：

（1）SiO_2含量较低，最高约达碱性长石中SiO_2含量的2/3。K或Na与Si + Al含量比，霞石中为1∶2，白榴石中约为1∶3，而长石中为1∶4。故似长石矿物多是在富碱贫硅的介质中形成的，一般不与石英共生。

（2）结构开阔并较松弛，具有较大的空洞，易于容纳半径大的K^+、Na^+、Ca^{2+}、Li^+、Cs^+等阳离子。

（3）与长石族矿物比较，似长石族矿物的相对密度较低，一般在2.3 ~ 2.6。硬度较小，为5 ~ 6.5。折射率低，一般为1.480 ~ 1.541。

但与沸石族矿物相比，这些物理性质又是偏高的。故似长石族矿物在架状硅酸盐矿物中是介于长石族与沸石族之间的一系列矿物。

霞石（Nepheline，$KNa_3[AlSiO_4]_4$）

$KNa_3[AlSiO_4]_4$简写为$Na[AlSiO_4]$。

[化学组成] SiO_2 44%，Al_2O_3 33%，Na_2O 16%，K_2O 5% ~ 6%；此外，还含有少量的Ca、Mg、Mn、Ti、Be等。霞石的化学组成是$Na[AlSiO_4]$—$K[AlSiO_4]$系列的中间产物，其中含$K[AlSiO_4]$分子为5% ~ 20%。Fe^{3+}则认为是置换四面体中的Al^{3+}。

[结晶形态] 六方晶系，晶体常呈六方柱状、短柱状或厚板状（图15 – 43）。常呈貌似单晶的双晶，也可有粒状或致密块状集合体。

[物理性质] 常呈无色、白色、灰色或微带各种色调；条痕无色或白色。透明，混浊者似乎不透明。玻璃光泽，断口呈明显的油脂光泽，故称之为"脂光石"。解理不发育；具贝壳状断口。性脆。硬度5 ~ 6。相对密度2.55 ~ 2.66。

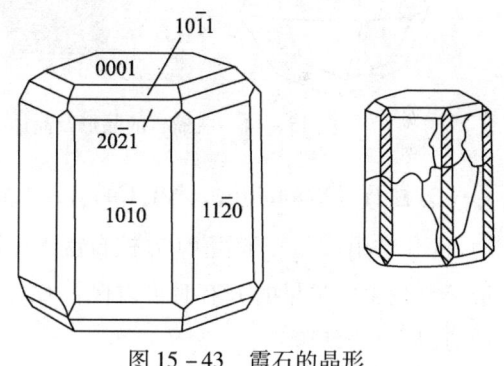

图15 – 43　霞石的晶形

[成因及产状] 霞石产于富Na_2O而缺少SiO_2的碱性岩中，主要见于与正长石有关的侵入岩、火山岩及伟晶岩中。在SiO_2不饱和的条件下形成，因此在同一岩石中，霞石和石英不能同时出现。其共生矿物是富钠的碱性长石（钾微斜长石、钠长石）、碱性辉石、碱性角闪石等。

[鉴定特征] 产于岩石中的新鲜霞石不易用肉眼识别，有时像碱性长石，有时像石英，极易混淆。但霞石往往具有油脂光泽，又无完好的解理，可借此与长石相区别。霞石时常含某些染色的斑点，较易风化，如发现颗粒的周围或裂缝中有杂色蚀变物存在时，往往为霞石而非石英。此外，如将霞石粉末置于试管中，加浓HCl煮沸几分钟后，则残渣

中将有胶状物出现，据此也可与石英相区别。

[主要用途] 用作玻璃、陶瓷的工业原料，代替铝矿。

白榴石（Leucite，K[AlSi$_2$O$_6$]）

[化学组成] SiO$_2$ 55.06%，Al$_2$O$_3$ 23.36%，K$_2$O 21.58%；含有微量的 Na、Ca 和 H$_2$O。

[结晶形态] 四方晶系，通常所见的白榴石晶体仍保着等轴晶系的外形（为副象），如图 15-44 所示，呈完整的四角三八面体 {211}，有时呈 {100} 和 {110} 的聚形。聚片双晶的接合面为（110），晶面上有时可见双晶条纹。常呈粒状集合体。

[物理性质] 常呈白色、灰色或炉灰色，有时带有浅黄色调；条痕无色或白色。透明。玻璃光泽。无解理，断口呈油脂光泽。硬度 5.5~6。相对密度 2.4~2.5。

[成因及产状] 产于某些富钾贫硅的喷出岩及浅成岩中，通常呈斑晶出现。白榴石常与碱性辉石、霞石共生，而在正常情况下不与石英共生，这是因为当它形成时，若有多余的 SiO$_2$ 存在，就将形成钾长石。

[鉴定特征] 以其完整的四角三八面晶形、炉灰似的颜色以及其成因产状可作为鉴定特征。

[主要用途] 可作为提取钾和铝的原料。

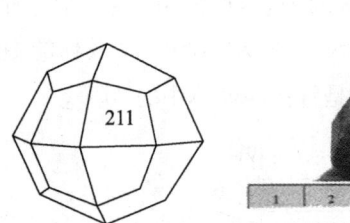 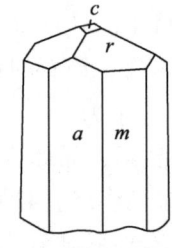 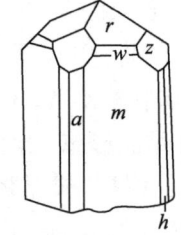

图 15-44　白榴石的晶形及晶体　　　　图 15-45　方柱石的晶形

方柱石（Scapolite，(Na,Ca)$_4$[Al(Al,Si)Si$_2$O$_8$]$_3$(Cl,F,OH,CO$_3$,SO$_4$)）

[化学组成] 一般富 Cl 方柱石富 Na；富 CO$_3$（SO$_4$）方柱石 Ca 含量高，而 Si 含量相应趋于减少。少量的 F 有时可以代替 Cl，并可能有（OH）。SO$_4$ 可以代替 CO$_3$，有时甚至前者可以超过后者。

[结晶形态] 四方晶系，柱状晶体（图 15-45），在岩石中常呈不规则柱状或粒状集合体，有时呈致密的方柱石岩。

[物理性质] 火山岩中的方柱石通常无色，结晶片岩和石灰岩中的方柱石则通常呈灰色，有时为海蓝色（称海蓝柱石）；条痕无色或白色。透明。玻璃光泽。解理 {100} 中等，{110} 不完全。硬度 5~6。相对密度 2.61~2.75（向钙柱石方向增大）。

[成因及产状] 方柱石为气成作用产物。在火山岩孔隙中发育完好的无色晶簇。更常见于酸性和碱性岩浆岩与石灰岩或白云岩的接触交代矿床中，与石榴子石、透辉石、磷灰石等共生。方柱石交代斜长石的现象十分常见。

方柱石经热液蚀变，可变为绿帘石、钠长石、沸石、云母等。在风化过程中可变为高岭石。

[鉴定特征] 根据其四方柱状晶形、中等解理、较小的硬度可与长石区别；此外，方柱石在吹管火焰下易熔、膨胀并变成白色釉质物，据此，也可以与相似的长石相区别（长石在吹管火焰下难熔）。

[主要用途] 色泽美丽者可作宝石。

方钠石（Sodalite，$Na_8[AlSiO_4]_6Cl_2$）

[化学组成] SiO_2 37.2%，Al_2O_3 31.6%，Na_2O 25.6%，Cl 7.3%，还有微量的 Na 被 K、Ca 取代。

[结晶形态] 等轴晶系，晶体少见，通常呈粒状集合体。

[物理性质] 无色或浅蓝色、黄色、绿色、粉色等；条痕为无色或白色。透明。玻璃光泽。硬度 5.5～6.0。解理 {110} 不完全，贝壳状断口。相对密度 2.13～2.30。紫外光照射下可以出现橙红色荧光。

[成因及产状] 在岩浆岩中（如霞石正长岩），以及响岩和其他 SiO_2 不饱和的喷发岩中可见，常与霞石和钙霞石共生。

[鉴定特征] 利用颜色以及紫外光照射下可以呈现橙红色荧光的特殊性质进行鉴定。

[主要用途] 紫色方钠石可作弧面型宝石。

黝方石（Nosean，$Na_8[AlSiO_4]_6(SO_4)$）

[化学组成] 成分中常含少量的 Ca、Cl、K 和 H_2O。黝方石内部常含有许多包裹体（气体、液体、玻璃、晶粒）。

[结晶形态] 等轴晶系，晶体呈菱形十二面体，集合体呈不规则粒状或致密块状。

[物理性质] 灰、蓝、褐色。有时由于含包裹体而近于不透明。玻璃光泽，断口油脂光泽。硬度 5.5。解理平行 {110} 不完全。相对密度 2.3～2.4。黝方石边缘常因溶蚀而表现圆滑状。

[成因及产状] 主要产于碱性喷出岩中，常为响岩、碱性粗面岩的斑晶出现。

[鉴定特征] 可以根据晶形、颜色和产状进行识别。方钠石很像黝方石，可根据显微化学反应加以区别：将矿物颗粒溶于硝酸中，使之缓慢蒸发，如出现氯化钠晶体即为方钠石；如无氯化钠晶体出现，但加入 $CaCl_2$ 后出现氯化钠和石膏晶体，则表明是黝方石。

[主要用途] 同方钠石。

日光榴石（Helvine，$Mn_8[BeSiO_4]_6S_2$）

[化学组成] 成分中含 BeO 可达 13.6%。此外，还可含少量的 Fe 和 Zn。

[结晶形态] 等轴晶系，晶体呈四面体，集合体常呈球状或致密块状。

[物理性质] 黄、黄褐、褐色，少数为绿色。玻璃光泽—树脂光泽。硬度 6～6.5。解理平行 {111} 不完全；断口贝壳状。相对密度 3.15～3.44。

[成因及产状] 产于矽卡岩中，常与磁铁矿、萤石共生。也产于伟晶岩、云英岩以及正长岩、霞石正长岩中。日光榴石在外生条件下，因次生变化表面覆有黑色氧化锰的薄膜。

[鉴定特征] 肉眼不易与其他石榴子石区别。但是日光榴石含硫，可将日光榴石的粉末用磷酸加热溶解，此时可嗅到 H_2S 气味，以此与石榴子石区别。

[主要用途] 当数量多时，可作为铍矿石。

沸石族

沸石族矿物为含水的架状铝硅酸盐矿物，一般化学式为 $A_mX_pO_{2p} \cdot nH_2O$，其中 A 为 Na、Ca、K 和少量的 Ba、Sr、Mg 等。

沸石族矿物的化学组成可以在相当大范围内变化，使得许多沸石只能给出近似的化学式。沸石的晶体结构与其他架状硅酸盐矿物差别很大，沸石结构中具有宽阔的空洞和较宽的通道，并被 Na^+、Ca^{2+}、K^+ 等和水分子——沸石水所占据。

各种沸石结构之间的差别在于它们持有"笼"的形状大小和通道体系不同。沸石的晶体结构特点决定了它具有广泛的工业应用：

(1) 沸石作为离子交换材料：位于"笼"和通道内的阳离子（Na^+、K^+、Ca^{2+} 等），由于与硅铝氧骨干联系力弱，可被其他阳离子（如 Mg^{2+}、Sr^+、Ba^{2+}、Cu^{2+}、Zn^{2+}、Ni^{2+}、Ag^+、La^{2+} 等）置换而不破坏晶格。并且由于阳离子并未将空洞完全填满，因而像 $Ca^{2+} \rightleftharpoons (Na^+，K^+)$ 这样不等数目的离子交换也可发生。因此，通过沸石提供的 $2Na^+$ 来交换 Ca^{2+}，使得原来含 Ca^{2+} 较高的硬水软化，也可以淡化海水或从海水中提取 K^+，可用于废水处理，除去废水中的放射性元素、重金属离子和氨态氮（NH_3N）及磷酸根等有害离子。

(2) 沸石作为分子筛：当加热时，"笼"和通道中的水分子逐渐逸出，并不破坏晶体结构，在适当条件下还可以再重新吸水，这种形式的水称为沸石水。当水分子被排除后，笼和通道内的剩余电荷可以吸附外来液、气体分子（如 NH_3、CO_2、H_2S、SO_2 等），直径比通道小的分子可以进入通道而被吸附，直径比通道大的则被拒之门外，从而对分子起着筛选的作用。利用沸石的分子筛性可分离混合气体、液体，清除废气，处理天然气等，还可用于土壤的改良，即将营养料吸附于沸石晶格中不易于流失而只被作物缓慢吸收。

此外，也可以用于水泥、建材工业上，制成坚固轻巧的制品。由于沸石矿的广泛应用，天然产出的沸石已经不能满足需要，目前采用火山岩（珍珠岩、流纹岩、白榴岩）及黏土岩合成沸石，也可用矿物（如高岭石、叶蜡石等）合成沸石，这已形成很有经验的生产流水线。

各种沸石结晶形态、物性相差不大，都为纤维状、束状、柱状、板状，也有一部分为粒状；多为无色或白色，因含杂质而染成其他颜色，或因阳离子交换后，有色素离子的进入而染色。与无水架状硅酸盐矿物相比，具有相对密度轻（一般为 1.9~2.3）、硬度低（一般为 3.5~5.5）、折射率低及易分解的特点。一般都有一组完全解理。

天然沸石最早是在玄武岩中发现的。现已知主要产于未受变质的沉积岩层中，尤其是火山碎屑的沉积岩层中。在土壤中也有产出。此外也产于某些硅酸盐矿物的次生产物中。已知天然沸石大约有 36 种，人造沸石已经超过 100 种。这些沸石矿物种在分布数量上极不均衡，且不易鉴别，需借助于 X 射线、光学显微镜、差热、红外光谱等方法确定。

斜发沸石（Clinoptilolite，$Na[AlSi_5O_{12}] \cdot 4H_2O$）

[化学组成] SiO_2 68.6%，Al_2O_3 10.91%，CaO 2.13%，K_2O 1.84%，Na_2O 3.75%，H_2O 11.91%。

[结晶形态] 单斜晶系，晶体呈薄板状、板条状、片状等。但晶体非常细小，如浙江有些地方的斜发沸石，单体大小在 0.01~0.05 mm 之间，大者可达 0.1~0.25 mm，小者只有几微米长，宽度仅有零点几微米。集合体呈不规则粒状等。

［物理性质］为无色、白色、浅黄色、粉红色、灰色。透明。玻璃光泽，解理面为珍珠光泽。$\{010\}$ 解理完全。硬度 3.5～4。相对密度 2.16。斜发沸石加热至 700 ℃，仍然保持晶体结构的稳定，逐步脱水，最多失去 H_2O 17.2%；再水合性良好。斜发沸石还具有很好的阳离子交换性，对 Cs^+、K^+、NH_4^+ 等离子在一定条件下具有很好的选择能力，对 NH_4^+ 的选择能力特别强，而胜过其他沸石。斜发沸石尚有很强的耐酸性，不为盐酸所腐蚀。

［成因及产状］斜发沸石在自然界中分布广泛，是几种主要沸石之一，常形成储量很大的矿床。主要产于淡水和海水堆积的并经成岩蚀变作用的硅质富玻凝灰岩中，常与二氧化硅矿物、丝光沸石、蒙脱石等共生；也产于与碱性岩湖水或空隙水反应的硅质富玻火山灰中，与钙十字沸石、菱沸石、毛沸石和蛋白石共生；还以自生矿物产于石灰岩、白垩和砂岩的胶结物中。

［鉴定特征］斜发沸石和丝光沸石一样，晶体颗粒极其细小，肉眼难以识别，主要依据光性试验及 X 光粉末衍射法鉴定。

［主要用途］用途广泛。利用它可在工业废水中除去氨，可在海水中提取钾，还可用来改良农田土壤和作吸收剂使农田保肥、保水。还可作为软黏土用于造纸。含斜发沸石的凝灰岩可用来制造水泥和作建筑材料。

丝光沸石（Mordenite，$(Na_2,Ca,K_2)Al_2Si_{10}O_{24} \cdot 7H_2O$）

［化学组成］SiO_2 67.2%，Al_2O_3 11.4%，CaO 2.1%，Na_2O 3.5%，K_2O 1.7%，H_2O 14.1%。成分中 Na、Ca、K 的含量变化较大，且 Na 含量较 K 还高。

［结晶形态］斜方晶系，晶体常呈针状、纤维状，集合体常呈纤维状、束状、放射状等。

［物理性质］为无色、白、浅黄、粉红、橙、红色；条痕为白色。透明。玻璃光泽——丝绢光泽，解理面为珍珠光泽。$\{100\}$ 解理完全。硬度 4～5。相对密度 2.10～2.15。具脆性。

［成因及产状］丝光沸石常产于玄武岩、安山岩、酸性火山岩或火山碎屑岩的孔洞或裂隙中，少数在砂质沉积岩或海洋沉积物中发现。

［鉴定特征］以晶体多呈针状，颜色以无色、白色或浅黄色居多，硬度、集合体呈纤维状、束状或放射状聚集为其特征。

［主要用途］丝光沸石在自然界中产量较多，因热稳定性佳、耐酸性强，所以在工业上应用较广泛。

钠沸石（Natrolite，$Na_2[Al_2Si_3O_{10}] \cdot 2H_2O$）

［化学组成］SiO_2 47.4%，Al_2O_3 26.8%，Na_2O 16.3%，H_2O 9.5%。钠沸石的化学组成中 Si/Al 值的变化不大，在 1.44～1.58 之间，有少量 Na 可被 K、Ca 等置换。

［结晶形态］斜方晶系，单晶体呈细针状、柱状或叶片状。集合体呈放射状、纤维状，少数呈块状或粒状。

［物理性质］为无色或白、灰、黄、红等色；条痕无色。透明或半透明。玻璃光泽。$\{110\}$ 解理完全。相对密度 2.20～2.26。有微弱的焦电性和压电性。

［鉴定特征］针状或纤维状结晶形态，易熔，熔融后呈透明珠体。

［成因及产状］产于玄武岩的气孔或裂隙中，与方解石或其他沸石等共生。在碱性岩

中，可以是霞石、方钠石等的蚀变矿物。

[主要用途] 沸石除广泛用作吸水剂外，还应用于核能废水中阳离子的处理及废气的吸收、工业废水的处理，作为家庭用清洁剂的软化剂以及肥料和饲料的氨基固定剂。此外，还可应用于石油炼制及石化工业，特别是当作生产燃料油、汽油的触媒。

学 习 指 导

⚙ **要点** 硅酸盐矿物种类多，成分结构复杂，性质变化大，在学习时从以下方面来把握：①组成硅酸盐矿物主要有哪些阳离子，铝和水在硅酸盐矿物中的分布和作用，这些化学成分对矿物的结构和性质有何影响；②五种硅氧骨干形式一定要弄清，包括硅、氧连接方式（骨干形式），配阴离子化学式，阳离子的分布位置，硅氧骨干形式对矿物形态、性质的影响等；③矿物的亚类、族、亚族、种的划分；④相似矿物的区分；⑤各种硅酸盐矿物作为重要非金属矿产的用途。

⚙ **重点** 硅氧骨干及各亚类矿物的特征，各种矿物的结晶形态、物理性质和用途。

⚙ **难点** 五种硅氧骨干的构成，各种矿物的化学成分、成因，与相似矿物的区别。

📖 **思考题与作业**

(1) 何谓含氧盐矿物？它和氧化物矿物都含氧，有什么区别？

(2) 为什么硅酸盐矿物种类特别繁多，性质又相差悬殊？试从其组成和结构特征分析。

(3) 硅氧四面体为 $[SiO_4]^{4-}$，为什么双四面体是 $[Si_2O_7]^{6-}$ 而不是 $[Si_2O_8]^{8-}$？

(4) 为什么架状结构硅氧四面体骨干中必须有 Al 代替 Si 才能形成架状硅酸盐？

(5) 何谓 Al 在硅酸盐矿物中的双重作用？试从霞石（$Na[AlSiO_4]$）、黄玉（$Al_2[SiO_4]F_2$）、白云母（$KAl_2[AlSi_3O_{10}](OH)_2$）的晶体化学式分析 Al 在其中起什么作用，判断这些矿物属何亚类？

(6) 岛状结构硅酸盐矿物晶格中有哪几类硅氧骨干？写出其晶体化学式。

(7) 石榴子石族矿物按其成分分为哪两种系列？其成分和成因各有何特点？主要矿物种有哪些？

(8) 锆石结晶形态具有什么标型意义？

(9) 为什么橄榄石只能形成于 SiO_2 不饱和的岩石中？

(10) 简述辉石族和角闪石族矿物在成分、结构和性质上有何共同和不同之处。

(11) 层状结构中何谓 2:1 型单元层和 1:1 型单元层？试举两种具有上述结构的矿物，画出结构示意图。

(12) 蒙脱石族矿物为什么具有阳离子交换能力和晶格可膨胀性？

(13) 何谓黏土矿物，它们有哪些特殊的性质？

(14) 为什么在硅酸盐中架状结构硅酸盐矿物的相对密度小，但硬度较大？

(15) 沸石族矿物在结构和性质上有何特殊之处？

(16) 辉石族矿物的端员矿物有哪些？长石族矿物的端元矿物有哪些？

（17）某种斜长石的 An = 57，该斜长石属于哪种斜长石？其中钠长石分子占百分之多少？钙长石分子占百分之多少？

（18）为什么滑石、叶蜡石具挠性，而云母族矿物具弹性？

（19）在硅酸盐矿物中，哪些矿物具有较大的工业价值？

第三节　硼酸盐矿物类

硼酸盐矿物是金属阳离子与硼酸根相结合而成的盐类矿物。目前已发现的矿物约近百种，自然界常见的约 10 种可形成有意义的工业矿床。近年来，工业上对硼的需求日益增长，这一趋势大大促进了对硼酸盐矿物的深入研究。

一、化学组成

组成硼酸盐矿物的阳离子有 20 多种，以 Na^+、Mg^{2+}、Ca^{2+} 为主，其次有 Li^+、K^+、Al^{3+} 以及过渡型阳离子 Fe^{2+}，Fe^{3+}、Mn^{2+} 等。配阴离子有 $[BO_3]^{3-}$ 和 $[BO_4]^{5-}$ 两种，常含附加阴离子 F^-、Cl^-、OH^-、O^{2-} 等。此外，大多数硼酸盐矿物含有结晶水。

二、结晶形态

硼酸盐矿物的晶体结构和化学成分比较复杂，大多数矿物属单斜晶系或斜方晶系。晶体通常呈柱状或针状；集合体呈放射状、纤维状或粒状。

三、物理性质

硼酸盐矿物的物理性质与阳离子成分、晶体结构类型以及是否含结晶水有关。因此，硼酸盐矿物的物理性质变化很大。一般来讲，本类常见矿物以浅色、相对密度小、硬度较低为特征。多数矿物的相对密度为 2 ~ 3.5 或更低，硬度在 2 ~ 5 之间。但含过渡型离子者色较深、相对密度较大。有个别无水盐的矿物，其硬度可达 7 ~ 7.5。

四、成因及产状

由于硼（B）的克拉克值为 0.001%，远小于 Si、P、S、C 等，加之 B 经常参加到硅酸盐矿物晶格中组成硼硅酸盐矿物（如电气石），所以硼酸盐矿物尽管种类很多，其分布远不如硅酸盐、磷酸盐等矿物广泛，它们主要形成于外生作用。常与盐湖中的结晶沉积有关。在内生作用中，硼酸盐矿物主要形成于接触交代作用和火山作用。

硼在工业上的用途很广，尤其是在尖端技术中。例如，硼氢化合物可作火箭燃料，其燃烧值大大超过碳氢化合物；硼具有吸收中子的特性，碳化硼可控制原子反应堆的反应速度，含硼的钢和塑料可阻隔中子辐射等。因此，硼是重要的战略物资。

五、本类常见矿物

硼镁铁矿族（硼镁铁矿），硼砂族（硼砂），硼镁石族（硼镁石），钠硼解石族（钠硼解石）。

硼镁铁矿（Ludwigite，$(Mg,Fe)_2Fe[BO_3]O_2$）

［化学组成］MgO 32%，B_2O_3 16%，$Fe+FeO_3$ 52%；硼镁铁矿中 Mg^{2+} 和 Fe^{2+} 间为完全类质同象，据 Mg^{2+} 含量可分为两个亚种：镁硼镁铁矿和铁硼镁铁矿。可有少量 Al^{3+} 代替 Fe^{3+}（≤11%）。

［结晶形态］斜方晶系，晶体呈长柱状、针状、纤维状、毛发状，集合体呈放射状（篁束状）、纤维状、粒状、致密块状。

［物理性质］暗绿色至黑色（随 Fe 含量增大颜色变深）；条痕浅黑绿色至黑色。光泽暗淡，纤维状体的新鲜面上有丝绢光泽。不透明（含镁高者稍透明）。无解理。硬度 5.5～6。相对密度 3.6～4.7（含 Fe 量高，相对密度增大）。粉末具弱磁性。

［成因及产状］硼镁铁矿为接触交代作用的产物，产于蛇纹石化白云质大理岩或镁矽卡岩中，常与磁铁矿、硅镁石族矿物及金云母、镁橄榄石、硼镁石等共生。在热液作用影响下，硼镁铁矿在不同程度上发生变化，其产物一般为纤维状硼镁石和磁铁矿。

［鉴定特征］以颜色、条痕深，相对密度、硬度均较大，常呈篁束状集合体为特征。在空气中烧之变成红色。溶于浓 H_2SO_4，加几滴酒精稍加热，用火点燃，火焰呈鲜艳的绿色（B 的反应）。

［主要用途］提炼硼的矿物原料。

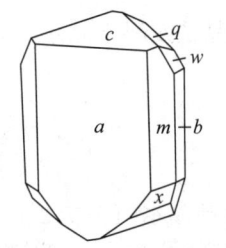

图 15-46　硼砂的晶形

硼砂（Borax，$Na_2[B_4O_5(OH)_4]\cdot 8H_2O$）

［化学组成］Na_2O 16.26%，B_2O_3 36.51%，H_2O 47.23%。

［结晶形态］单斜晶系，晶体呈短柱状（图 15-46），集合体呈粒状或土状。

［物理性质］透明无色或浅灰色，其细粒集合体呈白色或淡蓝绿色，白色条痕。玻璃光泽。硬度 2～2.5。解理平行 {100} 完全，{110} 中等，{010} 不完全。性脆，断口呈贝壳状。相对密度 1.73。易溶于水（0 ℃时每百毫升水能溶 2.01 g）。烧之易熔成透明小球。

［成因及产状］为最常见的硼酸盐矿物。主要产于干旱地区盐湖沉积中，与石盐、天然碱以及其他含硼矿物共生。也可产于温泉沉积物中。在干燥空气中易失水变为白色粉状的三方硼砂 $Na_2[B_4O_5(OH)]\cdot 3H_2O$。

［鉴定特征］以无色透明或浅色、硬度低、相对密度小，易熔成透明玻璃球等为特征，可借焰色反应试验（B 的反应，见硼镁铁矿描述）。

［主要用途］为硼的主要矿物原料。

硼镁石（Ascharite，$Mg_2[B_2O_4(OH)](OH)$）

［化学组成］MgO 47.92%，B_2O_3 41.38%，H_2O 10.70%，其中 Mg 可被 Mn（≤23.5%）和 Fe（≤1.5%）代替。

［结晶形态］单斜晶系，斜方柱晶类，纤维状、柱状、板状晶形。柱状晶体可见斜方柱 {010}，平行双面 {100}，其横切面为菱形，有时也可为八边形（有平行双面 {100}、{010}）。依 (100) 成聚片双晶。

不同形态（纤维状、板状、柱状）的硼镁石成分基本相同，但也有差异。纤维状硼镁石普遍含 H_2O 偏高（高于理论值 10.70%），板状硼镁石中的 H_2O 含量随其纤维化程度而增加。

[物理性质] 白色、灰白色、浅绿色；黄色、白色条痕。丝绢光泽—土状光泽。解理 {110} 完全，{100}、{010} 和 {001} 不完全。硬度 3～4。相对密度 2.62～2.75。

[成因及产状] 硼镁石是一种分布较广泛的硼酸盐矿物，主要产于接触交代矽卡岩型和热液交代型矿床中。但在外生矿床中也有产出，系沉积硼矿物脱水而成。

[鉴定特征] 以其产状、颜色、解理和硬度与其他矿物相区别。加 HCl 不起泡。闭管中烧之生水。在吹焰中烧时易熔融，爆裂变为淡褐灰色物质。略能溶于酸。

[主要用途] 为主要的工业硼矿物之一，为硼的主要来源。

钠硼解石（Ulexite，$NaCa[B_5O_6(OH)_6] \cdot 5H_2O$）

[化学组成] Na_2O 7.65%，CaO 13.85%，B_2O_3 42.95%，H_2O 35.55%。

[结晶形态] 三斜晶系，平行双面晶类，晶形沿 c 轴呈针状，完好晶形少见。常见单形（图 15－47）有平行双面。有聚片双晶。集合体通常为由针状、毛发状或纤维状晶体组成的白色绢丝状、团块和放射状，也有的呈结核状、豆状、肾状或土状块体。

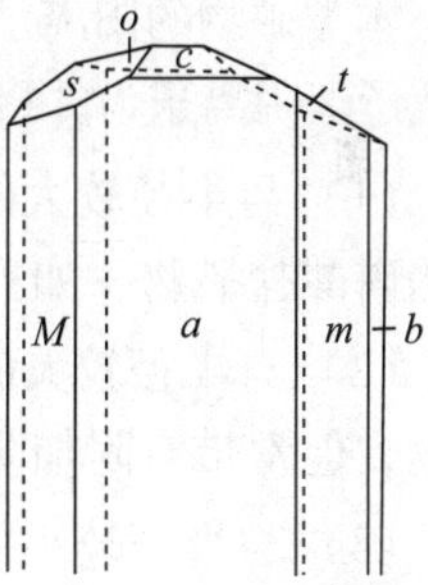

[物理性质] 无色，集合体为白色。玻璃光泽，集合体为丝绢光泽。透明。解理 {010}、{$\bar{1}$10} 完全。硬度 2.5。相对密度 1.96。性极脆，手指能捏成粉末。有滑感。

图 15－47　钠硼解石的晶形

[成因及产状] 钠硼解石为典型的干旱地区内陆湖相化学沉积产物，常与石盐、芒硝、石膏、天然碱、钠硝石以及硼砂、柱硼镁石、水方硼石、库水硼镁石、板硼钙石等共生。钠硼解石还可作为次生矿物产于盐沼中。

[鉴定特征] 根据其白色、丝绢光泽和柔软纤维状集合体识别。另外，溶于热水中；如在冷水中，长时间可部分溶解并呈糨糊状。

[主要用途] 为最主要的工业硼矿物之一。

学 习 指 导

🔖 **要点**　常见的硼酸盐矿物不多、分布也不广，但它们是硼的唯一来源，所以都应掌握。认识本类矿物，其产状及个别特征（如易溶于水，烧之易熔及成球体，手捏成粉末等）是重要依据。

🔖 **重点**　各种矿物的结晶形态、物理性质和用途。

🔖 **难点**　各种矿物的产状、成因，与相似矿物的区别。

📖 **思考题与作业**

（1）硼有什么用处？为什么现在对硼矿物比较重视？

（2）用什么方法可以检验出矿物中的硼？

（3）写出硼砂、硼镁石、钠硼解石的鉴定特征。

（4）硼镁铁矿与电气石都为黑色，针状、柱状，二者如何区分？

（5）本类各矿物与其他哪些矿物相似？

第四节　磷酸盐矿物类

磷酸盐矿物是金属阳离子与磷酸根离子（$[PO_4]^{3-}$）形成的含氧盐类矿物。磷酸盐矿物种类较多，现已发现的矿物种达 200 种以上，占地壳质量的 0.7%，部分磷酸盐矿物分布较广。本类矿物是磷、稀土和铀的重要来源，可形成有工业价值的矿床。

一、化学组成

本类矿物的阳离子主要为惰性气体型离子及部分过渡型离子和铜型离子，并含有稀土元素离子。阴离子为 $[PO_4]^{3-}$，由于其半径较大，因而与金属阳离子的结合存在以下规律：

（1）与半径较大的三价阳离子（Ce^{3+}、La^{3+}、Y^{3+} 等稀土元素）相结合形成最稳定的无水磷酸盐矿物，如独居石（$(Ce,La,\cdots)PO_4$）、磷钇矿（YPO_4）等；

（2）与半径较大的二价阳离子（Ca^{2+}、Pb^{2+} 等）相结合也能形成稳定的无水磷酸盐矿物，但常带有附加阴离子，如磷灰石 $Ca_5[PO_4]_3$（F、Cl、OH）等；

（3）与半径较小的二价阳离子（Mg^{2+}、Fe^{2+}、Ni^{2+}、Co^{2+}、Cu^{2+}、Zn^{2+}）结合形成含水磷酸盐矿物，如钴华（$Co_3[PO_4]_2 \cdot 8H_2O$）等；

（4）与一价阳离子（Li^+、K^+、Na^+）一般只能和 Al^{3+} 一起结合形成复盐矿物。

二、结晶形态

磷酸盐矿物的对称程度比较低，以斜方和单斜晶系居多。形态多样，晶体形态以柱状、板状、片状和针状较常见。集合体以致密块状、皮壳状、结核（球）状、纤维状、粒状等常见。

三、物理性质

物理性质变化较大，含色素离子（Fe^{2+}、Ni^{2+}、Co^{2+}、Cu^{2+}）的矿物有较鲜艳的颜色，如绿松石呈苹果绿或蓝绿色，钙铀云母呈柠檬黄色。大多数矿物为玻璃光泽，少数呈金刚光泽，透明—半透明。除无水磷酸盐矿物外大部分硬度较低，含水者更低（$H_M = 1 \sim 2$）。相对密度变化范围大。无水磷酸盐矿物解理不太发育，含水的矿物解理较发育。

四、成因及产状

磷酸盐矿物分布较广，在内生和外生地质作用中都可形成。内生作用中形成的矿物常以副矿物形式出现，在碱性岩中可形成有工业价值的矿床；外生作用中以生物化学沉积作用为主，可形成巨大的磷矿床，部分磷酸盐矿物风化后形成次生矿物。

五、本类常见矿物

磷灰石族（磷灰石），绿松石族（绿松石），独居石族（独居石），铀云母族（铜铀云母、钙铀云母），磷钇矿族（磷钇矿）。

磷灰石（Apatite, $Ca_5[PO_4]_3(F,Cl,OH)$）

[化学组成] CaO 55.38%，PO_3 42.06%，F 1.25%，Cl 2.33%，H_2O 0.56%；成分中的 Ca 可被稀土元素（主要是 Ce）和微量元素 Sr 做不完全类质同象替代。稀土含量一般不超于 5%。

按照附加阴离子的不同，磷灰石可分为以下亚种：氟磷灰石（Fluorapatite）$Ca_5[PO_4]_3F$；氯磷灰石（Chlorapatite）$Ca_5[PO_4]_3Cl$；羟磷灰石（Hydroxylapatite）$Ca_5[PO_4]_3(OH)$。其中氟磷灰石最常见，即通常所指的磷灰石。碳磷灰石中有 $[CO_3]^{2-}$ 代替 $[PO_4]^{3-}$，出现了剩余的负电荷，为此，$[CO_3]^{2-}$ 与 $(OH)^-$ 或 F^- 结合在一起，以离子团形式进入晶格，然而当 1 个 $[CO_3]^{2-}$ 代替 1 个 $[PO_4]^{3-}$ 时，只有 0.4 的 $[CO_3]^{2-}$ 与 $(OH)^-$ 或 F^- 结合，故 Ca^{2+} 可被 K^+、Na^+ 等代替，以达到电价平衡。

[结晶形态] 六方晶系，常呈柱状、短柱状、厚板状或板状晶形（图15－48，图15－49）。集合体呈粒状、致密块状或结核状。

图15－48　磷灰石晶体

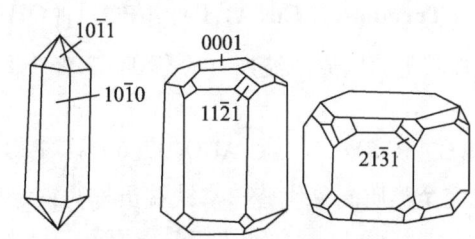

图15－49　磷灰石的晶形

[物理性质] 无杂质者为无色透明，但常呈浅绿色、黄绿色、褐红色、浅紫色，沉积岩中形成的磷灰石因含有机质染成深灰至黑色。玻璃光泽，断口呈油脂光泽。解理 {0001} 不发育；断口不平坦。硬度 5。相对密度 3.18～3.21。加热后常可出现磷光。性脆。

[成因及产状] 在沉积岩、沉积变质岩及碱性岩中可形成巨大的有工业价值的矿床。在各种岩浆岩及花岗伟晶岩中为副矿物。

生物化学作用形成的磷矿，主要由鸟粪或动物骨骼堆积形成，它主要由羟磷灰石组成，如我国西沙群岛，鸟粪堆积形成的磷矿可厚达 2 m。此外，人体胆结石和尿路结石可含有少量的碳磷灰石和羟磷灰石。

[鉴定特征] 当晶体较大时，晶形、颜色、光泽、硬度均可作为鉴定特征。若为细分散状态则需依靠化学鉴定：以钼酸铵粉末置于矿物上，加一滴硝酸，则生成黄色磷钼酸铵沉淀，以此作为测试磷的有效方法（注意：当有碳酸盐和有机质时常出现蓝色沉淀）。

[主要用途] 磷灰石是制造农业磷肥和提取磷的重要矿物原料。若含有稀土元素时可综合利用。

独居石（Monazite，（Ce,La,Y,Th）PO_4）

又名磷铈镧矿。

[化学组成] 独居石是以含轻稀土元素（Ce、La 等）为主的无水磷酸盐。Ce_2O_3 34.99%，La_2O_3 34.71%，P_2O_5 30.27%；代替阳离子的类质同象还有 Th、Y 和其他稀土元素，代替 $[PO_4]^{3+}$ 进入晶格的则有 $[SiO_4]^{4-}$、$[SO_4]^{2-}$ 等，成分相当复杂。

[结晶形态] 单斜晶系，常沿 {100} 形成厚板状或短柱状晶体（图 15-50），在漂砂中呈浑圆粒状。

[物理性质] 褐色、黄褐色、红褐色，有时呈黄绿色；条痕白色。透明。玻璃光泽，但经常呈树脂光泽。硬度 5~5.5。解理平行 {100} 中等。相对密度 5~5.3，随含钍量增加而增大。具放射性，在紫外光照射下发绿色荧光。

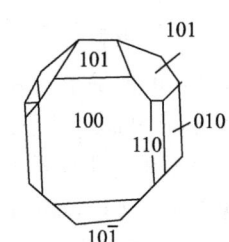

图 15-50　独居石的晶形

[成因及产状] 常呈分散粒状出现于花岗岩、正长岩，片麻岩以及伟晶岩中，几乎从不集中出现，故称独居石。

因化学性质稳定，相对密度大，常保存于漂砂中，并可富集成矿。

[鉴定特征] 以其黄褐色、树脂光泽、放射性以及紫外线照射下的绿色荧光为主要鉴定特征。

[主要用途] 为提取钍和稀土的原料。

绿松石（Turquoise，Cu(Al,Fe)$_6$[PO_4]$_4$(OH)$_8$·4H_2O）

又称土耳其玉，因原产波斯（今伊朗），经土耳其运入欧洲而得名。中文据形态及颜色而命名。

[化学组成] CuO 9.73%，Al_2O_3 37.60%，P_2O_5 34.90%，H_2O 17.72%。成分中 Al^{3+} 与 Fe^{3+} 可成完全类质同象代替，富铁端员称为铁绿松石。Cu 可被 Zn 代替。

[结晶形态] 三方晶系，晶体少见，偶见有柱状晶体。常呈隐晶质块体（图 15-51）或皮壳状产出。

[物理性质] 呈鲜绿色、浅绿色和蓝绿色。油脂光泽。解理 {001} 完全。硬度 5~6。性脆。相对密度 2.60~2.83。

[成因及产状] 在干热气候条件下，由含铜溶液与黏土作用而形成，常与褐铁矿、高岭石、石髓等共生。在铜矿床的地表常可以找到这种矿物。

[鉴定特征] 以颜色、高硬度及油脂光泽为特征。

[主要用途] 高档玉石（工艺名"松石"），以天蓝色最好。

图 15-51　隐晶质绿松石

铜铀云母（Torbernite，Cu[UO_2]$_2$[PO_4]$_2$·$n$$H_2O$）

[化学组成] CuO 7.88%，UO_3 56.650%，P_2O_5 14.06%，H_2O 21.4%。本矿物中的水有一部分以沸石水的形式存在，很容易释放出来。在干燥气候室温条件下，很容易失去 4 个分子的水而变成较不透明的变铜铀云母。

[结晶形态] 四方晶系，晶体常呈四边形或八边形的板状或短柱状。常见单形有平行双面 c{001}，四方柱 m{110}，四方双锥 e{101}、o{103}、p{111}（图 15-52）。集合体呈鳞片状、粉末状或被膜状。

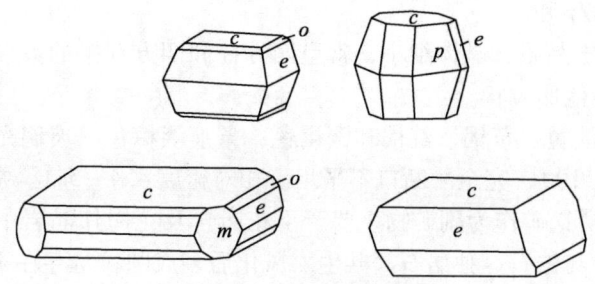

图 15 - 52　铜铀云母的晶形

[物理性质] 颜色为翠绿、草绿及鲜绿黄色，有时显苹果绿色；条痕颜色较浅。玻璃光泽，解理面呈珍珠光泽。解理 {001} 完全，{100} 中等。性脆。硬度 2 ~ 2.5。相对密度 3.22 ~ 3.6。具强放射性。紫外光下发黄绿色荧光。

[成因及产状] 铜铀云母为次生铀矿物，是热液脉或伟晶岩脉中矿物的风化产物，与钙铀云母、铁及锰的氢氧化物、高岭石等共生。

[鉴定特征] 以鲜艳的绿色和黄绿色荧光为鉴定特征。

[主要用途] 大量堆积时具有工业价值，形成氧化铀的贫矿石。铜铀云母在氧化带呈鲜艳的翠绿色，故是很好的寻找原生铀矿床的找矿标志。

钙铀云母（Autunite，$Ca[UO_2]_2[PO_4]_2 \cdot nH_2O$）

[化学组成] CaO 6.1%，P_2O_5 15.50%，UO_3 62%，H_2O 15.70%。类质同象混入物有 K 及 Na，可代替 Ca。水分子数量不固定，一般为 7 ~ 10 个水分子，个别可达 12 个水分子。加热后不断失水变成变钙铀云母，含水分子数为 6.5 ~ 6。

[结晶形态] 四方晶系，晶体常呈板状、片状或鳞片状（图 15 - 53）。常见单形有平行双面 c{001}，四方柱 m{110}，有时可见到四方双锥 p{111}、e{101}。常可见到依 (110) 成双晶。集合体呈鳞片状、球状、粉末状、被膜状等。

[物理性质] 黄绿色、浅黄色和翠绿色，颜色和透明度与含水量有关，当比较潮湿时，矿物颜色比较鲜艳，透明度也较好。金刚光泽，解理面呈珍珠光泽。解理 {001} 完全，{100} 中等。性脆。硬

图 15 - 53　钙铀云母晶体

度 2 ~ 2.5。相对密度 3.05 ~ 3.19。具强放射性。在紫外光照射下，具有明显的黄绿色荧光。

[成因及产状] 钙铀云母产于铀矿床的氧化带。有时在伟晶岩矿床中也可产出，与沥青铀矿、铌钽矿物、铀的硅酸盐矿物、氢氧化物等共生，主要产于伟晶岩体核心部位。钙铀云母还可产出于泥煤的裂隙中。

[鉴定特征] 以鲜艳的黄色和完全解理为鉴定特征。

[主要用途] 与铜铀云母相同。

磷钇矿（Xenotime，$Y[PO_4]$）

[化学组成] 含 Y_2O_3 61.40%，P_2O_5 38.60%。有时 Y 部分地被 Er 所置换。此外，还

可含少量的 U、Th、Zr 和 Si。

[结晶形态] 四方晶系，晶体细小，常呈四方柱和四方双锥的聚形。往往为柱面不发育的短柱状，有时为他形粒状。

[物理性质] 为淡黄、黄褐、红褐和深褐色；条痕淡棕色。玻璃光泽或油脂光泽。硬度 $4 \sim 6$。柱面解理 {100} 完全。断口不平坦。相对密度 $4.4 \sim 5.1$。常具放射性。

[成因及产状] 磷钇矿作为副矿物主要产于花岗岩及花岗伟晶岩中，有时也产于霞石正长岩及片麻岩中，与锆石、独居石等共生。风化后多成圆粒状存在于砂中。

[鉴定特征] 磷钇矿在晶形与颜色上与锡石、金红石、锆石相似，但磷钇矿以其较小的硬度与它们相区别。

[主要用途] 提取稀土元素的矿物原料之一。

学 习 指 导

◎ **要点**　在本类矿物中介绍了 6 种矿物，它们都具有一定的代表性。磷灰石分布最广泛，但性质变化大，在鉴定时要根据成因（内生、沉积）和形态（显晶质、隐晶质）分别总结其特点。独居石很稳定，常在碎屑沉积岩中作为重矿物出现。铜铀云母、钙铀云母是风化带常见的铀矿物，对这两种矿物要知道其特殊鉴定法——发光法和放射性检测法。磷钇矿是重要的稀土元素矿物。磷酸盐矿物的类质同象杂质很多，其中以独居石中的钍，磷灰石中的锶等比较重要。类质同象发育是颜色变化大的原因。

◎ **重点**　各种矿物的结晶形态、物理性质和用途。

◎ **难点**　各种矿物的产状、成因，与相似矿物的区别。

思考题与作业

（1）如何区分磷灰石、绿柱石、天河石？

（2）铜铀云母、钙铀云母有什么地方像云母？铜铀云母、钙铀云母为什么要在氧化条件下才能形成？

（3）在本类矿物中，哪些是提取稀土元素的重要矿物？哪些是放射性元素的重要矿物？

（4）磷灰石、绿松石各有何用途？哪些成因可以形成它们的重要矿床？

（5）如何快速鉴定本类各种矿物？

（6）写出各种矿物的成因。

第五节　硫酸盐矿物类

硫酸盐矿物是指金属阳离子与硫酸根离子（$[SO_4]^{2-}$）结合而成的含氧盐类矿物。目前已发现的硫酸盐类矿物近 200 种，占地壳总质量的 0.1%。此类矿物分布虽然不广，但许多硫酸盐矿物（如石膏、重晶石、芒硝等）是重要的建材和化工原料。此外，一些金属元素（如 Sr）也主要取自本类矿物。

一、化学组成

组成硫酸盐矿物的阳离子有 20 余种，主要为惰性气体型和过渡型离子，其次有铜型离子。最主要有 Ca^{2+}、Mg^{2+}、K^+、Na^+、Ba^{2+}、Sr^{2+}、Pb^{2+}、Fe^{3+}、Al^{3+}、Cu^{2+}、Zn^{2+} 等。阳离子仅 Mg^{2+}—Fe^{2+} 和 Ba^{2+}—Sr^{2+} 在某些矿物中呈完全类质同象替代。

组成硫酸盐矿物的配阴离子主要为 $[SO_4]^{2-}$。由于 $[SO_4]^{2-}$ 呈孤立的四面体，半径很大（0.295 nm）。$[SO_4]^{2-}$ 内部为共价键，$[SO_4]^{2-}$ 与金属阳离子间以离子键结合，矿物具典型离子晶格。$[SO_4]^{2-}$ 在与阳离子结合时具有以下规律：

（1）与大半径的二价阳离子 Ba^{2+}、Sr^{2+}、Pb^{2+} 结合形成稳定的无水硫酸盐矿物。如重晶石（$Ba[SO_4]$）、天青石（$Sr[SO_4]$）、铅矾（$Pb[SO_4]$）。

（2）与半径较小的二价阳离子 Cu^{2+}、Fe^{2+}、Mg^{2+} 等形成含结晶水的硫酸盐矿物。如胆矾（$Cu[SO_4]\cdot5H_2O$）。水分子的数量一般随阳离子半径的减小而增多。

（3）与半径中等的 Ca^{2+} 结合时，则依生成条件的不同，可形成无水硫酸盐矿物，如硬石膏（$Ca[SO_4]$）；或含水的硫酸盐矿物，如石膏（$Ca[SO_4]\cdot2H_2O$）。硬石膏不如石膏稳定，一旦出露地表，遇水即转变为石膏。

（4）至于大半径的 R^+，主要是与半径较小的阳离子 Al^{3+}、Fe^{3+} 同时进入晶格形成含附加阴离子 $(OH)^-$ 或结晶水的复硫酸盐矿物。如明矾石（$KAl_3[SO_4](OH)_6$）、黄钾铁矾（$KFe_3[SO_4]_2(OH)_6$）等。也可形成无水芒硝（$Na_2[SO_4]$）、芒硝（$Na_2[SO_4]\cdot10H_2O$）等无水或含水的硫酸盐矿物。

本类矿物的附加阴离子最主要为 $(OH)^-$，其次有 F^-、Cl^-、O^{2-}、$(CO_3)^{2-}$ 等。许多矿物含有结晶水。

二、结晶形态

硫酸盐矿物的对称程度均比较低，主要为斜方晶系和单斜晶系。Ba^{2+}、Pb^{2+}、Sr^{2+}、Ca^{2+}、Na^+ 等离子形成的无水硫酸盐矿物均为斜方晶系；Ca^{2+}、Na^+、Fe^{2+} 等离子形成的含水硫酸盐矿物属单斜晶系；Fe^{3+}、Al^{3+} 的硫酸盐矿物属三斜晶系。少数矿物属三方、六方晶系。硫酸盐矿物的单体形态多呈板状、柱状或粒状。集合体常呈纤维状、粒状、致密块状，以及皮壳状、钟乳状和结核状。

三、物理、化学性质

一般呈无色、白色、灰白色、浅色，但含 Fe 呈黄褐或蓝绿色，含 Cu 呈蓝绿色，含 Mn 或 Co 呈红色。玻璃光泽，少数金刚光泽。透明—半透明。硬度较低（通常 2~4），含水者更低（$H_M=1~2$）。相对密度一般不大（2~4±），含 Ba、Pb 者例外，可 >4，甚至为 6~7。普遍具有完全解理。多数矿物与盐酸不起作用，易溶于水；但 Ca、Sr、Ba、Pb 的硫酸盐矿物难溶于水和酸。

四、成因及产状

由于硫酸盐矿物中的硫离子呈高价态，因此需要在氧浓度很高的低温条件下才能形成，最常见于地表或近地表。主要为表生条件下的湖、海相化学沉积，其次是金属硫化物的氧化产物（矾类），部分为近地表的低温热液成因。

五、本类常见矿物

重晶石族（重晶石、天青石），石膏族（石膏），硬石膏族（硬石膏），胆矾族（胆矾），芒硝族（芒硝），明矾石族（明矾石）。

重晶石（Barite，$Ba[SO_4]$）

[化学组成] BaO 65.7%，SO_3 34.3%；类质同象混入物中还可以有 Sr、Pb、Ca、Ra 等。Ba 和 Sr 可形成完全类质同象系列，当 Sr 的含量大于 Ba 时称为天青石。

[结晶形态] 斜方晶系，晶体常沿 {001} 发育成板块，有时呈柱状，少数为三向等长（图 15 - 54，图 15 - 55）。集合体常呈粒状、纤维状或由板块晶体聚集成晶簇状，少数呈致密块状、结核状、钟乳状。

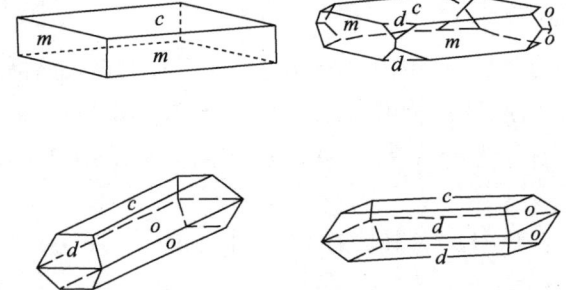

图 15 - 54　重晶石的晶形　　　　　图 15 - 55　重晶石晶体

平行双面：$c\{001\}$；斜方柱：$m\{210\}$、$o\{011\}$、$d\{101\}$

[物理性质] 纯净的晶体无色透明，一般呈白色、灰白色、浅黄色、褐色。玻璃光泽，解理面呈珍珠光泽。解理 {001} 完全，{210} 中等。解理夹角 $\{001\} \wedge \{210\}$ = $90°$，$(210) \wedge (2\overline{1}0) > 90°$。硬度 3~3.5。相对密度 4.3~4.5。

[成因及产状] 重晶石主要产于低温热液矿脉中，也可产于沉积岩中，呈结核状出现。

[鉴定特征] 板状晶形，三组中等至完全解理，解理块体在（100）面上呈菱形，而 $\{001\} \wedge \{210\}$ = $90°$。与 HCl 不起作用，以此与碳酸盐矿物相区别。以 HCl 浸湿后，重晶石染火焰成黄绿色（钡的焰色）可与天青石的深紫红色（锶的焰色）区别。硬度小、相对密度大，以此与长石相区别。

[主要用途] 重晶石为提取 Ba 的原料。磨成细粉可作钻探泥浆的加重剂。也可用作化学试剂和医药。可作白色颜料，并为伦琴射线实验室墙壁喷漆的主要原料。另外，可作填充剂，用于橡胶、造纸业，以增加其质量及光滑程度。

天青石（Celestite，$Sr[SO_4]$）

[化学组成] SrO 56.41%，SO_3 43.59%；类质同象混入物中还可以有 Ba、Pb、Ca、

Ra 等。Ba 和 Sr 可形成完全类质同象系列。

[结晶形态] 斜方晶系，晶形与重晶石相同，完好晶体少见，多为钟乳状、结核状或细粒状集合体。

[物理性质] 天蓝色，故名天青石，也可呈白色、灰白色。相对密度 3.9~4.0。其他性质与重晶石相似。

[成因及产状] 天青石主要产于沉积岩中，呈结核状出现。在华南栖霞组中的沉积泥灰岩中，天青石以放射状产出，作为工艺品开采已有上百年历史，为加工好的菊花石艺术品。也可产于低温热液矿脉中。

[鉴定特征] 与重晶石很相似，但密度较小，新鲜面天蓝色。与 HCl 不起作用，以此与碳酸盐矿物相区别。以 HCl 浸湿后，天青石染火焰成深紫红色（锶的焰色）与重晶石黄绿色（钡的焰色）区别。硬度小、相对密度大，以此与长石相区别。

[主要用途] 为提取 Sr 的原料。

石膏（Gypsum，$Ca[SO_4] \cdot 2H_2O$）

又称二水石膏或生石膏。

[化学组成] CaO 32.6%，SO_3 46.5%，H_2O 20.9%；类质同象混入物有 Ba、Sr。常有黏土、有机质等机械混入物。

[结晶形态] 单斜晶系，晶体常依 {010} 发育成板状（图 15-56），也有的呈粒状；晶面（110）及（010）常具纵纹。双晶常见，一种是依（100）为双晶面的加里双晶或称燕尾双晶，另一种是以（101）为双晶面的巴黎双晶或称箭头双晶（图 15-57）。集合体多呈致密块状或纤维状。细晶粒状块体称为雪花石膏；纤维状的集合体称为纤维石膏（图 15-58）。由扁豆状晶体形成的似玫瑰花状集合体较少见。此外，还有土状、片状集合体。

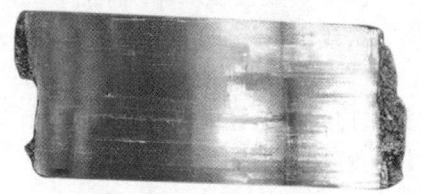

图 15-56　石膏的板状晶体

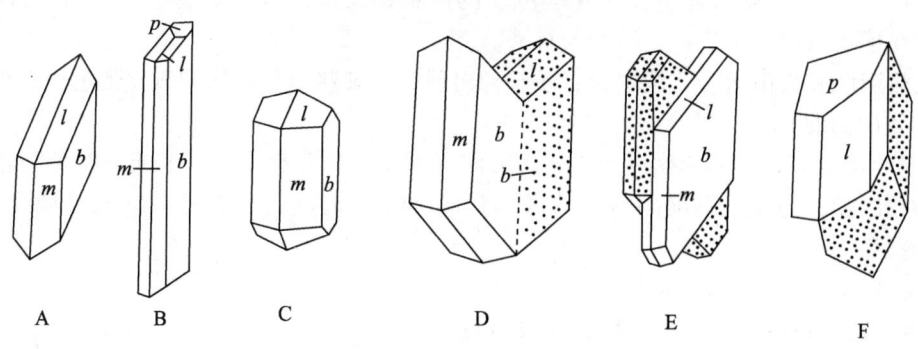

A　　　B　　　C　　　　D　　　　E　　　　F

图 15-57　石膏的晶形

A，B，C—单晶体；D，E，F—双晶。平行双面：$b\{010\}$、$p\{103\}$；斜方柱：$m\{110\}$、$l\{111\}$

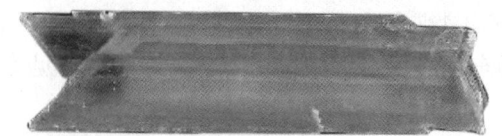

图 15-58 纤维石膏

[物理性质] 通常为白色及无色，无色透明晶体称为透石膏，有时因含其他杂质而染成灰、浅黄、浅褐等色；条痕白色。透明。玻璃光泽，解理面呈珍珠光泽，纤维状集合体呈丝绢光泽。解理 {010} 极完全，{100} 和 {011} 中等，解理片裂成面夹角为 66° 和 114° 的菱形体，解理薄片具挠性。硬度 1.5 ~ 2，不同方向稍有变化。相对密度 2.3。性脆。

[成因及产状] 主要是化学沉积作用的产物，常形成巨大的矿层或透镜体存在于石灰岩、红色页岩和砂岩、泥灰岩及黏土岩层之间，与硬石膏、石盐等共生。在硫化矿床氧化带中，原生硫化物被氧化后生成硫酸，再与石灰岩的围岩作用可以生成石膏。热液成因的石膏较少见，通常存在于低温热液硫化物矿床中。

[鉴定特征] 根据低硬度，具有一组极完全解理及各种特征形态可以鉴别。致密块状的石膏以其低硬度和遇酸不起泡可与碳酸盐矿物相区别。

[主要用途] 应用于生产水泥、造纸等工业；也用于生产熟石膏及其制品（如雕塑、建筑装饰及防火材料）。此外，也可作为农业肥料。

硬石膏（Anhydrite，$Ca[SO_4]$）

[化学组成] CaO 41.2%，SO_3 58.8%；成分变化不大，有时有少量的 Sr 和 Ba 代替 Ca。

图 15-59 硬石膏晶体

[结晶形态] 斜方晶系，晶体少见，可沿 a 轴或 c 轴延长，呈厚板状晶体（图 15-59），有时呈柱状。依 (011) 成接触双晶或聚片双晶。集合体呈纤维状、致密粒状或块状。

[物理性质] 晶体无色透明，一般呈白色，常微带浅蓝、浅灰或浅红色，被铁的氧化物或黏土等染成红色、黄色或灰色；条痕白或浅灰白色。玻璃光泽，解理面呈珍珠光泽。解理 {010} 完全，{100}、{001} 中等。硬度 3 ~ 3.5。相对密度 2.8 ~ 3.0。

[成因及产状] 硬石膏主要为化学沉积的产物，大量形成于盐湖中，常与石膏共生。硬石膏在地表条件下不稳定，转变为石膏。

在热液脉和火山熔岩孔洞内偶有硬石膏出现。在某些硫化矿床的氧化带也可有少量产出（如我国西北）。

[鉴定特征] 以其相对密度小、解理方向（三组解理互相垂直）和光学常数与重晶石族矿物相区别；与粒状钙镁碳酸盐的区别是滴 HCl 不起泡；与石膏的区别是硬度较大，指甲刻不动。

[主要用途] 与石膏大致相同。

胆矾（Chalcanthite，$Cu[SO_4] \cdot 5H_2O$）

[化学组成] CuO 31.86%，SO_3 32.06%，H_2O 36.08%。混入物有 Fe，常含 Mg 和 Zn 等。

［结晶形态］三斜晶系，晶体呈厚板状或短柱状，晶体少见；集合体呈粒状、块状或钟乳状、肾状等。

［物理性质］蓝色或天蓝色，有时微带浅绿色；条痕蓝白色。玻璃光泽。透明。硬度2.5。解理平行｛110｝，不完全，断口呈贝壳状。相对密度2.1～2.3。具苦涩味；易溶于水，水溶液呈蓝色。

［成因及产状］含铜硫化物的风化产物。极易溶于水，产于干旱地区含铜硫化物矿床氧化带或铜矿坑道中。

［鉴定特征］蓝色，易溶于水，其水溶液呈蓝色，放入小刀等铁器，其中的铜即被铁置换出来，使小刀镀上一层铜而呈铜红色。

［主要用途］铜矿的找矿标志。可用作杀虫剂及化工原料。

芒硝（Mirabilite，$Na_2[SO_4] \cdot 10H_2O$）

［化学组成］Na_2O 19.24%，SO_3 24.85%，H_2O 55.91%。

［结晶形态］单斜晶系，晶体沿c轴延伸呈柱状；集合体呈针状，粒状、纤维状、粉末状、皮壳状。

［物理性质］无色透明或白色，条痕白色。玻璃光泽。硬度1.5～2。解理平行｛100｝完全。相对密度1.48。易溶于水；在干燥空气中会失水变为白色粉末状无水芒硝。

［成因及产状］为盐湖中化学沉积产物，形成于33 ℃以下。温度超过33 ℃即形成无水芒硝。

［鉴定特征］形态、产状、相对密度很小以及溶于水时吸收大量的热（使溶液变冷）等均为其鉴定特征。

［主要用途］化工、医药原料。

明矾石（Alunite，$KAl_3[SO_4]_2(OH)_6$）

［化学组成］K_2O 11.4%，Al_2O_3 37.0%，SO_3 38.6%，H_2O 13.0%。常有Na^+代替K^+，当Na^+的含量超过K^+时称为钠矾石或钠明矾石。有时有少量的Fe^{3+}代替Al^{3+}；机械混入物有石英、磁铁矿等。有时含微量稀土元素。

［结晶形态］三方晶系，晶体较少见，出现时呈细小的假聚面体或假立方体（为两个三方单锥的聚形），如图15-60所示。通常呈粒状、致密块状、土状或纤维状、结核状集合体。

［物理性质］白色，常带灰色、浅黄或浅红色调；条痕白色。透明。玻璃光泽，解理面有时显珍珠光泽。解理｛0001｝中等；贝壳状断口，致密块状集合体断口不平坦至贝壳状。硬度3.4～4。性脆。相对密度2.6～2.8。

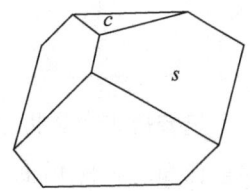

图15-60 明矾石的晶形

［成因及产状］明矾石常系含硫酸的低温热液作用于中酸性岩浆岩（常为火山喷出岩）所生成的蚀变产物。此蚀变过程称为明矾石化作用。蚀变后岩石是由石英、高岭石、明矾石，有时有黄铁矿等组成的浅色岩体。少量产于火山喷气孔附近。此外，在砂岩、黏土和铝矾土中有明矾石结核产出。

我国明矾石产出甚广。最主要产地是浙江平阳、安徽庐江及福建福鼎等，系由中生代火山喷发岩（凝灰岩、流纹岩）经热液蚀变而生成。

[鉴定特征] 明矾石与相似矿物的区别须借助于化学反应，如明矾石加硝酸钴溶液灼烧时呈蓝色（Al的反应），加酸不起泡等。

[主要用途] 为提取明矾和硫酸铝的原料。

学 习 指 导

⚑ **要点** ①二价阳离子硫酸盐矿物最重要，它们分为含水与无水两部分，主要决定于阳离子半径。②硫元素易变价对本类矿物成因影响很大。③石膏是最常见的硫酸盐矿物，是有用矿产，而且石膏和硬石膏间的变化对工程有一定影响。④重晶石是最稳定的硫酸盐矿物，在掌握其鉴定特征时，应注意练习观察解理夹角和辨别晶体定向，并和碳酸盐矿物区别。

⚑ **重点** 各种矿物的结晶形态、物理性质和用途。

⚑ **难点** 各种矿物的成因、产状，与相似矿物的区别。

📖 **思考题与作业**

（1）还原条件下硫酸盐为什么不稳定？

（2）二价阳离子含水与无水硫酸盐矿物在成分、性质和分布（产状）等方面有何不同？

（3）为什么在地表很少见到硬石膏？

（4）在金属矿床氧化带和内陆盐湖中见到的硫酸盐矿物在阳离子成分上各有何特点？

（5）如何区分石膏、硬石膏，它们与白色石英、硅灰石、重晶石又有何区别？

（6）明矾石与块状长石颜色相似时，如何鉴别？

（7）都是粉末状白色的硼砂与芒硝能区分开吗？

第六节 钨酸盐矿物类

钨酸盐矿物是指金属阳离子与钨酸根离子（$[WO_4]^{2-}$）相结合而成的含氧盐矿物。目前已知的矿物10种左右。此类矿物在地壳中分布较少，白钨矿、黑钨矿较常见，形成具有工业价值的矿床。黑钨矿依其内部晶体结构，应归属于复杂氧化物类，因W在晶体结构中，其作用与Fe、Mn相同。本书从矿产角度考虑，仍习惯按化学成分放于钨酸盐矿物介绍。

组成钨酸盐矿物的阳离子主要为Ca^{2+}、Fe^{2+}、Mn^{2+}、Pb^{2+}、Cu^{2+}、TR^{3+}，配阴离子为$[WO_4]^{2-}$。

钨酸盐矿物的相对密度较大，一般在6~7.5之间；矿物的硬度较小，不超过5。

钨酸盐矿物的成因以汽化-高温热液和接触交代为主。

本类矿物常见有：白钨矿族（白钨矿），黑钨矿族（黑钨矿）。

白钨矿（Scheelite，Ca[WO₄]）

又称钨酸钙矿。

[化学组成] CaO 19.4%，WO₃ 80.6%；由于 W 和 Mo 离子半径几乎相等，因此，白钨矿中 W 与 Mo 为完全类质同象，成为白钨矿—钼钨矿系列。高温时 Mo 含量高；与辉钼矿共生的白钨矿中 Mo 含量也高。部分 Ca 可被 Cu 和 TR 代替。

图 15-61　白钨矿晶体

[结晶形态] 四方晶系，晶体常呈四方双锥，也有的沿 {001} 呈板状（图 15-61）。依（110）成双晶普遍。集合体多呈不规则粒状或致密块状。

[物理性质] 白色、黄白、浅紫色等。油脂光泽或金刚光泽。透明—半透明。解理 {111} 中等；断口参差状。硬度 4.5 ~ 5。相对密度 5.8 ~ 6.2（相对密度随 Mo 的增加而降低）。性脆。具发光性，在紫外光照射下发浅蓝色至黄色（依 Mo 的含量而定，Mo 增加，荧光变浅黄至白色）的荧光。

[成因及产状] 主要产于接触交代矿床中，与石榴子石、透辉石、符山石、辉钼矿等共生。也可见于高—中温热液矿床中，与黑钨矿、锡石等共生。

[鉴定特征] 以白色、油脂光泽、密度大、紫外光照射下发浅蓝色荧光为特征。

[主要用途] 提炼钨的重要矿物原料之一。W 用于冶炼特种合金钢，以制造高速切削工具、枪管、炮膛、坦克、装甲、火箭喷嘴等；W 用于制造灯丝及 X 射线发生器的阴极材料；合成碳化钨材料的硬度仅次于金刚石，可用作钻头、车刀等。

黑钨矿（Wolframite，(Mn，Fe)[WO₄]）

又称钨锰铁矿。

[化学组成] 黑钨矿是钨锰矿和钨铁矿两种端员组分组成的完全类质同象系列中的中间成分。钨锰矿中含 MnO 23.43%，WO₃ 76.57%；钨铁矿中含 FeO 23.66%，WO₃ 76.34%。此外，还常含有 Mg、Ca、Nb、Ta、Sn、Zn 等。

[结晶形态] 单斜晶系，单晶体常呈沿 *c* 轴延伸的 {100} 板状或短柱状（图 15-62），晶面上常具平行于 *c* 轴的条纹。双晶常依（100）或（023）成接触双晶。集合体为刃片状或粗粒状。

[物理性质] 红褐色（钨锰矿）至黑色（钨铁矿）；条痕黄褐色（钨锰矿）至褐黑色（钨铁矿）。光泽由树脂光泽（钨锰矿）至半金属光泽（黑钨矿、钨铁矿）。解理平行 {010} 完全。硬度 4 ~ 4.5。相对密度 7.12（钨锰矿）~ 7.51（钨铁矿）。性脆。钨铁矿具弱磁性。

图 15-62　黑钨矿晶体
呈沿 *c* 轴延伸的 {100} 板状

[成因及产状] 主要产于高温热液矿床。常与锡石、辉钼矿、毒砂、萤石、电气石、绿柱石等共生。黑钨矿也能形成砂矿。我国是世界上最大的产钨国，矿床类型丰富，规模大，为世界钨矿床所罕见。仅在南岭地区就已发现大型、超大型矿床 20 多处。最具代表性的钨矿产地如江西（石英脉型矿床）、湖南（柿竹园层控矽卡岩型矿床）、福建（洛坑花岗岩细脉浸型）、广西（大明山似层状钨矿床）等。

［鉴定特征］黑钨矿以其板状形态，褐黑色，｛010｝完全解理和相对密度大为鉴定特征。

［主要用途］钨的最主要的矿石矿物。其他用途同白钨矿。

学习指导

⚟ **要点**　在本类矿物中，白钨矿和黑钨矿都是重要的有用矿物，具有重要的经济价值，要认真掌握它们的鉴别特征和成因、产状。

⚟ **重点**　各矿物的结晶形态、物理性质和用途。

⚟ **难点**　各矿物的成因、产状，与相似矿物的区别。

📖 思考题与作业

（1）如何区别白钨矿与石英、重晶石？

（2）黑钨矿为何具有半金属光泽、弱磁性？

（3）如何区分黑色黑钨矿与电气石？如何区分褐色黑钨矿与闪锌矿、镜铁矿？

（4）白钨矿、黑钨矿有何用途？

（5）钨锰矿、黑钨矿（钨锰铁矿）、钨铁矿三者有何不同？

（6）白钨矿、黑钨矿各有哪些成因、产状？

第七节　碳酸盐矿物类

碳酸盐矿物是金属阳离子与碳酸根离子（$[CO_3]^{2-}$）相结合形成的含氧盐矿物。碳酸盐矿物在地壳中分布很广，现已发现的约有 100 余种，占地壳总质量 1.7%，在含氧盐大类中仅次于硅酸盐矿物。钙和镁的碳酸盐矿物是极重要的造岩矿物，往往构成巨大的沉积岩层（石灰岩、白云岩等）。钙、镁、铁、锰的碳酸盐矿物是重要的矿物原料，在建材、化工、冶金、耐火材料等工业中具有重要意义。碳酸盐矿物也是提取 Fe、Mg、Mn、Zn、Cu 等金属元素及放射性元素 Th、U 和稀土元素的重要矿物原料。此外，碳酸盐矿物还经常出现于矿脉和矿床氧化带中，为从事找矿的地质工作者提供重要线索。

一、化学组成

组成本类矿物的配阴离子主要为 $[CO_3]^{2-}$。阳离子有 20 余种，包括惰性气体型离子 Ca^{2+}、Mg^{2+}、Sr^{2+}、Ba^{2+}、Na^+、K^+、Al^{3+}；过渡型离子 Mn^{2+}、Fe^{2+}、Co^{2+}、Ni^{2+}；铜型离子 Cu^{2+}、Zn^{2+}、Cd^{2+}、Pb^{2+}、Bi^{3+}、Te^{2+}；稀土元素 Y、La、Ce 和放射性元素 Th、U 等的离子。其中最主要的是 Ca^{2+}、Mg^{2+}；其次是 Fe^{2+}、Mn^{2+}、Na^+，以及 Ba^{2+}、Sr^{2+}、Cu^{2+}、Zn^{2+}、Pb^{2+}、TR^{3+} 等。附加阴离子主要为（OH）$^-$，其次为 F^-、Cl^-、O^{2-}、$[SO_4]^{2-}$、$[PO_4]^{3-}$ 等。一些矿物含有结晶水。阳离子类质同象替代普遍而复杂。

二、晶体化学特征

配阴离子 $[CO_3]^{2-}$ 呈平面等边三角形，C^{4+} 位于其中心，C—O 间以共价键联结。$[CO_3]^{2-}$ 很稳定，半径（0.255 nm）较一般阴离子为大，比其他配阴离子小。$[CO_3]^{2-}$ 与配阴离子团外的阳离子以离子键联结。

（1）与 $[CO_3]^{2-}$ 结合的多为半径较大或中等、电价不太高的 R^{2+}，主要为 Ca^{2+}、Mg^{2+}、Fe^{2+}、Mn^{2+}、Ba^{2+}、Sr^{2+}、Pb^{2+}、Zn^{2+} 等，形成较稳定的无水碳酸盐矿物。

（2）与半径不大、极化能力强的二价铜型离子 Cu^{2+}、Zn^{2+}，常形成含 $(OH)^-$ 的碱式碳酸盐矿物。如孔雀石（$Cu_2[CO_3](OH)_2$）、蓝铜矿（$Cu_3[CO_3]_2(OH)_2$）。

（3）与一价阳离子，主要为 Na^+，往往形成易溶于水的含结晶水碳酸盐矿物。如苏打（$Na_2[CO_3] \cdot 10H_2O$），水碱（$Na_2[CO_3] \cdot H_2O$）。有时尚有 H^+，如天然碱（$Na_3H[CO_3]_2 \cdot 2H_2O$）。

（4）与三价金属阳离子，主要是 TR^{3+}，往往形成含附加阴离子 F^- 的无水碳酸盐矿物，如氟碳铈矿（$(Ce,La)[CO_3]F$）。

三、结晶形态

碳酸盐矿物多为三方晶系及六方晶系，其次为斜方晶系和单斜晶系。晶体可呈柱状、针状、粒状等完好晶形。集合体呈块状、粒状、放射状、晶簇状、土状等。

四、物理、化学性质

碳酸盐矿物大多为无色或白色—灰白色。若含过渡型离子（色素离子 Cu^{2+}、Mn^{2+}、Fe^{2+}、Co^{2+}、U^{4+}、TR^{3+}），则常呈鲜艳透明的彩色：含 Cu^{2+} 呈翠绿色或鲜蓝色；含 Mn^{2+} 呈玫瑰红色；含 Fe^{2+} 或 TR^{3+} 呈褐色或浅黄色；含 Co^{2+} 呈淡红色；含 U^{4+} 呈黄色。玻璃光泽或金刚光泽。硬度不大（3~5），一般 3±，最大的是稀土碳酸盐矿物（$H_M \leqslant 4.5$）。大多矿物发育多组完全解理，属方解石型结构者均具 $\{10\bar{1}1\}$ 的三组完全解理。相对密度一般不大，仅 Pb、Sr、Ba 的碳酸盐矿物较大。所有矿物遇 HCl、HNO_3 或多或少均会起泡，反应的难易程度是区分某些碳酸盐矿物的重要标志。与酸反应的速度因离子不同而异：离子电位（电价/半径）越高的阳离子与 $[CO_3]^{2-}$ 的结合越强，矿物遇酸时越难分解；仅 Ba、Pb、Sr、Ca 的碳酸盐矿物遇冷稀 HCl（5%）时迅速分解而放出 CO_2，起泡剧烈。

五、鉴别方法

除一般的方法外，常采用染色法，配合热分析法（包括差热分析和热重分析），可有效地鉴别颗粒细小的无水碳酸盐矿物。

六、成因及产状

碳酸盐矿物绝大部分是外生的。外生成因的碳酸盐矿物以化学沉积作用为主，如方解石、白云石等可形成大面积分布及厚度很大的海相沉积地层。此外，还有风化作用形成的，如孔雀石、蓝铜矿等。少数碳酸盐矿物是内生成因，主要产于中、低温热液矿床中，也见于接触变质带和火山岩气孔中。

七、本类常见矿物

据晶体结构、阳离子的种类，主要有以下各族：

方解石族（方解石、菱镁矿、菱铁矿、菱锰矿、菱锌矿）；

白云石族（白云石）；

文石族（文石、碳酸锶矿、碳酸钡矿、白铅矿）；

孔雀石族（孔雀石、蓝铜矿）；

氟碳铈矿族（氟碳铈矿）。

方解石（Calcite，Ca[CO$_3$]）

[化学组成] CaO 56.03%，CO$_2$ 43.97%；常含 Mn、Fe、Zn、Mg、Pb、Sr、Ba、Co、TR 等类质同象替代物；当它们达到一定的量时，可形成锰方解石、铁方解石、锌方解石、镁方解石等变种。此外，晶体中还常见水镁石、白云石、铁的氢氧化物及氧化物、硫化物、石英等机械混入物。

[结晶形态] 三方晶系，常见完好晶体，形态多种多样，不同聚形达 600 种以上。主要呈平行 [0001] 发育的柱状及平行 {0001} 发育的板状和各种状态的菱面体或复三方偏三角面体（图 15-63）。

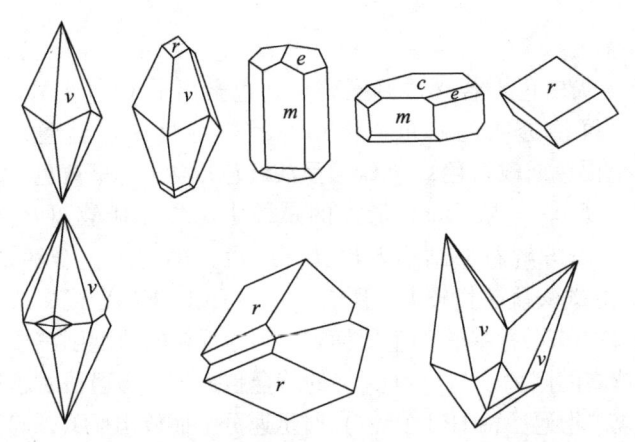

图 15-64 方解石晶簇

图 15-63 方解石的晶形

平行双面：c{0001}；六方柱：m{10$\bar{1}$0}；菱面体：r{10$\bar{1}$1}、
e{01$\bar{1}$2}；复三方偏三角面体：v{21$\bar{3}$1}

方解石的集合体形态也是多种多样。由片状（板状）或纤维状的方解石形成的平行或近似平行的连生体，分别称为层解石和纤维方解石。还有致密块状（石灰岩）、粒状（大理岩）、土状（白垩）、多孔状（石灰华）、钟乳状（石钟乳）和鲕状、豆状、结核状、葡萄状、被膜状及晶簇状（图 15-64）等。

方解石的晶体形态与形成条件有关。随着形成时温度的降低，其晶形有从以板状、钝角菱面体为主的晶形向以复三方偏三角面体、六方柱为主及锐角菱面体晶形演化的趋势。

[物理性质] 无色或白色，有时被 Fe、Mn、Cu 等染成浅黄、浅红、紫、褐黑色。无色透明的方解石称为冰洲石。解理 $\{10\bar{1}1\}$ 完全；在应力影响下，沿 $\{01\bar{1}2\}$ 聚片双晶方向滑移裂开。硬度 3。相对密度 2.6～2.9。

[成因及产状] 方解石是分布最广的矿物之一，具有各种不同的成因类型。主要为：

（1）沉积型。海水中的 $CaCO_3$ 达到过饱和时，可沉积形成大量的石灰岩、鲕状灰岩等。

（2）热液型。常见于中、低温热液矿床中，呈脉状或见于空洞里，具良好的晶形。

（3）岩浆型。方解石为岩浆成因的碳酸岩和碳酸盐熔岩中的主要造岩矿物，常与白云石、金云母等共生。

（4）风化型。石灰岩、大理岩在风化过程中受地下水溶解易形成重碳酸钙（$Ca(HCO_3)$）进入溶液，当压力减小或蒸发时，使大量 CO_2 的逸出，碳酸钙可再沉淀下来，形成钟乳石、石笋、石柱等。其反应式为：$Ca(HCO_3)_2 = CaCO_3 + H_2O + CO_2$。

[鉴定特征] 以晶形，$\{10\bar{1}1\}$ 三组完全解理，硬度较小，相对密度较小，常见 $\{01\bar{1}2\}$ 聚片双晶，加 HCl 急剧起泡为特征。灼热后的方解石碎块置于石蕊试纸上呈碱性反应。有钙的焰色反应（橘黄色）。

[主要用途] 由方解石组成的石灰岩、大理岩、白垩等岩石，广泛地应用于化工、冶金、建筑等工业部门，例如用于烧石灰、制水泥等。美丽的大理岩可作建筑装饰材料。纯度高的石灰岩是塑料、尼龙的重要原料。由于冰洲石具有极强的双折射率和偏光性能，被广泛地应用于光学领域里，如偏光显微镜的棱镜、偏光仪、光度计等。

菱镁矿（Magnesite，$Mg[CO_3]$）

[化学组成] MgO 47.81%，CO_2 52.19%。菱镁矿和菱铁矿之间可形成完全类质同象系列，所以菱镁矿中经常含有 Fe，含量一般小于 8%。当 FeO 含量在 9% 以上时称为铁菱镁矿，随着 FeO 含量的增加，逐渐变为菱铁镁矿 – 菱镁铁矿 – 镁菱铁矿 – 菱铁矿。有时含 Mn、Ca、Co、Ni 等。致密块状的菱镁矿常含有蛋白石、蛇纹石等杂质。

[结晶形态] 三方晶系，对称型 $L^3 3L^2 3PC$。单晶体呈菱面体，或是菱面体与六方柱、复三方偏三角面体组成的聚形，但较少见。集合体通常呈晶粒状或隐晶质致密块状、土状等。风化带中常呈隐晶质偏胶体的陶瓷状块体。

[物理性质] 白色或浅黄白色，灰白色，含 Co 者带淡红色调，含 Fe 者呈黄色、棕色至褐色，陶瓷状菱镁矿大多呈雪白色。玻璃光泽。菱面体 $\{10\bar{1}1\}$ 解理完全；陶瓷状菱镁矿具贝壳状断口。硬度 3.5～4.5。性脆。相对密度 2.9～3.1，含 Fe 者相对密度增大。

[成因及产状] 菱镁矿分布远没有方解石广泛，具有工业意义的菱镁矿矿床通常由含镁热水溶液交代白云岩或白云质灰岩及超基性岩形成。我国辽宁大石桥的菱镁矿为世界有名的大矿床，系含镁热水溶液交代白云质灰岩形成，常与方解石、白云石、绿泥石、滑石共生。

沉积作用中一般不形成菱镁矿，这是由于 Mg^{2+} 很容易形成水合离子，增加了碳酸镁的溶解度。只有在盐度相当高的情况下，才能形成原生菱镁矿。

菱镁矿也可以是超基性岩的风化产物，常在风化壳底层呈细脉或胶态充填裂隙中，与蛋白石共生。

[鉴定特征] 以其白色、致密块状、菱面体完全解理为特征。与方解石、白云石的区别为菱镁矿的粉末与稀冷盐酸不起反应，只与热盐酸起反应。硬度比方解石高。

[主要用途] 制造耐火材料耐火砖、含镁水泥；并可提取金属镁，制作硫酸镁等。

菱铁矿（Siderite，$Fe[CO_3]$）

[化学组成] FeO 62.01% CO_2 37.99%，菱铁矿与菱锰矿和菱镁矿能形成完全类质同象系列，与方解石形成不完全类质同象系列，所以菱铁矿中，经常含有 Mn、Mg、Ca 类质同象混入物，形成变种锰菱铁矿、钙菱铁矿。

[结晶形态] 三方晶系，对称型 $L^3 3L^2 3PC$。单晶体呈菱面体、复三方偏三角面体，短柱状，晶面常弯曲。通常呈粒状、致密块状、土状、结合状、葡萄状集合体。在沼泽沉积物中有凝胶状和隐晶质菱铁矿。

[物理性质] 新鲜时呈浅灰白或浅黄白色至浅褐色，氧化后呈深褐色至褐黑色。玻璃光泽，隐晶质者无光泽。半透明。菱面体 $\{10\bar{1}1\}$ 解理完全；硬度 3.5～4。性脆。相对密度 3.7～4，随着 Ca、Mg、Mn 含量的增加，相对密度降低。

[成因及产状] 菱铁矿形成于还原环境，具有热液和沉积两种成因。沉积成因的菱铁矿常产于页岩、黏土岩层和煤层中，呈层状、结核状或透镜状产出，具胶状、鲕状和结核状形态，与鲕状赤铁矿、鲕状绿泥石共生。热液成因的菱铁矿常形成于金属硫化物矿床中，呈单独菱铁矿脉或作为铁、铜、铅、锌矿床的脉石矿物产出，多呈浅色，结晶较粗，晶形好。

菱铁矿在氧化带中不稳定，易氧化成为褐铁矿、水赤铁矿而形成铁帽。

[鉴定特征] 菱铁矿以氧化呈褐色、相对密度较大、菱面体完全解理、加热盐酸起泡、粉末烧后变黑、其残渣具有磁性为主要特征。进行野外地质观察时，菱铁矿矿层很容易被当作一般碳酸盐地层而被忽略，应特别注意其所在地层风化形成的褐铁矿。其岩心具有较大的相对密度。菱铁矿与闪锌矿相似，多以解理、加盐酸反应不同进行区分。

[主要用途] 炼铁的矿石矿物。其含铁量虽低于50%，但一经焙烧，逐走 CO_2 后，则含铁量大为提高。焙烧后矿石多孔，易炼，很受小企业欢迎。

白云石（Dolomite，$CaMg[CO_3]_2$）

[化学组成] CaO 30.4%，MgO 21.8%，CO_2 47.8%；成分中的 Mg 可被 Fe、Mn、Co、Zn 替代。其中 $CaMg[CO_3]_2 - CaFe[CO_3]_2$ 可呈完全类质同象系列；当 Fe > Mg 时称为铁白云石。Fe 与 Mn 的替代则有限，其 Mn 的端员 $CaMn[CO_3]_2$ 称为锰白云石。还可形成铅白云石、钴白云石、锌白云石等变种。

[结晶形态] 三方晶系，晶体常呈菱面体状，不如方解石形态多样，晶面常弯曲成马鞍状（图 15 - 65），经切薄片在镜下观察可见这种马鞍状形态具有晶畸相嵌状结构和波状消光现象。经常依（0001）、（$10\bar{1}0$）、（$10\bar{1}1$）、（$11\bar{2}0$）及（$02\bar{2}1$）形成双晶，后者双晶纹平行于白云石解理面长、短对角线，与方解石不同。有些白云石出现 $\{02\bar{2}1\}$ 裂开，为双晶造成。集合体常呈粒状、致密块状，有时呈多孔状、肾状。

[物理性质] 纯者多为白色，含铁者为灰色—暗褐色，含铁白云石风化后，表面变为褐色。玻璃光泽。解理 $\{10\bar{1}1\}$ 完全，解理面常弯曲。硬度 3.5～4。相对密度 2.85，随

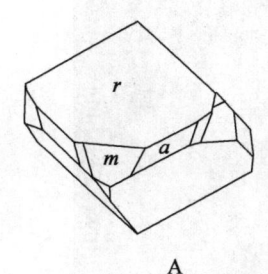 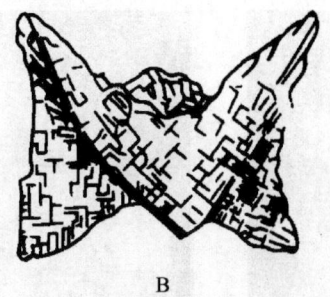 

A   B   C

图 15 - 65　白云石的晶形和晶体

A—晶体形态：菱面体 $r\{10\bar{1}1\}$、$m\{40\bar{4}1\}$，六方柱 $a\{11\bar{2}0\}$；B—马鞍状形态；C—马鞍状白云石的照片

成分中 Fe、Mn、Pb、Zn 含量的增多而增大。有些白云石在阴极射线作用下发鲜明的橘红光。

［成因及产状］白云石是自然界中广泛分布的一种矿物，主要有沉积和热液两种成因。它是组成白云岩、白云质灰岩的主要矿物。白云石也是岩浆成因的碳酸岩的主要组成矿物之一。含镁质或白云质的灰岩在区域变质或接触变质作用中可形成白云石大理岩。在变质作用的较高阶段，白云石可被分解成方镁石和水镁石。

［鉴定特征］晶面常呈弯曲的马鞍形。与方解石的区别是遇冷盐酸不剧烈起泡，加热后方剧烈起泡，另外双晶纹的方向也与方解石不同。此外，可用染色法区分二者：用 0.2 mol/L 的 HCl 加茜素红溶液，白云石不染色，方解石则被染成红紫色。

［主要用途］用作耐火材料及高炉炼铁生产中的熔剂；部分白云石可作提取镁的原料。白云石大理岩加工后可作较好的建筑石材。

菱锰矿（Rhodochrosite，Mn[CO₃]）

［化学组成］MnO 61.71%，CO_2 38.29%，常含 Ca、Fe 等类质同象混入物。

［结晶形态］三方晶系，晶体呈菱面体，通常呈粒状（图 15 - 66）、致密块状集合体。

［物理性质］新鲜晶体呈粉红色，常因含杂质或氧化而呈灰色、褐黑色，新鲜者条痕为白色。玻璃光泽。硬度 3.5 ~ 4。解理平行菱面体，三组完全。相对密度 3.7 左右，因含 Ca 和 Fe 而有所变化。

［成因及产状］沉积作用中可形成大规模的菱锰矿层，在内生条件下形成于热液作用中，与金属硫化物、菱铁矿、萤石、石英等共生，风化作用中易氧化形成软锰矿、硬锰矿等锰的氧化物。

［鉴定特征］新鲜面为粉红色，风化后为黑色，与冷盐酸反应缓慢，稍加热即反应剧烈。与碱（KOH 或 NaOH）共熔后成蓝绿色锰酸盐（如 K_2MnO_4），可证明其含锰。

［主要用途］为重要的锰矿物。

菱锌矿（Smithsonite，Zn[CO₃]）

［化学组成］ZnO 64.90%，CO_2 35.10%，常含 Fe^{2+}。

［结晶形态］三方晶系，晶体呈菱面体或复三方偏三角面体，通常呈钟乳状、皮壳状集合体（图 15 - 67）。

图 15 - 66　菱锰矿集合体

图 15 - 67　菱锌矿集合体

[物理性质] 透明无色或略呈蜡黄的白色；条痕白色。玻璃光泽。硬度 4.5 ~ 5。解理平行菱面体，三组完全。相对密度 4.43。

[成因及产状] 主要作为闪锌矿的次生矿物出现于矿床氧化带中，与孔雀石、褐铁矿、白铅矿（$PbCO_3$）等共生。

在菱锌矿的表面常包裹有一层白色粉末状的外壳，系菱锌矿转变而成的水锌矿（$Zn_5[CO_3]_2(OH)_6$）。

[鉴定特征] 根据产状、解理、硬度等可以识别。滴冷稀盐酸不起泡，但其表面粉状的水锌矿反应剧烈。灼烧后，滴硝酸钴溶液，再在氧化焰中强烈灼烧，呈绿色（林曼氏绿，锌与钴的复氧化物）。

[主要用途] 可作为找矿标志。

文石（Aragonite，$Ca[CO_3]$）

又称霰石。

[化学组成] 成分与方解石相同；Ca 常被 Sr、Pb、Zn、TR 所替代。此外还有 Mg、Fe、Al 等，但含量一般均较低。已知的变种有铅文石、锌文石、锶文石、稀土文石等。

[结晶形态] 斜方晶系，晶体常为柱状、尖锥状（图 15 - 68），但较少见。常依（110）成双晶或三连晶，三连晶常出现假六方对称。集合体常呈纤维状、柱状、晶簇状、

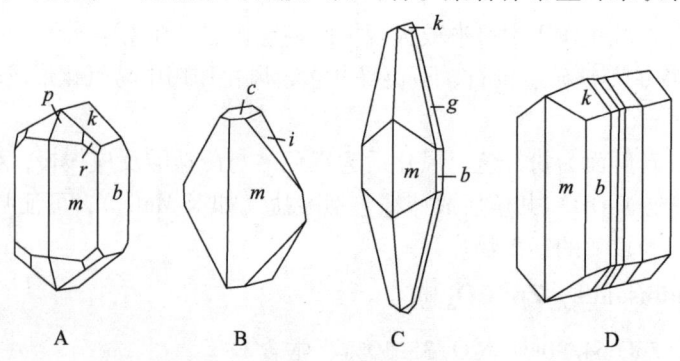

图 15 - 68　文石的晶形

A，B，C—单晶体；D—双晶。斜方柱：$m\{110\}$、$k\{011\}$、$i\{021\}$、$g\{061\}$；

平行双面：$b\{010\}$、$c\{001\}$；斜方双锥：$p\{111\}$、$r\{121\}$

皮壳状、钟乳状、珊瑚状、鲕状、豆状和球状等（图15-69）。多数软体动物的贝壳内壁珍珠质部分是由极细的片状文石沿着贝壳面平行排列而成。

［物理性质］通常为白色、黄白色，有时呈浅绿色、灰色等。透明。玻璃光泽，断口为油脂光泽。无解理，或有时见｛010｝不完全至中等解理；贝壳状断口。硬度3.5~4.5。相对密度2.9~3.3，成分中含Sr、Ba者相对密度增大。

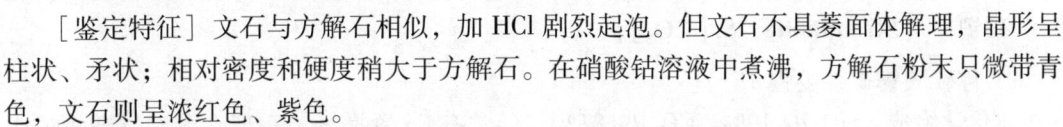

图15-69　文石的集合体

［成因及产状］文石通常在低温热液和外生作用条件下形成，它是低温矿物之一。在热液矿床、现代温泉、间歇喷泉里晶出。当溶液中存在Sr和Mg盐类杂质，有利于文石的形成。文石不稳定，常转变为方解石（呈文石副象）。根据合成矿物资料，文石的形成压力高于方解石。

［鉴定特征］文石与方解石相似，加HCl剧烈起泡。但文石不具菱面体解理，晶形呈柱状、矛状；相对密度和硬度稍大于方解石。在硝酸钴溶液中煮沸，方解石粉末只微带青色，文石则呈浓红色、紫色。

［主要用途］分布少，几乎无工业价值。珍珠的主要成分为文石。

白铅矿（Cerussite，Pb[CO₃]）

［化学组成］PbO 83.58%，CO_2 16.42%。天然白铅矿的组成往往与理论值有较大的差异。常存在PbS和Ag_2S机械混入物及Sr、Zn、Ca等。

［结晶形态］斜方晶系，斜方双锥晶类（图15-70），晶体常依｛010｝发育成板状、片状。依（110）形成假六方对称的三连晶，有时双晶接合面平行｛130｝。集合体呈致密块状、粒状、钟乳状或土状。

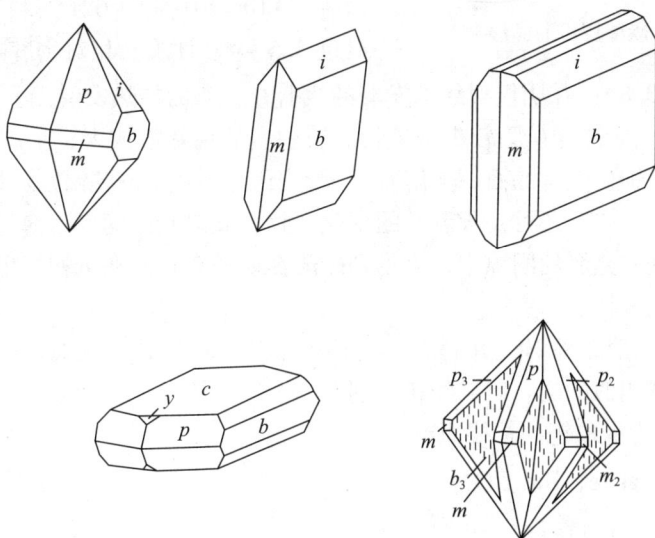

图15-70　白铅矿的晶形

［物理性质］白色或灰色，含PbS、Ag_2S微粒混入物者为黑色，含Fe者呈褐色。玻璃—金刚光泽，断口呈油脂光泽。解理｛110｝和｛021｝中等—不完全；不平坦状或贝壳状断口。硬度3~3.5。性脆。相对密度6.4~6.6。在阴极射线下发浅蓝绿色光。

[成因及产状] 白铅矿产于铅锌矿床氧化带，分布较广，是方铅矿风化后第二阶段的产物，即原生方铅矿氧化成铅矾（$PbSO_4$），再由铅矾受含碳酸水溶液作用而生成白铅矿，反应如下：

$$PbS + 2O_2 \rightarrow PbSO_4$$
$$PbSO_4 + H_2O + CO_2 \rightarrow PbCO_3 + H_2SO_4$$

由于白铅矿具有极低的溶解度，所以在白铅矿形成之后，有阻止方铅矿进一步受分解的作用。白铅矿常与角铅矿、水白铅矿、硫碳铅矿、水碳铝铅矿，尤其是磷氯铅矿、铅的氯化物等共生，与方铅矿、闪锌矿、铅矾等伴生。

[鉴定特征] 与其他碳酸盐矿物比较，白铅矿具有较强的光泽及很大的相对密度，常与铅矾、方铅矿伴生。加 HCl 起泡，可与铅矾区别。

[主要用途] 量多时可作铅矿石，也可作为铅的找矿标志。

碳锶矿（Strontianite，$Sr[CO_3]$）

又称碳酸锶矿、菱锶矿。

[化学组成] SrO 70.19%，CO_2 29.81%。经常有 Ca 置换 Sr，一般在天然碳酸锶矿中的 Ca:Sr < 1:4.5，有时 Ca 的含量可达 10.6%。

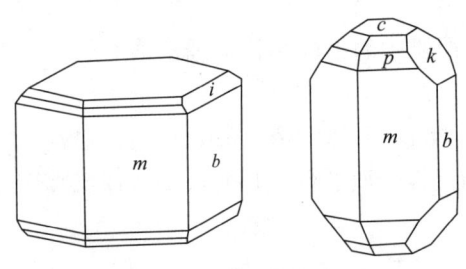

图 15 - 71　碳酸锶矿的晶形

[结晶形态] 斜方晶系，斜方双锥晶类，依（110）成双晶，使晶体具假六方对称的外形（图 15 - 71）。一般为致密粒状、柱状或针状集合体，有时呈放射状。

[物理性质] 白色，被杂质染成灰色、黄白色、绿色或褐色。玻璃光泽，断口油脂光泽。解理 ｛110｝ 中等，｛021｝ 和 ｛010｝ 不完全。硬度 3.5 ~ 4。性脆。相对密度随 Ca 置换量的增加而降低（3.6 ~ 3.8）。在阴极射线下发弱的浅蓝光，有的加热发磷光。

[成因及产状] 碳酸锶矿为较少见矿物。属中、低温热液成因，呈脉状产于石灰岩或泥灰岩中，与碳酸钡矿、重晶石、方解石、天青石、萤石及一些硫化物共生。

有时产于岩浆岩中，还可是天青石的变化产物，此时碳酸锶矿呈薄壳状见于天青石晶体的表面。在菱镁矿晶簇的间隙中，可见到碳酸锶矿的存在。在沉积岩里，与石膏、天青石夹磷灰石形成结核体。

[鉴定特征] 易溶于稀 HCl 并起泡。经 HCl 浸湿后的样品，在吹管焰烧时，火焰呈鲜红色，以此可与其相似的文石等矿物相区别。

[主要用途] 为提取锶的重要原料。

碳钡矿（Witherite，$Ba[CO_3]$）

又称碳酸钡矿、毒重石。

[化学组成] BaO 77.70%，CO_2 22.30%。有少数 Ba 被 Sr、Ca、Mg 所代替。

[结晶形态] 斜方晶系，斜方双锥晶类（图 15 - 72）。晶体少见，常依（110）形成假六方双锥状的三连晶，晶面上常有水平花纹。集合体呈致密粒状、柱状、纤维状或葡萄状。

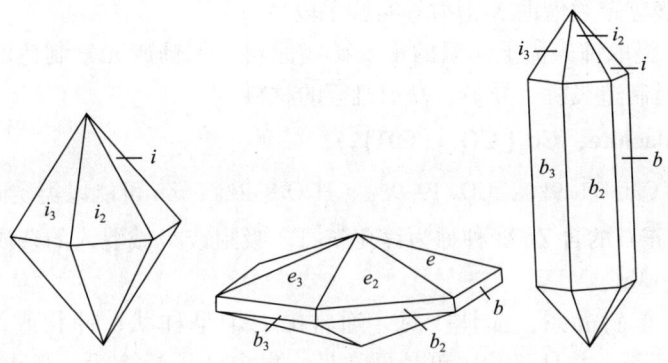

图 15－72　碳酸钡矿的晶形

[物理性质] 白色或被染成灰色、浅黄褐色。玻璃光泽，断口油脂光泽。解理 {010} 中等，{010} 和 {012} 不完全。硬度 3 ~ 3.5。性脆。相对密度 4.2 ~ 4.3。发光性比碳酸锶矿弱。

[成因及产状] 除重晶石外，碳酸钡矿是分布最广的含钡矿物，有时形成有工业价值的矿床。碳酸钡矿通常见于低温热液脉中，与重晶石、方解石、白云石、方铅矿及其他含铅矿物共生。

外生成因的碳酸钡矿为重晶石假象，系碳酸水溶解作用于重晶石的产物。

[鉴定特征] 与重晶石相似，但碳酸钡矿加 HCl 起泡，易溶于 HCl，加入 H_2SO_4 后产生 $BaSO_4$ 沉淀，以此区别于重晶石。碳酸钡矿以相对密度大区别于文石和碳酸锶矿。用吹管焰烧之，火焰呈黄绿色（钡的反应），以此与其他不含钡的碳酸盐矿物相区别。

[主要用途] 为提取钡的重要原料，用于化工、玻璃、陶瓷、搪瓷、焰火等工业。用以制锌钡白（颜料）及各种钡的化合物（化工原料、无机农药等）。

氟碳铈矿（Bastnaesite，$(Ce, La, \cdots)[CO_3]F$）

[化学组成] TR_2O_3 74.77%，CO_2 20.17%，F 8.73%；Ce 可被 La、Nd、Sm、Pr、Th、Y 等代替，其中以铈族稀土为主。产于碱性正长岩风化壳中的氟碳铈矿，含 ThO 可达 2.8%。机械混入物有 SiO_2、Al_2O_3、Fe_2O_3、P_2O_5，在表生成因氟碳铈矿中，这些杂质含量尤其高。

[结晶形态] 六方晶系，复三方双锥类，晶体呈六方柱状或 {0001} 发育的板状。集合体呈细粒状致密块状。

[物理性质] 黄褐色、浅绿色或褐色；黄白色条痕。玻璃光泽或油脂光泽。透明—半透明。解理 {10$\bar1$0} 不完全；{0001} 裂开发育；不平坦状断口。硬度 5 ~ 6。性脆。相对密度 4.72 ~ 5.12。有时有放射性。弱磁性。在阴极射线下发光。

[成因及产状] 氟碳铈矿是稀土碳酸盐矿物中分布最广的矿物之一，在内生、变质、外生作用中均可见到。在碳酸岩、花岗岩和碱性花岗伟晶岩及一些热液矿床中可产出。在如花岗岩或正长岩的接触交代矽卡岩中可产出。表生成因的氟碳铈矿，见于碱性岩的风化壳和黏土岩中，呈隐晶质，含相当多的 H_2O、SiO_2、Al_2O_3、Fe_2O_3 等杂质。

[鉴定特征] 以平行 {10$\bar1$0} 的不完全解理，发育 {0001} 的裂开，黄褐色，油脂（或玻璃）光泽，较大的硬度（5~6）和相对密度（4.72 ~ 5.12），与相似的稀土碳酸盐

矿物区别。但准确鉴定须借助 X 衍射等实验手段。

[主要用途] 提取铈族稀土元素的重要矿物原料。用铈族元素制造的合金，其弹性、韧性和强度高，是制造飞机、导弹、发动机等的材料。

孔雀石 （Malachite，$Cu_2[CO_3](OH)_2$）

[化学组成] CuO 71.9%，CO_2 19.9%，H_2O 8.2%；Zn 可能以类质同象形式代替 Cu（可达12%），孔雀石的含 Zn 变种称为锌孔雀石。吸附或机械混入的杂质有 Ca、Fe、Si、Ti、Na、Pb、Ba、Mn、V 等。

[结晶形态] 单斜晶系，晶体少见，通常沿 c 轴呈柱状、针状或纤维状。容易依（100）形成燕尾双晶，并且双晶比单晶更常见。集合体呈晶簇状、肾状、葡萄状、皮壳状、充填脉状、粉末状、土状等（图 15 – 73）。在肾状集合体内部具有同心层状或放射纤维状的特征，由深浅不同的绿色至白色组成环带。

图 15 – 73　孔雀石集合体

土状孔雀石称为铜绿（或石绿）。

[物理性质] 一般为绿色，但色调变化较大，从暗绿、鲜绿到白色；条痕浅绿色。玻璃—金刚光泽，纤维状者呈丝绢光泽。解理 {201}、{010} 完全。硬度 3.5～4。相对密度 4.0～4.5。

[成因及产状] 孔雀石产于铜矿床氧化带，其反应式为：

$$CuFeS_2 + 4O_2 = CuSO_4 + FeSO_4$$
$$2CuSO_4 + 2CaCO_3 + H_2O = 2Cu_2(CO_3)(OH)_2 + 2CaSO_4 + CO_2$$

孔雀石常依蓝铜矿、赤铜矿、自然铜、方解石、黄铜矿等成假象。我国广东阳春石绿铜矿是一大型的孔雀石、蓝铜矿铜矿床。

[鉴定特征] 特征的孔雀绿色，常呈肾状、葡萄状，其内部具放射纤维状及同心层状。

[主要用途] 大量产出时可炼铜。质纯、形美的孔雀石可作装饰品及艺术品。粉末可作绿色颜料。孔雀石可作为铜矿的找矿标志。

蓝铜矿 （Azruite，$Cu_3[CO_3]_2(OH)_2$）

又称石青。

[化学组成] CuO 69.24%，CO_2 25.53%，H_2O 5.23%，成分相当稳定。

［结晶形态］ 单斜晶系，晶体常呈短柱状、柱状或厚板状；集合体为致密块状、晶簇状、放射状、土状或皮壳状、薄膜状等（图15－74）。

图15－74　蓝铜矿集合体

［物理性质］ 深蓝色，土状块体呈浅蓝色；条痕浅蓝色。晶体呈玻璃光泽，土状块体呈土状光泽。透明—半透明。解理 {011}、{100} 完全或中等；贝壳状断口。硬度3.5～4。相对密度3.7～3.9。性脆。

［成因及产状］ 产于铜矿床氧化带、铁帽及近矿围岩的裂隙中，是一种次生矿物，常与孔雀石共生或伴生，其形成一般稍晚于孔雀石，但有时也被孔雀石所交代。蓝铜矿因风化作用，使 CO_2 减少，含水量增加易转变为孔雀石，以至孔雀石依蓝铜矿呈假象，故蓝铜矿的分布没有孔雀石广泛。

［鉴定特征］ 蓝色。常与孔雀石等铜的氧化物共生。遇 HCl 起泡。有 Cu 的焰色反应。

［主要用途］ 同孔雀石。

学习指导

🔽 **要点**　①方解石族矿物极为重要，它们是沉积岩中最重要的造岩矿物之一。因此，学习碳酸盐矿物时，应十分注意该族矿物的成分特点、晶系、晶形、解理、硬度、与 HCl 的反应以及成因特点。其中尤以 Ca、Mg、Fe 的碳酸盐最为重要。②热分解是碳酸盐矿物的重要特征，它是热分析法的根据，还能说明成因。应从道理上弄懂影响热分解温度高低的因素。③染色法是碳酸盐矿物的鉴定法之一。

🔽 **重点**　各矿物的结晶形态、物理性质和用途。

🔽 **难点**　各矿物的成因、产状，与相似矿物的区别。

📖 **思考题与作业**

（1）文石和方解石有何不同？

（2）菱镁矿、菱铁矿等的"菱"字是什么意思？

（3）菱镁矿与重晶石都有三组完全解理，它们有何不同（解理及其他特征)？

（4）在金属硫化物矿床氧化带常见的碳酸盐矿物有哪些？在盐湖沉积中常见的碳酸盐矿物又有哪些？

（5）方解石与文石为同质二象，石膏与硬石膏也是同质二象，对吗？

（6）方解石、白云石、菱镁矿都为白色、细粒状，如何区分它们？

（7）菱铁矿、黑钨矿、闪锌矿都为褐色，条痕均为浅褐黄色，如何区分它们？

（8）颜色相近的白钨矿、方解石、长石、明矾石，如何区分它们？

第八节　硝酸盐矿物类

硝酸盐矿物是金属元素阳离子和硝酸根离子（$[NO_3]^-$）结合而成的盐类矿物。硝酸盐矿物由于其在水中的溶解度很高，因而在大陆地区，除少数气候干旱炎热的沙漠地方外，就难以形成和保存。所以在自然界中硝酸盐矿物的数量很少，且种类也不多。就目前资料，大约只有几十种矿物。

一、化学组成

在硝酸盐矿物中，与 $[NO_3]^-$ 组成硝酸盐的阳离子，主要是 Na^+、K^+；其次有 Mg^{2+}、Ca^{2+} 和 Ba^{2+}。当二价阳离子 Mg^{2+} 和 Ca^{2+} 与 $[NO_3]^-$ 组成化合物时，经常含有 H_2O 分子。如钙硝石（$Ca[NO_3]_2 \cdot 4H_2O$）。至于与 Cu^{2+} 所组成的硝酸盐，其成分则更为复杂，经常含有附加阴离子 $(OH)^-$ 或 Cl^-，有时还有 H_2O 分子参加。如毛青铜矿（$Cu_{19}[NO_3]_2(OH)_{32}Cl_4 \cdot 3H_2O$）。此外，偶有 $[SO_4]^{2-}$ 或 $[PO_4]^{3-}$ 存在。

二、晶体化学特征

硝酸盐矿物的晶体结构，和以前几类矿物的晶体结构相比，其中的阴离子已不是单独的一种元素形成的阴离子，而是一种配阴离子 $[NO_3]^{3-}$，即化学上所称的硝酸根。这种配阴离子是由三个 O^{2-} 围绕 N^{5+} 而组成的三角形的阴离子团。这个阴离子团的有效半径为 2.57 Å，以此作为晶体结构的基本单元与阳离子结合成为硝酸盐矿物。所以，在硝酸盐矿物的晶体结构中，阳离子与配阴离子之间的键型属离子键，而配阴离子本身 O^{2-} 和 N^{5+} 之间的键型则属于共价键。因此，硝酸盐矿物的晶体结构属多键型。

三、物理性质

硝酸盐矿物中的阳离子大多属于惰性气体型离子，所以硝酸盐矿物一般呈无色透明或白色。只有当其阳离子为铜时，才表现为绿色。此外，硝酸盐矿物相对密度一般偏低，在 1.5~3.5 之间。硬度一般也较低，在 1.5~3.0 之间。溶解度大。

四、成因及产状

硝酸盐矿物的形成是在没有植物的干旱地区，通过含氮有机物质的氧化作用与土壤中的碱质（钠和钾）化合而成。少量的可能是在高原地区由大气中的氮通过放电作用而形成。此外还可由火山喷气而形成。

五、本类常见矿物

钠硝石族（钠硝石）。

钠硝石（Soda – niter，Na[NO₃]）

钠硝石在世界上最大的产地为智利，故又称智利硝石。

［化学组成］Na_2O 36.5%，N_2O_5 63.5%。常含有 NaCl 及 Na_2［SO_4］及 Ca［IO_3］$_2$ 等混入物。

［结晶形态］三方晶系，复三方偏三角面体晶类，晶体呈菱面体，与方解石相似。集合体常呈粒状、块状、皮壳状、盐华状等。

［物理性质］白色、无色，因含杂质而染成淡灰色、淡黄色、淡褐色或红褐色；条痕白色。玻璃光泽。透明。解理｛10$\bar{1}$1｝完全，｛10$\bar{1}$2｝和｛0001｝不完全；贝壳状断口。性脆。硬度 1.5～2.0。相对密度 2.24～2.29。具涩味凉感。能吸收空气中水分，具有强的潮解性。极易溶于水。

［成因及产状］钠硝石最容易被水溶解而流失，故炎热干燥的沙漠地带是钠硝石富集的良好条件。主要系由腐烂有机物受硝化细菌分解作用而产生的硝酸根与土壤中钠质化合而成，共生矿物有石膏、芒硝、石盐等。我国青海西宁某地红土层中有巨厚的钠硝石层。

［鉴定特征］根据晶形、解理、低硬度、涩味、强潮解性鉴定。在闭管内加重硫酸钾，加热生成氧化亚氮的红色气泡。用吹管烧之易熔，火焰呈浓黄色。

［主要用途］为提取氮的重要原料，制造氮肥、硝酸、炸药和其他氮素化合物。

学 习 指 导

◎ **要点** 硝酸盐矿物由于极易溶于水，在自然界中很少发现它们，矿物种类很少。钠硝石具有重要的工业价值，可形成大型的矿床，其特征独特，易于辨认和掌握。

◎ **重点** 钠硝石的结晶形态、物理性质和用途。

◎ **难点** 钠硝石的成因、产状，与相似矿物的区别。

思考题与作业

（1）为什么在自然界中很少发现硝酸盐矿物？

（2）钠硝石是如何形成的，它有何用途？

（3）钠硝石与光卤石、芒硝都为白色粉末状时，如何区分它们？

（4）钠硝石属于哪个大类、类、族的矿物？

第十六章　矿物的鉴定与测试方法简介

内容介绍　鉴定和研究矿物的一般步骤和常用方法。

知识目标　了解鉴定和研究矿物的一般步骤，熟悉鉴定和研究矿物的常用方法；明确鉴定和研究矿物的目的，为今后鉴定和研究矿物打下一定基础。

能力目标　学会矿物样品采集、肉眼鉴定、简易化学分析鉴定矿物的方法。

自然界的矿物有 4000 多种，仅用肉眼识别是不可能的，必须借助一些方法和手段。矿物的鉴定和研究方法有多种多样。不同的方法常常从不同的角度直接或间接地揭示矿物的特征。为了比较全面准确地进行矿物的鉴定和研究，常常需要采用多种方法综合研究，才能获得对矿物的全面认识，得出准确的结论。

对矿物进行鉴定和研究有以下三方面的作用：第一，是为了正确地鉴定矿物的种属，查明岩石和矿石中各种矿物的数量、分布及共生变化情况。这不仅是国土资源调查的一项基础工作，而且也是探讨矿物资源之经济价值的一个重要环节。第二，即使是同一种矿物，由于其形成的地质条件、物理化学条件不同，也存在着细微的差异。如含有不同的微量元素，具有不同的包裹体，产生不同的瑕疵、错位或出现一定程度上的晶体结构无序性，以及反映在矿物形态特征和某些物理性质上的差异等。因此，详细地研究它们，会有助于了解矿物的成因规律，采用合理的选冶方法最充分地利用资源。第三，随着生产实践和科学理论及技术的发展以及研究方法的不断改进和创新，人们对于矿物的认识总是在不断深化的，如已经鉴定、命名了的矿物仍需要进一步研究，而一些新的矿物种属也不断会被发现。把这三方面的研究结合起来，才能揭示矿物各方面的特性以及它们的内在联系，从而深化和发展矿物学理论和扩大矿物原料的应用范围。

第一节　矿物鉴定和研究的一般步骤

一、样品采集

矿物样品的采集应注意其代表性、典型性及目的性。样品的采集要根据其分布情况及均匀程度选取适当的大小规格，以便研究矿物的宏观及微观特征、结构和构造特点以及共生、变化关系，并注意颗粒大小及嵌布关系等特征。此外，还需要采取用于测定化学成分、内部结构、形态及物理性质等方面的样品。根据对矿物研究的目的性及矿物在岩石或矿石中分布状况决定采集样品的数量。对于晶形完善或晶面复杂的矿物晶体，在采集时必须小心谨慎保护，切勿随意损坏。

二、矿物的分选

在对某种矿物进行成分、结构或物性研究时，常常需要把这种单矿物从集合体中挑选出来。试样的纯净与否，是决定研究结果正确性的关键，而从矿物集合体中选取极为纯净的单一矿物是非常复杂的工作，往往因为分选对象的不同而采用不同的方法。

在分选之前，常常必须进行"碎样"，也就是将矿物集合体进行破碎，以便使所需的矿物与其他矿物分开。数量多时可采用破碎机破碎，数量不多也可用铁钵人工破碎。破碎粒度主要视矿物单体的粒度而定，一般情况下需要粉碎至 0.2～0.4 mm。在粉碎的同时，必须用适当的筛网过筛，以便进行粒度分级并防止"过粉碎"。在通常情况下，过筛后 0.2 mm 以上的样品需达 1 kg 左右或更多些，以便保证从中提取足够数量的单矿物。

样品破碎后，接着就是把所需矿物从碎样中分选出来。如需要的试样数量不多，则可在双目镜下用针逐粒挑选．如需要的试样数量比较多，并且手选困难又费时，则可用一些仪器进行分选。主要方法有下列几种：

（1）重力分选：根据矿物相对密度的不同，可以采用淘洗和重液分离（有时需用离心机分离）；

（2）磁力分选：根据矿物的磁性强弱不同，利用磁铁、电磁铁进行分选；

（3）浮游分选：根据矿物对浮油剂的不同吸附性进行分选；

（4）介电分选：根据矿物的介电常数不同来分离矿物，例如黑钨矿（$\varepsilon=15$）、铌铁矿及钽铁矿（$\varepsilon=20$）、方解石（$\varepsilon=6.3$）、无色透明石英（$\varepsilon=4.5$）等分选效果良好；

（5）形态分选：根据矿物的形态不同（如呈片状、柱状或粒状）来分离矿物。

矿物分选工作，尽管目前已经有许多方法，但仍不能解决矿物分选的全部问题。特别对细小矿物及相对密度相近矿物的分选尚感困难。

近来，电磁重液分选、高频介电分选、超声波浮选、重力分选（矿泥摇床）和重液变温分选等方法得到推广使用。其中电磁重液分选法可将非磁性矿物按相对密度进行分离，它甚至可使相对密度大的金和铂分开；高频介电分选目前只限于对数十种矿物的分离，最小粒度大于 15～20 μm；重力分选仪所分离的矿物最细可达 10 μm；超声波浮选主要是利用超声波产生空蚀现象使细小矿物崩解，同时利用适当捕集剂，以产生浮游分选矿物的目的；重液变温分选主要用于分离某些物理性质较相近或同一种矿物之不同世代个体的分选上。

经上述种种方法分选出的单矿物样品，为了保证纯净度，最后必须经过双目镜下的检查和挑纯。

三、肉眼鉴定

借助肉眼和放大镜、体视显微镜以及一些简单的工具（如小刀、磁铁、条痕板等）对矿物的外表特征（如晶形、颜色、光泽、条痕、透明度、解理、硬度、相对密度等）进行观察，从而鉴定矿物的简便方法。一个具有鉴定经验的人，利用肉眼鉴定方法，就能正确地把上百种常见矿物初步鉴定出来。肉眼鉴定法对于结晶粗大，并具显著特征的矿物，效果较好。

肉眼鉴定看来简单，但要达到快速准确，需要经过一定的训练。特别是对细粒矿物的晶形、解理的观察，需要反复实践和对比，积累经验，才能熟练掌握。肉眼鉴定矿物有一定局限性，某些特征相似的矿物，或者是颗粒很细小的矿物和胶态矿物，往往难以鉴别，必须采用其他方法。但是肉眼鉴定仍然是进一步鉴定和研究的基础。因为通过肉眼鉴定，可以初步估计出矿物的种或族，由此决定选用什么方法进行精确的鉴定和研究。因此，肉眼鉴定矿物是一个地质工作者必须熟练掌握的基本技能。

四、矿物鉴定和研究的专门方法

用肉眼鉴定仍然确定不了的矿物，就需要借助其他专门方法。矿物的鉴定和研究方法很多，应根据研究目的，按照有效、准确和快速的原则进行选择。

鉴定和研究矿物的专门方法包括：

（1）检测矿物化学成分的方法：简易化学试验、光谱分析、原子吸收光谱分析、激光光谱分析，X射线荧光光谱分析、极谱分析、化学分析和电子探针分析。

（2）通过测定矿物某种物性或晶体结构数据，从而可确定矿物种属的方法：相对密度测定、热分析、显微镜观察、电子显微镜观察、X射线分析、红外光谱分析、穆斯堡尔效应。

（3）研究矿物形貌的方法：测角法、电子显微镜观察。

（4）其他专门方法：包裹体研究、稳定同位素研究等。

第二节　常用的鉴定法和研究法

一、矿物鉴定和研究的化学方法

矿物鉴定和研究的化学方法包括简易化学分析和化学全分析。

1. 简易化学分析法

简易化学分析法，就是以少数几种药品，通过简便的试验操作，能迅速定性地检验出样品（待定矿物）所含的主要化学成分，达到鉴定矿物的目的。常用的有斑点法、显微化学分析法及珠球反应等。

（1）斑点法：这一方法是将少量待定矿物的粉末溶于溶剂（水或酸）中，使矿物中的元素呈离子状态，然后加微量试剂于溶液中，根据反应的颜色来确定元素的种类。这一试验可在白瓷板、玻璃板或滤纸上进行。此法对金属硫化物及氧化物的效果较好。现以测试黄铁矿中是否含 Ni 为例，说明斑点法的具体做法：将少许矿粉置于玻璃板上，加一滴 HNO_3 并加热蒸干，如此反复几次，以便溶解进行完全，稍冷后加一滴氨水使溶液呈碱性，并用滤纸吸取，再在滤纸上加一滴 2% 的二甲基乙二醛肟酒精溶液（镍试剂），若出现粉红色斑点（二甲基乙二醛镍），表明矿物中确有 Ni 的存在。因此该矿物应为含镍黄铁矿。

（2）显微化学分析法：该法也是先将矿物制成溶液，从中吸取一滴置于载玻片上，然后加适当的试剂，在显微镜下观察反应沉淀物的晶形和颜色等特征，即可鉴定出矿物所含的元素。这种方法用来区别相似矿物时很有效，例如呈致密块状的白钨矿（$Ca[WO_4]$）与重晶石（$Ba[SO_4]$）相似，此时只要在前者的溶液中滴一滴 1:3 H_2SO_4，如果出现石膏结晶（无色透明，常有燕尾双晶），表明要鉴定的矿物为白钨矿而不是重晶石。

（3）珠球反应：这是测定变价金属元素的一种灵敏而简易的方法。测定时将固定在玻璃棒上的铂丝之前端弯成一直径约为 1 mm 的小圆圈，然后放入氧化焰中加热。清污后趁热粘上硼砂（或磷盐），再放入氧化焰中煅烧，如此反复几次，直到硼砂熔成无色透明的小球为止。此时即可将灼热的珠球粘上疑为含某种变价元素的矿物粉末（注意！一定要少），然后将珠球先后分别送入氧化焰及还原焰中煅烧，使所含元素发生氧化、还原反应，借反应后得到的高价态和低价态离子的颜色来判定为何种元素。例如在氧化焰中珠球为红紫色，放入还原焰中煅烧一段时间后变为无色时，表明所试样品应为含锰矿物，具体矿物的名称可根据其他特征确定。

（4）磷酸溶矿法：这是用磷酸作为溶剂的一种定性分析法。它是用磷酸把矿物溶解，根据溶液的颜色或者是加入一定试剂后所产生的颜色，来判断矿物中是否有某些元素存在以及这些元素的存在价态。由于磷酸是一种很强的溶剂，几乎能溶解所有的矿物，所以很多矿物都可用此法鉴定。其步骤是：先将矿物用乳钵研成细粉，装入试管，然后加磷酸，缓缓加热，直至矿粉全部溶解为止。有的元素可直接观察溶液的颜色（如 Cr 呈绿色），有的元素还需加蒸馏水稀释后再加试剂使溶液呈色（如 Ti，加蒸馏水稀释后，再加 1~2滴 H_2O_2 或 Na_2O_2 后溶液才呈黄色）。举例如下：

试铀（U^{4+}）

将沥青铀矿粉在试管中用少量磷酸溶解，溶液呈鲜绿色为 U^{4+}，加入高锰酸钾氧化后溶液呈黄色为 U^{6+}。

试锰（Mn^{2+}）、钨（W^{6+}）、铁（Fe^{2+}）

将钨锰铁矿粉与磷酸及固体硝酸铵一同加热溶解，当沸腾时，由于 Mn^{2+} 被氧化成高锰酸钾而使溶液呈紫色（示有 Mn^{7+}），于溶液中加入几粒金属锡继续加热，Mn^{7+} 被还原，溶液变成无色，而后出现蓝色，则说明有钨（这是因为 Sn 在还原 Mn^{7+} 的同时，部分 W^{6+} 被还原成 W^{4+}，后者与未还原的 W^{6+} 化合成一种蓝色产物——钨蓝），冷却后颜色加深，然后用水稀释，再加入几粒过氧化钠使蓝色消失，煮沸以驱除所产生的过氧化氢，冷却至室温，加赤血盐，出现蓝色则示有 Fe^{2+} 存在。

（5）薄膜反应：这是根据某些矿物与一定试剂作用后，表面产生一层带色的薄膜，借此鉴定矿物或确定矿物中所含的元素。这种方法在重砂矿物鉴定中比较常用。例如将锡石（SnO_2）放在锌板或铝板上加一滴 HCl，数分钟后，矿物表面呈现一层锡白色的薄膜（即金属锡），证明有锡存在。

（6）染色法：是鉴定矿物的一种简单而迅速的化学方法。常用于薄片或磨光面，也可用于重砂。当试剂与矿物作用时，即试剂中的离子与矿物中的某种离子交换，或者有色试剂离子被矿物所吸收，使矿物染成各种特征的颜色，从而达到鉴定的目的。此法对于外表特征相似，容易混淆的矿物，如碳酸盐矿物、黏土矿物、长石等特别有效。有些碳酸盐矿物，由于它们的形态特征及物理性质非常相似，肉眼很难区别，就是在显微镜下也难以区别，如用染色法就可以使这些矿物染成不同的颜色，以此把它们区分开。图 16-1为各种碳酸盐矿物染色鉴定的过程。由于染色法所需矿物量少、试剂普通、操作简便、反应迅速易见。因此越来越被广泛应用，现在已能鉴别100多种矿物，包括某些硅酸盐、铌钽酸盐、钨酸盐、氧化物和硫化物。

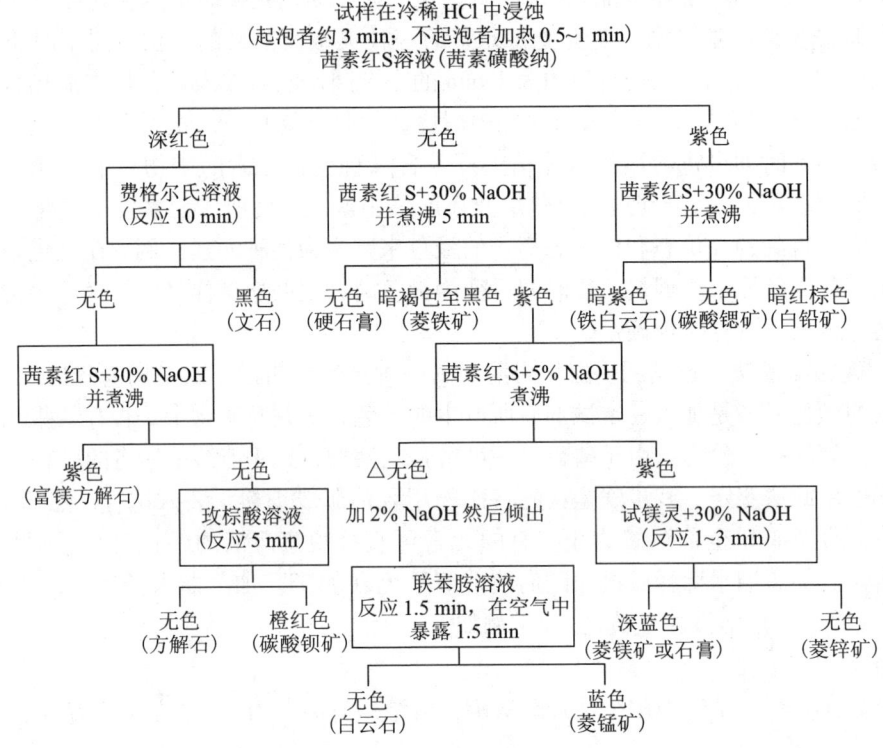

图16-1　碳酸盐矿物的染色鉴定示意图

2. 化学全分析

化学全分析包括定性和定量的系统化学分析。进行这一分析时需要较为繁多的设备和标准试剂，需要较纯（98%以上）和较多的样品，需要较高的技术和较长的时间。因此，这一方法很不经济，除非在研究矿物新种和亚种的详细成分、组成可变矿物的成分变化规律以及矿床的工业评价时才采用。通常在使用这一方法之前，必须进行光谱分析，得出分析结果以备参考。

二、矿物鉴定和研究的物理方法

矿物鉴定和研究的物理方法是以物理学原理为基础，借助各种仪器，以鉴定和研究矿物的各种物理性质。

1. 偏光显微镜和反光显微镜鉴定法

偏光显微镜和反光显微镜鉴定法是根据晶体的均一性和异向性，并利用晶体的光学性质而鉴定、研究矿物的方法，也是岩石学、矿床学经常使用的一种晶体光学鉴定方法。应用这种方法时，须将矿物、岩石或矿石磨制成薄片或光片，在透射光或反射光作用下，借助显微镜以观察和测定矿物的晶形、解理和各项光学性质（颜色、多色性、反射率、折射率、双折射、轴性、消光角以及光性符号等）。

透射偏光显微镜用以观察和测定透明矿物（非金属矿物）。在装有费氏台的偏光镜下，还可用来研究类质同象系列矿物的成分变化规律以及矿物在空间的排列方位与结构变动之间的关系。借此可以绘制出岩组图，用以解决地质构造问题。

反光显微镜（也称矿相显微镜）主要用以观察和测定不透明矿物（金属矿物），并研究矿物相的相互关系以及其他特征，借以确定矿石矿物成分、矿石结构和构造及矿床成因方面的问题。

2. 电子显微镜研究法

电子显微镜研究法是一种适宜于研究 1 μm 以下的微粒矿物的方法，尤以研究粒度小于 5 μm 的具有高分散度的黏土矿物最为有效。可分为扫描电子显微镜（Scanning electron microscope，简称 SEM）和透射电子显微镜（Transmission electron microscope，简称 TEM）两种方法。

黏土类矿物由于颗粒极细（一般 2 μm 左右），常呈分散状态，研究用的样品需用悬浮法进行制备，待干燥后，置于具有超高放大倍数的电子显微镜下，在真空中使通过聚焦系统的电子光束照射样品，可在荧光屏上显出放大数十万倍甚至百万倍的矿物图像，据此以研究各种细分散矿物的晶形轮廓、晶面特征、连晶形态等，用此来区别矿物和研究它们的成因。

此外，超高压电子显微镜发出的强力电子束能透过矿物晶体，这就使得人们长期以来梦寐以求的直接观察晶体结构和晶体缺陷的愿望得到实现。

3. X 射线分析法

X 射线分析法是基于 X 射线的波长与结晶矿物内部质点间的距离相近，属于同一个数量级（Å），当 X 射线进入矿物晶体后可以产生衍射。由于每一种矿物都有自己独特的化学组成和晶体结构，其衍射图样也各有其独有的特征。对这种图样进行分析计算，就可以鉴定结晶矿物的相（每个矿物种就是一个相），并确定其内部原子（或离子）间的距离和排列方式。因此，X 射线分析已成为研究晶体结构和进行物相分析的最有效方法。

4. 光谱分析

光谱分析法的理论基础是：各种化学元素在受到高温光源（电弧或电火花）激发时，都能发射出它们各自的特征谱线，经棱镜或光栅分光测定后，既可根据样品所出现的特征谱线进行定性分析，也可按谱线的强度进行定量分析。这一方法是目前测定矿物化学成分时普遍采用的一种分析手段。其主要优点是样品用量少（数毫克），能迅速准确地测定矿物中的金属阳离子，特别是对于稀有元素也能获得良好的结果。缺点是仪器复杂昂贵，并需较好的工作条件。

5. 电子探针分析

电子探针分析是一种最适用于测定微小矿物和包裹体成分的定性、定量以及稀有元素、贵金属元素赋存状态的方法。其测定元素的范围由从原子序数为 5 的硼直到 92 的铀。仪器主要由探针、自动记录系统及真空泵等部分组成，探针部分相当于一个 X 射线管，即由阴极发出来的高达 35 ~ 50 kV 的高速电子流经电磁透镜聚焦成极细小（最小可达 0.3 μm）的电子束——探针，直接打到作为阳极的样品上，此时，由样品内所含元素发生的初级 X 射线（包括连续谱和特征谱），经衍射晶体分光后，由多道记数管同时测定若干元素的特征 X 射线的强度，并用内标法或外标法计算出元素含量。

6. 红外吸收光谱

简称红外光谱，是在红外线的照射下引起分子中振动能级（电偶极矩）的跃迁而产生的一种吸收光谱。由于被吸收的特征频率取决于组成物质的原子量、键力以及分子中原子分布的几何特点，即取决于物质的化学组成及内部结构，因此每一种矿物都有自己的特征吸收谱，包括谱带位置、谱带数目、带宽及吸收强度等。

红外吸收光谱分析样品一般需要 1.5 mg，最常使用的制样方法是压片法，即把试样与 KBr 一起研细，压成小圆片，然后放在仪器内测试。

目前红外吸收光谱分析在矿物学研究中已成为一种重要的手段。根据光谱中吸收峰的位置和形状可以推断未知矿物的结构，是 X 射线衍射分析的重要辅助方法，依照特征峰的吸收强度来测定混入物中各组分的含量。此外，红外光谱分析对考察矿物中水的存在形式、配阴离子团、类质同象混入物的细微变化和矿物相变等方面都是一种有效的手段。

三、矿物鉴定和研究的物理 - 化学方法

当前用于矿物鉴定、研究方面最主要的物理 - 化学方法有热分析、极谱分析及电渗分析等。其中，热分析是一种较为普遍的方法，几乎适用于各类矿物，特别是对黏土矿物、碳酸盐矿物、硫酸盐矿物及氢氧化物矿物的鉴定最为有效。

热分析法是根据矿物在不同温度下所发生的脱水、分解、氧化、同质多象转变等热效应特征，来鉴定和研究矿物的一种方法，包括热重分析和差热分析。

1. 热重分析

热重分析是测定矿物在加热过程中的质量变化来研究矿物的一种方法。由于大多数矿物在加热时因脱水而失去一部分质量，故又称为失重分析或脱水试验。用热天平来测定矿物在不同温度下所失去的质量而获得热重曲线。曲线的形式决定于水在矿物中的赋存形式和在晶体结构中的存在位置。不同的含水矿物具有不同的脱水曲线。

这一方法只限于鉴定、研究含水矿物。

2. 差热分析

矿物在连续地加热过程中，伴随物理 - 化学变化而产生吸热或放热效应。不同的矿物出现热效应时的温度和热效应的强度是互不相同的，而对同种矿物来说，只要实验条件相同，则总是基本固定的。因此，只要准确地测定了热效应出现时的温度和热效应的强度，并和已知资料进行对比，就能对矿物做出定性和定量的分析。

差热分析法的具体工作过程是，将试样粉末与中性体（在加热过程中不产生热效应的物质，通常用煅烧过的 Al_2O_3）粉末分别装入样品容器，然后同时送入一高温炉中加热。

由于中性体是不发生任何热效应的物质，所以在加热过程中，当试样发生吸热或放热效应时，其温度将低于或高于中性体。此时，插在它们中间的一对反接的热电偶（铂 - 铑 - 铂热电偶）将把两者之间的温度差转换成温差电动势，并借光电反射检流计或电子电位差计记录成差热曲线。

图 16 - 2 中的实线曲线为高岭石的差热曲线，其横坐标表示加热温度（℃），纵坐标表示发生热效应时样品与中性体的温度差（ΔT）。高岭石的差热曲线特点是：在 580 ℃

时，由于结构水（OH）⁻的失去和晶格的破坏而出现一个大的吸热谷；980 ℃时，因新结晶成 γ – Al₂O₃，出现一个尖锐的放热峰。

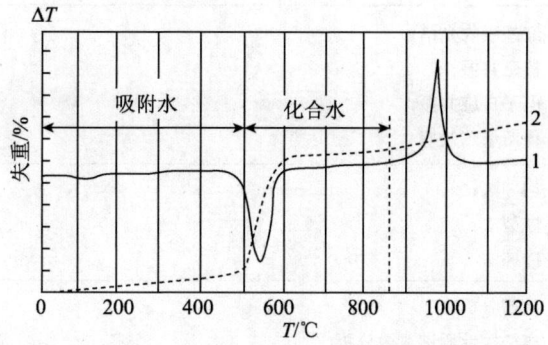

图 16 – 2　高岭石的差热曲线（1）和脱水曲线（2）

　　差热分析的优点是样品用量少（100～200 mg），分析时间短（90 min 以下），而且设备简单，可以自行装置。缺点是许多矿物的热效应数据近似，尤其当混合样品不能分离时，就会互相干扰，从而使鉴定工作复杂化。为了排除这种干扰，应与其他方法（特别是 X 射线分析）配合使用。

　　一般对非专业鉴定人员而言，主要是根据工作的目的、要求和具体条件，正确地选择适当而有效的测试方法，按送样要求进行加工，并正确地使用测试结果。

　　以上介绍的是目前最常使用的方法，还有很多其他方法，如中子活化分析、核磁共振、顺磁共振、穆斯堡尔效应、包裹体研究、稳定同位素研究等，需要时可查阅专门资料。现将矿物鉴定和研究方法列表（表 16 – 1），以供选择。

表 16 – 1　矿物鉴定和研究方法的选择

分析目的	采用的方法	说明
外表特征	肉眼鉴定法	分析结果较粗略
测定矿物某种物性或晶体结构数据	（1）相对密度的测定——相对密度瓶法、重液悬浮法、有机液体介质称量法、显微相对密度法、X 射线测定法等； （2）透明矿物的光性测定——偏光显微镜法； （3）不透明矿物的光性测定——反光显微镜法； （4）电子显微镜法； （5）X 射线衍射分析； （6）热分析 – 热重分析和差热分析	根据需要有选择的测定
测定化学成分	（1）简易化学分析法（粉末研磨法、斑点试验、显微化学分析法、染色法）； （2）化学全分析； （3）极谱分析； （4）光谱化学分析； （5）激光显微光谱分析； （6）原子吸收光谱分析； （7）X 射线荧光光谱分析； （8）电子探针 X 衍射显微分析； （9）中子活化分析	有定性、半定量、定量三种类型

分析目的	采用的方法	说明
成分和结构分析	(1) 红外吸收光谱； (2) 核磁共振； (3) 电子自旋共振； (4) 穆斯堡尔效应	用于化学成分及结构的测定
包裹体的测定	(1) 均一法； (2) 爆裂法； (3) 冷冻法	测定包裹体形成温度、成分、pH 等物化性质
稳定同位素的测定	(1) 质谱分析； (2) 离子探针质谱显微分析	研究 H，C，O，S，Sr 等同位素

学习指导

要点 简单介绍了矿物的鉴定和研究方法，目的是为了我们在今后的工作中知道怎样去鉴定和研究矿物，并不要求掌握所有的鉴定和研究方法；目前只需要掌握肉眼鉴定和简易化学试验方法就可以了；但要知道鉴定和研究矿物的步骤，正确选择鉴定和研究方法。

重点 矿物样品的采集、矿物肉眼鉴定、简易化学分析鉴定矿物。

难点 矿物的分选、矿物鉴定与研究的物理方法、物理－化学方法。

 **思考题与作业**

(1) 怎样去鉴定和研究矿物？

(2) 肉眼鉴定矿物如何进行？

(3) 如何用斑点法、显微化学分析法、珠球反应鉴定矿物？

(4) 对矿物进行鉴定有何作用？

(5) 简述物理方法、物理－化学方法鉴定矿物的种类及其含义。

(6) 鉴定矿物是否每种方法都要进行，为什么？

(7) 选择鉴定矿物的方法应考虑矿物的哪些方面的因素？

参 考 文 献

高福裕，刘贤儒．1985．矿物学．北京：地质出版社．

戈定夷，田慧新，曾若谷．1989．矿物学简明教程．北京：地质出版社．

卡利·霍尔．2005．宝石．猫头鹰出版社译．北京：中国友谊出版公司．

克里斯·佩兰特．2005．岩石与矿物．谷祖纲，李桂兰译．北京：中国友谊出版公司．

李娅莉，薛秦芳，李立平，等．2006．宝石学教程．北京：地质出版社．

南京大学地质系岩矿教研室．1978．结晶学与矿物学．北京：地质出版社．

南京地质学校．1979．矿物学．北京：地质出版社．

潘兆橹．1994．结晶学及矿物学．北京：地质出版社．

彭真万，陈小勇．2014．岩石鉴定．北京：地质出版社．

彭真万，刘青宪，徐明．2008．矿物学基础．北京：地质出版社．

彭真万，韩运宴．2003．综合地质．北京：中国建筑工业出版社．

秦善，王长秋．2006．矿物学基础．北京：大学出版社．

卫管一，张长俊．1995．岩石学简明教程．北京：地质出版社．

徐明，曾书明．2014．矿物鉴定．北京：地质出版社．

张蓓莉．2006．系统宝石学．北京：地质出版社．

附录　矿物学基础技能实习指导书

技能实习一　对称要素操作

一、目的与要求

通过在晶体模型上寻找对称要素，进一步加深理解晶体对称的概念；学会在晶体模型上找对称要素的方法；明确晶体的分类方法，掌握晶族和晶系的划分。

二、内容与方法

对称要素是通过晶体上面、棱、角顶的分布及其形状来体现的。因此，在找寻时应根据对称要素的定义，以及面、棱、角顶的相对关系来确定一个晶体上对称要素的种类和数目。

1. 对称轴（L^n）

对称轴为通过晶体几何中心的一根假想直线。一个晶体上可以没有对称轴，也可以有一种或多种对称轴，每种对称轴可以有一根或多根。对称轴存在的可能位置是：

（1）通过晶体中心，两对应平行晶面中心的连线；

（2）通过晶体中心，两对应角顶的连线；

（3）通过晶体中心，两对应平行晶棱中点的连线（可能是 L^2）；

（4）通过一个角顶和一个对应晶面中心的连线；

（5）晶棱中点与一个对应晶面中心的连线。

由上述可知，对称轴总是通过角顶、晶面中心或晶棱中点（附图1）。在找寻时，可使晶体模型绕上述某一种可能位置上的直线进行旋转，用两手指拿住轴的两端，晶体旋转360°，看相同的晶面、晶棱、角顶重复出现了几次即为几次轴。例如立方体两个对应角顶连线为 L^3，这样的角顶共八个，故有 $4L^3$；两个面中心的垂线为 L^4，一共有六个这样的面，故为 $3L^4$，两条棱的中心垂线为 L^2，一共有12条这样的棱，故为 $6L^2$。把所有对称

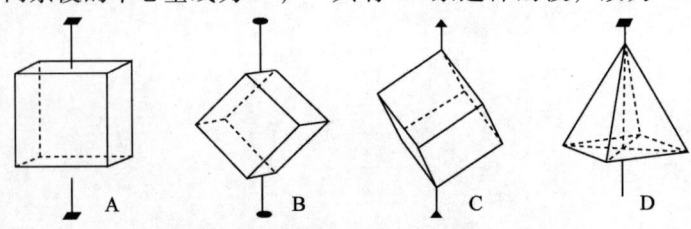

附图1　对称轴在晶体上出露的位置

轴总合起来填入表中。立方体的对称轴为 $3L^44L^36L^2$。

注意：一向延长和扁平的晶体，在其延长方向或垂直于扁平的方向，往往有单一的高次轴。垂直于延长方向或平行扁平方向，往往有几个二次轴。在各向等长的晶体上（等轴晶系），其直立方向、水平方向、倾斜方向都可能有对称轴，不要将同一轴的两端重复计算成两个。

2. 对称面（P）

一个晶体上可能没有对称面，也可能有一个或几个，但最多不超过 9 个。在晶体中对称面可能存在的位置是：

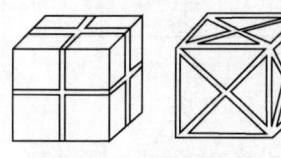

附图 2　立方体的对称面

（1）垂直并等分晶面；
（2）垂直并平分晶棱；
（3）包含晶棱并平分此棱两边晶面夹角；
（4）通过角顶。

例如立方体有 $9P$（附图 2）。

注意：模型固定在一个位置不要转动，从各个不同的方向去观察，以免重复或遗漏。找全后填入表中。

3. 对称中心（C）

晶体中可以没有 C，也可以有 C，如有对称中心，则只能有一个。将晶体模型上的每一个晶面依次贴置于桌面上，逐一检查是否各自都有另一个形状、大小相等但方向相反的平行晶面存在，有一个晶面找不到这样的对应晶面，晶体即不可能有对称中心存在。

4. 旋转反伸轴（L_i^n）

旋转反伸轴是通过晶体中心的假想直线，晶体绕此直线旋转一定角度后，再经直线上中点的反伸，使晶体相同部分与晶体未旋转之前相重合。

按上述方法对每个晶体模型依次找全对称轴、对称面和对称中心。在找全对称要素的基础上，将每个模型的全部对称要素组合写成对称型。再根据对称型的对称特点确定晶体所属的晶族和晶系（三个晶族、七个晶系），见附表 1。

附表 1　各晶族、晶系的对称要素特点

晶　族	晶　系	对称要素特点		常见的对称型	晶体外形特点
高　级	等轴	$4L^3$ （高次轴多于 1 个）		$3L^44L^36L^29PC$ $3L_i^44L^36P$ $3L^24L^33PC$	三向等长粒状
中　级	六方 四方 三方	高次轴只有一个	L^6 L^4　（高次轴为直立方向） L^3	L^6L^27PC L^4L^25PC L^33L^23PC L^33L^2、L^33P	柱状、针状 （有时为板状）
低　级	斜方 单斜 三斜	无高次轴	L^2 或 P 多于 1 个 L^2 或 P 不多于 1 个 无 L^2 和 P	$3L^23PC$ L^2PC C	晶体形状一般较复杂

三、作业

按附表 2 的格式记录。

附表 2　技能实习报告（一）

实习内容：对称要素操作

模型号	对称要素						对称型
	L^6（L_i^6）	L^4（L_i^4）	L^3	L^2	P	C	

四、思考题

（1）晶体对称的特点是什么？晶族、晶系划分的依据是什么？

（2）对称面、对称轴主要分布在哪些位置？

（3）对称中心为何最多只有一个？

技能实习二、三　晶体的理想形态——单形

一、目的与要求

了解 47 种单形在各晶族、晶系中的分布。掌握常见的 18 种单形，要求看到单形模型时能说出它的名称，当提到其名称时就能想象出形状及其各个晶面的相对位置。

二、内容与方法

（1）实习二：认识和掌握 18 种常见单形的特征。从单形的整个形态特点、晶面形状、晶面数目、晶面分布特点及其与对称要素的关系（结合单形命名的依据）来掌握。

（2）实习三：认识 47 种单形。对照 47 种单形图形，结合实际模型（看时应对照图把模型拿正）逐一观察和记忆名称，最好有次序的一个晶族、一个晶族地看，并加以归纳，以便于记忆。

（3）观察模型时，要按照教材图上的方向摆正，注意各晶面的相对空间位置，晶面数目，晶面与主要对称要素的关系，对横断面的形状等特点进行观察，并逐一记忆。对于某些相似的单形要注意找出它们各自的特点，以便区别记忆。例如斜方双锥、四方双锥、八面体，皆由八个三角形的晶面构成。四方双锥的面为等腰三角形、横切面为正方形；八面体的面为等边三角形，互相垂直的三个横切面皆为正方形；斜方双锥的面为任意三角形，横切面为菱形等。

三、作业

（1）写出下列相似单形的区别：①菱形十二面体与五角十二面体；②八面体、四方

双锥、斜方双锥；③六方双锥与复三方偏三角面体；④四方柱与斜方柱；⑤菱面体与三方双锥。

（2）按附表3的格式记录，写出18种常见单形的特征。

附表3　技能实习报告（二）

实习内容：晶体的理想形态——单形

模型号	对称型	晶系	晶面数	横切面形状	特　征	单形名称

四、思考题

（1）各晶系有哪些常见单形？

（2）你认为哪些单形相似？如何区别它们？

技能实习四　聚形分析

一、目的与要求

了解聚形的特点，学会从聚形中分析单形的方法和步骤。

二、内容与步骤

（1）找对称要素——确定晶族和晶系——确定可能出现的单形范围。

（2）确定聚形中单形的数目——根据聚形上晶面的形状和大小确定单形数。有几种形状和大小的晶面就有了几个单形。

（3）确定每个单形的晶面数。

（4）观察每个单形晶面之间的关系（柱状晶体要注意观察横切面形状）、晶面与对称要素之间的关系。

（5）确定聚形中单形名称——根据单形的晶面数及其相对位置、晶面与对称要素之间的关系，结合其所在的晶系用晶面扩展相交的方法定出单形名称。

三、需要注意的问题

（1）一般说来，只有属于同一晶系的单形才能相聚。如四方柱决不能与八面体相聚，四方双锥也不能与立方体相聚等。

（2）决不能根据聚形中单形的晶面形状来确定单形的名称。

（3）属于同一单形的晶面决不能分家，也不能把不同单形的晶面合并。

四、作业

七个晶系中每个晶系分析三个聚形模型，按附表4的格式记录。

附表4 技能实习报告（三）

实习内容：聚形分析

模型号	对称型	晶系	单形数	晶面形状	晶面数	单形名称

技能实习五 高级晶族晶体定向

一、目的与要求

学会等轴晶系晶体定向和肉眼估计晶面符号的方法，熟悉等轴晶系晶体常数的特点；掌握等轴晶系单形符号确定方法及常见的单形符号。

二、内容与方法、步骤

（一）等轴晶系晶体常数特点

$a_0 = b_0 = c_0$　　$\alpha = \beta = \gamma = 90°$　　轴率 $a:b:c = 1:1:1$

（二）晶体定向

（1）找出等轴晶系晶体的全部对称要素，确定对称型→晶系→单形名称；

（2）选 $3L^4$（$3L_i^4$）或 $3L^2$ 为 a、b、c 轴。

（三）确定晶面符号与单形符号

1. 晶面符号

当晶体定向后，根据所选定的坐标轴，可定出晶体任何晶面的符号。

（1）等轴晶系的晶面指数可以直接由截距的倒数比确定，也就是说截距相等指数也相等，截距不等指数也不等。

（2）当晶体平行某晶轴时，则此晶面对应该晶轴的指数为"0"。在等轴晶系中，若晶面与三晶轴相交且相等，则其晶面符号为（111）。

（3）用肉眼确定晶面符号，如不能确定出具体数字时，则用（hkl）表示。

（4）每个晶面符号的三个指数是比例关系，须以最简单的数字表示，如（$h00$）应写成（100），（$hh0$）应写成（110）等。同一面号中不能同时有文字与数字，如不能写成（$h02$）。

2. 单形符号

选单形中一个晶面的符号，加一大括号"{ }"表示单形符号。

晶面的选择原则是选用单形中位于前、右、上的晶面。如 {100} 代表等轴晶系中的立方体单形。

注意：同一单形符号，在不同晶系中代表不同单形。一个晶体只能用一个坐标系统。

三、作业

对等轴晶系常见的矿物晶体模型进行定向，并确定其单形符号。按附表 5 的格式记录。

附表 5　技能实习报告（四）

实习内容：高级晶族晶体定向

模型号	对称型	晶系	晶体定向		单形名称	单形符号
			选轴原则	晶体常数特点		

技能实习六　中级晶族晶体定向

一、目的与要求

（1）熟悉中级晶族晶体常数的特点，学会中级晶族晶体定向的方法；

（2）学会用肉眼估计晶面符号，掌握中级晶族单形符号确定方法及常见的单形符号。

二、内容与方法、步骤

（一）晶体定向

1. 四方晶系

选 L^4（或 L_i^4）为 c 轴；$2L^2$ 或 $2P$ 的法线为 a、b 轴，以晶棱上 L^2 为 a、b 轴时称为第一位置，以晶面上的 L^2 为 a、b 轴时称为第二位置。

2. 三方、六方晶系

（1）由于对称情况与其他晶系不同，故一般选四个晶轴 a、b、c、d；

（2）选高次轴（L^3、L^6、L_i^6）为 c 轴，$3L^2$ 或 $3P$ 的法线为 a、b、d 轴；

（3）c 轴（L^3、L^6、L_i^6）必须直立，b 轴与自己平行，右正、左负；a 轴斜向左前方，前正、后负；d 轴斜向左后方，后正、前负。

（二）晶面符号与单形符号

1. 晶面符号

（1）由于中级晶族 $a_0 = b_0 \neq c_0$，因此，不能直接确定单位长度，一般先选单位面确定单位长度，然后按米氏符号的方法确定晶面符号。

（2）单位面应选择相对比较发育，与水平轴相交相等、与 c 相交不等的晶面。

（3）三方、六方晶系中晶面符号的指数有四个，其中与三个水平轴对应的三个晶面指数代数和等于 0，即 $h+k+r=0$。

2. 单形符号

以单形中的一个代表晶面的符号加大括号"{ }"表示，如四方柱的单形符号为 {100}。

代表晶面的选择原则：上、前、右（上面有晶面时先选上面的晶面，上面没有晶面则选前面的晶面，最后选右面的晶面）。

三、作业

三个晶系中各选 4 个模型进行操作，按附表 6 的格式记录。

附表 6　技能实习报告（五）

实习内容：中级晶族晶体定向

模型号	对称型	晶系	晶体定向		单形名称	单形符号
			选轴原则	晶体常数特点		

四、思考题

（1）在四轴定向时除（0001）外能否有全部是正指数的晶面符号，如 {1010}？为什么？

（2）对于三个水平结晶轴来说，晶面是否肯定在 d 轴上的截距最短？试列举几个晶面符号说明。

技能实习七　低级晶族晶体定向

一、目的与要求

（1）了解低级晶族晶体定向和晶体常数特点；

（2）学会低级晶族定向及肉眼估计晶面符号的方法；

（3）熟悉常见单形及其符号。

二、内容与步骤

（一）晶体定向

（1）找出模型中全部对称要素，确定晶体所属晶系和单形名称。

（2）根据该晶体所属晶系的晶体常数特点，选轴的一般原则，确定结晶轴。

低级晶族各晶系的晶体常数特点和选轴的一般原则见附表7。

附表7　低级晶族各晶系的晶体常数特点

晶　系	斜　方	单　斜	三　斜
晶体常数特点	$\alpha=\beta=\gamma=90°$ $a_0\neq b_0\neq c_0$	$\alpha=\gamma=90°$，$\beta>90°$ $a_0\neq b_0\neq c_0$	$\alpha\neq\beta\neq\gamma\neq90°$ $a_0\neq b_0\neq c_0$
选轴一般原则	3个L^2为X、Y、Z，或以L^2为Z，以垂直P为X、Y	L^2为Y，以垂直Y的晶棱为X、Z，其中与Z平行的晶棱应最多	选不在一平面上的三晶棱为X、Y、Z轴
晶轴示意			

低级晶族晶体定向原则较笼统，对同一种晶体常会做出不同定向，有的到目前尚未统一。因此，本次实习对定向的要求是对照晶体图（国际上公认的定向）对着模型进行定向。再按晶体常数和定向一般原则去核对有无错误。

（二）晶面符号

（1）由于低级晶族 $a_0\neq b_0\neq c_0$，因此，不能直接确定单位长度，一般先选单位面确定单位长度，然后按米氏符号的方法确定晶面符号。

（2）单位面应选相对比较发育，尽量与三个结晶轴相交的晶面。

三、作业

三个晶系中各选4个模型进行操作，按附表8的格式记录。

附表8　技能实习报告（六）

实习内容：低级晶族晶体定向

模型号	对称型	晶系	晶体定向		单形名称	单形符号
			选轴原则	晶体常数特点		

四、思考题

（1）写出斜方晶系的平行双面的各种单形符号。

（2）{100}、{010}、{111} 在各晶系中代表什么单形？

（3）等轴晶系估计晶面符号为何不要选单位面，其他晶系为何要选单位面？

技能实习八　双晶的认识与分析

一、目的与要求

学会在模型上确定双晶类型和双晶要素，熟悉一些常见双晶，了解双晶在实际晶体上的表现。

二、内容与方法、步骤

1. 认识双晶

根据凹入角、缝合线或双晶纹（聚片双晶）认识双晶。

2. 分析双晶要素

（1）认清构成双晶的各单体间的界线，找出双晶接合面，确定单体的个数。

（2）根据接合面的形状、数目和相互间关系，确定双晶类型。

（3）只看一个单体，并想象地恢复其完整晶形，确定其对称型和晶系，并进行晶体定向；确定其晶面符号。

（4）根据双晶面或双晶轴、接合面的表示方法将双晶要素表示出来。

三、作业

按附表9的格式记录。

附表9　技能实习报告（七）

实习内容：双晶的认识与分析

模型号	双晶类型	单晶分析			双晶要素		接合面
		对称型	晶系	单形名称及符号	双晶面	双晶轴	

四、思考题

（1）双晶要素与对称要素有什么区别？

（2）双晶符号与晶面符号有什么关系？

技能实习九　矿物的形态

一、目的与要求

认识矿物单体形态（晶体形状、晶体习性及晶面花纹）以及常见集合体形态；学会描述矿物形态的方法。

二、实习内容

1. 观察矿物晶体的形状

黄铁矿、萤石（立方体），绿柱石（六方柱）。

2. 观察结晶习性

根据单个晶体在三个相互垂直方向上的相对发育程度，确定其晶体习性的类型和形态特征（附表10）。

附表10　不同结晶习性的晶体形态特征

结晶习性	形态特征
一向延伸类型	主要有柱状（如石英、绿柱石、电气石）和针状（如辉铋矿、阳起石、石棉）
二向延展类型	主要有板状（如重晶石、黑钨矿、斜长石）和片状（如云母、辉钼矿、石墨）
三向等长型	为粒状（如黄铁矿、石榴子石）

此外也有过渡类型的形态，如短柱状、厚板状、板柱状等。

3. 观察晶面花纹

石英（横纹）、电气石（纵纹）。

4. 认识同种矿物的不规则集合体形态

（1）显晶质集合体：

晶簇状：如水晶晶簇、辉锑矿晶簇、方解石晶簇；

树枝状：如自然铜、软锰矿；

放射状：如阳起石、红柱石（菊花石）；

纤维状：如石棉、纤维石膏；

鳞片状：如锂云母、镜铁矿；

粒　状：如橄榄石、方解石（粗粒大理岩中）。

（2）隐晶质及胶状集合体：

土　状：如高岭土；

被膜状：如孔雀石、蓝铜矿；

分泌体：如玛瑙；

结核状：如白铁矿、黄铁矿、方解石（钙质结核）；

葡萄状：如硬锰矿；

钟乳状：如方解石（钟乳石）、硬锰矿（黑色玻璃头）；

鲕　状：如赤铁矿、方解石；

豆　状：如赤铁矿；

肾　状：如赤铁矿。

三、实习方法

（1）用肉眼观察矿物颗粒大小，能分辨矿物颗粒的是显晶质体。

（2）观察和辨认矿物的形态，先要确认单体，要能够区分出每个单体。

（3）矿物一般都是呈集合体出现，其中粒状单体较难辨认，另外矿物越细小越难辨认，而柱状、板状、片状等单体易于辨认。

（4）隐晶质及胶体矿物集合体中的矿物单体，由于十分细小，描述单体形态时统称为隐晶质或胶体。

（5）显晶质矿物集合体中的单体矿物，如果排列没有规律，则单体和集合体的形态名称相同，如单体形态为柱状，集合体形态也为柱状。但当柱状矿物单体呈放射状排列时，则集合体形态为放射状。

（6）矿物的形态主要由其内部结构所决定，同时又受形成时的环境影响，故矿物的形态特征既可作为鉴定特征，又能在一定程度上反映其成因特点。因此，要理解描述矿物形态的术语，并能正确运用。

四、作业

描述所给标本上各种矿物的单体和集合体形态。

技能实习十　矿物的物理性质（一）

（矿物的光学性质）

一、目的与要求

（1）学会正确地观察和描述矿物的光学性质。
（2）了解矿物各光学性质之间的相互关系。

二、内容与方法

（一）矿物的颜色

1. 观察矿物颜色的类型

（1）自色：如方铅矿、黄铁矿、黄铜矿。
（2）他色：如紫水晶、蔷薇石英。
（3）假色：锖色——斑铜矿、黄铁矿、黄铜矿；晕色——石英、云母、萤石、透明方解石。

2. 颜色的描述方法

（1）标准色谱法：将下列矿物的颜色作为标准来描述其他矿物。绿色——孔雀石；蓝色——蓝铜矿；红色——辰砂；黑色——磁铁矿；铅灰色——方铅矿；柠檬黄色——雌黄。

（2）实物比较法（类比法）：利用常见物体的颜色来描述矿物，如橄榄色、砖红色等。

（3）综合法：根据颜色的色调、深浅、明暗程度描述矿物的颜色，如浅黄绿色（两种色调）、暗深红色（深浅、明暗程度）、亮铅灰色等。

（二）矿物的条痕（即矿物粉末的颜色）

1. 条痕的观察

在条痕板上观察下列矿物的条痕。

黄铁矿——黑色；褐铁矿——黄褐色；铬铁矿——棕褐色；赤铁矿——樱桃红色；磁铁矿——黑色。

2. 条痕的描述

条痕的描述方法和颜色的描述方法相同。

（三）矿物的光泽

1. 标准光泽

（1）金属光泽：方铅矿、辉锑矿、辉钼矿、黄铜矿、黄铁矿等。
（2）半金属光泽：镜铁矿、黑钨矿等。
（3）金刚光泽：辰砂、闪锌矿（解理面）等。
（4）玻璃光泽：石英（晶面）、方解石等。

2. 变异光泽

上面的光泽，都是对矿物单体的光滑表面（晶面、解理面）而言。如果矿物表面不是理想的平面（断口），或以集合体方式出现，则出现一些特殊的光泽，如：

油脂光泽：石英（断口）；

树脂光泽（松脂光泽）：闪锌矿（断口）；

丝绢光泽：纤维石膏、石棉；

珍珠光泽：云母、透石膏；

土状光泽：高岭土；

蜡状光泽：叶蜡石、滑石。

（四）透明度

观察下列矿物的透明度：

透　明：水晶、冰洲石；

半透明：辰砂、闪锌矿；

不透明：黄铁矿、磁铁矿。

每个学生需认真观察，以学会各种光学性质的确切描述。

三、作业

（1）矿物的颜色、光泽、透明度、条痕等彼此之间有什么关系？

（2）系统描述下列矿物的光学性质：黄铁矿、自然硫、磁铁矿、石英、镜铁矿、白钨矿等，按附表 11 的格式记录。

实习内容：矿物的光学性质

矿物名称	颜色	条痕	光泽	透明度	其他

四、实习提示

（1）描述矿物的颜色时，先要确定其主要的色彩；再写明是否为金属色。例如，主要为灰色，但色调较暗且具金属色者，就记录为暗铅灰色；又如主要为红色，带棕色调较深，就可记录为深棕红色。

（2）自色、他色和假色是根据呈色机制不同而划分的，一般情况下，肉眼是不易正确判定的，但矿物条痕色有时可以帮助判断：①凡颜色和条痕色的色调都较深，而且两者变化不大者，多为自色；②假色在成块的标本上才可见到，而在条痕上是不能看到的。

（3）正确地测试矿物的条痕色：①选用尽可能新鲜纯净的矿物来测试其条痕色，所用条痕板应选洁白、平整、坚硬的瓷板。②动手刻划试条痕时，用力应轻而均匀，切忌过重、过猛，否则得到的将是矿物碎块的颜色，而不是矿物粉末的颜色。③若矿物硬度比条痕板大，则在条痕板上划不出条痕色，可将矿物压碎成粉末再观察。若为富延展性的矿物则在条痕板上划不到粉末（实际上它们的条痕往往与颜色相同）。至于弹性片状矿物更不易得到粉末，可用小刀在其表面刻划一下，这样既得到条痕，又测试了硬度。

五、肉眼条件下正确判断光泽的方法

首先，应通过反复观察比较各种标准的光泽标本，初步掌握好判断光泽的感性基础。其次，对一些特殊的光泽，应掌握它们出现的条件。倘若矿物较新鲜时，应尽量在晶面上观察，如在断口上观察，描述时应加注明；当矿物不够新鲜时，应结合条痕色来判断其光泽。

（1）凡条痕呈黑色、金属色者，属金属光泽，其余为非金属光泽，包括半金属、金刚和玻璃光泽；

（2）凡条痕呈深浅彩色者，多属金刚光泽，有些属半金属光泽，其颜色色调常较深；

（3）凡条痕呈白色或淡色者，多属玻璃光泽，少数则为金刚光泽。

附：矿物鉴定实验用具与试剂

（一）物理性质

鉴定矿物的物理性质，必须备有必要的实验用具，常用的有：

（1）小钢锤或小铁锤，用以测试矿物的解理、裂理、断口和磁性等。

（2）未上釉的白瓷板，用以测试矿物的条痕。

（3）马蹄形磁铁，用以测试矿物的磁性。

（4）钢针、铜针或小刀，用以测试矿物的硬度。

（5）摩氏硬度计一套（10 种），用以比较矿物的硬度。

（6）10～15 倍放大镜，用以观察细粒或隐晶质矿物的物性和形态。

（7）紫外光灯，用以测试矿物的发光性。

（8）体视显微镜，用以观察微细矿物或矿物的微细物性和形态。

（9）电磁仪一台，用以测试矿物的磁性。

（10）盖氏计数器一台，用以测试矿物的放射性。

（二）简单化学定性分析

1. 用具

酒精灯、金属镊子、角质或木质匙锹、木质试管夹、玻璃试管（直径 1.5 cm，长 15 cm）、表玻璃和小瓷杯、白色瓷板、试纸、锌板、吹管等。

2. 酸类

盐酸 HCl、硝酸 HNO_3、硫酸 H_2SO_4、王水、磷酸 $H_2[PO_4]$。

3. 固体药品

钼酸铵 $(NH_4)_2[MoO_4] \cdot 4H_2O$、碘化钾 KI、过氧化钠 Na_2O_2。

4. 液体药品

氢氧化铵（氨水）$NH_4(OH)$、氢氧化钾 KOH、过氧化氢（双氧水）H_2O_2 3%、硝酸钴 $Co(NO_3)$（1:20）、碘化钾、铁氰化钾 $K_3Fe(CN)_6$ 1%。

5. 试剂

二甲基乙二醛肟、三溴甲烷。

技能实习十一　矿物的物理性质（二）

（矿物力学性质及其他物理性质）

一、目的与要求

学会正确地观察和描述矿物的力学性质及其他物理性质；基本掌握力学性质的分类或分级标准。

二、内容与方法

（一）解理

要求从以下几方面观察和描述。

1. 确认解理

主要根据是否能见到层层阶梯状的平面和平行的裂纹来加以判断。应特别要注意将一些不是解理的现象和解理区分开，初学者往往见到平面就认为是解理面而忽略了其可能是晶面。

晶面与解理面的区别：

一是表面特征。晶面不一定新鲜，面上可有不均匀的或不很平直的生长纹和聚形条纹。解理面上一般光亮而平滑，有时可见到均匀而平直的双晶条纹或解理纹；解理纹是规则的裂纹，而晶面条纹间并无裂纹存在。

二是解理面常常由一系列平行的阶梯状平面组成。

再一点则是不要将平行纤维状集合体误当作解理纹，那是单体之间的界线，而不是裂纹。

2. 观察解理的发育程度

（1）极完全解理：解理呈片状，很易裂开，解理面平整而光滑，不见断口。如云母、辉钼矿。

（2）完全解理：解理成块状或较厚，可以裂开，解理面较平整光滑，难见断口。如萤石、方解石。

（3）中等解理：解理面不够平滑，解理面较小，易见到断口；解理面呈阶梯状比较明显，断续出现、闪闪发亮。如辉石、角闪石。

（4）不完全解理：肉眼不易看到解理面，仅偶尔出现解理面，解理面小，不平滑，断口较多。如磷灰石、绿柱石。

（5）极不完全解理等：肉眼见不到解理，显微镜下有时偶见解理纹。如石英、石榴子石。

3. 观察解理的组数

解理可以有一组，也可以多组。如云母有一组解理，方解石和方铅矿有三组解理，萤石有四组解理，闪锌矿有六组解理。其方向可用平行单形符号表示，要在单体中根据不同方向的阶梯状平面和平行裂纹加以确定。有时在解理面上可见到几组相交的解理纹，即可统计组数。但是一定不要将几个单体上不同方向的解理混合统计。

4. 观察解理的夹角

解理的夹角可以大于90°、小于90°或等于90°。

5. 解理的记录方法

完成上述观察后，最后可以用单形符号来描述解理的方向、组数和夹角（附表12）。

附表 12 一些常见矿物的解理特征

矿物名称	发育程度	方　向	组数及解理夹角
云　母	极完全解理	// {001}	一组底面解理
辉钼矿	极完全解理	// {0001}	一组底面解理
方铅矿	完全解理	// {100}	三组立方体解理（90°）
方解石	完全解理	// {10$\bar{1}$1}	三组菱面体解理（60°）
长　石	完全解理	// {010}, // {001}	两组板状解理（~90°）
辉　石	中等解理	// {110}	两组柱面解理（87°或93°）
绿柱石	不完全解理	// {0001}	一组底面解理
磷灰石	不完全解理	// {0001}	一组底面解理
萤　石	完全解理	// {111}	四组八面体解理
闪锌矿	完全解理	// {110}	六组菱形十二面体解理

（二）断口

矿物受外力打击时，沿任意方向的破裂称为断口；破裂面往往不平滑，根据形状可分为：

（1）贝壳状断口：断口呈圆滑波状曲面，如石英；

（2）不平坦状断口：断口呈错综起伏状，如电气石；

（3）锯齿状断口：断口尖锐好像锯齿，如自然铜；

（4）参差状断口：断口参差不齐，如纤维石膏；

（5）土状断口：断口呈细末状，如高岭石。

（三）裂 开

矿物受外力打击时，沿一定方向裂开成平整的平面，称裂开。刚玉的菱面体裂开 $\{10\bar{1}1\}$、钒钛磁铁矿的八面体裂开 $\{111\}$ 等。解理和裂开肉眼有时不易区别。

（四）硬度（H_M）

在肉眼鉴定中，一般采用一种矿物与另一种矿物相互刻划来确定其相对硬度等级。常用十种普通矿物作标准进行相对比较，称为摩氏硬度计，共分为十个等级：

滑 石 1　　石 膏 2　　方解石 3　　萤 石 4　　磷灰石 5

正长石 6　　石 英 7　　黄 玉 8　　刚 玉 9　　金刚石 10

在野外实际工作中，还可以用指甲（硬度 2.5）、小刀（硬度 5.5）和石英（硬度 7）刻划矿物，粗略地分为 <2.5，$2.5 \sim 5.5$，$5.5 \sim 7$，>7 等四级。

（五）其他性质

1. 其他力学性质

当矿物受力、锤击、剪切、拉张和弯曲等外力作用时，所表现出的各种性质：

脆　性：如方铅矿、闪锌矿、方解石等；

延展性：如自然铜等；

挠　性：如绿泥石、蛭石等；

弹　性：如云母。

2. 密度

肉眼鉴定矿物时，一般用手估量，将矿物密度简单分为小、中等和大三级。

小密度：相对密度小于 2.5，如石膏（2.3）；

中等密度：相对密度在 2.5 ~ 4 之间，如方解石（2.6 ~ 2.8）、橄榄石（3.3 ~ 3.4）；

大密度：相对密度在 4 以上，如白钨矿（5.8 ~ 6.2）、重晶石（4.3 ~ 4.5）。

3. 磁性

矿物能被磁铁吸引或本身能吸引铁钉、铁屑等的性质，称为磁性。根据磁性强弱可分为三类：

（1）强磁性矿物：如磁铁矿、磁黄铁矿等，大块或碎块等能被永久磁铁所吸引的矿物；

（2）弱（电）磁性矿物：如黑钨矿、普通辉石等，它们不能为永久磁铁所吸引，但能被电磁铁所吸引；

（3）无磁性矿物：如石英、方解石、黄铁矿等，是强电磁铁也不能吸引的矿物。

4. 导电性

矿物对电流的传导能力称为导电性，可用万用电表进行测定。

大多数金属光泽的矿物为电的导体，如黄铁矿、石墨、方铅矿等。而非金属光泽的矿物是电的不良导体，如云母、石棉、石英、方解石等。

5. 发光性

在紫外光照射下，白钨矿呈天蓝色荧光，萤石呈紫色荧光。

在以酒精灯加热条件下（置于黑暗处），磷灰石矿粉呈绿色，萤石呈紫色或白色。

矿物的其他物理性质还很多，如压电性、热电性、放射性等，由于这些性质均需有专门仪器才能进行测定。而本次实习仅限于肉眼鉴定范围。若工作需要时，同学们可查阅有关参考书籍。

三、作业

按附表 13 的格式记录。

附表 13   技能学实习报告（九）

实习内容：矿物力学性质及其他物理性质

矿物名称	解理			断口	硬度	密度	磁性
	级别	组数	夹角				

四、思考题

（1）解理是怎样产生的？应从哪些方面进行描述？解理面和晶面有何区别？

（2）研究矿物的硬度、密度、磁性等在鉴定矿物及其他方面有什么实际意义？

技能实习十二、十三 自然元素及硫化物大类矿物

一、目的与要求

（1）熟悉自然元素及硫化物两大类矿物的化学成分、物理性质和成因等方面的主要内容。

（2）掌握石墨、自然硫、自然金、自然铜、自然铂、自然铋、辰砂、雄黄、雌黄、闪锌矿、方铅矿、铜蓝、辉铜矿、辉锑矿、辉铋矿、辉钼矿、黄铜矿、斑铜矿、磁黄铁

矿、镍黄铁矿、辉银矿、硫镉矿、黄铁矿、毒砂、白铁矿、辉砷钴矿、硫锑银矿等矿物的主要鉴定特征。

（3）掌握相似矿物区别的方法。

（4）学会描述矿物的方法。

二、内容及思考题

（一）实习十二

1. 内容

掌握石墨、自然硫、自然金、自然铜、自然铂、自然铋、辰砂、雄黄、雌黄、闪锌矿、方铅矿、硫镉矿的手标本鉴定。

2. 思考题

（1）如何区别辰砂、雄黄、雌黄、自然硫？

（2）闪锌矿的成分与物性变化以及形成环境有何关系？

3. 提示

（1）实习时对照教材中有关矿物的叙述，结合实习标本进行认真、仔细的观察。先看形态，然后看光学性质、力学性质、其他性质、成因（共生组合）和次生变化。

（2）对相似矿物应进行反复观察和分析比较，掌握它们的区别方法和细微差别。

（二）实习十三

1. 内容

掌握辉铜矿、铜蓝、辉锑矿、辉钼矿、黄铜矿、黄铁矿、毒砂、斑铜矿、磁黄铁矿、镍黄铁矿、辉银矿、辉砷钴矿、辉铋矿、白铁矿、硫锑银矿等矿物的主要鉴定特征。

2. 思考题

（1）如何区别石墨与辉钼矿？

（2）如何区别辉锑矿与辉铋矿？

（3）如何区别辉铜矿（块状的）与方铅矿？

（4）如何区别黄铁矿与黄铜矿？它们各自在氧化带变为什么次生矿物？它们各有何用途？

（5）如何区别斑铜矿与磁黄铁矿？

（6）毒砂与黄铁矿有何不同？

3. 提示

实习矿物均系金属色、金属光泽、不透明、相对密度大、硬度均小于小刀，彼此鉴别要着重于晶形、条痕色、解理特征等。

4. 简易化学试验

（1）辉锑矿试验方法是在辉锑矿划的条痕上，滴 KOH 即产生橘红色沉淀（用此反应与辉铋矿区别有效，因辉铋矿滴 KOH 无反应）。

（2）Pb 的检出方法是将方铅矿粉末少许，加 KI 及 $KHSO_4$ 共同研磨，产生黄色沉淀（最后加一滴水效果更好）。

（3）焰色反应：铜的火焰反应，加一滴 HCl 于黄铜矿粉末上，置于氧化焰中灼烧为 $CuCl_2$ 蓝色火焰，如不加 HCl，则为绿色火焰。

（4）Ni 的简易微化分析方法（检出磁黄铁矿中的含镍矿物）：将矿粉与两份硝酸铵和一份氯化铵拌和，在瓷匙中加热、熔融、蒸干、冷却。然后加入"秋加也夫"试剂研磨后，加一滴酒精，出现红色，即证实有 Ni 存在。

三、作业

描述实习矿物的形态、物理性质及其他重要特征（按矿物名称、化学成分、形态、颜色、条痕、光泽、透明度、解理、断口、硬度、密度、其他性质、共生组合及次生变化的次序进行描述）。

技能实习十四、十五　氧化物和氢氧化物大类及卤化物大类矿物

一、目的与要求

（1）熟悉实习矿物的化学成分、物理性质和成因等方面的主要内容。

（2）掌握石英、刚玉、金绿宝石、锡石、磁铁矿、赤铁矿、蛋白石、铬铁矿、钛铁矿、铌铁矿-钽铁矿、铝土矿、软锰矿、赤铜矿、金红石、水镁石、水锰矿、石盐、钾盐、硬锰矿、褐铁矿、萤石等矿物的主要鉴定特征。

（3）掌握相似矿物的区别方法。

（4）学会描述矿物。

二、内容及思考题

（一）实习十四

1. 内容

（1）刚玉、金绿宝石、锡石、金红石、石英（及其变种）、蛋白石、水镁石、钾盐、石盐的手标本鉴定特征。

（2）用锡石做锡镜反应。

2. 思考题

（1）刚玉的晶形、物性有什么特点？刚玉在什么条件下生成？

（2）锡石的鉴定特征，其晶形变化和形成条件有何关系？

（3）显晶质石英和隐晶质石英有什么异同？

3. 提示

（1）α-石英的显晶质异种有水晶、紫水晶、蔷薇石英、烟水晶、墨晶、乳石英等；

其显晶质集合体可呈晶簇状、梳状、粒状、块状；隐晶质异种有碧玉、石髓（玉髓）、玛瑙、燧石等，隐晶质集合体可呈皮壳状、肾状、瘤状、球状、钟乳状、结核状、致密块状等。

（2）对锡石可做锡镜反应。即置锡石小颗粒于锌片上，滴数滴1:1 HCl，过 3~5 min 后，锡石表面还原出金属 Sn，用绒布擦之，呈现锡白色的金属锡薄膜，即为锡膜反应（或称锡镜）。其化学式如下：

$$Zn + 2HCl_2 \rightarrow ZnCl_2 + 2[H]^+, \quad SnO_2 + 4[H]^+ \rightarrow Sn + 2H_2O$$

（二）实习十五

1. 内容

（1）磁铁矿、铬铁矿、钛铁矿、铌铁矿－钽铁矿、赤铁矿、赤铜矿、软锰矿、硬锰矿、水锰矿、褐铁矿、铝土矿、萤石的手标本鉴定。

（2）进行 Cr^{3+}、Mn^{4+} 的简易化学分析。

2. 思考题

（1）磁铁矿的化学成分中常见哪些类质同象混入物？在基性、超基性岩中的磁铁矿常会有什么包裹体？沿不同方向在矿物手标本上能见到什么特征？

（2）铬铁矿与磁铁矿的鉴别特征，铬铁矿在成因上有何特点？如何区别黑钨矿与铁闪锌矿？

（3）赤铁矿与磁铁矿的鉴别特征，什么叫镜铁矿？其产状上有何特征？

（4）"细分散多矿物集合体"在成分、结晶程度、形态、成因及鉴定方法等方面有何共同特点？

3. 提示

（1）铝土矿、褐铁矿、硬锰矿都不是一种单矿物，而分别是 Al、Fe、Mn 的多种氢氧化物，并与其他矿物混合在一起形成的"细分散多矿物集合体"。主要由于颗粒细小，且经常为几种矿物相互混杂，故其特点是成分复杂，常呈土状、隐晶质块体、隐晶质胶态集合体，如鲕状、豆状等，均系在表生作用下形成。因而上述三个名称分别为 Al、Fe、Mn 的细分散多矿物集合体的统称。因此，详细鉴定矿物种比较难，常需借助于差热分析、伦琴射线分析、电子显微镜法、染色试验等手段，才能得到正确结果。肉眼鉴定只要求定出其统称。

（2）做 Cr^{3+} 的简易检出方法：以铬铁矿矿粉少许，用浓磷酸加热溶解，冷却后稀释呈翠绿色。

（3）做 Mn^{4+} 的简易检出方法：软锰矿加 H_2O_2 起泡剧烈，软锰矿矿粉与氢氧化钾共熔呈蓝绿色；也可用磷酸溶矿法，即将一小颗粒软锰矿置于玻片上，滴浓磷酸一滴加热，在白色底板上观察，可见到矿物颗粒周围出现蓝紫色晕。

三、作业

描述实习矿物（按矿物名称、化学成分、形态、颜色、条痕、光泽、透明度、解理、断口、硬度、密度、其他性质、共生组合及次生变化的次序进行描述）。

技能实习十六　岛状及环状硅酸盐亚类矿物

一、目的与要求

（1）掌握橄榄石、石榴子石、红柱石、蓝晶石、十字石、黄玉、绿帘石、榍石、符山石、绿柱石、电气石等矿物的主要鉴定特征，对锆石、堇青石、褐帘石等进行一般了解。
（2）掌握相似矿物的区别方法。
（3）学会描述矿物。

二、实习内容

（1）肉眼鉴定橄榄石、石榴子石、红柱石、蓝晶石、十字石、黄玉、绿帘石、榍石、符山石、绿柱石、电气石的形态特征及物理性质，并了解它们的成因和用途。
（2）写出上述矿物的对比特征。

三、思考题

（1）橄榄石的鉴定特征是什么？其成分中 Mg—Fe 之间是什么关系？随着含 Fe 量增多，其颜色、光泽、硬度、相对密度发生了什么变化？橄榄石的成因特点以及它经热液蚀变最容易变成什么矿物？
（2）石榴子石族矿物的鉴定特征是什么？它和一些褐色、硬度大、解理不好的矿物（如锡石、锆石、十字石等）如何区别？
（3）对比蓝晶石、红柱石、矽线石这三种矿物的异同（形态上、物性上），其成因各有何特点。
（4）绿柱石、黄玉、电气石、十字石的晶形和断面有何特点？

四、实习提示

硅酸盐矿物肉眼鉴定时，主要从晶形及解理、颜色等方面着手，注意相似矿物的彼此对比区别。如绿柱石与黄玉、浅色电气石的主要区别。

五、作业

描述实习矿物。

技能实习十七　链状硅酸盐亚类矿物

一、目的与要求

（1）掌握辉石族和角闪石族矿物的形态特征、物性特点与它们的成分和结构的关系。

（2）掌握普通辉石、透辉石、锂辉石、硬玉、硅灰石、普通角闪石、透闪石、阳起石、矽线石等矿物的主要鉴定特征。

（3）掌握辉石族和角闪石族矿物的区别方法。

二、实习内容

（1）普通辉石、透辉石、硅灰石、蔷薇辉石、锂辉石、硬玉、霓石、普通角闪石、矽线石、透闪石、阳起石、角闪石石棉的手标本鉴定。

（2）显微镜下观察辉石、角闪石的断面形状及解理夹角。

（3）对比角闪石族矿物和辉石族矿物的特点。

三、思考题

（1）辉石族矿物在形态和物性上有何共同特点？如何区别普通辉石和透辉石？

（2）角闪石族矿物在形态和物性上有何共同特点？如何区别普通角闪石和透闪石、阳起石？

（3）如何区别普通辉石与普通角闪石，透辉石与透闪石？

（4）辉石族及角闪石族的解理平行什么方向？在什么切面上能见到两组解理？什么方向只能见到一组解理？

（5）角闪石石棉的用途。

四、实习提示

辉石族与角闪石族矿物的异同点见附表14。

附表14　辉石族与角闪石族矿物的异同点

	辉　石　族	角　闪　石　族
共同点	链状结构。常因含 Fe 而为深浅不同的绿色和黑色，有时具棕色或褐色，玻璃光泽。两组解理∥｛110｝。相对密度中等，一般为 3 左右，硬度 5～6	
不同点	（1）单链结构，配阴离子为 $[Si_2O_6]^{4-}$； （2）成分中无 $(OH)^-$； （3）短柱状、柱状，断面假正方形； （4）｛110｝解理中等，夹角为 87°和 93°； （5）形成的温度、压力较高，主要产于基性和超基性岩，以及深变质相岩石中。与其共生的矿物主要是橄榄石、基性斜长石等，但共生的浅色矿物总含量较少（一般 20%）	（1）双链结构，配阴离子为 $[Si_4O_{11}]^{6-}$； （2）成分中含有 $(OH)^-$； （3）长柱状、针状、纤维状，断面假六方形； （4）｛110｝解理完全，夹角为 124°和 56°； （5）形成于较富含挥发分的条件下，其形成的温度、压力也较辉石低，也可由辉石蚀变成角闪石。主要产于中酸性岩浆岩，以及中级变质相岩石中。与其共生的多为中、酸性斜长石，共生的浅色矿物（石英、长石）总含量较多（一般 50%左右）

（1）链状硅酸盐矿物的鉴定思路是：首先根据形态、解理、成因等特点划分出是辉石族，还是角闪石族，然后再依据颜色、形态、成因划分矿物种。

（2）辉石族和角闪石族是链状硅酸盐中最重要的矿物族，也是重要的造岩矿物。它们在自然界中分布很广，在野外工作中识别它们，对确定岩石类型和岩石名称起重要作用。因此，通过对比，掌握它们的共同点及不同点很重要。

五、作业

描述实习矿物。

技能实习十八　层状硅酸盐亚类矿物

一、目的与要求

(1) 重点掌握滑石、蛇纹石、云母族、高岭石、绿泥石等矿物的鉴定特点。
(2) 掌握相似矿物的区别。

二、实习内容

(1) 对滑石、叶蜡石、蛇纹石及蛇纹石石棉（温石棉）、白云母、黑云母、锂云母、铁锂云母、坡缕石、葡萄石、海绿石、蒙脱石、高岭石、蛭石、绿泥石等矿物的形态、物理性质进行手标本鉴定。
(2) 进行层状硅酸盐矿物小结，与其他亚类比较有何特点？

三、思考题

(1) 滑石、叶蜡石、蛇纹石的主要鉴定特征是什么？它们的生成与富含什么元素的岩石和矿物有关？
(2) 蒙脱石和高岭石的形态、物性和产状有何特点？用什么方法才能精确鉴定这些矿物？它们的用途如何？
(3) 如何区别蛭石和黑云母？云母族矿物的实际用途是什么？蛭石在工业上有何意义？

四、实习提示

(1) 对比常见黏土矿物（高岭石、蒙脱石、埃洛石、伊利石等）的共同点和区别点：黏土（或称黏土岩）中的矿物均由极其细小（<0.01 mm）的细分散质点构成，而它们彼此间的差别就是在普通显微镜下也无法鉴别。故人们通常统称为黏土矿物。近年来，人们采用了 X - 衍射分析、差热分析、红外吸收光谱分析、染色试验及电子显微镜等方法才对其矿物成分有较为深入的了解。发现黏土岩中分布最广、含量较多的主要是水云母、高岭石、蒙脱石三种。现将主要黏土矿物的物理、化学性质及鉴定特征列表（附表15）对比，以供参考。
(2) Mg^{2+} 检出方法：用滑石或蛇纹石在清洁的条痕板上划一条痕，滴一滴镁试剂。若出现蓝色，则证明它们主要为含镁的矿物。

附表15　主要黏土矿物的特征

矿物名称	主要黏土矿物类型			
	高岭石	蒙脱石	多水高岭石	伊利石
化学式	$Al_4[Si_4O_{10}](OH)_8$	$(Na,Ca)_{0.33}(Al,Mg)_2$ $[(Si,Al)_4O_{10}(OH)_2 \cdot nH_2O]$	$Al_4[Si_4O_{10}]$ $(OH)_8 \cdot 2 \sim 4H_2O$	$KAl_2[(Al,Si)Si_3O_{10}]$ $(OH)_2 \cdot nH_2O$
共同点	经常为致密土状块体（很少呈显晶质集合体）；一般为白色（若含杂质可染成各种颜色）；土状光泽（若较致密，其新鲜断口具蜡状光泽）；硬度1~2；相对密度2~3；一般不见解理（若为晶体可见平行｛0001｝的完全解理）			
膨胀性能	有粗糙感，可手捏成粉（以舌触之，粘舌），干燥时吸水，掺水后具可塑性	遇水急速膨胀，水多时可变成糊状	遇水后崩裂成碎块，失水后，不重新吸水，性脆	膨胀不显著
盐酸联苯胺溶液染色	不染色	深蓝色、蓝色	不染色	污蓝或灰蓝色
差热分析	500~600℃具吸热谷；900~1050℃和1100~1200℃具两个放热峰	100~200℃ 600~700℃ 三个吸热谷；850~900℃ 900~1000℃具放热峰	140℃具吸热谷；600℃具吸热谷；980℃具放热峰	100~150℃ 500~600℃ 三个吸热谷；850~900℃ 925~1020℃具放热峰
X-衍射分析（主要特征值）	7.15 Å（±），3.57 Å（±），2.38 Å（±）以及具1.48~1.50 Å的$d060$衍射线为特征	以d(001)值大为特征，常在12.5~16.6 Å之间		10 Å（±）—$d002$；5 Å（±）—$d004$；3.34 Å（±）—$d006$；1.49 Å（±）—$d060$
电子显微镜（形貌特征）	六方片状、六边叠层状、长条板状、书册状和手风琴状	花絮状、花瓣状、蜂窝状	空心管状、卷曲的片状	不规则片状及边界轮廓较圆滑的板条状；集合体呈花瓣状、书签状

五、作业

描述实习矿物。

技能实习十九　架状硅酸盐亚类矿物

一、目的与要求

（1）掌握长石族矿物的特点，重点学会区别正长石和斜长石。

（2）对霞石、白榴石、沸石族矿物等进行一般了解。

二、实习内容

（1）对正长石、微斜长石、透长石、天河石、条纹长石、斜长石、霞石、白榴石、方柱石、沸石进行手标本鉴定（着重形态、颜色、解理、双晶、硬度等物性方面对比区别）。

（2）做钾长石和斜长石的染色反应（课堂时间不够，可只做钾长石染色）。

三、思考题

（1）正长石有哪些鉴定特征？正长石晶体的哪些方向可见到卡斯巴双晶？

（2）微斜长石具有什么鉴定特点？

（3）正长石亚族矿物的成因及其用途是什么？正长石最容易变化成什么矿物？

（4）斜长石亚族矿物的鉴定特征是什么？从哪几个方面可和正长石亚族的矿物相区分？斜长石最易转变成什么矿物？

（5）何谓条纹长石？

四、实习提示

（1）长石与石英是自然界中最常见的矿物，而且在岩石中常共生在一起。因此，应学会凭肉眼区别它们。长石具两组完全解理，而石英解理不发育；长石表面易风化，硬度降低，而石英则不易风化，表面干净，硬度大。但是，肉眼鉴别斜长石和正长石是比较困难的，然而根据它们的晶形、双晶、颜色、解理和共生矿物等，也可初步鉴定（附表16）。最后确定矿物种需借助于显微镜观察。

附表16　正长石与斜长石的鉴定特征

正　长　石	斜　长　石
（1）常见卡斯巴双晶，没有聚片双晶；	（1）{001} 解理面上可见密集的聚片双晶纹；
（2）两组解理（001）∧（010）=90°；	（2）两组解理（001）∧（010）=86°24′~85°50′；
（3）晶体形态常呈粗短柱状；	（3）常呈板状；
（4）颜色为肉红色或白色；	（4）常为白色、灰色，偶见红色；
（5）常与石英、黑云母等共生，产于浅色岩石中，如花岗岩、正长岩、伟晶岩等；	（5）常与普通辉石、角闪石等共生，产于多种岩石中，如辉长岩、闪长岩等；
（6）次生变化多成高岭石，变化后表面带浅褐色（由于微量氧化铁的析出）；$4K[AlSi_3O_8]+4H_2O+2CO_2 \rightarrow Al_4[Si_4O_{10}](OH)_8$（高岭石）$+8SiO_2+2K_2CO_3$	（6）次生变化多成绢云母，变化表面带浅灰色；$3Ca[Si_2Al_2O_8]+K_2O+2H_2O \rightarrow 2KAl_2[AlSi_3O_{10}](OH)_2$（绢云母）$+3CaO$
（7）染色试验，显黄色	（7）染成红色

（2）钾长石及斜长石的染色法介绍。用药品使矿物表面染上颜色的过程有两种：一种是使药品与矿物表面发生化学反应，而形成有色反应物附着于矿物上；另一种是药剂被矿物表面吸附而使矿物着色。钾长石和斜长石的染色鉴别法（可采用花岗岩标本）：①首先，在矿物颗粒表面或磨光面上涂以氢氟酸，片刻后（十几秒至数十秒钟后）以水冲洗

干净，然后，用亚硝酸钴钠溶液涂在表面上，一分钟后，再以水洗净。钾长石被染成明显的黄色（干后，颜色更清楚，长期保存其色不变）；斜长石则仍为灰白色，石英也无变化。②如果进一步做斜长石染色，则可用上述已染过色的斜长石标本，以水冲洗表面，然后，滴以1%的$BaCl_2$溶液，再滴数滴蒸馏水或用其他软水冲洗其表面1~2次，再滴上玫瑰红酸钠溶液，等1~2分钟后，斜长石即被染成红色。但此时，钾长石则仍然不变（斜长石被染的红色不能持久不变）。

（3）原理：经氢氟酸腐蚀活化后，钾长石中的钾与亚硝酸钴钠反应形成黄色的亚硝酸钴钠钾沉淀。其他含钾矿物也有此反应（如黑云母染色后变为绿色），因为斜长石中一般含微量钾，所以基本不染色。

斜长石中的钙能被$BaCl_2$中的钡置换，使斜长石表面含有钡，而钡又与玫瑰红酸钠反应形成红色的玫瑰红酸钡。斜长石中的钠端员矿物（钠长石）则不染色，但只要斜长石中含有3%以上的钙长石分子，一般都能染上红色。所以，此染色对斜长石仍然是普遍有效的。

五、作业

描述实习矿物。

技能实习二十　硼酸盐类、磷酸盐类及硫酸盐类矿物

一、目的与要求

（1）熟悉磷酸盐类、硼酸盐类及硫酸盐类矿物的化学成分、物理性质以及成因特点。

（2）掌握硼镁铁矿、磷灰石、重晶石、天青石、石膏、硬石膏、明矾石、绿松石、磷钇矿等主要鉴定特征。

（3）对铜铀云母、钙铀云母、独居石、硼砂、硼镁石、钠硼解石等做一般了解。

二、实习内容

（1）对硼镁铁矿、磷灰石及磷块岩、重晶石、天青石、石膏、硬石膏、明矾石、绿松石等的手标本进行鉴定。

（2）做P的简易定性试验以及B^{3+}、Ca^{2+}、Ba^{2+}、Sr^{2+}的焰色反应。

（3）观察铜铀云母的发光性。

三、思考题

（1）简述硼酸盐类矿物的成因特点及硼矿物的用途。

（2）磷酸盐类矿物的化学成分有什么特点？其中有哪些元素可综合利用？

（3）如何区别黑色电气石与硼镁铁矿？

（4）硫酸盐的配阴离子$[SO_4]^{2-}$半径有何特点？阳离子半径大小与其形成化合物的类型及稳定性有何关系？

（5）硫酸盐类与硫化物类矿物的形成条件有何不同？为什么？胆矾等矾类矿物的形态、成因有哪些共同点？

（6）重晶石为什么相对密度大？其解理特点怎样？

（7）石膏为什么具一组极完全解理？石膏的双晶有什么特点？硬石膏为什么出露地表后就不稳定？

（8）如何区别石膏、硬石膏、重晶石？

四、实习提示

（1）P 的简易定性检验方法：将钼酸铵粉末少许，置于磷灰石的条痕上，加以一滴 HNO_3 即显出黄色沉淀 $(NH_4)_3(PO_4)\cdot 12MoO_3$（磷钼酸铵）。此方法在野外常用，但要注意，当有碳酸盐和有机质存在时，常出现蓝色沉淀干扰。

（2）B 的火焰反应：先置硼镁铁矿矿粉在试管中，用磷酸加热分解，冷却，加酒精搅均。然后再一边加热一边在管口点火，即形成易挥发的硼酸乙酯，其火焰为绿色。若矿粉为硼砂，则与硫酸和酒精混合后，直接点火为绿色火焰。

（3）Ca^{2+} 的火焰反应为橙黄色；Ba^{2+} 的火焰反应为黄绿色（需时间长）；Sr^{2+} 的火焰反应 呈红色。

五、作业

描述实习矿物。

技能实习二十一　钨酸盐类、碳酸盐类矿物

一、目的与要求

（1）熟悉钨酸盐类、碳酸盐类矿物的化学成分、物理性质及成因特点。

（2）掌握常见钨酸盐类、碳酸盐类矿物的肉眼鉴定方法以及它们的鉴定特征。

二、实习内容

（1）对白钨矿、黑钨矿、方解石、白云石、菱镁矿、菱铁矿、菱锰矿、菱锌矿、孔雀石、蓝铜矿的手标本进行鉴定；对白铅矿、碳酸锶矿、碳酸钡矿、氟碳铈矿、文石等做一般了解。

（2）常见碳酸盐矿物的 HCl 反应。

三、思考题

（1）白钨矿是在什么条件下形成的？它常与哪些矿物共生？

（2）如何鉴别白钨矿与石英？如何区别黑钨矿与黑色闪锌矿、铌钽铁矿？

（3）碳酸盐类矿物在成分、结构及物性上有何特点？

（4）为什么方解石与文石的形态和解理截然不同？

（5）如何鉴别方解石、白云石、菱镁矿？

四、实习提示

（1）白钨矿当其晶形较好时，以四方双锥状的晶形、灰白色、油脂或金刚光泽、硬度小于小刀、有解理、相对密度大易于识别；但呈致密块状或浸染状分布于石英脉中时，则易与石英相混淆。两者的区别是石英硬度大、相对密度小、无解理、常有贝壳状断口、紫外光照射不发荧光；而白钨矿则是相对密度大、具中等解理、硬度小（4.5~5）、紫外光照射下发天蓝色荧光。野外工作中可用水浇湿标本，石英的颜色可由白变暗灰色，而白钨矿则不变，以此可与石英相区别。

（2）W 的简易定性检出方法：以磷酸加热溶解白钨矿矿粉，立即出现蓝色（加水后其色不褪），证明有 W 存在；如蓝色不明显，可在稀释后，加入锡粉，即可形成深蓝色（钨蓝）。

（3）文石结构不稳定，常转变为方解石，但仍保持文石的柱状晶体外形，区别方解石和文石的鉴定要点是解理特点及染色法。文石具平行 {010} 的一组不完全或中等解理，而方解石有菱面体 {1011} 三组完全解理。

（4）方解石、白云石、菱镁矿的鉴别见附表 17。

附表 17　方解石、白云石、菱镁矿的化学特性

项　目	方解石	白云石	菱镁矿
化学成分	$CaCO_3$	$CaMg[CO_3]_2$	$MgCO_3$
与 HCl 反应	起泡强烈	块体不起泡，粉末起泡	遇热 HCl 才起泡
条痕滴 Mg 试剂	不变色	变蓝色	变蓝色（快而显著）
其　他		晶面及解理面常弯曲为马鞍状	

（5）菱铁矿的鉴定特征：菱面体解理，密度较其他常见碳酸盐矿物大，滴冷 HCl 不见起泡，但可溶于热盐酸并使酸液染黄，$FeCO_3 + 2HCl = FeCl_2 + H_2O + CO_2$。此外，把菱铁矿细碎片灼烧后（黑色），可具有磁性。

（6）菱锌矿、孔雀石、蓝铜矿、白铅矿分别为 Zn、Cu、Pb 硫化矿床氧化带的次生矿物，常共生在一起，可作为寻找原生 Zn、Cu、Pb 矿标志。

五、作业

描述实习矿物。

技能实习二十二　肉眼对未知矿物的鉴定

一、目的与要求

（1）要求每个学生，在前面系统学习的基础上，通过本次实习能综合掌握各大类的矿物特点。

（2）牢固掌握重要矿物种的鉴定特征。

（3）学会灵活运用教材或以各种矿物肉眼鉴定手册作为工具，能够独立确定出 10 个以上未知矿物的名称。

二、实习提示

用肉眼系统鉴定矿物是每个学生应掌握的基本技能之一，也是学习矿物的一种科学的有效方法。当你从事实际鉴定某未知矿物时，如能利用肉眼首先确定出它所属大类，那么进一步根据该大类的族种、鉴别特征就可快速鉴定出其名称。再者，可先将各类中的常见矿物列表比较它们之间的各种性质，可发现某一些矿物性质与其类别之间的相互区别和相互关系。我们就可利用这些规律性知识，去对比矿物的肉眼鉴定特征，以初步确定未知矿物所属类别及种类。

利用肉眼鉴定时可参考下列步骤：

（1）观察矿物的颜色、光泽并试其条痕色，初步确定矿物的类别。如金属色、金属光泽的矿物可能为自然元素矿物、硫化物或氧化物等，不会为硅酸盐类矿物。

（2）根据刻试的硬度大小，划分出大于小刀或小于小刀（或再配合用指甲刻划），分出 <2.5（指甲可刻划），2.5~5.5（介于指甲与小刀硬度之间）及 >5.5（大于小刀）等几个类别，再进一步确定它们的族、种。

（3）结合形态观察、解理发育程度、相对密度大小以及产状特征等初步确定未知矿物的名称。

（4）在可能的条件下，配合做些简易化学试验，如滴 HCl、滴 Mg 试剂等，以及对某种矿物较为有效的常用手段也是必要的。

总之，利用肉眼鉴定矿物应具有科学鉴别矿物的思路。

图版　常见矿物

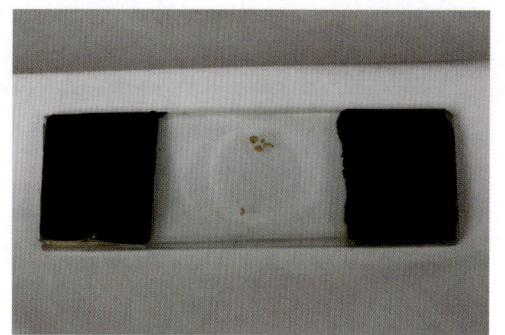

图1　自然金

图2　自然铋

图3　自然铜

图4　自然硫

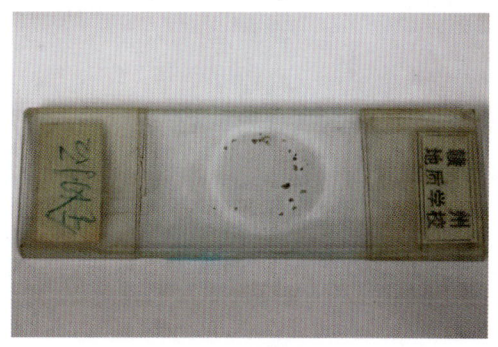

图5　金刚石

图6　石墨

图7　闪锌矿

图8　辰砂

图 9　雌黄

图 10　雄黄

图 11　方铅矿

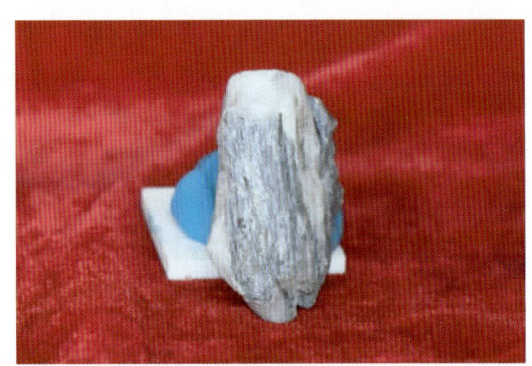

图 12　辉铋矿

图 13　辉锑矿

图 14　辉钼矿

图 15　辉铜矿

图 16　黄铁矿

图 17　黄铜矿

图 18　白铁矿

图 19　磁黄铁矿

图 20　毒砂

图 21　刚玉

图 22　鲕状（肾状）赤铁矿

图 23　云母赤铁矿

图 24　镜铁矿

图 25　锡石

图 26　软锰矿

图 27　水晶

图 28　墨晶

图 29　紫水晶

图 30　石英

图 31　玛瑙

图 32　蛋白石

图 33　磁铁矿

图 34　铬铁矿

图 35　硬锰矿

图 36　铝土矿

图 37　褐铁矿

图 38　橄榄石

图 39　萤石

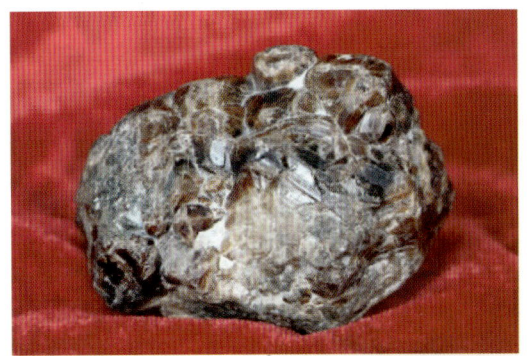

图 40 石榴子石

图 41 红柱石

图 42 黄玉　　　　　　　　　图 43 蓝晶石

图 44 符山石　　　　　　　　图 45 十字石

图 46　绿帘石

图 47　绿柱石

图 48　电气石

图 49　榍石

图 50　透辉石

图 51　普通辉石

图 52　透闪石

图 53　阳起石

图 54　普通角闪石

图 55　蔷薇辉石

图 56　滑石

图 57　叶蜡石

图 58　高岭石

图 59　蛇纹石

图 60　蛇纹石石棉

图 61 白云母

图 62 锂云母

图 63 黑云母

图 64 铁锂云母

图 65 蛭石

图 66 海绿石

图 67 绿泥石

图 68 透长石

图 69　正长石

图 70　微斜长石

图 71　天河石

图 72　斜长石

图 73　霞石

图 74　白榴石

图 75　沸石

图 76　硼镁铁矿

图 77 磷灰石

图 78 磷结核

图 79 绿松石

图 80 重晶石

图 81 天青石

图 82 石膏

图 83 硬石膏

图 84 明矾石

图 85　白钨矿

图 86　黑钨矿

图 87　方解石

图 88　白云石

图 89　菱镁矿

图 90　孔雀石

图 91　层解石

图 92　蓝铜矿